"十三五"普通高等教育本科规划教材

电力系统远动

（第三版）

柳永智　刘晓川　编著

盛寿麟　主审

中国电力出版社
CHINA ELECTRIC POWER PRESS

内 容 提 要

本书为"十三五"普通高等教育本科规划教材。

本书主要阐述电力系统远动的基本原理和实用技术。全书共分九章，主要内容包括：电力系统远动概述，远动信息传输规约，远动信息的信道编译码，远动信息的时序及同步，远动信息的信源编码，电量变送器，远动信息传输的基本原理，远动系统的组成及工作原理，电网调度自动化系统。

本书可以作为高等院校电气类专业的专业课教材，也可作为从事调度自动化工作的工程技术人员的参考书。

图书在版编目（CIP）数据

电力系统远动/柳永智，刘晓川编著. —3版. —北京：中国电力出版社，2016.8（2020.12重印）
"十三五"普通高等教育本科规划教材
ISBN 978-7-5123-9728-6

Ⅰ.①电… Ⅱ.①柳… ②刘… Ⅲ.①电力系统运行—远动技术—高等学校—教材 Ⅳ.①TM732

中国版本图书馆CIP数据核字（2016）第206350号

中国电力出版社出版、发行
（北京市东城区北京站西街19号 100005 http://www.sgcc.cepp.com.cn）
三河市航远印刷有限公司印刷
各地新华书店经售

*

2003年1月第一版
2016年8月第三版 2020年12月北京第二十八次印刷
787毫米×1092毫米 16开本 16.25印张 394千字
定价 32.00元

版 权 专 有 侵 权 必 究

本书如有印装质量问题，我社营销中心负责退换

前 言

本书是根据教育部高等学校电气类专业教学指导委员会制定的教学大纲编写的。全书共分九章。第一章介绍电力系统远动的功能、远动信息的内容及传输模式、远动系统的组成和调度自动化系统的组成。第二章介绍远动信息传输系统、串行通信及传输控制规程、远动信息的循环式传输规约和问答式传输规约。第三章介绍远动信息的信道编译码，首先阐述抗干扰编码的基本原理、循环码的编译码原理及方法，然后介绍远动信息常用的编码方法。第四章介绍远动信息的时序、帧同步和位同步原理及远动装置中如何实现同步。第五章介绍遥信信息、遥测量、脉冲量的采集及处理，遥控和遥调的实现原理及方法。第六章介绍传统电量变送器和交流采样的原理及实现方法。第七章介绍远动信息的传输，包括二进制移频键控、移相键控及常用远动信道。第八章介绍远动系统，包括 RTU 的软、硬件设计和主站的设计，还介绍了变电站自动化系统的功能及结构。第九章介绍电网调度自动化系统。

本书的第五章、第六章和第八章的第 1~4 节由四川大学刘晓川编写，其余内容由四川大学柳永智编写，并负责统稿。全书由西安交通大学盛寿麟教授主审，审稿中对本书的内容提出了许多宝贵意见，在此对盛寿麟教授的支持和帮助表示衷心的感谢。

在编写本书的过程中，曾参考和使用了部分文献和技术资料，在此向有关作者表示感谢。

本书可以作为高等院校电气类专业的专业课教材，也可作为从事电网调度自动化工作人员的参考书。

限于作者水平，书中难免有不妥与疏漏之处，恳请读者批评指正。

作 者
2016 年 8 月

目　　录

前言

第一章　概述 ... 1
　　第一节　电力系统远动的功能 ... 1
　　第二节　远动信息及传输模式 ... 2
　　第三节　远动系统 ... 5
　　第四节　调度自动化系统 ... 7

第二章　远动信息传输规约 ... 11
　　第一节　远动信息传输系统 ... 11
　　第二节　串行通信及传输控制规程 ... 13
　　第三节　远动信息的循环式传输规约 ... 15
　　第四节　远动信息的问答式传输规约 ... 20

第三章　远动信息的信道编译码 ... 33
　　第一节　抗干扰编码的基本原理 ... 33
　　第二节　奇偶校验码 ... 36
　　第三节　循环码的编译码原理 ... 38
　　第四节　循环码的检错及纠错能力 ... 43
　　第五节　系统循环码的编译码电路 ... 46
　　第六节　系统循环码的编译码算法 ... 49
　　第七节　远动信息的CRC校验 ... 55

第四章　远动信息的时序及同步 ... 60
　　第一节　远动信息的时序 ... 60
　　第二节　帧同步 ... 62
　　第三节　位同步 ... 63
　　第四节　同步的性能 ... 67

第五章　远动信息的信源编码 ... 69
　　第一节　遥信信息的采集和处理 ... 69
　　第二节　遥测量的采集 ... 77
　　第三节　遥测信息的处理 ... 92
　　第四节　脉冲量的采集和处理 ... 97
　　第五节　遥控和遥调 ... 102

第六章　电量变送器 ... 113
　　第一节　交流电流变送器和交流电压变送器 ... 113
　　第二节　功率变送器 ... 116
　　第三节　交流采样原理及算法 ... 124

第四节　被测电量的交流采样 ·· 133
　　第五节　电量变送器的主要性能指标 ·· 139
第七章　远动信息的传输 ·· 142
　　第一节　数字通信 ·· 142
　　第二节　数字调制与解调 ·· 144
　　第三节　二进制移频键控 ·· 152
　　第四节　移相键控 ·· 158
　　第五节　常用远动信道 ··· 164
第八章　远动系统 ··· 171
　　第一节　实时系统的中断管理 ··· 171
　　第二节　远动终端的硬件结构 ··· 178
　　第三节　远动终端的软件结构 ··· 195
　　第四节　系统复位及故障自检 ··· 204
　　第五节　远动系统主站 ··· 208
　　第六节　任务管理 ·· 211
　　第七节　变电站自动化系统 ·· 217
第九章　电网调度自动化系统 ··· 225
　　第一节　计算机网络基础 ·· 225
　　第二节　电网调度自动化系统 ··· 230
　　第三节　电网调度自动化系统的软件模块 ····································· 238
　　第四节　前置机工作站 ··· 244
　　第五节　调度工作站 ·· 246
　　第六节　远动工作站 ·· 248
　　第七节　调度自动化系统的性能指标 ·· 249
参考文献 ·· 252

第一章 概　　述

现代生活中有许许多多的大型工业生产系统，比如电力系统、石油系统、铁路系统等，组成大型工业生产系统的生产设备及生产部门多，且分散在相距甚远的广阔地区。为了保证系统的正常工作，构成系统的各部分必须在一个调度机构的统一指挥下协调工作。为此，调度机构要随时了解系统各部分在生产过程中的实际情况，并在此基础上做出对生产过程进行指挥的策略。为了使调度工作既满足实时性好，又保证可靠性高，必须借助远动技术实现调度管理。

远动技术是一门综合性的应用技术，它的基本原理包括数据传输原理、编码理论、信号转换技术原理、计算机原理等。远动技术是调度管理和现代科技的产物，因此它随着科学技术，特别是计算机技术的迅猛发展而不断更新换代。

第一节　电力系统远动的功能

远动（telecontrol）的含义是：利用远程通信技术进行信息传输，实现对远方运行设备的监视和控制。

遥测即远程测量（telemetering）：应用远程通信技术，传输被测变量的值。

遥信即远程指示；远程信号（teleindication；telesignalization）：对诸如告警情况、开关位置或阀门位置这样的状态信息的远程监视。

遥控即远程命令（telecommand）：应用远程通信技术，使运行设备的状态产生变化。

遥调即远程调节（teleadjusting）：对具有两个以上状态的运行设备进行控制的远程命令。

现代电力系统由发电厂、变电站、输配电线路和用电设备等组成。它包括了发电、输电、配电和用电四个环节，即电能从生产到消费的全过程。电能难于储存，因此在电能生产中，总是需要多少就生产多少，必须随时保证生产和消费之间的功率平衡。然而用电负荷由许多工厂的用电设备和千家万户的家用电器组成，这些设备的启停是随机的，使得电力系统的用电负荷时刻都在变化。为了使发电、供电等环节随时跟踪用电负荷的变化，并保证对用户的供电质量，同时提高电力系统运行的安全性和经济性，电力系统中除配备必要的自动装置外，还设有国家调度、大区网调、省级调度和地区调度等各级调度中心，由它们监视控制发电、输电和配电网的运行情况。

电力系统调度中心的任务，一是合理地调度所属各发电厂的输出功率，制定运行方式，从而保证电力系统的正常运行，安全经济地向用户提供满足质量要求的电能；二是在电力系统发生故障时，迅速排除故障，尽快恢复电力系统的正常运行。为此，调度中心必须随时了解发电厂及变电站的实时运行参数及状态，分析收集到的实时数据，作出决策，再对发电厂及变电站下达命令，实现对系统运行方式的调整。

早期的电力系统调度，主要依靠调度中心和各厂站之间的联系电话，这种调度手段，信息传递的速度慢，且调度员对信息的汇总、分析费时、费工，它与电力系统中正常操作的快速性和出现故障的瞬时性相比，调度工作的实时性极差。20世纪50年代远动技术进入电力系统后，便由安装在调度中心和各厂站端的远动装置，借助远动信道自动传递信息。厂站端的远动装置实时地向调度中心的装置传送遥测信息和遥信信息，这些信息直观地显示在调度中心的屏幕显示器上和调度模拟屏上，使调度员随时看到系统的实时运行参数和系统运行方式，实现对系统运行状态的有效监视。在需要的时候，调度员可以在调度中心操作，完成向厂站中的装置传送遥控命令或遥调命令，这些命令输出到厂站的自动控制装置后，实现对某些开关的操作或对发电机的输出功率进行调节等。由此可见，远动技术在电力系统中的应用，使调度员在调度中心借助遥测和遥信功能，便能监视远方运行设备的实时运行状况；借助遥控和遥调功能，可以完成对远方运行设备的控制，即实现远程监视和远程控制，简称为远程监控。由于远动装置中信息的生成，传输和处理速度非常快，适应了电力系统对调度工作的实时性要求。远动技术在电力系统中的应用，使电力系统的调度管理工作进入了自动化阶段。

第二节 远动信息及传输模式

一、远动信息内容

远动的遥测、遥信、遥控和遥调功能，通过传送远动信息实现。远动信息包括遥测信息、遥信信息、遥控信息和遥调信息。

遥测信息传送发电厂、变电站的各种运行参数，它分为电量和非电量两类。电量包括母线电压、系统频率、流过电力设备（发电机、变压器）及输电线的有功功率、无功功率和电流。非电量包括发电机机内温度以及水电厂的水库水位等。这些量都是随时间作连续变化的模拟量。对电流、电压和功率量，通常利用互感器和变送器把要测量的交流强电信号变成 $0\sim5V$ 或 $0\sim10mA$ 的直流信号后送入远动装置。也可以把实测的交流信号变换成幅值较小的交流信号后，由远动装置直接对其进行交流采样。电能量的测量采用脉冲输入方式，由计数器对脉冲计数实现测量或把脉冲作为特殊的遥信信息用软件计数实现测量。对于非电量，只能借助其他传感设备（如温度传感器、水位传感器），将它转换成规定范围内的直流信号或数字量后送入远动装置，后者称为外接数字量。

遥信信息包括发电厂、变电站中断路器和隔离开关的合闸或分闸状态，主要设备的保护继电器动作状态，自动装置的动作状态，以及一些运行状态信号，如厂站设备事故总信号、发电机组开或停的状态信号、远动及通信设备的运行状态信号等。遥信信息所涉及的对象只有两种状态，因此用一位二进制数的"0"或"1"便可以表示出一个遥信对象的两种不同状态。遥信信息通常由运行设备的辅助接点提供。

遥测信息和遥信信息从发电厂、变电站向调度中心传送，也可以从下级调度中心向上级调度中心转发，通常称它们为上行信息。在上行信息中，还可以传送事件顺序记录、系统对时功能中的返送时钟报文、遥控的返送校核信息等。

遥控信息传送改变运行设备状态的命令，如发电机组的启停命令、断路器的分合命令、并联电容器和电抗器的投切命令等。电力系统对遥控信息的可靠性要求很高，为了提高控制的正确性，防止误动作，在遥控命令下达后，必须进行返送校核。当返送命令校核无误之后，才能发出执行命令。

遥调信息传送改变运行设备参数的命令，如改变发电机有功输出功率和励磁电流的设定值，改变变压器分接头的位置等。

遥控信息和遥调信息从调度中心向发电厂、变电站传送，也可以从上级调度中心通过下级调度中心转送，称它们为下行信息。这些信息通常由调度员人工操作发出命令，也可以自动启动发出命令，即所谓的闭环控制。例如为了保持系统频率在规定范围内，并维持联络线上的电能交换，调节发电机输出功率的自动发电控制（AGC）功能，就是闭环控制的例子。在下行信息中，还可以传送系统对时功能中的设置时钟命令、召唤时钟命令、设置时钟校正值命令，以及对厂站端远动装置的复归命令、广播命令等。

二、远动信息的传输模式

远动信息的传输可以采用循环传输模式或问答传输模式。

循环数字传输模式也称 CDT（Cyclic Data Transmission）方式。在这种传输模式中，厂站端将要发送的远动信息按规约的规定组成各种帧，再编排帧的顺序，一帧一帧地循环向调度端传送。信息的传送是周期性的、周而复始的，发端不顾及收端的需要，也不要求收端给以回答。这种传输模式对信道质量的要求较低，因为任何一个被干扰的信息可望在下一循环中得到它的正确值。

问答传输模式也称 polling 方式。在这种传输模式中，若调度端要得到厂站端的监视信息，必须由调度端主动向厂站端发送查询命令报文。查询命令是要求一个或多个厂站传输信息的命令。查询命令不同，报文中的类型标志取不同值，报文的字节数一般也不一样。厂站端按调度端的查询要求发送回答报文。用这种方式，可以做到调度端询问什么，厂站端就回答什么，即按需传送。由于它是有问才答，要保证调度端发问后能收到正确的回答，对信道质量的要求较高，且必须保证有上下行信道。

三、远动信息的编码

远动信息在传输前，必须按有关规约的规定，把远动信息变换成各种信息字或各种报文。这种变换工作通常称作远动信息的编码，编码工作由远动装置完成。

采用循环传输模式时，远动信息的编码要遵守循环传输规约的规定。我国原电力部颁发的循环式传输规约的信息字格式见图1-1。按规约规定，由远动信息产生的任何信息字都由48

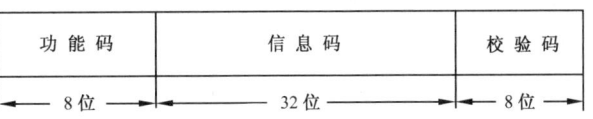

图1-1 循环式传输规约的信息字格式

位二进制数构成，即所有的信息字位数相同。其中前8位是功能码，它有2^8种不同取值，用来区分代表不同信息内容的各种信息字，可以把它看作信息字的代号。最后8位是校验码，采用 CRC（Cyclic Redundancy Check）校验。校验码的生成规则是：在信息字的前40位（功能码和信息码）后面添加8个零，再模二除以生成多项式$g(x)=x^8+x^2+x+1$，将所得余式取非之后，作为8位校验码。校验码是信息字中用于检错和纠错的部分，它的作用是提高信息字在传输过程中抗信道干扰的能力。信息码用来表示信息内容，它可以是遥测信息中模拟量对应的 A/D 转换值、电能量的脉冲计数值、系统频率值对应的 BCD 码等，也可以是遥信对象的状态，还可以是遥控信息中控制对象的合/分状态及开关序号或者是遥调信息中的调整对象号及设定值等。信息内容究竟属于哪一种值，可根据功能码的取值范围进行区分。

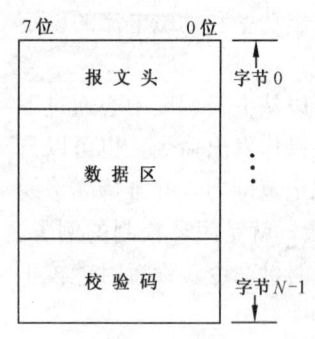

图 1-2 问答式传输
规约的报文格式

问答式传输规约中的报文（Message）格式见图 1-2。报文头通常有 3~4 个字节，它指出进行问答的双方中 RTU 的地址（报文中识别其来源或目的地的部分）；报文所属的类型；报文中数据区的字节数。数据区表示报文要传送的信息内容，它的字节数和字节中各位的含义随报文类型的不同而不同，且数据区的字节数是多少，由报文头中的有关字节指出。校验码按照规约给定的某种编码规则，用报文头和数据区的字节运算得到。它可以是一个字节的奇偶校验码，也可以是一个或两个字节的 CRC 校验码。问答式传输规约的报文格式与循环式传输规约的信息字格式比较，最明显的差别是，问答式传输规约中，不同类型的报文，报文的总字节数不同，即报文的长度不同，且报文长度的变化总是按字节增减，即八位八位地增加或减少。

四、常用远动信道

信道是信号传输时经过的通道。传输远动信号的通道称为远动信道。我国常用的远动信道有专用有线信道、复用电力线载波信道、微波信道、光纤信道、无线电信道等。信道质量的好坏直接影响信号传输的可靠性。

采用专用有线信道时，由远动装置产生的远动信号，以直流电的幅值、极性或交流电的频率在架空明线或专用电缆中传送。这种信道常用作近距离传输。

电力线载波信道是电力系统中应用较广泛的信道形式。当远动信号与载波电话复用电力线载波信道时，通常规定载波电话占用 0.3~2.3kHz（或 0.3~2.0kHz）音频段，远动信号占用 2.7~3.4kHz（或 2.4~3.4kHz）的上音频段。由远动装置产生的用二进制数字序列表示的远动信号，经调制器转换成上音频段内的数字调频信号后，进入电力载波机完成频率搬移，再经电力线传输。收端载波机将接收到的信号复原为上音频信号，再由解调器还原出用二进制数字序列表示的远动信号。由于电力线载波信道直接利用电力线作信道，覆盖各个电厂和变电站等电业部门，不另外增加线路投资，且结构坚固，所以得到广泛应用。

微波信道是用频率为 300MHz~300GHz 的无线电波传输信号。由于微波是直线传播，传输距离一般为 30~50km，所以在远距离传输时，要设立中继站。微波信道的优点是频带宽，传输稳定，方向性强，保密性好。它在电力系统中的应用呈上升趋势。

信号在光纤信道中的传输过程是：发端将电信号转变成光信号，让光信号沿着光导纤维（通常用光缆）传输，收端再将光信号还原为电信号。光导纤维传输信号的工作频率高，光纤信道具有信道容量大，衰减小，不受外界电磁场干扰，误码率低等优点，它是性能比较好的一种信道。

无线电信道由发射机、发射天线、自由空间、接收天线和接收机组成。在无线电信道中，信号以电磁波在自由空间中传输。因为它利用自由空间传输，不需要架设通信线路，因而可以节约大量金属材料并减少维护人员的工作量。这种信道在地方电力系统中应用较多。

除上述几种信道外，卫星通信也在电力系统中得到应用。

第三节 远动系统

一、远动系统（telecontrol system）

远动系统是指对广阔地区的生产过程进行监视和控制的系统，它包括对必需的过程信息的采集、处理、传输和显示、执行等全部的设备与功能。构成远动系统的设备包括厂站端远动装置，调度端远动装置和远动信道。

按习惯称呼的调度中心和厂站，在远动术语中称为主站（master station）和子站（slave station）。主站也称控制站（controlling station），它是对子站实现远程监控的站；子站也称受控站（controlled station），它是受主站监视的或受主站监视且控制的站。计算机技术进入远动技术之后，安装在主站和子站的远动装置分别被称为前置机（front-end processor）和远动终端装置（Remote Terminal Unit，RTU）。图 1-3 是远动系统的功能结构框图。图中上半部分表示前置机的功能和结构，下半部分表示 RTU 的功能和结构。

前置机是缓冲和处理输入或输出数据的处理机。它接收 RTU 送来的实时远动信息，经译码后还原出被测量的实际大小值和被监视对象的实际状态，显示在调度室的 CRT 上和调度模拟屏上，也可以按要求打印输出。这些信息还要向主计算机传送。另外调度员通过键盘或鼠标操作，可以向前置机输入遥控命令和遥调命令，前置机按规约组装出遥控信息字和遥调信息字向 RTU 传送。

RTU 对各种电量变送器送来的 0~5V 直流电压分时完成 A/D 转换，得到与被测量对应的二进制数值；并由脉冲采集电路对脉冲输入进行计数，得到与脉冲量对应的计数值；还把状态量的输入状态转换成逻辑电平"0"或"1"。再将上述各种数字信息按规约编码成遥测信息字和遥信信息字，向前置机传送。RTU 还可以接收前置机送来的遥控信息字和遥调信息字，经译码后还原出遥控对象号和控制状态，遥调对象号和设定值，经返送校核正确后（对遥控）输出执行。

前置机和 RTU 在接收对方信息时，必须保证与对方同步工作，因此收发信息双方都有同步措施。

远动系统中的前置机和 RTU 是一对 N 的配置方式，即主站的一套前置机要监视和控制 N 个子站的 N 台 RTU，因此前置机必须有通信控制功能。为了减少前置机的软件开销，简化数据处理程序，RTU 应统一按照部颁远动规约设计。同时为了保证远动系统工作的可靠性，前置机应为双机配置。

二、远动系统配置的基本模式

远动配置（telecontrol configuration）是指主站与若干子站以及连接这些站的传输链路的组合体。常用的远动配置有下面一些类型。

1. 点对点配置（point-to-point configuration）

主站与子站之间通过专用的传输链路相连接的一种配置，见图 1-4（a）。

2. 多路点对点配置（multiple point-to-point configuration）

控制中心或主站，通过各自链路与多个子站相连的一种配置，主站与各子站可同时交换数据，见图 1-4（b）。

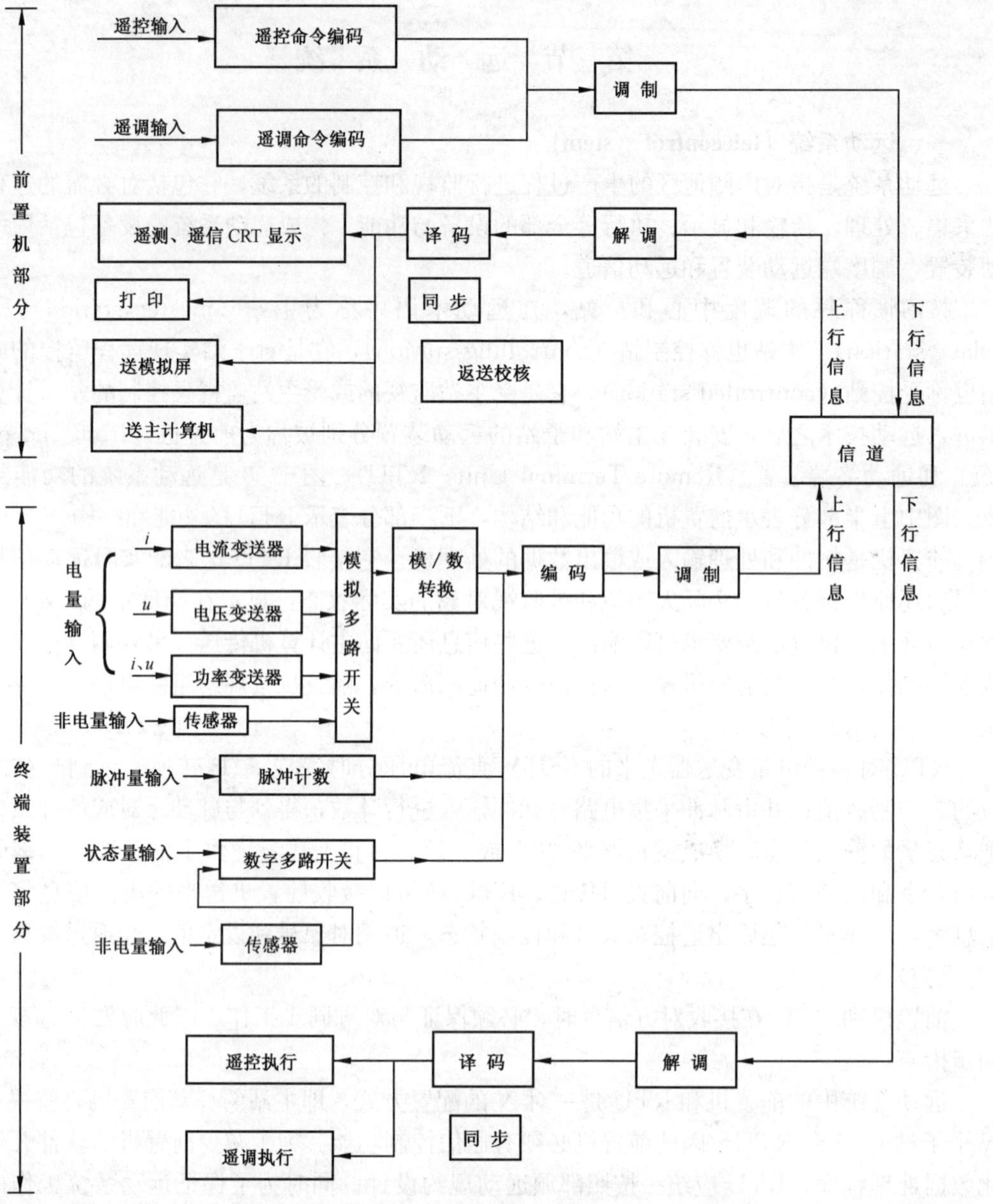

图 1-3 远动系统的功能结构框图

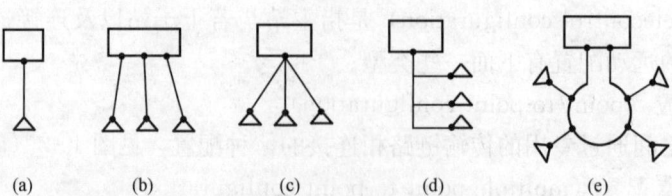

图 1-4 远动配置的类型
(a) 点对点；(b) 多路点对点；(c) 多点星形；
(d) 多点共线；(e) 多点环形

3. 多点星形配置 (multipoint-star configuration)

控制中心或主站与多个子站相连接的一种配置。任何时刻只许一个子站传输数据到主站；主站可选择一个或多个子站传输数据，也可向全部子站同时传输全局性报文，见图 1-4 (c)。

4. 多点共线配置 (multi-partyline configuration)

控制中心或主站通过一公共链路与多个子站相连的一种配置。任何时刻只许一个子站传输数据到主站；主站可选择一个或多个子站传输数据，也可向全部子站同时传输全局性报文，见图 1-4 (d)。

5. 多点环形配置 (multipoint-ring configuration)

所有站之间的通信链路形成环状，控制中心或主站可以通过两条不同的路径与每一子站通信，见图 1-4 (e)。

以上五种配置中，多点共线配置可以节省通信链路，但远动信息的传输只能采用问答传输模式。多点环形配置使主站和子站之间有两条通信链路，可以提高传输的可靠性。

对不同结构的电网，可以根据实际情况，在各个局部选择不同的远动配置，由多种远动配置的组合，比如多点星形和多点共线，构成一个混合配置的完善的远动系统。

远动系统是调度自动化系统的重要组成部分，它是实现调度自动化的基础。

第四节 调度自动化系统

一、调度自动化系统的功能

远动技术在电力系统中的应用，使电力系统的调度工作进入自动化阶段。当远动装置从布线逻辑的全硬件装置发展到计算机化的微机远动装置后，特别是在实现调度自动化的工作中，对计算机技术的广泛应用，便出现了电力系统的调度自动化系统。调度自动化系统由远动子系统、计算机子系统和人机联系子系统组成，见图 1-5。远动子系统负责收集各发电厂、变电站的各种信息，将其传送到调度中心，完成对信息的预处理。同时也可将调度中心的控制命令传送到发电厂或变电站。计算机子系统是以计算机为基础的信息处理系统，它对远动子系统收集到的基础数据作进一步加工处理、分析、计算，为调度人员监视、分析系统运行状态以及对系统运行进行控制提供依据。人机联系子系统包括屏幕显示器、打印机、键盘、鼠标、调度模拟屏等设备，用于向调度人员显示和输出信息，也可以输入调度人员的控制命令。

调度自动化系统按其功能的不同，划分为数据采集和监控系统 SCADA (Supervisory Control And Data Acquisi-

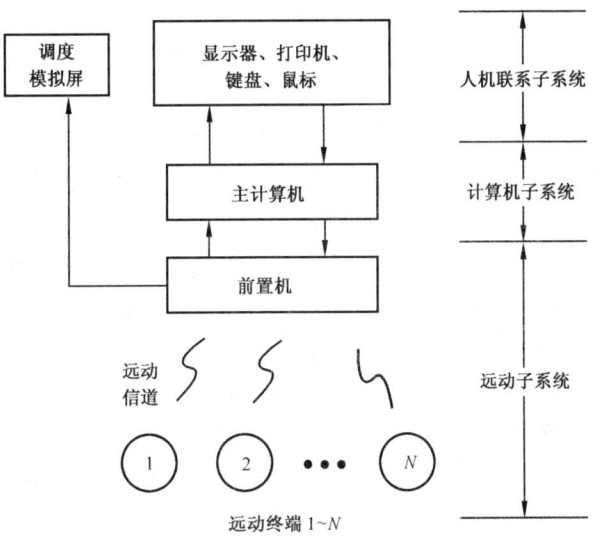

图 1-5 调度自动化系统的组成

tion）和能量管理系统 EMS（Energy Management System）。

SCADA 系统是完成对广阔地区的生产过程进行数据采集、监视和控制的系统，实现对系统的安全监控。它是完成信息收集、处理和控制功能的自动化系统，它通过人机联系子系统的屏幕显示（CRT）和调度模拟屏对电网运行进行在线的安全监视，并有越限告警、记录、打印制表、事故追忆、本系统的自检、远动通道状态的监测等功能，对电网中重要开关进行遥控，对有载调压变压器分接头、调相机、静电电容器等无功功率补偿设备进行自动调节或投切，实现电压监控。依靠 SCADA 系统，调度员可以掌握系统当前的运行工况，实现遥控操作，完成记录、统计、制表等调度日常工作。SCADA 系统的发展，把原来独立存在的频率和有功功率自动调节系统，以 AGC/EDC 软件包的形式和 SCADA 系统结合，使 SCADA 系统增加了自动发电控制（AGC）和经济调度（EDC）功能。

随着电力系统规模的不断扩大，电网结构也更加复杂，系统运行的安全性尤为重要。为了保证电力系统能够安全运行，调度自动化系统不能仅限于对系统正常运行状态下的安全监控，还应该依靠计算机子系统，对系统在实时状态下以及预测的未来状态下的安全水平进行分析和判断，能在正常和事故情况下及时而正确地作出控制决策，这就是电力系统的安全分析（SA）工作。安全分析和对策是在实现网络拓扑结构分析和状态估计的基础上，进行在线潮流计算，目前主要是静态的安全分析。在 SCADA 系统中发展了网络拓扑、状态估计、负荷预测、在线潮流、安全分析、在线调度员培训模拟（DTS）等电力系统高级应用软件（PAS）后，调度自动化系统从 SCADA 系统升级为能量管理系统 EMS，使调度工作从经验型调度上升到分析型调度，提高了电力系统运行的质量、安全性和经济性。

在调度自动化系统形成的前期，主站计算机大多采用双前置机、双后台机的配置方式，称集中式调度自动化系统。这种系统主要着眼于为调度员提供方便，是面向调度员的。当计算机网络技术应用到调度自动化系统之后，主站的计算机从集中式发展为分布式的网络结构，出现了分布式的调度自动化系统。使远动子系统采集到的实时数据和计算机子系统对数据的处理结果，不仅仅供调度室使用，还可以通过网络传送到调度中心的各业务部门，甚至全电力公司，扩大了实时信息的使用范围。

二、调度自动化系统的分层控制

由于电力系统规模大、地域分布辽阔，不可能由一个调度中心对全系统进行集中控制，必须按系统的实际情况，实行分级的控制和管理。我国电力系统的调度控制机构分为五个级别：国家调度，大区网调，省级调度，地区调度和县级调度。由此形成了五级调度自动化系统，各级担负不同的功能。

国家调度的调度自动化系统为 EMS 系统。国家调度通过计算机数据通信与各大区电网控制中心相连，协调、确定大区网间的联络线潮流和运行方式，监视、统计和分析全国电网运行情况。具体功能是：

（1）在线收集各大区网和有关省网的信息，监视大区电网的重要测点工况及全国电网运行概况，并作统计分析、生产报表。

（2）进行大区互联系统的潮流、稳定、短路电流及经济运行计算，通过计算机数据通信校核计算的正确性，并向下传送。

（3）处理所收集的有关信息，作中长期安全、经济运行分析，并提出对策。

大区网调的调度自动化系统也是 EMS 系统。大区网调按统一调度，分级管理原则，负责超高压网的安全运行，并按规定的发用电计划及监控原则进行管理，提高电能质量和经济运行水平。具体功能有：

（1）实现电网的数据收集和监控、经济调度以及有实用效益的安全分析。

（2）进行负荷预测、制定启停机计划和水火电经济调度的日分配计划、闭环或开环地指导自动发电控制。

（3）省（市）间和有关大区网的供受电量的计划编制和分析。

（4）进行潮流、稳定、短路电流及离线或在线的经济运行分析计算，通过计算机数据通信校核各种分析计算的正确性，并上报和下传。

省级调度的调度自动化系统负责省网的安全运行，并按规定的发电计划及监控原则进行管理，提高电能质量和经济运行水平。独立省网和大区网内作为一个独立控制区域，与相邻省网实行联络线控制的省级调度，其功能要求是：

（1）实现电网的数据收集和监控、经济调度以及有实用效益的安全分析。

（2）进行负荷预测、制定启停机计划和水火电经济调度的日分配计划、闭环或开环地指导自动发电控制。

（3）地区间和有关省网的供受电量的计划编制和分析。

（4）进行潮流、稳定、短路电流及离线或在线的经济运行分析计算，通过计算机数据通信校核各种分析计算的正确性，上报和下传并提供给运行方式部门作为计划编制依据。

由大区网调统一调度的省级调度，若不存在与相邻省网的联络线控制问题，则除离线的经济调度外，不需要自动发电控制功能，其余功能与上面所述的独立省网的功能相同。

地区调度自动化系统一般为 SCADA 系统，对容量大、地域广、站点多且分散的地区调度，除少量直接监控站点外，宜采用由若干个集控站将周围站点信息汇集、处理后送地区调度的方式，避免信息过于集中，处理困难，并有利于节省通道，简化远动制式，促进无人站的实施。地区调度自动化系统的具体功能是：

（1）实现所辖地区的安全监控。

（2）对所辖有关站点（直接站点和集控站点）的开关远方操作、变压器分接头的调节和电力电容器的投切等。

（3）用电负荷管理和自动投切。

县级调度是近年来随着农村电气化的发展而建立起来的。县级电网正在逐步改进和完善，初步建立的通信系统为实现调度自动化提供了基本条件。根据县级电网供电量和供电方式的差别，以及按五年规划末的最大供电负荷和电网结构形式，县级电网调度所可以分为超大型、大型、中型、小型四个等级。等级划分必须同时具备县网容量和厂站数两个条件。县级调度自动化系统的基本功能是：数据采集、安全监控、功率总加、电能量总加、汉字制表打印、汉字 CRT 显示及操作、模拟屏显示、数据转发。负荷管理对县级调度较为重要，应在调度自动化系统中实现。

网调、省级调度、地区调度和县级调度都必须具有向上级调度传送本地区信息或转送上级调度所辖厂、站有关信息的功能。

调度自动化系统采用分层控制，大大减少了信息传输量，从而减轻了上级调度中心的负担，使系统的响应速度和可靠性提高，设备的投资降低，系统的可扩性更好。

三、调度自动化系统基本指标

调度自动化系统按功能划分为 SCADA 系统和 EMS 系统。本书主要介绍电力系统远动，所以对调度自动化系统中的 AGC/EDC、SA 等 PAS 功能不作介绍，书中后续章节所提到的调度自动化系统，均指完成安全监控的 SCADA 系统，即地调、县调大量使用的调度自动化系统。

调度自动化系统是保证供电质量，使电网安全经济运行的重要手段。调度自动化系统只有达到实用水平，并成为生产力，才能充分发挥其效益。SCADA 系统的基本指标包括以下内容：测量量的综合误差及遥测合格率；开关量的遥信正确率，遥控遥调正确率，站间事件顺序记录分辨率；屏幕显示的分辨率；通信道的传输速率，频谱，工作方式，通信规约，误码率；远动终端的工作方式，遥测、遥信、遥控、遥调容量，站内事件顺序记录分辨率，A/D、D/A 转换误差；模拟屏接口方式；系统响应的时间指标，如开关变位传至主站的时间、遥测全系统扫描时间、画面响应时间、遥控遥调命令响应时间等；系统可用率及平均无故障运行时间；地区负荷总加完成率；直接调度的变电站远动装置安装投运率；不停电电源可维持供电的时间等。

第二章 远动信息传输规约

第一节 远动信息传输系统

一、数字通信系统模型

传输数字信号的通信系统，称为数字通信系统。远动系统中传送的各种远动信息，在进入远动信道之前已经由远动装置将它们全部变成二进制的数字信号，所以传输远动信息的传输系统属数字通信系统。图 2-1 是数字通信系统模型。下面结合远动信息中遥测信息和遥信信息的传送加以说明。

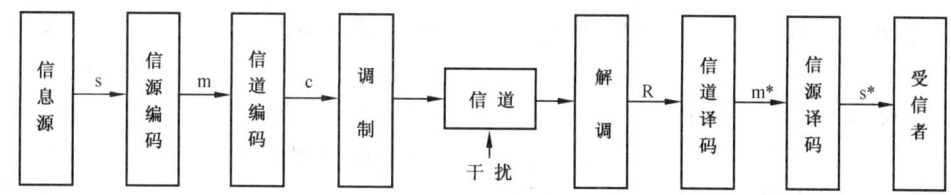

图 2-1　数字通信系统模型

信息源的作用是把消息转换成信号输出。对遥测信息和遥信信息来讲，信息源的作用是将电流、电压等被测量的数值，以及开关的分合状态等消息，以信号形式输出。信息源的输出或是连续变化的模拟信号，或是离散的数字信号，用 s 表示。

信源编码可以对信息源发出的模拟信号完成模/数转换，得到它所对应的数字信号。然后对这些数字信号以及 s 中原有的数字信号进行编码，在信源编码的输出得到一串离散的数字信息。在远动系统中，它是二进制的数字信息序列，记为 m。序列中的每一位"0"或"1"称为一位码元。信源编码除完成将模拟信号数字化外，主要任务是提高数字信号传输的有效性。为此要达到两点要求：一是使代表信息源输出 s 的码元数尽可能少；二是能够从信息序列 m 重现信息源的输出 s。比如当信息源输出为四个状态的数字信号时，经信源编码处理，输出两位二进制数的信息序列则可以达到上述要求。

信道编码的作用是按照一定的规则，在信息序列 m 中添加一些冗余码元，将信息序列 m 变成较原来更长的二进制数字序列 c，称它为码字。因为信源编码产生的信息序列 m 不具有抗干扰能力，所以通过信道编码是为了提高信息序列 m 的抗干扰能力，也就是提高数字信号传输的可靠性。信道编码也称差错控制编码。

调制的作用是将用数字序列表示的码字 c，变换成适合于在信道中传输的信号形式，送入信道。电力系统远动中，常采用数字调频或数字调相的方法，将码字 c 中的"0"或"1"码元，变成两种不同频率或两种不同相位的正弦交流信号。

信道是传输信号的通道。远动信道可以有复用电力线载波信道、微波信道、光纤信道等。

信道中存在着各种类型的干扰，如雷、电、电弧、无线电台频率干扰等，不同的信道有不同的干扰源。码字在信道中传送时受到干扰的情况可以用错误图样描述。错误图样用一串二进制数字序列表示，序列的长度与发送码字相同。凡是发送码字在信道中受到干扰的码元，在错误图样的对应位置上表示为"1"；未受干扰的码元，在错误图样的对应位置上表示为"0"。

解调的作用是把从信道接收到的两种不同频率或两种不同相位的正弦交流信号，还原成数字序列。解调后输出的数字序列称为接收码字，记作 R。如果发送码字 c 在信道中受到干扰，接收码字 R 和发送码字 c 将不相同。例如发送码字 c=10101，信道干扰对应的错误图样 E=10010，则接收码字 R=00111。不难看出，R=c⊕E。

信道译码是根据信道编码规则，对接收码字进行译码校验，达到检出或纠正接收码字 R 中错误码元的目的，并产生出估计与发送码字 c 对应的接收码字 c^*。再从 c^* 中还原出估计与信息序列 m 对应的 m^*。

信源译码是根据信源编码规则，变接收信息序列 m^* 为信息源输出 s 的对应值 s^*，并送给受信者予以显示或打印等。

如果信道无干扰，或干扰引起的错误在信道译码中是可纠正的，则 c^*、m^*、s^* 分别为 c、m、s 的重现。

信道中的干扰总是存在的。如果干扰对码字中某个码元的影响是独立的，与前后码元无关，这种干扰称为随机干扰。如果干扰一旦发生，便同时引起码字中前后某些码元的错误，使错误之间具有相关性，这种干扰称为突发干扰。突发干扰的大小用突发长度 b 进行描述。突发长度 b 等于一次干扰引起的一串错误中，第一个错误码元和最后一个错误码元之间的码元总数。

二、通信方式

当通信在点与点之间进行时，按照信息传输的方向，以及是否能双向进行，通信方式可分为单工通信、半双工通信及全双工通信三种，见图 2-2。

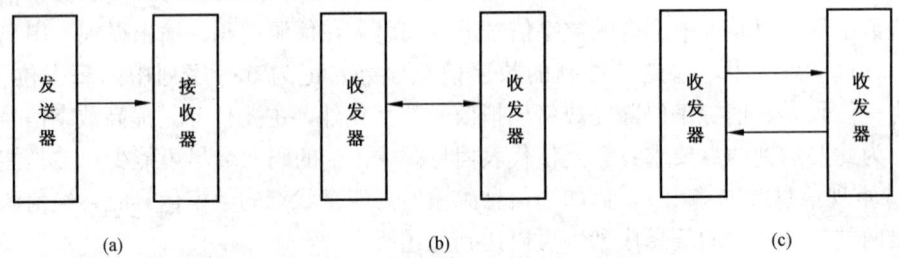

图 2-2　三种串行通信方式
(a) 单工通信；(b) 半双工通信；(c) 全双工通信

单工通信是指信息的传输始终是一个方向，不能进行与此相反方向的传输。单工通信线路一般采用二线制。

半双工通信指信息可以在两个方向上传输，但某一时刻只限于一个方向，不能同时进行双向传输。半双工通信采用二线制线路。

全双工通信指信息可以同时作双向传输。全双工通信线路一般采用四线制，若采用频率分割法可用二线制线路。

SCADA 系统中远动信息的通信方式应当采用全双工通信方式或半双工通信方式。

三、数字通信系统的质量

从信号传输的角度分析，通信系统的质量指标主要是信号传输的有效性和信号传输的可靠性。信号传输的有效性是指在给定的信道内能够传输信息内容的多少；可靠性是指在给定的信道内接收到信息的准确程度。对数字通信系统，传输有效性用传输速率来衡量，传输可靠性用差错率来衡量。

系统的传输速率可以用码元传输速率来衡量，也可以用信息传输速率来表征。码元传输速率被定义为每秒钟传送码元的数目，单位为波特（Bd，Baud）。波特是定宽度离散时间信号码元或数字信号的调制率单位或传输率单位。信息传输速率被定义为每秒钟传送的信息量，单位为比特/秒（bit/s），是比特传送的速率，称比特率。

比特是计算信息量的单位，一个消息出现的概率越小，它的信息量就越大。消息的信息量的计算式为

$$I = \log_2 \frac{1}{P} \quad (\text{bit}) \tag{2-1}$$

式中　P——消息出现的概率；

I——该消息发生时所得的信息量。

如果有 N 个等概率的消息，便可以用一位 N 进制码元来表示，这时每个消息出现的概率 $P = \frac{1}{N}$。由式（2-1）可以得到，一个用 N 进制符号表示的消息，它的信息量是

$$I = \log_2 N \quad (\text{bit}) \tag{2-2}$$

远动系统中每个码元都取二进制符号，所以每个码元的信息量为 1bit，即

$$I = \log_2 2 = 1 \quad (\text{bit}) \tag{2-3}$$

因此远动系统中每秒钟传送的码元数和每秒钟传送的信息量在数值上相等。换句话说，码元传输速率与信息传输速率在数值上相等。

数字通信系统内的传输可靠性用差错率来衡量。差错率有两种表述方法：误码率及误信率（又称误比特率）。误码率等于错误接收的码元数与传送的总码元数之比，用 p_e 表示。误比特率等于错误接收的信息量与传送信息总量之比，用 p_{eb} 表示。

SCADA 系统中，信号的传输速率用码元传输速率来表示，可以取 300、600Bd 或 1200Bd。差错率用误码率表示，要求在信噪比为 17dB 时，满足误码率不大于 10^{-5}。

第二节　串行通信及传输控制规程

一、异步通信

串行通信中，有异步通信和同步通信两种最基本的通信方式。

异步通信的字符格式见图 2-3，图中信号的传送次序为从右至左。

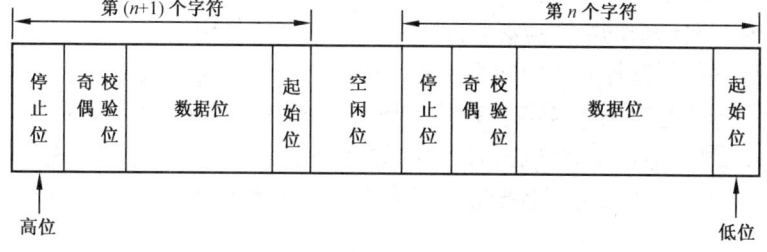

图 2-3　异步通信的字符格式

异步通信按字符传送，每个字符以起始位开始，以停止位结束。起始位占一位，取逻辑"0"；停止位可以是一位、一位半或两位，取逻辑"1"；数据位可以选择 5、6、7 或 8 位组成；需要奇偶校验位时，可选择一位奇校验位或一位偶校验位，当然也可以选择无奇偶校验位。字符传送时，可以一个字符紧接着一个字符传送，也可以用任意数目的空闲位（逻辑"1"）延续两字符之间的间隔。

异步通信中每个字符的起始位都起到对该字符的位同步作用，使频率的漂移不会积累。但由于每个字符需多占用 2~3 位开销，使异步通信的传输效率降低。

异步通信时，收发双方必须设置相同的字符格式。

二、同步通信

同步通信的格式见图 2-4，图中信号的传送次序为从右至左。

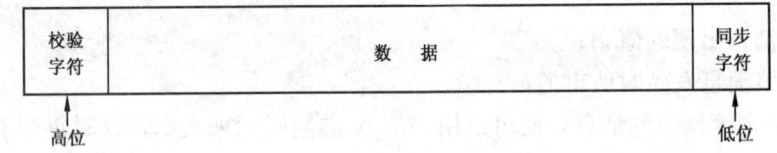

图 2-4 同步通信格式

同步通信以同步字符作为传送开始，字符与字符之间不允许有空隙，当线路空闲或没有字符可发时，发送同步字符。同步字符可以选择单同步字符，也可以选择双同步字符，且同步字符的取值由用户自己确定。当选择双同步字符时，两个同步字符可以相同，也可以不相同。数据由若干个字符组成，组成数据的每个字符可以选择 5、6、7 或 8 位。每个字符可以选择一位奇校验位或一位偶校验位或无奇偶校验位。数据后面的校验字符，用来校验数据在传输过程中是否出现差错。

同步通信时，收发双方必须设置相同的同步字符，另外收发双方必须保证有同步的时钟，由它们分别控制信号的发送和接收。

三、传输控制规程

在计算机串行通信中，通信双方距离远，且相互传送的都是二进制的数字信号。为了使通信的双方能正确接收对方送来的数字信号，并理解对方送来的数字信号所代表的含义，通信的双方之间应该有一系列约定。这些约定就是传输控制规程或称通信控制规程，在计算机网络术语中称为协议。

传输控制规程分为面向字符的传输控制规程和面向比特的传输控制规程两大类。异步通信的传输控制是面向字符的；同步通信的传输控制可以面向字符，也可以面向比特。这些传输控制规程可用于点对点式的连接方式或多点式连接方式。在计算机网络中，传输控制规程属于链路级和物理级通信协议。

异步通信时，要传送的数据位必须加上起始位和停止位构成字符，然后一个字符一个字符地传送。所以这种传输控制是面向字符的，可以把每个字符看成是一个成帧的数据，自成一帧，并由字符中的起始位各自实现字符同步，从而允许字符之间有间隔。字符中的数据位取 5~8 位之间的某个值，由要发送的数据的类型决定。比如发送 ASCII 数据时，可采用标准的 7 位 ASCII 码；发送二进制数据时，可采用 8 位数据位，将要发送的数据变成多个字符发送。

同步通信的传输控制规程有面向字符的双同步通信协议（BSC）、面向比特的同步数据链路控制协议（SDLC）和面向比特的高级数据链路控制协议（HDLC）三种。

双同步通信协议是面向字符的，就是说每个字符有指定的边界。每个字符的位数可以为 5、6、7 位或 8 位，并可以后跟一个奇校验位或偶校验位。但它与面向字符的异步通信不同的是，字符中没有起始位和停止位，所以没有给每个字符提供同步位，不具有异步通信时每个字符自成一帧，各自实现字符同步的特点。因此传送时字符之间不允许有空隙，当无字符可发时发送同步字符。双同步通信时，所有发送数据流的开头，有两个同步字符，接收器在等待数据流开始到达时，处于搜索工作状态，搜索所有到来的信号中是否有同步字符。同步字符是接收器的"唤醒"信号，接收器只有在检测到同步字符后，才开始对到来的数据流中各位计数，并按字符的规定位数识别出一个一个的字符。双同步通信的数据流中还包含有校验字符，校验字符按循环冗余校验或纵向冗余校验等方法产生。所以双同步通信时，一帧信息由同步字符，数据块和校验字符构成，其中数据块的字符数是可多可少的。

SDLC/HDLC 的帧格式见图 2-5。在 SDLC/HDLC 控制下传输的数据，称为信息字段 I。信息字段是串行二进制数字流，可取从零位到最大数据位（由存储器容量等限制）的任意长度位。该数据流是面向位的，即数据没有字符边界。标志序列 F 由固定的 8bit 序列 01111110 组成，表示一帧的开始与结束，在接收过程中标志序列又作为同步字符使用。为了保证标志序列的唯一性，在发送和接收时，分别采用了"0bit 插入"和"0bit 删除"技术。即发送端检查 2 个标志序列之间的全部帧内容，发现有 5 个连续的"1"时，在其后插入 1 个"0"。接收端收到 5 个"1"时，自动删去后面的"0"。采用 SDLC/HDLC 规程进行信息传输时，有主站与次站之分，主站发送命令帧，接收响应帧；次站接收命令帧，发送响应帧。地址字段 A 是次站的地址，对于命令帧是指接收命令帧的次站地址，对于响应帧是指发送该响应帧的次站地址。控制字段 C 用来说明各种不同帧的帧类别和帧序号，以便对链路进行监视和控制。帧校验序列 FCS 采用 16 位循环冗余校验码进行差错控制，由生成多项式 $g(x) = x^{16} + x^{12} + x^5 + 1$，对地址字段、控制字段和信息字段的位组合进行运算得到。

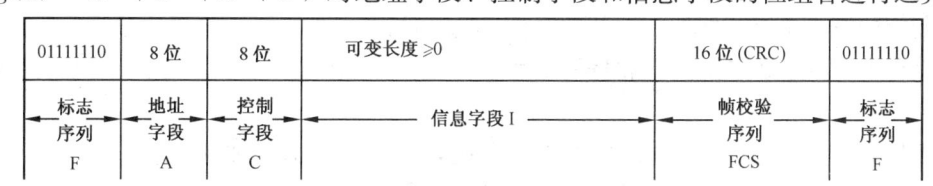

01111110	8位	8位	可变长度≥0	16位 (CRC)	01111110
标志序列 F	地址字段 A	控制字段 C	信息字段 I	帧校验序列 FCS	标志序列 F

图 2-5　SDLC/HDLC 的帧格式

在微型计算机系统中，串行通信依靠串行接口芯片实现，不同的芯片可以支持不同的传输控制规程。比如 ins8250 芯片只支持面向字符的异步通信的传输控制规程；intel8251 芯片同时支持异步通信和同步通信的面向字符的传输控制规程；intel8274 芯片、intel82530 芯片等还可以支持 SDLC 和 HDLC 传输控制规程。

第三节　远动信息的循环式传输规约

在远动系统中，为了正确地传送和接收信息，必须有一套关于信息传输顺序、信息格式和信息内容等的约定，这一套约定称为规约或协议（protocol）。

当远动信息的传输采用循环传输模式时，信息传输的帧结构、信息字结构和传输规则等各种约定，应遵照部颁的循环式传输规约，也称为循环式远动规约。

一、帧结构

循环式远动规约的帧结构见图 2-6。每帧远动信息都以同步字开头，并有控制字，除少数帧外均应有信息字。信息字的数量依实际需要设定，因此帧的长度是可变的。但同步字、控制字和信息字都由 48 位二进制数组成，字长不变。

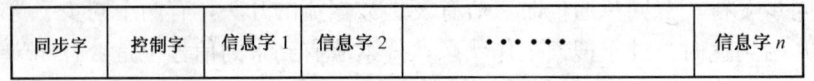

图 2-6 循环式远动规约的帧结构

同步字标明一帧的开始，它取固定的 48 位二进制数。为了保证同步字在通道中的传送顺序为三组 EB90H（111010111001 0000），写入串行口的同步字为三组 D709H（1101011100001001）。

控制字和信息字中都包含有 8 位校验码，构成（48，40）码组，生成多项式 $g(x) = x^8 + x^2 + x + 1$，陪集码为 FFH。

控制字由 6 个字节组成，它们是控制字节、帧类别、信息字数 n、源站址、目的站址和校验码字节，见图 2-7。其中第 2～5 字节用来说明这一帧信息属于什么类别的帧、包含多少个信息字、发送信息的源站址号和接收信息的目的站址号。

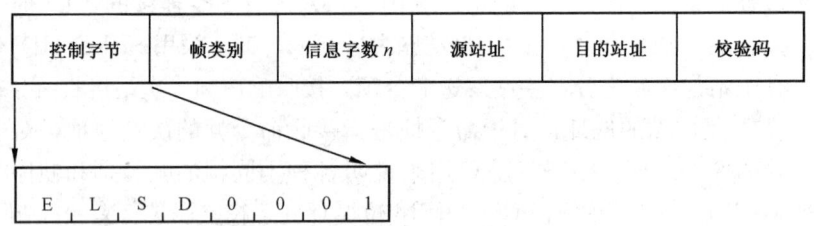

图 2-7 控制字和控制字节的组成

控制字的第一个字节即控制字节的 8 位，后 4 位固定取 0001，前四位分别为扩展位 E，帧长定义位 L，源站址定义位 S 和目的站址定义位 D，见图 2-7。前 4 位用来说明控制字中第 2～5 字节。

扩展位 E=0 时，控制字中帧类别字节的代码，取本规约已定义的帧类别，见表 2-1；E=1 表示帧类别代码可以根据需要另行定义，以满足扩展功能的要求。帧长定义位 L=0，表示控制字中信息字数 n 字节的内容为 0，即本帧没有信息字；L=1 表示本帧有信息字，信息字的个数等于控制字中信息字数 n 字节的值。源站址定义位 S 和目的站址定义位 D 不能同时取 0，若同时为 0，则控制字中的源站址字节和目的站址字节无意义。在上行信息中，S=1 且 D=1 时，

表 2-1   帧类别代码定义表

帧类别代码	定义		帧类别代码	定义	
	上 行 E=0	下 行 E=0		上 行 E=0	下 行 E=0
61H	重要遥测（A 帧）	遥控选择	57H		设定命令
C2H	次要遥测（B 帧）	遥控执行	7AH		设置时钟
B3H	一般遥测（C 帧）	遥控撤销	0BH		设置时钟校正值

续表

帧类别代码	定义 上行 E=0	定义 下行 E=0	帧类别代码	定义 上行 E=0	定义 下行 E=0
F4H	遥信状态（D1帧）	升降选择	4CH		召唤子站时钟
85H	电能脉冲计数值（D2帧）	升降执行	3DH		复归命令
26H	事件顺序记录（E帧）	升降撤销	9EH		广播命令

表示控制字中源站址字节的值是信息始发站的站号，即子站站号，目的站址字节的值代表主站站号。在下行信息中，S=1 且 D=1 时，表示源站址字节的值代表主站站号，目的站址字节的值代表信息到达站的子站站号；若 S=1 但 D=0 表示目的站址字节的内容为 FFH，此时是主站发送广播命令，所有站同时接收并执行此命令。

二、信息字结构

每个信息字由6个字节组成，见图2-8。其中第一个字节是功能码字节，第2～5字节是信息数据字节，第6字节是校验码字节。

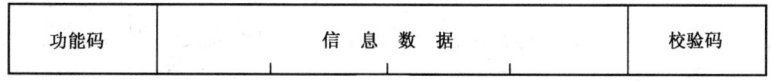

图2-8 信息字结构

功能码字节的8位二进制数可以取256种不同的值，对不同的信息字其功能码的取值范围不同。功能码的分配情况见表2-2。

表2-2   功能码分配表

功能码代号	字 数	用 途	信息位数	容 量
00H-7FH	128	遥测	16	256
80H-81H	2	事件顺序记录	64	4096
82H-83H		备用		
84H-85H	2	子站时钟返送	64	1
86H-89H	4	总加遥测	16	8
8AH	1	频率	16	2
8BH	1	复归命令（下行）	16	16
8CH	1	广播命令（下行）	16	16
8DH-92H	6	水位	24	6
93H-9FH		备用		
A0H-DFH	64	电能脉冲计数值	32	64
E0H	1	遥控选择（下行）	32	256
E1H	1	遥控返校	32	256
E2H	1	遥控执行（下行）	32	256
E3H	1	遥控撤销（下行）	32	256
E4H	1	升降选择（下行）	32	256
E5H	1	升降返校	32	256

续表

功能码代号	字　　数	用　　途	信息位数	容　　量
E6H	1	升降执行（下行）	32	256
E7H	1	升降撤销（下行）	32	256
E8H	1	设定命令（下行）	32	256
E9H	1	备　用		
EAH	1	备　用		
EBH	1	备　用		
ECH	1	子站状态信息	8	1
EDH	1	设置时钟校正值（下行）	32	1
EEH - EFH	2	设置时钟（下行）	64	1
F0H - FFH	16	遥信	32	512

信息字可以分为上行信息字和下行信息字。从表 2-2 可以看出，上行信息字包括遥测、总加遥测、电能脉冲计数值、事件顺序记录、水位、频率、子站时钟返送和子站状态信息等。下行信息字包括遥控命令、升降命令、设定命令、复归命令、广播命令、设置时钟命令和设置时钟校正值命令等。不同的信息字除功能码取值范围不相同外，信息字中第 2～5 字节（信息数据字节）的各位含义不一样。这里仅以遥测信息字和遥信信息字为例说明，其余信息字将在相关章节中介绍。

遥测信息字的格式见图 2-9。它们的功能码取值范围是 00H-7FH，每个遥测信息字传送两路遥测量，所以遥测的最大容量为 256 路。如图 2-9 所示，b11～b0 传送 1 路遥测量的值，以二进制码表示。其中 b11 表示遥测量的符号位，b11 取 0 时，遥测量为正；b11 取 1 时，遥测量为负，其值为二进制补码。b14=1 表示溢出。b15=1 表示数无效。

遥信信息字的格式见图 2-10。它们的功能码取值范围是 F0H-FFH，每个遥信信息字传送两个遥信字。一个遥信字包含 16 个状态位，所以遥信的最大容量为 512 路。当遥信信息字中的状态位 $b_i=0$ 时，表示断路器或隔离开关状态为断开、继电保护未动作；$b_i=1$ 表示断路器或隔离开关状态为闭合、继电保护动作。

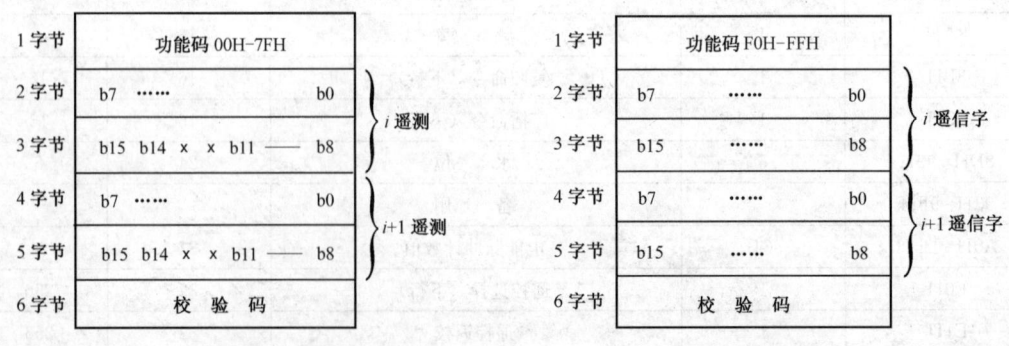

图 2-9　遥测信息字格式　　　　图 2-10　遥信信息字格式

三、帧的组织方式

在循环式远动规约中，远动信息按其重要性和实时性要求，分为 A、B、C、D 帧（D1 帧与 D2 帧）和 E 帧五种不同的帧。这些帧在循环时间上有不同要求，所以应正确安排各种帧的传送顺序，并控制一帧中信息字的数量。

上行信息的优先级排列顺序和传送时间要求如下：子站收到主站的召唤子站时钟命令后，在上行信息中优先插入两个返送信息字，即子站时钟信息字和等待时间信息字，插入传送一遍；变位遥信和子站工作状态变化信息，以信息字为单位优先插入传送，连送三遍，并要求在 1s 内送到主站；遥控、升降命令的返送校核信息，以信息字为单位插入传送，连送三遍；重要遥测量安排在 A 帧传送，循环时间不大于 3s；次要遥测量安排在 B 帧传送，循环时间一般不大于 6s；一般遥测量安排在 C 帧传送，循环时间一般不大于 20s；遥信状态信息，包含子站工作状态信息，安排在 D1 帧定时传送；电能脉冲计数值安排在 D2 帧定时传送；事件顺序记录（Sequence of Events，SoE）安排在 E 帧，以帧插入方式传送三遍。D1、D2 帧传送的是慢变化量，以几分钟至几十分钟的周期循环传送。E 帧传送的事件顺序记录是随机量，同一个事件顺序记录应分别在三个 E 帧内重复传送三次。

下行命令的优先级排列如下：召唤子站时钟、设置子站时钟校正值、设置子站时钟；遥控选择、执行、撤销命令；升降选择、执行、撤销命令；设定命令；广播命令；复归命令。下行命令是按需要传送，非循环传送。当下行通道中不发命令时，应连续发送同步码。

在满足规定的循环时间前提下，帧系列可以根据要求任意组织。对于 A、B、C、D1、D2 帧，可以按要求的循环时间，固定各帧的排列顺序循环传送。如按 ABACABACABAD1ABACABACABAD2 的顺序循环。对 E 帧在需要传送时，可以用帧插入方式将 E 帧插入到原来的帧系列中，取代原有的某一帧传送，见图 2-11。图示的帧系列中无 C 帧，D1 帧、D2 帧在方框处传送，D1 帧循环次数为 D2 帧两倍，E 帧取代 A 帧传送三次。变位遥信，对时的子站时钟返送信息，遥控、升降命令的返校信息是以信息字为单位的。当需要返送时，是将信息字插入到原来帧系列中的某一帧里面传送。如果插入到 A、B、C、D1 或 D2 帧中，插入的信息字将取代原来的信息字，保持原来的帧长度不变；如果插入到 E 帧，则应在 SOE 完整字之间插入，不取代原来的 SOE 字，使帧的长度变化，见图 2-12 和图 2-13。

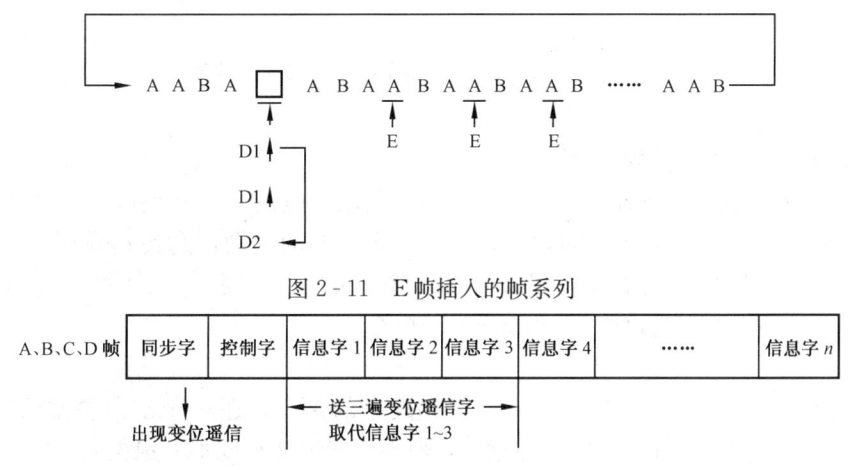

图 2-11 E 帧插入的帧系列

图 2-12 变位遥信字插入传送之例

四、帧结构的简化

部颁的循环式远动规约由于采用可变帧长度、多种帧类别循环传送，使每帧中对控制字的识别尤为重要，一旦控制字出错，将丢失一帧信息。在国产的远动装置中，一种较简单的

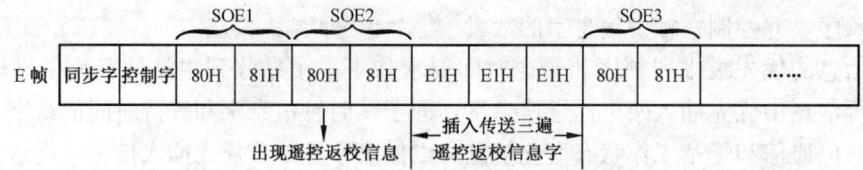

图 2-13 遥控返校信息字插入传送之例

循环式远动规约也常使用，这种规约对帧结构作了简化处理，它的帧结构如图 2-14 所示。和图 2-6 比较可以看出，这种帧结构中取消了控制字，增加了慢变化字。

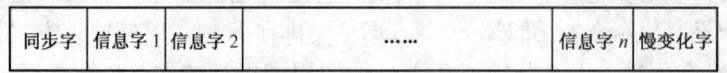

图 2-14 简化的帧结构

控制字的取消，使这种帧结构的帧长度不可变，并且不能选择多种帧类别。所以当用户把远动信息的容量确定后，帧结构中信息字的数量 n 也被确定，每帧都按 $(n+2)$ 个字的长度，以一种不变的帧结构循环传送。

帧结构中的信息字 1～信息字 n 传送遥测量。其中偶数点信息字传送重要遥测量，奇数点传送非重要遥测量。当出现变位遥信和事件顺序记录时，在奇数点插入传送，取代非重要的遥测量，插入传送三遍。慢变化字用来传送遥信、电能脉冲计数值、频率、水位等变化较慢的、更新周期比较长的量。慢变化量每帧只发送一个信息字，因此如果有 N 个慢变化量，它们的更新周期将是 N 帧。

除上述区别外，这种规约的同步字、信息字结构、校验码生成规则都满足部颁规约 DL 451—1991 的约定。

这种简化帧结构的规约，实现了重要遥测量的更新周期短，非重要遥测量和慢变化量的更新周期长；变位遥信可以立即插入传送，事件顺序记录也可以插入传送。然而在帧的组织上失去灵活性，但软件编制较简单。

第四节 远动信息的问答式传输规约

一、我国《问答式远动规约（试行）》

从 1985 年起，我国的华北、华中、东北和华东四个电网先后从英国西屋公司引进四套电网调度自动化系统。该系统中 μ4FRTU 与前置机之间的远动信息传输采用 polling 方式。为了适应四大网引进工作的需要，1986 年水利电力部制定了我国《问答式远动规约（试行）》。问答式远动规约有时也称为 polling 远动规约。

1. 规约中的有关定义

报文：polling 方式中，无论是主站向子站发送的命令，还是子站向主站回送的数据，都称为报文。每个报文含有一个完整的意义，但不同的报文长度不一定相同。

类型与类别：类型指数据的不同分类。数据的类型分为模拟量、状态量、状态变化量（即变位遥信）、时标量（即事件顺序记录）等。类别指数据或信息依其不同扫描周期划分为 0，1，2，3，4，5，6，7 类。对各种类型的数据要分别指定属于某一类别，任一类别的扫描周期可由外面输入定义。时标量定义为类别 8。

模块：一台 RTU 由若干模块构成，每个模块由特定的地址说明，模块地址通常占一个字节，但只用其中的低五位表示。这里的模块是逻辑概念而不是物理概念。一个物理概念的模块（指一个印制板）可以占一个模块地址，也可以占两个模块地址；与此同时，一个地址的模块也可能由好几块印制板构成。

RTU 与前置机之间采用异步通信方式，字符格式是：一位起始位，一位停止位，无奇偶校验位，每个字符八位数据位。

2. 报文的格式

本规约中的报文，可分为三种报文格式：主站向子站询问的报文格式；子站向主站回答确认或否定确认的报文格式；主站向子站或子站向主站传送数据的报文格式。

主站向子站询问的报文格式见图 2-15，我们称它为报文格式 1。报文的第一字节为子站地址，可以取 00H-FEH。当 RTU 地址取 FFH 时，该询问报文为广播命令，它是面向全部子站设备的操作命令，所有子站都要接收。第二字节报文类型可以取 05H 和 1AH。当报文类型代码为 05H 时，该报文为类别询问报文；为 1AH 时，该报文为重复询问报文，报文格式分别见图 2-16 和图 2-17。类别询问报文的数据区为一个字节，称询问类别，它的 8 位与 8 种类别对应。当主站希望收集某几个类别的变化数据时，就将询问类别字节的某几位置“1”。如果询问第 8 类别的数据，就将询问类别字节置成全“0”。重复询向报文的数据区为两个字节，称重复询问类别标志和询问类别标志。当主站发出的类别询问报文没有收到子站的正确回答时，主站向子站发送重复询问报文。重复询问报文中的重复询问类别标志是原先发送的类别询问报文中询问类别字节的重复。该报文中的询问类别标志字节某位为“1”，表示原来发送的类别询问报文中没有询问的类别，这一次需要询问。报文的校验码为一个字节。

RTU 地址
报文类型
数据区（1~2 字节）
校验码

图 2-15　报文格式 1

RTU 地址
05H
询问类别
校验码

图 2-16　类别询问报文

RTU 地址
1AH
重复询问类别标志
询问类别标志
校验码

图 2-17　重复询问报文

RTU 地址
报文类型
类别标志

图 2-18　报文格式 2

子站向主站回答确认或否定确认的报文格式见图 2-18，我们称它为报文格式 2。这两种报文都是三个字节，第一字节为子站地址，取 00H-FEH。第二字节报文类型取 06H 时，为确认报文，它表示子站正确收到主站的命令；取 15H 时，为否定确认报文。第三字节类别标志字节的 0～7 位，与数据类别的 0～7 类相对应。如果 RTU 中某一类别的数据有变化，在子站向主站的回答报文中，将类别标志字节中的对应位置成“1”，数据无变化的类别，对应位取“0”。这种报文不带校验字节。

传送数据的报文格式见图 2-19，我们称它为报文格式 3。它用于主站向子站传送数据，

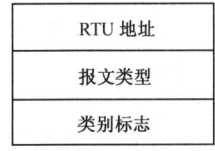

图 2-19 报文格式 3

也用于子站向主站传送数据。报文的第一字节为子站地址。第二字节的 8 位中只用低 6 位作为报文类型的代码。高两位在主站向子站的报文中没有定义；在子站向主站的报文中，最高位为"1"表示子站有事件顺序记录（即类别 8）要向主站报告，次高位为"1"表示子站的随机存储器出错。第三字节指出报文中数据区的字节数。在主站向子站的报文中，第三字节的取值范围是 00H - FBH。在子站向主站的报文中，数据区至少包含一个类别标志，它是数据区的第一个字节，类别标志字节的某一位为"1"时，表明子站某一类别的数据有变化，需要向主站报告，因此数据区长度 N 的取值可为 01H - FBH。报文的校验码为两个字节。

3. 报文分类

主站向子站发送的命令共有 24 条，按功能可分为查询命令，送参数命令，控制命令和专用命令四大类。表 2-3 中列出了 24 种命令的分类、各种命令的名称、报文类型码和报文字节数。

表 2-3　　　　　　　　　主站—子站的命令报文表

命令分类	命 令 名 称	报文类型	报文字节数
查询命令	召唤故障模块	02H	5
	类别询问	05H	4
	类别更新	0BH	6
	请求数据报文	0DH	可变
	召唤事件记录数据	0FH	7
	重复询问	1AH	5
	查询参数组号	2EH	5
送参数命令	设定 RTU 各模块工作方式	03H	可变
	发送压缩因子	04H	13
	设置时钟	0CH	11
	设置回答的数据区最大长度	10H	6
	发送扫描频率	11H	13
	发送滤波系数	13H	13
	指定参数组号	2DH	6
控制命令	复位 RTU	01H	5
	停止 RTU 扫描	07H	5
	允许 RTU 扫描	08H	5
	停止 I/O 模块扫描	09H	可变
	允许 I/O 模块扫描	0AH	可变
	电源合闸确认	12H	5
专用命令	诊断报文	0EH	可变
	同步命令	14H	5
	预同步命令	19H	9
	带返送校核的遥控命令	1EH	9

查询类命令用于主站查询 RTU 状态和要求 RTU 传送某些数据。它可以完成如下功能：对 RTU 按类别进行询问；召唤 RTU 的故障模块表；召唤 RTU 的事件顺序记录数据；询问 RTU 的参数组号和向 RTU 发送数据。

送参数命令用于刚加电时，对 RTU 的参数进行初始化。它可以完成的功能是：设定 RTU 各模块工作方式；指定 RTU 的参数组号；设置 RTU 回答询问的报文中数据区的最大长度；设置 RTU 的时钟（年、月、日、时、分、秒）；向 RTU 发送压缩因子、扫描频率和滤波系数。

控制命令用来对 RTU 的工作状态进行控制。其功能是：复位 RTU，使 RTU 重新启动程序；使 RTU 停止扫描或在电源恢复供电时，使 RTU 无条件进行扫描；对 I/O 模块中所指定的某些量停止扫描或恢复扫描；对 RTU 发来的电源合闸报文进行确认。

专用命令中的诊断报文是通过发送和回答相同的报文类型，实现对通信链路中数据传输可靠性的检查；当时标板同步命令被 RTU 正确接收后，RTU 即记录下时钟时间作为同步时间；预同步命令只在采用硬件方法实现时间同步时使用；带返送校核的遥控命令中有遥控 I/O 板地址、字地址、遥控对象和性质以及返送校核板地址和字地址。

子站向主站的回答报文共有 10 条，按功能可分为确认报文、诊断报文和送数报文，详见表 2-4。确认报文指确认和否定确认两种报文。确认报文用来回答那些不需要从 RTU 得到特殊信息的主站命令，如主站的送参数命令。对主站的查询命令，当询问的类别没有变化数据时，也用确认报文回答。若子站发现主站命令报文有误，校验不正确，则用否定确认报文回答。子站回送的诊断报文与主站送来的诊断报文的报文类型相同。送数报文中，如果 RTU 刚合电源，不管主站送来什么命令，子站均以电源合闸报文回答，直到收到主站的电源合闸确认命令和 RTU 复位为止。报告参数组号报文用于回答主站的查询参数组号命令和指定参数组号命令。其余的送数报文要按照主站命令的要求回答相应的数据或状态信息。这些报文中的数据格式规约中均有具体规定。

表 2-4　　　　　　　　　　　　子站—主站回答报文表

报文分类	报　文　名　称	报文类型	报文字节数
确认报文	确认	06H	3
	否定确认	15H	3
诊断报文	诊断报文回送	0EH	可变
送数报文	电源合闸	16H	6
	向主站报告时标数据出现	17H	7
	模块状态变化	18H	可变
	用数据回答主站的类别询问	1BH	可变
	用数据回答主站的数据召唤报文	1CH	可变
	带缺损指示的数据回答	1DH	可变
	报告参数组号	2FH	7

子站向主站的所有回答报文中，都有类别标志字节，这样可以在回答主站任何命令的时候，同时将子站的数据变化情况告诉主站。

规约中的所有报文,除类别询问报文和重复询问报文的格式为报文格式1,确认报文和否定确认报文的格式为报文格式2外,其余报文的格式均为报文格式3。

4. 主站与子站间的问答过程

图2-20示出主站与子站之间进行问答的过程。图中左半部分是RTU加电时,主站对RTU进行初始化的问答过程。当RTU刚合电源时,子站向主站发送电源合闸报文。主站收到后向子站送电源合闸确认命令,子站收到后对该命令回答确认报文。然后主站通过各种送参数命令对RTU的各种参数初始化。最后反复用类别询问命令获取RTU的实时数据,直至RTU的所有量送完为止,以便主站建立数据库。

初始化工作完成后,主站可按一般询问过程向RTU获取变化数据,见图2-20右半部分。主站向子站发类别询问命令时,若子站无变化数据,回答确认报文;若有变化数据,则用送数报文传送变化数据回答主站;当子站有时标数据出现时,则回答时标数据出现的报文,主站便多次发送召唤事件记录数据的命令获取RTU的时标数据。

初始化过程		一般询问过程	
主　　站	子　　站	主　　站	子　　站
	←电源合闸报文	类别询问	→
电源合闸确认	→		←确认报文(无变化量)
	←确认报文	一定延时后	
设置时钟	→	类别询问	→
	←确认报文		←对类别询问的回答(有变化量)
发送扫描频率	→	类别询问	→
	←确认报文		←对类别询问的回答(有变化量)
			⋮
发送压缩因子	→	直至无变化量为止	
	←确认报文	类别询问	→
设定RTU各模块工作方式	→		←向主站报告时标数据出现
	←确认报文	召唤事件记录数据	→
	⋮		←对数据召唤报文的回答
类别询问	→	召唤事件记录数据	→
	←对类别询问的回答		←对数据召唤报文的回答
类别询问	→		⋮
	←对类别询问的回答	直至时标数据送完为止	
	⋮		
直至所有量送完为止			

图2-20　主站与子站之间的问答过程

二、我国电力行业标准 DL/T 634.5101—2002

DL/T 634.5101—2002《远动设备及系统　第5101部分:传输规约　基本远动任务配套标准》,规定了SCADA系统中主站和子站(远动终端)之间以问答方式进行数据传输的帧格式、链路层的传输规则、服务原语、应用数据结构、应用数据编码、应用功能和报文格式。这个标准也适用于调度所之间以问答式规约转发实时远动信息的系统。

本标准适用于网络拓扑结构为点对点、多路点对点、多点共线、多点环形和多点星形网络配置的远动系统。通道可以是全双工或半双工。

1. 帧格式

标准中的帧格式有可变帧长帧格式和固定帧长帧格式两种。

(1) 可变帧长帧格式。可变帧长帧格式如图 2-21 所示。帧格式中的前四个字节是报文头。报文头固定取四个字节，它包含两个字节的启动字符 68H 和两个取值均为 L 的 8 位位组。L 的值等于帧格式中控制域（C）、地址域（A）和链路用户数据区共同占有的字节数。

主站和子站之间的传输服务可以由主站触发，也可以由子站触发。帧格式中控制域和地址域的定义在主站触发的传输服务和子站触发的传输服务中略有不同。下面介绍的是在由主站触发的传输服务中控制域和地址域的定义。

控制域的定义见图 2-22。在主站向子站的传输报文中，控制域各位的定义是：传输方向位 DIR 取"0"；启动报文位 PRM 取"1"；帧计数位 FCB 在主站向同一个子站开始新一轮传输时改变取值状态（"1"变"0"或"0"变"1"），主站超时未收到子站回答或接收出现差错时，主站不改变帧计数位的状态重复传

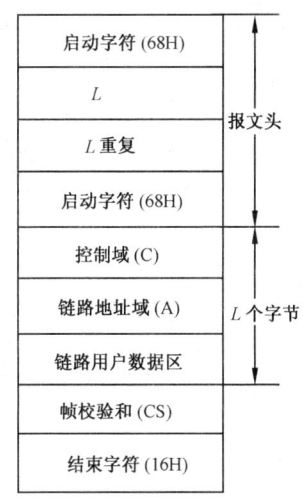

图 2-21 可变帧长帧格式

送原报文，重复次数最多三次；帧计数有效位 FCV 取"1"时，表示帧计数位的变化有效，取"0"时表示帧计数位的变化无效；功能码的定义见表 2-5，表中所指的 1 级数据包括事件和高优先级报文（遥信变位等），2 级数据包括循环传送或低优先级报文（如事件顺序记录）。在子站向主站的传输报文中，控制域各位的定义是：传输方向位 DIR 取"1"；启动报文位 PRM 取"0"；要求访问位 ACD 取"1"时，表示子站希望向主站传输 1 级数据；数据流控制位 DFC 取"0"时，表示子站可以继续接收数据，取"1"时表示子站数据区已满，无法接收新数据。功能码的定义见表 2-6。

表 2-5　　　　　　　　主站向子站传输的功能码

功能码序号	帧类型	业务功能	帧计数有效位状态 FCV
0	发送/确认帧	复位远方链路	0
1	发送/确认帧	复位远动终端的用户进程（撤销命令）	0
2	发送/确认帧	用于平衡式传输过程测试链路功能	—
3	发送/确认帧	传送数据	1
4	发送/无回答帧	传送数据	0
5		备用	—
6、7		制造厂和用户协商后定义	—
8	请求/响应帧	响应帧应说明访问要求	0

续表

功能码序号	帧类型	业务功能	帧计数有效位状态 FCV
9	请求/响应帧	召唤链路状态	0
10	请求/响应帧	召唤用户1级数据	1
11	请求/响应帧	召唤用户2级数据	1
12、13		备用	—
14、15		制造厂和用户协商后定义	—

表 2-6　　　　　　　　　　子站向主站传输的功能码

功能码序号	帧类型	功能	功能码序号	帧类型	功能
0	确认帧	确认	10		备用
1	确认帧	链路忙、未接收报文	11	响应帧	以链路状态或访问请求回答请求帧
2~5		备用	12		备用
6、7		制造厂和用户协商后定义	13		制造厂和用户协商后定义
8	响应帧	以数据响应请求帧	14		链路服务未工作
9	响应帧	无所召唤的数据	15		链路服务未完成

　　链路地址域（A）是指链路层而言。地址域的 8 位位组在主站向子站传送的帧中，表示报文所要传送到的目的站址，即子站站址；当由子站向主站传送帧时，表示该报文发送的源站址，即该子站的站址。地址域的值为 0~255，其中 FFH＝255 为广播站地址，即向所有站传送报文。

　　帧格式中的链路用户数据区又称应用服务数据单元，即报文的数据区。它由数据单元标识和一个或多个信息体组成。表 2-7 是应用服务数据单元结构。

表 2-7　　　　　　　　　　应用服务数据单元结构

数据单元标识	类型标识	信息体	信息体地址
	可变结构限定词		信息体元素
	传送原因		
	公共地址		信息体时标

　　数据单元标识由类型标识、可变结构限定词、传送原因和应用服务单元的公共地址所组成，每一个项目均为 8 位位组。类型标识定义了应用服务数据单元中信息体的结构、类型和格式。可变结构限定词表示信息体是顺序的还是非顺序的，并表示信息体的个数，如信息体个数等于 0，则表示没有信息体。传送原因表示是周期传送、突发传送、总询问，还是分组询问、请求数据、重新启动、站启动、测试、确认、否定确认。公共地址为一个 8 位位组，它根据应用层情况确定，定义为站地址。报文中链路地址域所指的站地址是根据链路层的结构情况而确定，一般情况下报文中链路层的地址域的站地址和应用服务数据单元公共地址可以是同一个值。某些情况下，在一个链路层的地址域的站地址下，可以有好几个应用服务数据单元公共地址，即好几个站地址。

信息体由信息体地址、信息体元素以及信息体时标（如果有的话）组成。信息体地址为两个 8 位位组，信息体地址和应用服务数据单元的公共地址一起可以区分全部信息量。信息体元素表示各种信息量，它们可以用一个或多个 8 位位组进行描述。若信息量是带时标的，则信息体元素之后紧接信息体时标。有关信息量的具体描述格式可参见规约。

帧校验和是控制域、地址域、用户数据区所有 8 位位组的算术和（不考虑溢出位，即 256 模和）。

结束字符为 16H。

可变帧长帧格式用于由主站向子站传输数据，或由子站向主站传输数据。

（2）固定帧长帧格式。固定帧长帧格式见图 2-23。由于帧长固定为 5 个 8 位位组，故报文中不用传送 L，且启动字符取 10H。控制域、链路地址域的含义同可变帧长帧格式。帧校验和是控制域、地址域的算术和（不考虑溢出位，即 256 模和）。结束字符为 16H。

图 2-23 固定帧长帧格式

固定帧长帧格式用于子站回答主站的确认报文，或主站向子站的询问报文。

2. 报文传输规则

由主站触发的传输服务中，报文的传输分为发送/无回答传输服务、发送/确认传输服务及请求/响应传输服务。

发送/无回答传输服务用于主站向子站发送广播报文，子站收到报文后无需向主站回答。

发送/确认传输服务用于主站向子站设置参数和发送遥控、设点、升降和执行命令。当子站正确收到主站传送的报文时，子站立即向主站发送一个确认帧。若子站由于过载等原因不能接收主站报文时，子站则应传送忙帧给主站。主站在新一轮发送/确认传输服务时，帧计数位（FCB）改变状态。当从子站收到无差错的确认帧时，这一轮的发送/确认传输服务即告结束。若确认帧受到干扰或超时未收到确认帧，则主站不改变帧计数位的状态重发原报文，最多重发次数为三次。

请求/响应传输服务用于主站向子站召唤数据，子站以数据或事件数据回答。子站接收到请求帧后，如有所请求的数据则发响应帧，如无所请求的数据则发否定的响应帧。每次新的一轮请求/响应服务，在主站端将帧计数位改变状态。主站接收到无差错的响应帧时，此一轮请求/响应服务即告终止。若响应帧受到干扰或超时，则不改变帧计数位重复发送请求帧，最多重发次数为三次。

对于点对点和多路点对点的全双工通道结构，除上述三种由主站触发的传输服务外，还应采用子站事件启动触发传输和子站主动向主站触发传输服务。当遥信发生变位时，子站主动触发一次发送/确认服务，组织报文向主站传送。主站收到子站的报文后，以确认报文回答子站。如果主站忙，数据缓冲区溢出，则主站以忙帧回答子站，随后子站如还要传送数据时，则子站此时触发一次请求/响应服务。子站以请求帧询问主站链路状态，主站以响应帧报告链路状态。子站在每次主动触发发送/确认帧或请求/响应帧时，帧计数位改变状态。若从主站收到无差错的确认帧或响应帧，则这一次主动触发传输即告结束。若由于干扰使子站超时没有收到报文，则子站不改变帧计数位的状态，重发前一轮的发送帧或请求帧，重复次数最多五次，则结束这一次主动触发传输。除事件启动触发传输外，子站还应按照一定时间间隔主动向主站传送循环数据。主站收到子站的报文后，按发送/不回答服务的规则，不回答子站。循环数据包括子站的全部遥信、遥测、水位、变压器分接头等全部 2 级用户数据。如果子站长时间没有收到主站发送的报文，或者接收后长时间连续检出差错，则子站主动将循环数据的两帧之间的间隔时间缩短。

3. 帧格式的接收校验

无论可变帧长帧格式还是固定帧长帧格式，主站和子站之间异步通信的字符格式都是：一位起始位、一位停止位及一位偶校验位，每个字符 8 位数据位。接收时对每个字符的启动位、停止位和偶校验位要进行校验。

对可变帧长帧格式每帧要检测报文头中的两个启动字符为 68H 和两个 L 值一致；一帧信息的接收字符数应该为 $L+6$；帧校验和正确；结束字符为 16H。若检出一个差错，则舍弃此帧数据。

对固定帧长帧格式，每帧需校验启动字符为 10H，结束字符为 16H 及帧校验和正确。若检出一个差错，则舍弃此帧数据。

4. 报文格式举例

当主站需要对远动终端进行复位操作时，主站向子站发送复位远动终端报文。子站接收到此报文后，以激活确认帧回答，子站即开始对本站进行初始化。

图 2-24 是复位远动终端的发送帧和确认帧的报文格式。两个报文的报文头中 L 的值都等于 9，它表示报文中的控制域、地址域和报文数据区共有 9 个 8 位位组；发送帧的功能码序号是 1，其功能是复位远动终端的用户进程，确认帧的功能码序号是 0，表示确认；类型标识 105 表示是复位进程命令；可变结构限定词表示出信息体数目是 1；发送帧的传送原因取 6 表示激活，确认帧的传送原因取 7 表示激活确认；信息体元素的 8 位位组取 01H 是复位进程命令的限定词，并且是进程的总复位。

三、其他问答式远动规约

继我国四大网引进工作之后，一些省级调度从美国 SC 公司引进了 PCS-32 调度自动化系统。该系统中 SC 1801RTU 与前置机之间的远动信息传输也采用 polling 方式，但 SC-RTU 通信规约中的一些约定和报文格式等与我国问答式远动规约（试行）不同。

1. SC-RTU 规约中的有关说明

RTU 的板类型：SC 1801RTU 有 16 个插槽，可以插入不同类型的板。每种板类型对应一种代码（八位二进制数），见表 2-8。用户可以根据需要，在 RTU 中选配各种类型的板。当主站向 RTU 发送报告 RTU 配置的命令时，RTU 便按槽的顺序向主站报告插入 RTU 的所有板类型的代码。

表 2-8　　　　　　　　SC-RTU 板类型代码

代码	板类型
11H	数字输入板
32H	模拟输入板
14H	数字输出板
05H	控制输出板（定时继电器驱动）
26H	模拟输出板
3BH	脉冲输入板（脉冲累加）
30H	脉冲输出板（控制接点输出）

68H								68H							
L=9								L=9							
L=9								L=9							
68H								68H							
0	1	FCB	0	0	0	0	1	1	0	ACD	DFC	0	0	0	0
链路地址域								链路地址域							
类型标识 105								类型标识 105							
可变结构限定词								可变结构限定词							
0		信息体数目 1						0		信息体数目 1					
传送原因 06H								传送原因							
0	0	0	0	0	1	1	0	0	P/N	0	0	0	1	1	1
应用服务数据单元公共地址								应用服务数据单元公共地址							
信息体地址 0 0 0 0 H								信息体地址 0 0 0 0 H							
QRP 复位命令限定词								QRP 复位命令限定词							
0	0	0	0	0	0	0	1	0	0	0	0	0	0	0	1
帧校验和 (CS)								帧校验和 (CS)							
16H								16H							
(a)								(b)							

图 2-24 复位远动终端发送/确认帧
(a) 发送帧；(b) 确认帧

RTU 的硬件跳线：每个 RTU 中，有一个八位的硬件跳线，跳线的设置依赖于 RTU 的使用。跳线状态构成的一个八位字节 D7～D0 代表如下含义：低四位 D3～D0 表示 RTU 中事件顺序记录板的个数（二进制数）；D4 位未用；D5＝1 表示 TIM 板（四路串行通信板）未插；D6＝1 表示 CPU 板上显示站号，D6＝0 显示任务调度；D7＝1 表示执行监控。跳线状态用来作为程序的标志，并由软件命令读入。RTU 在响应主站的报告 RTU 配置的命令时，将跳线状态连同槽板配置情况一并传送给主站。

RTU 状态字节：RTU 中包含一个反映 RTU 状态的数据字节，这个字节的各位取 "1" 时与 RTU 状态之间的对应关系见表 2-9。表 2-9 中的清除命令（即置 "0"）的助记符在表 2-10 中有说明。RTU 状态字节在 RTU 响应主站的所有命令时，都要随回答报文传送给主站。

异步通信的字符格式：前置机和 SC 1801RTU 之间采用异步通信方式，字符格式是一位起始位，一位停止位，并带奇校验位。每个字符八位数据位。

表 2-9   RTU 状 态 字 节

字节的位	名称	含义	字节的位	名称	含义
D7			D3	S、OVF	SOE 队列已经溢出 由 SOE 命令请求清除

续表

字节的位	名称	含义	字节的位	名称	含义
D6	ERR	出现一个错误 由 ERR 命令请求清除	D2	SOE	有 SOE 数据 由 SOE 命令请求清除
D5	PA、PZ	脉冲累加值已被冻结 由 PAT 命令请求清除	D1	CLOCK	时钟未设置 由 SST 命令请求清除
D4	ROVE	SOE 报告缓冲区溢出 由 SOE 命令请求清除	D0	RESET	RTU 已经复位 由 SDB 命令请求清除

2. 报文格式

SC-RTU 规约的所有报文都符合图 2-25（a）所示的报文格式。每个报文都由信息头、数据区及校验字节三部分组成。

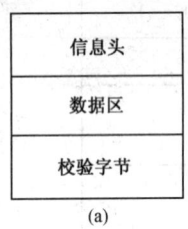 

图 2-25 SC-RTU 规约的报文格式
(a) 报文格式；(b) 信息头内容

信息头包含四个字节，见图 2-25（b）。站号字节表示子站站号，在主站向 RTU 的命令中用来识别传送目标；在 RTU 对主站的回答中用来识别发送源。站号可以取 01H—FFH 中的任一个数。在主站送 RTU 的命令中，站号取 00H 时，表示主站传送广播命令，所有 RTU 都接收，但 RTU 不回答。信息头的第二个字节低 6 位传送命令码，命令码共有 23 种。这些命令码的代码及其助记符和各种命令的功能列于表 2-10 中。SC-RTU 规约中，由主站向 RTU 发送命令报文中的命令码，也就是 RTU 回答主站的报文中的命令码。第二字节的最高位 R 用来表示报文是否为重传命令。当第一次问答失败，主站重复向 RTU 重传同样的命令时置 R=1。次高位 D 表示报文的传送方向，D=0 代表主站→RTU；D=1 代表 RTU→主站。信息头的第三、四字节指出报文中数据区的字节数。

表 2-10 SC-RTU 规约命令表

助记符	命令码	命令功能	助记符	命令码	命令功能
NAK	00H	否定确认（仅是 RTU 响应命令）	COD	0EH	直接控制输出
RRC	01H	报告 RTU 配置和 RTU 跳线状态	COE	11H	控制输出执行
DRF	02H	报告全数据	COL	15H	控制输出锁存
XRF	03H	报告异常数据	DRL	18H	请求锁存数据
SOE	04H	事件顺序记录	SST	19H	同步系统时间（广播命令）
PAR	05H	报告脉冲累加值	RST	1AH	报告系统时间
PAZ	06H	脉冲累加值清零并冻结（广播命令）	RIM	1BH	报告接口方式
PAF	07H	脉冲累加值冻结（广播命令）	SIM	1CH	设置接口方式
PAT	08H	脉冲累加值冻结标志清除（广播命令）	VFR	1DH	读 RTU 和 RMF 版本标识符
SDB	09H	设置死区值	RES	1EH	执行 RTU 冷启动
RDB	0AH	读死区值	ERR	1FH	报告出错数据
COA	0DH	控制输出设备			

数据区是报文要传送的数据内容，数据区包含多少个字节由信息头中的第三、四字节指

出，所以不同的报文，数据区的字节数是可变的。主站向 RTU 发送的命令报文中，数据区可以有数据，也可以没有数据。当数据区字节数为零时，报文仅由信息头的四个字节和校验字节组成。这时用信息头中的命令代码指出该命令的功能。RTU 给主站的回答报文中，数据区至少包含一个 RTU 的状态字节，用来向主站报告 RTU 当前的状态，通常还包括 RTU 向主站的报告数据。数据区中数据的格式，随命令不同而不同，规约中有详细规定。

校验字节由信息头字节和数据区的字节按字节进行异或运算得到，称纵向奇偶校验字节，通常记为 LPC（Longitudinal Parity Check）。

图 2-26 NAK 报文格式

在问答过程中，如果 RTU 没有正确收到主站的命令，则 RTU 向主站回答否定确认（NAK）报文，NAK 报文格式见图 2-26。图中前四个字节为信息头。数据区包含三个字节，第一个字节向主站报告 RTU 状态，第二个字节传送出错报文的命令码，第三个字节用代码向主站报告通常发生的一些错误。如错误码为 FFH，表示无效命令码；FDH 表示无效的重传被接收；FCH 表示无效信息长度。最后一个字节是校验字节。NAK 报文只能是 RTU 对主站的回答报文，不可能是主站对 RTU 的命令，这是一个特殊的命令。

图 2-27 是 SC-RTU 规约中 RRC 命令的问答报文。RRC 命令的命令代码为 01H，它的作用是要求 RTU 向主站报告 RTU 配置。

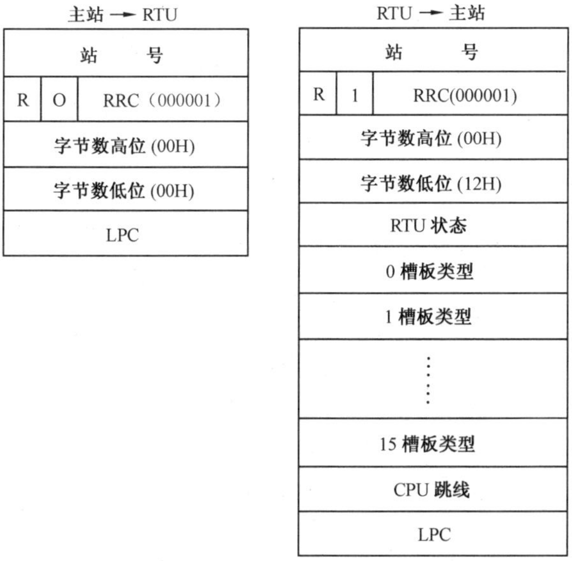

图 2-27 RRC 命令

图 2-28 是 SC-RTU 规约中 DRF 命令的问答报文。DRF 命令的命令代码为 02H，它的作用是主站请求 RTU 按顺序报告 RTU 的全部数据。RTU 回答报文中的报告记录，包括模拟量记录和数字量记录。每个模拟量的记录占两个字节，另外每个字节传送 6 个数字量，见图 2-29。因此报告记录的字节数等于输入的模拟量总数乘以 2 再加上输入的数字量总数

除以 6。

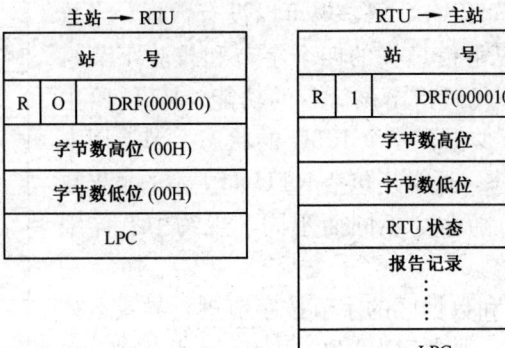

图 2-28 DRF 命令

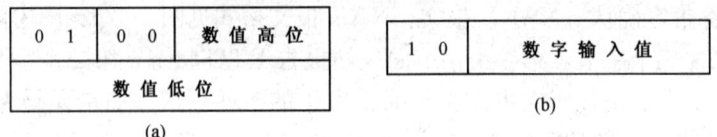

图 2-29 记录格式
(a) 模拟量记录；(b) 数字量记录

其余各命令的问答报文规约中都有详细格式。

第三章 远动信息的信道编译码

第一节 抗干扰编码的基本原理

信道是远动系统的重要组成部分。由于信道中存在各种干扰，使远动信息在信道中传输时，会因受到干扰而发生差错，从而降低远动信息的可靠性。

为了使要传送的信息有较好的抗干扰能力，在信息进入信道之前通过信道编码对它加以改造，得到码字。使码字的内部结构具有一定的规律性和相关性，以致在干扰破坏了码字的部分结构时，仍能根据码字原有的内在规律性和相关性，发现甚至纠正错误，达到恢复原来信息的目的，这就是信道编码的基本思想。信道编码亦称抗干扰编码。

信道编码的一般方法是对信源编码得到的信息序列，按照某种规律，添加一定的校验码元，由信息序列和校验码元构成一个有抗干扰能力的码字。添加校验码元的规律或规则不同，就形成不同的编码方法。远动信息的信道编码方法大多采用奇偶校验和循环冗余校验 CRC。

一、最小距离与码的检错、纠错能力

信道编码中，一般用 k 表示经信源编码后输出的信息序列 m 的长度，k 也是向信道编码输入的信息序列的码元位数，并用 n 表示经信道编码后输出码字的码元位数，因此码字中的校验码是 $(n-k)$ 位，一般写成 $r=n-k$。通常把这种码记为 (n, k) 码。在二元码中任意一个 (n, k) 码可能包含的码字最多为 2^k 个。

当收端接收到一个码字后，在信道译码时为了判断它是否是发端发来的码字以及是发端的哪一个码字，可以采用最大似然译码的方法。最大似然译码就是把接收到的码字与信道编码时可能输出的 2^k 个码字比较，看它与哪个码字最相似，并将这个最相似的码字作为正确的接收码字。

码字的相似程度可以用码距的大小进行判断。两个同样长度（码元位数都为 n）的码字之间，对应码位上不相同码元的数目，称为这两个码字之间的汉明距离，简称码距。

在一种码的所有码字集合中，任意两个码字之间的码距并非都相等。我们把所有可能的码字对之间码距的最小值，称为这个码字集合的最小距离，记为 d_{min}。

码字的另一个参数是它的汉明重量，简称重量。它定义为码字中非零码元的个数，用 W 表示。在二进制情况下，它就是码字中"1"码元的个数。

可以证明，在一个线性分组码中，任意两码字相加（模 2 运算）得到的新码字也在这个线性分组码中。当相加的两个码字中对应位上的码元不同时，新码字中对应位上的码元是"1"，否则是"0"。由此可以得到：一个线性分组码中，任意两个码字之间的汉明距离，正好等于这两个码字相加后得到的另一个码字的汉明重量。

假设一个线性分组码的所有码字中，某两个码字之间的距离最小，则它们之间的码距可以代表该线性分组码的最小距离。同时，这两个码字的模 2 和一定为该线性分组码中的另一码字，且这个码字的重量一定最小。因此一个线性分组码的最小距离等于它的非零码字的最

小重量。

根据码距的定义可知,两码字的码距越小则越相似。所以最大似然译码可以用计算码距的办法来实现:计算接收到的码字与发端可能发来的所有发送码字之间的码距,它与哪个发送码字的码距最小,则判断接收码字就是这个发送码字。

一种码的最小距离是衡量这种码抗干扰能力的重要参数。对最小距离为 d_{min} 的码,它能纠正的码字中的错误个数 t 和能检出的码字中的错误个数 l 满足如下关系

$$t \leqslant \frac{d_{min}-1}{2} \quad (3-1)$$

$$l \leqslant d_{min}-1 \quad (3-2)$$

增大一种码的最小距离,可以提高这种码的检错和纠错能力。比如要传送一个断路器的合闸和分闸信息给调度中心。如果用码字"0"传送分闸信息,码字"1"传送合闸信息,这种码的最小距离为1,它没有检错能力,更不能纠错。如增加一位冗余码元,其规律为重复信息码元的取值。这时生成两个码字"11"和"00",分别代表合闸信息和分闸信息,这种码的最小距离为2,它能检测出码字中的一位错误,但仍不能纠错。如果按照上面同样的规律,增加两位冗余码元,便生成两个码字"111"和"000",使这种码的最小距离增大为3。这时可以检出两位错误码元并纠正一位错误码元。

抗干扰编码就是对信源编码得到的 k 位信息序列,按照某种规律添加校验码元,以达到增大这种码的最小距离的目的,其编码效率 $R=\frac{k}{n}$。对编码方法的选择,既要使所选择的编码方法能够检测出或纠正信道中最可能出现的错误图样,又要有较高的编码效率,同时要使选择的方法易于实现。

二、信道编码的代数基础

1. 伽罗华域及域上多项式

数学中讨论的对象,如代数中的数,几何中的点、直线等,都可以称为元素,简称元。若干个元素的集体称为一个集合,简称集。只含一个元的集,称为单元集;含若干个元的集,称为多元集;不含任何元的集,称为空集。

如果一个集能够满足某些代数运算的法则,则称为代数系统。一个集内的元素,如果经过某种代数运算(如加、减、乘、除)后,所得结果仍是这个集内的元素,则称这个集对某种代数运算是运算自封的。

设 F 是一个非空集合,在 F 中定义了加法和乘法两种代数运算,若 F 对这两种运算满足自封,并满足以下运算规则,称 F 对于所规定的加法和乘法运算是一个域。

加法:

(1) 对任意 $a, b \in F$,有

$$a+b=b+a$$

(2) 对任意 $a, b, c \in F$,有

$$(a+b)+c=a+(b+c)$$

(3) F 中有一个元素 0,具有性质

$$a+0=a \quad 对一切 a \in F$$

(4) 对任意 $a \in F$,F 中有一个元素,把它记作 $-a$,具有性质

$$a+(-a)=0$$

乘法：

(1) 对任意 $a, b \in F$，有
$$a \cdot b = b \cdot a$$

(2) 对任意 $a, b, c \in F$，有
$$(a \cdot b) \cdot c = a \cdot (b \cdot c)$$

(3) F 中有一元素 $e \neq 0$，具有性质
$$a \cdot e = a, \text{对一切} a \in F$$

(4) 对任意 $a \in F$ 而 $a \neq 0$，F 中有一个元素 a^{-1}，具有性质
$$a \cdot a^{-1} = e$$

在加法与乘法运算间满足分配律：

对任意 $a, b, c \in F$，有
$$a \cdot (b+c) = a \cdot b + a \cdot c$$

基于上面对域的定义，我们可以说，所有有理数组成的集合，对于有理数的加法和乘法运算来说是一个域，叫做有理数域；所有实数组成的集合，对于实数的加法和乘法运算是一个实数域；所有复数组成的集合，对于复数的加法和乘法运算是一个复数域。

如果域 F 中元素的个数无限，称 F 为无限域；元素的个数有限，称 F 为有限域，也叫伽罗华域（Galois Field）。

有的集合按照通常的加法运算和乘法运算不是域，但对模 P 的加法运算和模 P 的乘法运算满足域的条件。

具有两个元素 0 和 1 的非空集合，对于模 2 加法运算和模 2 乘法运算是一个有限域，称为两元域，记作 GF（2）。

模 2 加法运算规则是：
$$1 \oplus 1 = 0 \quad 0 \oplus 0 = 0 \quad 0 \oplus 1 = 1 \quad 1 \oplus 0 = 1$$

模 2 乘法运算规则是：
$$1 \odot 1 = 1 \quad 0 \odot 0 = 0 \quad 0 \odot 1 = 0 \quad 1 \odot 0 = 0$$

本章介绍的信道编码是在二元域中进行，所以实现编译码过程中的各种加法和乘法运算，都应遵守模 2 加法和模 2 乘法运算的规则。

假如一个多项式的所有系数 a_0、a_1、$\cdots$、a_{n-1} 和未知数 x 是某域上的元素，则称这个多项式是该域上的多项式。域上多项式可以表示为

$$f(x) = a_{n-1}x^{n-1} + a_{n-2}x^{n-2} + \cdots + a_1 x + a_0 \tag{3-3}$$

两元域 GF（2）上的多项式系数 a_i 和未知数 x 的取值只能是 0 或 1。对 $a_i = 1$ 的单项式是 x^i，对 $a_i = 0$ 的单项式是 $a_i x^i = 0$。

2. 二元域上的多项式运算

在信道编码中，经常用多项式来表示一个信息序列或码字，这种多项式称为信息多项式或码多项式。通常用 $k-1$ 次多项式表示信息多项式，记为 $m(x) = m_{k-1}x^{k-1} + m_{k-2}x^{k-2} + \cdots + m_1 x + m_0$；用 $n-1$ 次多项式表示码多项式，记为 $c(x) = c_{n-1}x^{n-1} + c_{n-2}x^{n-2} + \cdots + c_1 x + c_0$。这时，多项式中的 x 不再有未知数的概念，它只代表系数 m_i 或 c_i 所处的位置，而系数 m_i 或 c_i 则代表码元的取值。

例如二进制信息序列或码字 1001011，可以用二元域上的多项式 x^6+x^3+x+1 来等效地表示。

对 GF（2）上的多项式，它们的四则运算必须按模 2 运算规则进行。

设 $f(x)=x^4+x^3+x^2+1$ 和 $g(x)=x+1$ 都是二元域上的多项式，它们的四则运算规则如下：

加法 $f(x)+g(x)=(x^4+x^3+x^2+1)\oplus(x+1)=x^4+x^3+x^2+x$

$$\begin{array}{r} x^4+x^3+x^2+1 \\ \oplus x+1 \\ \hline x^4+x^3+x^2+x+0 \end{array} \qquad \begin{array}{r} 11101 \\ \oplus 11 \\ \hline 11110 \end{array}$$

乘法 $f(x) \cdot g(x)=(x^4+x^3+x^2+1)\odot(x+1)=x^5+x^2+x+1$

$$\begin{array}{r} x^4+x^3+x^2+1 \\ \odot x+1 \\ \hline x^4+x^3+x^2+1 \\ \oplus x^5+x^4+x^3+x \\ \hline x^5+0+0+x^2+x+1 \end{array} \qquad \begin{array}{r} 11101 \\ \odot 11 \\ \hline 11101 \\ \oplus 11101 \\ \hline 100111 \end{array}$$

除法 $f(x) \div g(x) = \dfrac{x^4+x^3+x^2+1}{x+1}=x^3+x+1$

$$\begin{array}{r} x^3+0+x+1 \\ x+1 \overline{)x^4+x^3+x^2+0+1} \\ \oplus x^4+x^3 \\ \hline 0+0+x^2+0+1 \\ \oplus x^2+x \\ \hline 0+x+1 \\ \oplus x+1 \\ \hline 0 \end{array} \qquad \begin{array}{r} 1011 \\ 11\overline{)11101} \\ \oplus 11 \\ \hline 10 \\ \oplus 11 \\ \hline 11 \\ \oplus 11 \\ \hline 0 \end{array}$$

由此可见，二元域上的多项式进行四则运算时，加法和乘法运算按模 2 加和模 2 乘运算，除法运算是模 2 乘和模 2 加的交替运算。并且，二元域上多项式的运算，可以用多项式对应的二进制序列进行运算，结果相同。

第二节 奇 偶 校 验 码

一、奇偶校验码

一个 (n, k) 码，如果每个码字中的 r 个校验码元不仅与本码字中的信息元相关，还与前面若干个码字的信息元相关，这 2^k 个码字的集合称为卷积码；如果每个码字中的 r 个校验码元都只与本码字的 k 位信息元有关，这 2^k 个码字的集合称为分组码。

奇偶校验码是一个 $(n, n-1)$ 分组码。它的编码规则是在 $n-1$ 位信息元后面，添加一位奇校验或偶校验的校验码元，使每个码字中"1"码元的个数恒为奇数或偶数。

设码字 $c=c_{n-1}c_{n-2}\cdots c_1 c_0$，其中 $c_{n-1}\cdots c_1$ 为信息码元，c_0 为校验码元。当码字中"1"码元的个数恒为偶数时，则满足

$$c_{n-1}+c_{n-2}+\cdots+c_1+c_0=0 \qquad (3-4)$$

或

$$c_0=c_{n-1}+c_{n-2}+\cdots+c_1 \qquad (3-5)$$

这种码称为偶校验码。由式（3-5）可知，偶校验码的校验码元等于信息码元的模2和。

如果码字中"1"码元的个数恒为奇数，则满足

$$c_{n-1}+c_{n-2}+\cdots+c_1+c_0=1 \quad (3-6)$$

或

$$c_0=c_{n-1}+c_{n-2}+\cdots+c_1+1 \quad (3-7)$$

这种码称为奇校验码。由式（3-7）可知，奇校验码的校验码元等于信息码元的模2和再取非。

奇偶校验码在计算机中应用较多，比如计算机串行通信中，同步通信和异步通信的字符格式都可以选择一位奇校验码或偶校验码；微型计算机中的随机存储器都可以按字节配以奇偶校验位。

奇偶校验码的检错能力较差。当接收码字错奇数个码元时，借助奇偶校验只能检测出码字有错，而不能确定是哪几位码元的错误。若接收码字中出现偶数个错误，则由于没有破坏码字的奇偶规律，使奇偶校验码失去检错能力，会误判为接收码字中无错误发生。但奇偶校验码的编码效率很高

$$R=\frac{k}{n}=\frac{n-1}{n}=\frac{k}{k+1} \quad (3-8)$$

为了提高码字的检错和纠错能力，可以用奇偶校验构成水平垂直奇偶校验码，也称纵横奇偶校验码。还可以把 CRC 校验与奇偶校验结合起来，构成一种校验码，见本章第七节介绍。

二、水平垂直奇偶校验码

水平垂直奇偶校验码是水平和垂直两个方向的奇偶校验码，也称纵横奇偶校验码。图 3-1 是纵横奇偶校验码的构成图。为了构成两个方向的奇偶校验，把信息序列 $m_{k-1}m_{k-2}\cdots m_0$ 排成 i 行 j 列的矩阵，然后在矩阵的每一行和每一列各补充一位奇校验码或偶校验码。这样由行的校验位 $r_{1(j+1)}\cdots r_{(i+1)(j+1)}$，列的校验位 $r_{(i+1)1}\cdots r_{(i+1)j}$ 和信息位便构成同时具有纵向奇偶校验位和横向奇偶校验位的纵横奇偶校验码。

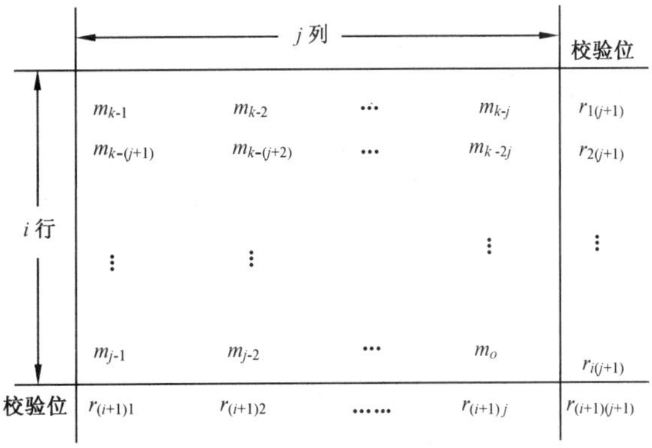

图 3-1 纵横奇偶校验码

这种码具有较强的检错能力。当码字在信道中因干扰出现一位、二位或三位错误时，不管错误位在图 3-1 中如何分布，接收端通过信道译码都会发现横向奇偶校验出错或纵向奇偶校验出错，或者纵向、横向奇偶校验同时出错，从而实现检错。如果码字中的错误位只有一位，这时会同时出现某一行的奇偶校验出错和某一列的奇偶校验出错，根据出错的行号和列号，便可以确定出错误位的位置，对错误位予以纠正。所以这种码可以纠正接收码字的一位错误、检出三位以下的错误，是纠一检三码。除此之外，这种码还可以检测出所有奇数个错误和绝大部分偶数个错误（互相补偿的偶数错误除外），并能检出所有突

站 号	0 0 0 1 0 1 1 1
命 令	0 0 0 0 0 1 0 1
字节数高位	0 0 0 0 0 0 0 0
字节数低位	0 0 0 0 0 0 0 0
LPC	0 0 0 1 0 0 1 0

图 3-2 SC-RTU 05H 命令报文

发长度 $b \leqslant j+1$ 的突发错误。

SC-RTU 规约的报文校验就是纵横奇偶校验。图 3-2 是主站向 RTU 发送 05H 命令（要求 RTU 向主站报告脉冲累加值）的报文。该报文只有报文头和 LPC 校验字节，数据区无内容。报文中的 LPC 字节由信息头的四个字节按字节异或运算得到，所以 LPC 字节由报文其余字节的各位在纵方向产生的偶校验位组成。由于 SC-RTU 规约规定主站和 RTU 之间进行异步通信的字符格式是一位起始位、一位停止位、每个字符 8 位数据位、带奇校验位。所以图 3-2 中的每一个字节在向信道发送时，都由串行接口芯片自动补充一位奇校验位。这样便对报文构成了纵横奇偶校验的矩阵保护。

第三节 循环码的编译码原理

一、线性分组码

当分组码满足每个码字中的每一位校验码元，都是本码字中某些位信息码元的线性模 2 和时，这个分组码为线性分组码。

下面构成一个码长 $n=6$，信息元 $k=3$ 的 (6,3) 分组码。如果使每个码字的校验码元和该码字的信息元之间满足如下线性关系

$$r_2 = m_2 + m_0 \tag{3-9}$$

$$r_1 = m_2 + m_1 \tag{3-10}$$

$$r_0 = m_1 + m_0 \tag{3-11}$$

对所有可能的 $2^3 = 8$ 个不同的信息序列，可以编出 8 个对应的码字，见表 3-1，这个 (6,3) 码是线性分组码。线性分组码的校验码元和信息元之间的关系由一组线性方程来确定。

表 3-1　　　　　　　　　(6,3) 线性分组码

信息元			码字					
m_2	m_1	m_0	m_2	m_1	m_0	r_2	r_1	r_0
0	0	0	0	0	0	0	0	0
0	0	1	0	0	1	1	0	1
0	1	0	0	1	0	0	1	1
0	1	1	0	1	1	1	1	0
1	0	0	1	0	0	1	1	0
1	0	1	1	0	1	0	1	1
1	1	0	1	1	0	1	0	1
1	1	1	1	1	1	0	0	0

如果线性分组码的每个码字都满足前 k 位 ($m_{k-1} m_{k-2} \cdots m_1 m_0$) 为信息位，后 $n-k$ 位 ($r_{n-k-1} r_{n-k-2} \cdots r_1 r_0$) 为校验位，这个线性分组码称为系统线性分组码。显然表 3-1 列出的是系统线性分组码。

(n, k) 线性分组码的编码可以用生成矩阵 G 实现。为了得到表 3-1 中 (6,3) 码的生成矩阵，我们用 $c = c_5 c_4 c_3 c_2 c_1 c_0$ 表示它的任意一个码字，便有

$$c = c_5 c_4 c_3 c_2 c_1 c_0 = m_2 m_1 m_0 r_2 r_1 r_0 \tag{3-12}$$

综合式 (3-9)～式 (3-12)，可以得到如下线性方程组

$$\begin{cases} c_5 = m_2 \\ c_4 = \quad\quad m_1 \\ c_3 = \quad\quad\quad\quad m_0 \\ c_2 = m_2 \quad\quad\quad + m_0 \\ c_1 = m_2 \quad + m_1 \\ c_0 = \quad\quad m_1 + m_0 \end{cases} \quad (3-13)$$

写成矩阵形式为

$$[c_5 c_4 c_3 c_2 c_1 c_0] = [m_2 m_1 m_0] \begin{bmatrix} 1 & 0 & 0 & 1 & 1 & 0 \\ 0 & 1 & 0 & 0 & 1 & 1 \\ 0 & 0 & 1 & 1 & 0 & 1 \end{bmatrix} \quad (3-14)$$

利用方程（3-14），对任意一组信息 $m_2 m_1 m_0$，都可以生成它对应的码字 $c_5 c_4 c_3 c_2 c_1 c_0$。方程中的矩阵 $G = \begin{bmatrix} 1 & 0 & 0 & 1 & 1 & 0 \\ 0 & 1 & 0 & 0 & 1 & 1 \\ 0 & 0 & 1 & 1 & 0 & 1 \end{bmatrix}$ 称为线性分组码的生成矩阵。它是 $k \times n$ 矩阵。生成矩阵 G 由编码规则唯一确定。当一个 (n, k) 码的生成矩阵 G 确定后，便可以由 G 生成这个 (n, k) 码的所有码字。

二、循环码的编译码原理

如果一个 (n, k) 线性分组码，它的 2^k 个码字中的任何一个码字的任意次循环移位，得到的仍然是这个线性分组码中的码字，这个线性分组码称为循环码。设 (n, k) 循环码的任意一个码字 $c = c_{n-1} c_{n-2} \cdots c_1 c_0$，该码字循环移位一次得到的码字记为 $c^{(1)} = c_{n-2} c_{n-3} \cdots c_0 c_{n-1}$，循环移位 i 次得到的码字是 $c^{(i)} = c_{n-i-1} c_{n-i-2} \cdots c_{n-i+1} c_{n-i}$。

循环码是线性分组码的一个重要子类，因此循环码可以像线性分组码一样，用生成矩阵实现编码。但由于循环码有许多固有的代数结构，用代数方法来构造和分析更简便。尤其是循环码的一些重要特性，使循环码的编码和译码用一个生成多项式便可以实现。下面是有关循环码的一些特性：

（1）在一个 (n, k) 循环码中，有一个并且只有一个 $n-k$ 次的码多项式 $g(x)$，即

$$g(x) = x^{n-k} + g_{n-k-1} x^{n-k-1} + \cdots + g_1 x + 1 \quad (3-15)$$

(n, k) 循环码中的每一个码多项式 $c(x)$ 都是 $g(x)$ 的倍式，并且每个为 $g(x)$ 倍式的次数不大于 $(n-1)$ 次的多项式，一定是一个码多项式。

由这一特性可知，如果用信息多项式 $m(x) = m_{k-1} x^{k-1} + m_{k-2} x^{k-2} + \cdots + m_1 x + m_0$ 代表 k 位信息序列，(n, k) 循环码中的每个码多项式 $c(x)$ 都可以表示成

$$\begin{aligned} c(x) &= m(x) g(x) \\ &= (m_{k-1} x^{k-1} + m_{k-2} x^{k-2} + \cdots + m_1 x + m_0) g(x) \end{aligned} \quad (3-16)$$

对信息序列的编码相当于用信息多项式 $m(x)$ 乘以多项式 $g(x)$。所以多项式 $g(x)$ 确定了由 2^k 个信息序列生成的 2^k 个码字。我们称多项式 $g(x)$ 为循环码的生成多项式。$g(x)$ 的次数 $n-k$ 等于码字中校验元的个数。

（2）(n, k) 循环码的生成多项式 $g(x)$ 是 $x^n + 1$ 的一个因式，即

$$x^n + 1 = g(x) h(x) \quad (3-17)$$

（3）若 $g(x)$ 是一个 $n-k$ 次多项式，且是 $x^n + 1$ 的因式，则 $g(x)$ 生成一个 (n, k) 循

环码。

特性1给我们指出,要生成一个(n,k)循环码,必须首先找到生成多项式$g(x)$,它的次数为$n-k$。特性2给出了寻找$g(x)$的方法。

假若根据需要欲生成一个码长为n位,信息位为k位的(n,k)循环码。我们首先将式子x^n+1进行因式分解,式中的n是码长的取值;在因式分解时,找出一个次数为$n-k$的因式;最后以这个$n-k$次的因式为生成多项式,用它分别乘以2^k个不同的信息序列,便可得到(n,k)循环码的2^k个码字。

以$(7,4)$循环码为例,其生成过程如下:

首先分解x^7+1,找出$n-k=7-4=3$次的因式。由$x^7+1=(x^4+x^2+x+1)(x^3+x+1)$,找到生成多项式$g(x)=x^3+x+1$。

对信息多项式$m(x)=m_3x^3+m_2x^2+m_1x+m_0$,取$m_3m_2m_1m_0$为十六种不同的二进制序列,分别完成运算$m(x)g(x)=(m_3x^3+m_2x^2+m_1x+m_0)(x^3+x+1)$,运算结果即为$(7,4)$循环码的十六个码字,见表3-2。

表3-2　　　　　由$g(x)=x^3+x+1$生成的$(7,4)$循环码

信息序列				码多项式 $c(x)=m(x)g(x)$	码字						
m_3	m_2	m_1	m_0		c_6	c_5	c_4	c_3	c_2	c_1	c_0
0	0	0	0	$0\cdot(x^3+x+1)=0$	0	0	0	0	0	0	0
0	0	0	1	$1\cdot(x^3+x+1)=x^3+x+1$	0	0	0	1	0	1	1
0	0	1	0	$x\cdot(x^3+x+1)=x^4+x^2+x$	0	0	1	0	1	1	0
0	0	1	1	$(x+1)(x^3+x+1)=x^4+x^3+x^2+1$	0	0	1	1	1	0	1
0	1	0	0	$x^2(x^3+x+1)=x^5+x^3+x^2$	0	1	0	1	1	0	0
0	1	0	1	$(x^2+1)(x^3+x+1)=x^5+x^2+x+1$	0	1	0	0	1	1	1
0	1	1	0	$(x^2+x)(x^3+x+1)=x^5+x^4+x^3+x$	0	1	1	1	0	1	0
0	1	1	1	$(x^2+x+1)(x^3+x+1)=x^5+x^4+1$	0	1	1	0	0	0	1
1	0	0	0	$x^3(x^3+x+1)=x^6+x^4+x^3$	1	0	1	1	0	0	0
1	0	0	1	$(x^3+1)(x^3+x+1)=x^6+x^4+x+1$	1	0	1	0	0	1	1
1	0	1	0	$(x^3+x)(x^3+x+1)=x^6+x^3+x^2+x$	1	0	0	1	1	1	0
1	0	1	1	$(x^3+x+1)(x^3+x+1)=x^6+x^2+1$	1	0	0	0	1	0	1
1	1	0	0	$(x^3+x^2)(x^3+x+1)=x^6+x^5+x^4+x^2$	1	1	1	0	1	0	0
1	1	0	1	$(x^3+x^2+1)(x^3+x+1)=x^6+x^5+x^4+x^3+x^2+x+1$	1	1	1	1	1	1	1
1	1	1	0	$(x^3+x^2+x)(x^3+x+1)=x^6+x^5+x$	1	1	0	0	0	1	0
1	1	1	1	$(x^3+x^2+x+1)(x^3+x+1)=x^6+x^5+x^3+1$	1	1	0	1	0	0	1

循环码分为非系统循环码和系统循环码。

实现非系统循环码的编码只要根据码长n和信息位k选定生成多项式$g(x)$,再完成$m(x)g(x)$的乘法运算,便得到信息多项式$m(x)$对应的循环码的码多项式$c(x)$。表3-2中生成的循环码就是非系统循环码。

(n,k)系统循环码的编码过程是:首先把信息多项式$m(x)$乘以x^{n-k},得到$x^{n-k}m(x)$;然后以生成多项式$g(x)$去除$x^{n-k}m(x)$,如果商为$q(x)$,余式为$r(x)$,则$x^{n-k}m(x)=q(x)g(x)+r(x)$;最后用$r(x)$模2加$x^{n-k}m(x)$,便得到所需的系统循环码码字$c(x)=x^{n-k}m(x)+r(x)$。

当我们用$m(x)$乘x^{n-k}时,得到

第三章 远动信息的信道编译码

$$x^{n-k}m(x) = x^{n-k}(m_{k-1}x^{k-1} + m_{k-2}x^{k-2} + \cdots + m_1 x + m_0)$$
$$= m_{k-1}x^{n-1} + m_{k-2}x^{n-2} + \cdots + m_1 x^{n-k+1} + m_0 x^{n-k} \tag{3-18}$$

这次运算等于把 k 个信息元的位置往前移动了 $n-k$ 位，但没有改变信息元的取值。同时在信息元后面空出了 $n-k$ 个零位，以便补充校验元。

用 $g(x)$ 去除 $x^{n-k}m(x)$ 时，得到等式

$$x^{n-k}m(x) = q(x)g(x) + r(x) \tag{3-19}$$

将等式两边同时模 2 加余式多项式 $r(x)$ 便得到

$$x^{n-k}m(x) + r(x) = q(x)g(x) \tag{3-20}$$

明显看出，式（3-20）左边的多项式是生成多项式 $g(x)$ 的倍式，并且次数不大于 $n-1$ 次。根据前面叙述的循环码的特性 1，它一定是 (n,k) 循环码的码多项式。又因为 $x^{n-k}m(x)$ 的最低次项是 $m_0 x^{n-k}$，余式多项式 $r(x)$ 的最高次项是 $r_{n-k-1}x^{n-k-1}$，所以式（3-20）左边的多项式可以写成

$$x^{n-k}m(x) + r(x) = m_{k-1}x^{n-1} + m_{k-2}x^{n-2} + \cdots + m_0 x^{n-k}$$
$$+ r_{n-k-1}x^{n-k-1} + \cdots + r_1 x + r_0 \tag{3-21}$$

式（3-21）右边的多项式对应的 n 位序列 $(m_{k-1}m_{k-2}\cdots m_1 m_0 r_{n-k-1}\cdots r_1 r_0)$ 中，前 k 位是信息位，后 $(n-k)$ 位是余式多项式的系数，于是这 n 位序列构成系统码结构的码字。因此，我们得到的是一个系统循环码的码字

$$c(x) = x^{n-k}m(x) + r(x) \tag{3-22}$$

用上述方法生成的系统循环码，每个码字都是生成多项式 $g(x)$ 的倍式，这就为接收端判断发送码字在噪声信道中是否受到干扰提供了校验准则：在接收端用生成多项式去除接收到的码字，检查余式是否为零，也就是检查接收码字是否仍然是生成多项式的倍式。余式为零，认为接收码字是发送码字；余式不为零，认为接收码字不是发送码字。

仍以 $(7,4)$ 码为例，设生成多项式 $g(x) = x^3 + x + 1$，对信息序列 (1111)，即信息多项式 $m(x) = x^3 + x^2 + x + 1$ 进行系统循环码的编码，其过程如下

$$x^3 m(x) = x^6 + x^5 + x^4 + x^3$$

由

$$\frac{x^3 m(x)}{g(x)} = \frac{x^6 + x^5 + x^4 + x^3}{x^3 + x + 1} = x^3 + x^2 + 1 + \frac{x^2 + x + 1}{x^3 + x + 1}$$

得

$$r(x) = x^2 + x + 1$$

所以 $c(x) = x^3 m(x) + r(x)$
$$= x^6 + x^5 + x^4 + x^3 + x^2 + x + 1$$
$$c = 1111111$$

当信息多项式 $m(x) = m_3 x^3 + m_2 x^2 + m_1 x + m_0$ 的系数 m_3、m_2、m_1、m_0 取十六种不同的值时，按同样方法生成的十六个系统循环码码字列在表 3-3 中。

表 3-3　　　　　由 $g(x) = x^3 + x + 1$ 生成的 $(7,4)$ 系统循环码

信息序列 $m_3\ m_2\ m_1\ m_0$	码多项式 $c(x) = x^{n-k}m(x) + r(x)$	码字 $c = m_3 m_2 m_1 m_0 r_2 r_1 r_0$
0　0　0　0	0	0　0　0　0　0　0　0
0　0　0　1	$x^3 + x + 1$	0　0　0　1　0　1　1
0　0　1　0	$x^4 + x^2 + x$	0　0　1　0　1　1　0
0　0　1　1	$x^4 + x^3 + x^2 + 1$	0　0　1　1　1　0　1

续表

信息序列 $m_3\ m_2\ m_1\ m_0$	码 多 项 式 $c(x)=x^{n-k}m(x)+r(x)$	码 字 $c=m_3m_2m_1m_0r_2r_1r_0$
0 1 0 0	x^5+x^2+x+1	0 1 0 0 1 1 1
0 1 0 1	$x^5+x^3+x^2$	0 1 0 1 1 0 0
0 1 1 0	x^5+x^4+1	0 1 1 0 0 0 1
0 1 1 1	$x^5+x^4+x^3+x$	0 1 1 1 0 1 0
1 0 0 0	x^6+x^2+1	1 0 0 0 1 0 1
1 0 0 1	$x^6+x^3+x^2+x$	1 0 0 1 1 1 0
1 0 1 0	x^6+x^4+x+1	1 0 1 0 0 1 1
1 0 1 1	$x^6+x^4+x^3$	1 0 1 1 1 0 0
1 1 0 0	x^6+x^5+x	1 1 0 0 0 1 0
1 1 0 1	$x^6+x^5+x^3+1$	1 1 0 1 0 0 1
1 1 1 0	$x^6+x^5+x^4+x^2$	1 1 1 0 1 0 0
1 1 1 1	$x^6+x^5+x^4+x^3+x^2+x+1$	1 1 1 1 1 1 1

三、缩短循环码

生成一个码长为 n，信息位为 k 的 (n,k) 循环码，依靠从 x^n+1 中分解出一个 $n-k$ 次的因式作为生成多项式。如果对于我们所要求的码长 n' 和信息位 k'，在 $x^{n'}+1$ 的因式分解式中，不存在 $n'-k'$ 次的因式，则可以用缩短循环码来产生我们需要的 (n',k') 码。

为了理解缩短循环码，先观察一个（7，4）系统循环码的十六个码字

$$C = m_3\ m_2\ m_1\ m_0\ r_2\ r_1\ r_0$$

```
0 0 0 0 × × ×
0 0 0 1 × × ×
0 0 1 0 × × ×
0 0 1 1 × × ×
0 1 0 0 × × ×
0 1 0 1 × × ×
0 1 1 0 × × ×
0 1 1 1 × × ×
1 0 0 0 × × ×
1 0 0 1 × × ×
1 0 1 0 × × ×
1 0 1 1 × × ×
1 1 0 0 × × ×
1 1 0 1 × × ×
1 1 1 0 × × ×
1 1 1 1 × × ×
```

在 $2^k=2^4=16$ 个码字中，有 1/2 的码字信息最高位 $m_3=0$。由于对信息编码时，信息中高位的零在运算中不起作用，所以去掉它不影响余式。如果删去这 8 个码字最高位的零，可以得到 8 个码长为 6 的码字，构成一个（6，3）码。这个码的校验元位数和原来的（7，4）码相同，可以用原来（7，4）码的生成多项式 $g(x)$，按同样的系统循环码的编码方法来生成，称这个（6，3）码为原来（7，4）系统循环码的缩短循环码。它将（7，4）系统循环码的码长和信息位同时减少了一位，可以表示为 $(n-1,k-1)$ 码。

同理在 16 个码字中，有 1/4 的码字前两位信息为零。当删去这 4 个信息的前两位零时，得到 4 个码长为 5 的码字，构成一个（5，2）码，也称为原（7，4）系统循环码的缩短循环码。它将（7，4）系统循环码的码长和信息位同时减少了两位，是 $(n-2,k-2)$ 码。

一般来讲，任何一个给定的 (n,k) 系统循环码的 2^k 个码字中，一定存在 $2^{k-\eta}(\eta<k)$

个前 η 位为零的码字。如果删去这 $2^{k-\eta}$ 个码字中前面 η 位零，可以得到 $2^{k-\eta}$ 个长为 $(n-\eta)$ 的码字，由它们构成的 $(n-\eta, k-\eta)$ 线性系统码，称为原 (n, k) 系统循环码的缩短循环码。

由于缩短循环码只取了原系统循环码中的部分码字，并删去了码字前面的零，故缩短循环码的码字不再满足循环码中任一码字的任何次循环仍是这个码中的码字这一规律，所以它已不是循环码。

缩短循环码删去的是原系统循环码码字前面的零，它不影响由信息生成码字时的运算过程和运算结果，所以缩短循环码可以采用原系统循环码的编码电路、检纠错译码电路及编译码算法。它的检纠错能力不低于原来的 (n, k) 系统循环码。

当要生成 (n', k') 码，而在 $x^{n'}+1$ 中又不能分解出 $(n'-k')$ 次的因式时，可以另外寻找一个 n，使 $n>n'$，并使其在 x^n+1 中存在 $(n'-k')$ 的因式 $g(x)$。令 $n=n'+\eta$，我们可以先用 $g(x)$ 生成一个码长为 n 的码，它的信息位 $k=n-(n'-k')=n'+\eta-(n'-k')=k'+\eta$。因此，用这个 $g(x)$ 生成的 (n, k) 系统循环码可以写成 $(n'+\eta, k'+\eta)$ 系统循环码。这种码中有 $2^{k'}$ 个码字前面 η 位为零，只要我们删去这些码字中的前 η 位零，便得到我们需要的 (n', k') 缩短循环码。

第四节 循环码的检错及纠错能力

一、伴随式计算及纠错

假设发端发送的码字是
$$c(x) = c_{n-1}x^{n-1} + c_{n-2}x^{n-2} + \cdots + c_1x + c_0$$
接收端收到的码字是
$$R(x) = r_{n-1}x^{n-1} + r_{n-2}x^{n-2} + \cdots + r_1x + r_0$$
当我们用接收到的码字 $R(x)$ 除以生成多项式 $g(x)$ 时，如果商式为 $p(x)$，余式为 $s(x)$，则有
$$R(x) = p(x)g(x) + s(x) \tag{3-23}$$
多项式 $s(x)$ 称为接收码字 $R(x)$ 的伴随式。如果伴随式 $s(x)$ 为零，式（3-23）表明接收码字 $R(x)$ 是生成多项式 $g(x)$ 的倍式，译码判断时认为接收码字就是发送端发来的码字。若伴随式 $s(x)$ 不为零，认为发送码字在信道中受到干扰。$s(x)$ 的次数必然不大于 $(n-k-1)$，所以伴随式是 $n-k$ 位的序列，它最多可取 2^{n-k} 种不同的值。

我们把发送码字在信道中受干扰的错误图样用多项式表示成
$$E(x) = e_{n-1}x^{n-1} + e_{n-2}x^{n-2} + \cdots + e_1x + e_0 \tag{3-24}$$
则接收码字是
$$R(x) = c(x) + E(x) \tag{3-25}$$
计算伴随式时完成的除法运算是
$$\begin{aligned} R(x)/g(x) &= [c(x) + E(x)]/g(x) \\ &= c(x)/g(x) + E(x)/g(x) \end{aligned} \tag{3-26}$$
式（3-26）中，发送码字 $c(x)$ 一定是 $g(x)$ 的倍式，假设商为 $q(x)$。再设 $E(x)$ 除以 $g(x)$ 的商为 $p'(x)$，余式为 $s'(x)$，便可以得出下式

$$R(x) = q(x)g(x) + p'(x)g(x) + s'(x)$$
$$= Q(x)g(x) + s'(x) \tag{3-27}$$

式中 $Q(x) = q(x) + p'(x)$。

比较式（3-23）和式（3-27）可以看出：接收码字 $R(x)$ 的伴随式 $s(x)$ 等于错误图样 $E(x)$ 除以生成多项式 $g(x)$ 所得的余式 $s'(x)$。可见伴随式中包含有叠加在发送码字上的错误图样的信息，所以不仅可以利用伴随式进行检错，还可以用伴随式完成一定范围内的纠错。

按照最小距离 d_{min} 和码的检纠错能力之间的关系，伴随式和错误图样之间的关系如下所述。

当接收码字 $R(x)$ 中的错误码元数为 t 位，并且满足 $t \leqslant (d_{min}-1)/2$ 时，对任何一种重量为 t 的错误图样，唯一地对应一个伴随式。从而可以根据错误图样与伴随式之间的对应关系，由伴随式确定错误图样实现纠错；当接收码字中的错误码元数为 l，且满足 $(d_{min}-1)/2 < l \leqslant d_{min}-1$ 时，可以出现多个错误图样对应同一个伴随式的情况，这时不能由伴随式确定唯一的一个错误图样，因此不能完成纠错，但根据伴随式不为零可以实现检错；当接收码字中的错误码元数不小于 d_{min} 时，伴随式会出现不等于零或等于零两种情况。观察式（3-26）可以看出：当错误图样 $E(x)$ 为生成多项式 $g(x)$ 的倍式，即错误图样能被生成多项式除尽时，伴随式为零，属于不能检出的错误。

为了说明系统循环码的纠错译码，仍用表 3-3 中生成的 (7,4) 系统循环码为例。该循环码的最小距离 $d_{min}=3$，故纠错能力 $t=1$。当发送码字在信道中受到一位错误的干扰时，这种一位错误的错误图样形式共有 7 种，它们分别对应 7 种不同的伴随式，如表 3-4 所示。在计算接收码字的伴随式时，若接收码字中只有一位码元受干扰，伴随式必然在表 3-4 中。只要从表中查出伴随式对应的错误图样，将错误图样与接收码字模 2 加，便可以纠正接收码字中的错误位。此时

$$R(x) + E(x) = c(x) + E(x) + E(x) = c(x) \tag{3-28}$$

表 3-4　　　　　　　　　错误图样与伴随式的对应关系

错误图样							伴随式		
e_6	e_5	e_4	e_3	e_2	e_1	e_0	s_2	s_1	s_0
0	0	0	0	0	0	1	0	0	1
0	0	0	0	0	1	0	0	1	0
0	0	0	0	1	0	0	1	0	0
0	0	0	1	0	0	0	0	1	1
0	0	1	0	0	0	0	1	1	0
0	1	0	0	0	0	0	1	1	1
1	0	0	0	0	0	0	1	0	1

比如发端的发送码字 $c=1101001$，收端接收码字为 $R=1111001$。收端译码时对接收码字进行伴随式计算可得 $s=110$，查表 3-4，与伴随式 110 对应的错误图样是 $E=0010000$。只要完成 $R+E=1111001+0010000=1101001=c$ 的计算，便纠正了接收码字中第 r_4 位上的单个错误，恢复了发送码字 c。

如果发送码字 $c=1101001$，受干扰的错误图样恰好是 (7,4) 系统循环码中的另一码

字，$E=c'=0001011$，见表 3-3。这时错误图样的重量（错误码元数）等于码的最小距离 $d_{\min}=3$。收端接收码字 $R=c+E=1100010$，收端译码计算 R 的伴随式，得 $s=000$，将判断为发端的发送码字是 $c=R=1100010$，显然是误判。这是由于当 $E=c'$ 时，$E(x)$ 为 $g(x)$ 的倍式，使 $E(x)$ 除以 $g(x)$ 的余式为零。实际上，这时的错误码元数已超过了该码的检错能力 $d_{\min}-1=2$。从表 3-3 可以看到，在这种情况时，发送码字 $c=1101001$ 受干扰后变成了另一个码字 1100010，它必为 $g(x)$ 的倍式，因此用伴随式检测不出错误。由此可以看出：用伴随式是否为零进行检错时，包含了一种误判的可能，这就是当错误图样能被生成多项式除尽时，由于伴随式等于零，判断为发送码字在信道中没有受到干扰。

二、循环码的检错能力

循环码在实际应用中大多作检错码使用，检错的方法是计算接收码字的伴随式是否为零，且接收码字的伴随式等于错误图样除以生成多项式所得的余式。对于长度为 n 的发送码字，它可能受到的一切干扰可以用错误图样多项式表示为 $E(x)=e_{n-1}x^{n-1}+e_{n-2}x^{n-2}+\cdots+e_1x+e_0$。其错误图样最多为 2^n 种不同的 n 位序列。这些错误图样多项式中，凡能被 $g(x)$ 除尽的，属于不可检测出的错误。

当发送码字受到的干扰为单个错误位时，错误图样多项式可以写成 $E(x)=x^i$。由于生成多项式 $g(x)$ 一般都为一项以上，所以 $g(x)$ 肯定除不尽 x^i。因此，用这种生成多项式 $g(x)$ 生成的循环码，能检测出发送码字中出现的所有单个错误。

如果生成多项式 $g(x)$ 中含有因式 $x+1$，即 $g(x)=(x+1)g_1(x)$，则用这种生成多项式生成的循环码可以检测出码字中的奇数个错误。因为循环码的任意一个码字可以表示成

$$c(x)=c_{n-1}x^{n-1}+c_{n-2}x^{n-2}+\cdots+c_1x+c_0 \tag{3-29}$$

这时均可写成

$$c(x)=q(x)g(x)=(x+1)q(x)g_1(x) \tag{3-30}$$

以 $x=1$ 代入式（3-30）进行模 2 运算，有

$$c(x)=(1+1)q(x)g_1(x)=0 \tag{3-31}$$

比较式（3-29）和式（3-31）可知：由生成多项式 $g(x)=(x+1)g_1(x)$ 生成的循环码，任意一个码字都有偶数个"1"码元。当错误图样中"1"为奇数时，使码字中有奇数个码元出错，必然使干扰后得到的码字有奇数个"1"码元，不会被收端判为是发送码字。因此可以检测出码字中的奇数个错误。

在电力系统的噪声信道中，经常出现突发干扰。任意一种突发干扰的错误图样多项式都可以记为

$$E(x)=x^iB(x) \tag{3-32}$$

其中 $B(x)$ 是 $b-1$ 次多项式，b 为突发长度。循环码对突发干扰的检错能力如下：

(1) 由 $n-k$ 次多项式 $g(x)$ 生成的循环码，能检测出所有突发长度为 $n-k$ 或小于 $n-k$（即 $b\leqslant n-k$）的突发错误。

由于 $E(x)=x^iB(x)$，只要 $g(x)$ 除不尽 $E(x)$，就能检出此突发错误。由循环码的特性可知，$g(x)$ 没有 x 的因子，所以只有 $g(x)$ 能除尽 $B(x)$ 时才能除尽 $E(x)$。但由于 $b\leqslant n-k$，使 $g(x)$ 的次数比 $B(x)$ 的次数高，显然 $g(x)$ 除不尽 $B(x)$，必然也就除不尽 $E(x)$。

(2) 由 $n-k$ 次多项式 $g(x)$ 生成的循环码，当突发错误的突发长度 $b>n-k$ 时，检测不出的突发错误占同样长度的可能的突发错误总数的百分比为

$$2^{-(n-k)} \quad \text{当 } b-1 > n-k \tag{3-33}$$

$$2^{-(n-k-1)} \quad \text{当 } b-1 = n-k \tag{3-34}$$

在突发错误 $E(x) = x^i B(x)$ 中，$B(x)$ 是 $b-1$ 次多项式。由于突发错误的首尾两位必有错，故 $B(x)$ 的 x^0 项及 x^{b-1} 项的系数必为 1，可知 $B(x)$ 总共可取 2^{b-2} 个不同的多项式，即突发长度为 b 时，可能的突发错误总数为 2^{b-2} 个。

只有当 $B(x)$ 能被 $g(x)$ 除尽时，$E(x)$ 的错误才检测不出。这时必须满足

$$B(x) = q(x)g(x) \tag{3-35}$$

其中 $q(x)$ 为 $b-1-(n-k)$ 次多项式，项数为 $b-(n-k)$。

若 $b-1 = n-k$，则 $q(x)$ 为零次多项式，即 $q(x) = 1$。这时存在唯一的不可检测的错误图样 $B(x) = g(x)$。在这种情况下，不可检测的突发错误数为 1，可能的突发错误总数为 $2^{b-2} = 2^{n-k-1}$，它们的比为

$$\frac{1}{2^{b-2}} = 2^{-(n-k-1)} \tag{3-36}$$

若 $b-1 > n-k$，$q(x)$ 共可能有 $2^{b-2-(n-k)}$ 个不同的多项式，即不可检测的错误图样总共可以有 $2^{b-2-(n-k)}$ 个，它与可能的突发错误总数之比为

$$\frac{2^{b-2-(n-k)}}{2^{b-2}} = 2^{-(n-k)} \tag{3-37}$$

可见，由 $n-k$ 次多项式 $g(x)$ 生成的循环码，不仅能检测出所有长度不大于 $n-k$ 的突发错误，而且可以检测出绝大部分更长的突发错误。同理，还可以分析出更多的检错情况。

第五节 系统循环码的编译码电路

一、除法电路

系统循环码的编码是将信息多项式 $m(x)$ 乘以 x^{n-k}，再除以生成多项式 $g(x)$，把所得余式 $r(x)$ 与 $x^{n-k}m(x)$ 模 2 加，便得到码字 $c(x) = x^{n-k}m(x) + r(x)$。译码时用接收码字去除以生成多项式 $g(x)$，判余式是否为零。由此可见，无论编码还是译码，都要进行多项式的除法运算，求余式。

二元域上多项式的除法运算，可以用多项式运算，也可以用与多项式对应的二进制序列运算。当用生成多项式 $g(x) = x^3 + x + 1$ 生成 (7, 4) 系统循环码时，对信息多项式 $m(x) = x^3 + x^2 + x + 1$ 的编码和对它生成的码字进行译码的除法运算，可以用二进制序列计算如下：

```
        编码运算                        译码运算
           1 1 0 1                         1 1 0 1
1 0 1 1 ) 1 1 1 1 0 0 0         1 0 1 1 ) 1 1 1 1 1 1 1
          1 0 1 1                           1 0 1 1
          ─────────                         ─────────
            1 0 0 0 0 0 中间余数              1 0 0 1 1 1 中间余数
            1 0 1 1                           1 0 1 1
            ─────────                         ─────────
              0 1 1 0 0 中间余数                0 1 0 1 1 中间余数
              0 0 0 0                           0 0 0 0
              ─────────                         ─────────
                1 1 0 0 中间余数                  1 0 1 1 中间余数
                1 0 1 1                           1 0 1 1
                ─────────                         ─────────
                  1 1 1 最后余数                    0 0 0 最后余数
```

在运算中，当被除数或中间余数的位数不小于除数位数 $n-k+1$ 时，若被除数或中间余数的最高位为 1，则商取 1，同时将被除数或中间余数的前面 $n-k+1$ 位与除数的 $n-k+1$ 位模 2 加，得另一个中间余数；若被除数或中间余数的位数不小于 $n-k+1$，但最高位是 0，则商取 0，在被除数或中间余数的前 $n-k+1$ 位模 2 加 $n-k+1$ 个 0，得新的中间余数，直到最高位是 1，重复前面运算过程；当中间余数位数等于 $n-k$ 时，运算结束，这个中间余数就是最后余数。

多项式的除法运算，可以用反馈移位寄存器实现。当除式 $g(x)$ 为 $n-k$ 次多项式时，完成除法运算的电路见图 3-3，称为除法电路。除法电路中移位寄存器的个数等于除式 $g(x)$ 的次数 $n-k$。移位寄存器之间的模 2 加法器最多为 $n-k$ 个，两寄存器之间是否有模 2 加法器由除式 $g(x)$ 的系数确定。当 $g_i=1$ 时，由 g_i 控制的开关闭合，该反馈线对应的模 2 加法器存在；当 $g_i=0$ 时，由 g_i 控制的开关断开，该反馈线对应的模 2 加法器不存在，两寄存器之间直接连接。由除法电路的构成可知，只要除式 $g(x)$ 被确定，与它对应的除法电路也唯一地被确定。

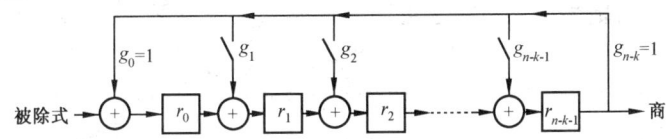

图 3-3　除式 $g(x)$ 为 $n-k$ 次多项式的除法电路

进行除法运算时，先将 $n-k$ 个移位寄存器清零，被除数从高位到低位依次由移位寄存器的低端输入，移位寄存器的高端输出是商。$n-k$ 个移位寄存器中存放被除数或中间余数的前 $n-k$ 位。当移位寄存器的高端 r_{n-k-1} 为 1 时，表示商为 1，反馈线输入 1 到各个模 2 加法器，完成了将 $g(x)$ 对应的 $n-k+1$ 位二进制数模 2 加到被除数或中间余数的前 $n-k+1$ 位上（包括当时移入的一位）；高位 r_{n-k-1} 为零时，表示商为零，反馈线输入零到各个模 2 加法器，等于在被除数或中间余数的前 $n-k+1$ 位上模 2 加零。移位寄存器每移位一次，进行一次除法运算，经 n 次移位后，n 位被除数全部移入除法电路，除法运算完成。这时移位寄存器中的数就是 $n-k$ 位余数。

二、系统循环码的译码电路

按照图 3-3，当 $g(x)=x^3+x+1$ 时可以构成图 3-4 所示的除法电路。这种除法电路的被除数从移位寄存器的低端输入，所以称它为低端输入除法电路。对上面列举的译码除法运算算式，被除数为 1111111，它在低端输入除法电路中的运算过程如表 3-5 所示。该除法电路完

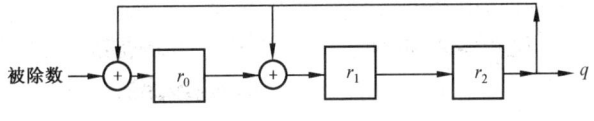

图 3-4　$g(x)=x^3+x+1$ 的译码除法电路

成的除法运算，与前面竖式所做的除法运算一样。前三个移位节拍，将被除数的高三位逐位移入移位寄存器，因为这时被除数的位数小于 $n-k+1=4$，高端始终输出 0。从第四个节拍开始，移位寄存器的高端开始输出商，寄存器中则留下运算过程中的中间余数的高三位。到第七个节拍时，被除数全部输入电路，三个寄存器中留下最后的余数 000。

从上面所述的运算过程可知，当被除数是 n 位二进制数时，低端输入除法电路要经过 n 次移位运算，把被除数全部送入电路后，才能得到最后余数。如果接收端按生成多项式

$g(x)$ 构成低端输入除法电路，并把从信道中接收的码字按接收节拍逐位送入除法电路，那么当 n 位码元接收完后，除法电路中寄存器的状态便是接收码字除以生成多项式之后的余式，即伴随式。这时，低端输入除法电路完成了译码运算。

表 3-5　图 3-4 电路运算例一

移位次数	被除数	r_0	r_1	r_2	商
0	1111111	0	0	0	0
1	111111	1	0	0	0
2	11111	1	1	0	0
3	1111	1	1	1	1
4	111	0	0	1	1
5	11	0	1	0	0
6	1	1	0	1	1
7		0	0	0	0

表 3-6　图 3-4 电路运算例二

移位次数	被除数	r_0	r_1	r_2	商
0	1111000	0	0	0	0
1	111000	1	0	0	0
2	11000	1	1	0	0
3	1000	1	1	1	1
4	000	0	0	1	1
5	00	1	0	1	0
6	0	0	1	1	0
7		1	1	1	

从理论上讲，低端输入除法电路也可以完成编码除法运算。以上面列举的编码除法运算算式为例，这时被除数为 1111000，电路中的除法运算过程如表 3-6 所示。在用低端输入除法电路完成编码运算时，送入除法电路的被除数仍然是 n 位，它是 k 位信息位后面添加 $n-k$ 位零，并且同样要做 n 次移位运算，才能得到最后余数。如果发端在向信道发送 k 位信息位时，同节拍地将信息位移位送入低端输入除法电路中，则 k 位信息位发送完毕后，还要继续向除法电路送入 $n-k$ 个零，才能得到余式。也就是说，在信息位发送完毕后，需要等待 $n-k$ 个节拍才能得到余式，使余式不能紧接着信息位发送，从而不能满足远动信息连续发送要求。因此低端输入除法电路一般不用来作编码电路，而只用它在接收端作译码电路。

三、系统循环码的编码电路

图 3-5 为 $g(x)=x^3+x+1$ 对应的高端输入除法电路，它仍由生成多项式 $g(x)$ 唯一地确定。从电路结构上看，它把低端输入除法电路中位于低端的模 2 加法器和输入端搬到移位寄存器的高端去了，其余部分和图 3-4 相同。被除数向高端的模 2 加法器输入，商从高端的模 2 加法器输出。因此，这种电路也称为高端输入除法电路。

如果被除数为信息序列 1111，即 $m(x)=x^3+x^2+x+1$，当信息序列送入该除法电路时，除法电路的运算过程见表 3-7。这时电路经过四次移位运算得到余式 111。

比较表 3-6 和表 3-7，表 3-6 的被除数是 1111000，表 3-7 的被除数是 1111。它们分别在同一个 $g(x)$ 所对应的低端输入除法电路和高端输入除法电路中做除法运算，得到相同的商和余数。这说明当 k 位被除数移入高端输入除法电路，做 k 次移位运算时，实际完成的是对 n 位序列的除法运算，这个 n 位序列是 k 位被除数后面添加 $n-k$ 个零。换句话说，当输入 $m(x)$ 时，完成的是 $x^{n-k}m(x)$ 的除法运算。我们可以理解为：低端输入除法电路先要将被除数逐位移入 $n-k$ 个移位寄存器，在第 $n-k+1$ 个节拍，才从电路高端输出商的第一位。而高端输入除法电路的被除数从高端输入，第一个节拍就可以从高端的模 2 加法器输出商，相当于把运算提前了 $n-k$ 个节拍，因此只要 k 个节拍就完成运算。当然低端输入除法电路和高端输入除法电路在运算原理上是不同的，后者的运算过程不能直接从除法算式中理解。

第三章 远动信息的信道编译码

表 3-7 图 3-5 电路的运算之例

移位节拍	r_0	r_1	r_2	被除数 $m(x)$	商 q
初态	0	0	0	1111	1
1	1	1	0	111	1
2	1	0	1	11	0
3	0	1	0	1	1
4	1	1	1		

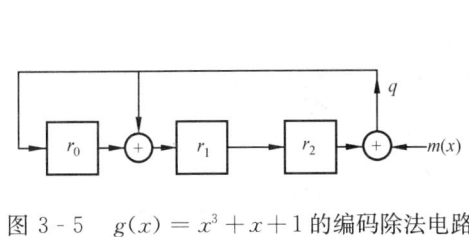

图 3-5 $g(x)=x^3+x+1$ 的编码除法电路

用高端输入除法电路完成编码运算时，只需将 k 位信息码元在向信道发送的同时，也送入除法电路，使 k 位信息元一边逐位向信道发送，一边在除法电路中逐次运算。这样，当 k 位信息位发送结束时，k 次运算同时完成，在除法电路中便得到信息位对应的余数。再把信息的余数紧跟信息位发向信道，就保证了一个码字中的 n 位码元向信道发送是不间断的。同理可以使码字与码字之间的发送也是连续的。

在计算机通信中，可以直接用串行接口电路对传送的信息实现循环码的编码和译码校验。串行接口电路 Z80-SIO、Intel8274、Intel82530 内部都包含有 $g(x)=x^{16}+x^{12}+x^5+1$ 对应的编码和译码电路。因此可以通过对串行接口电路的初始化编程，使信息在通过串行接口电路发送和接收时，同时自动完成循环码的编码和译码除法运算。

第六节 系统循环码的编译码算法

在计算机系统中，系统循环码的编码和译码可以不采用除法电路，而直接用程序来完成编码和译码的除法运算。(n,k) 系统循环码的编译码，要分别完成 $x^{n-k}m(x)/g(x)$ 和 $R(x)/g(x)$ 的除法运算，它们都是 n 位二进制序列除以 $n-k+1$ 位二进制序列的除法运算。如果按通常的除法运算过程进行程序设计，程序执行的时间较长。为了提高运算速度，可以采用一种快速简便的查表算法实现除法运算，称为软件表算法。

一、软件表算法 I

软件表算法 I 应用在校验位比较少，即 $n-k$ 比较小的情况。它可以处理信息位 k 是校验位 $n-k$ 的整数倍和信息位不是校验位的整数倍两种情况。下面仅讨论信息位正好为校验位的整数倍，即 $k=p(n-k)$（p 为整数）时，软件表算法 I 的实现方法。

设 k 位信息序列 $m=m_{k-1}m_{k-2}\cdots m_1m_0$，若对其进行编码，软件表算法 I 的步骤是：

(1) 把 k 位信息序列 m 分成长度为 $n-k$ 位的 p 个信息段，记为 $m=M_1M_2\cdots M_p$。

(2) 在第一个信息段 M_1 后面添加 $n-k$ 个零，然后除以生成多项式 $g(x)$ 得余数 r_1。再将余数 r_1 与第二个信息段 M_2 模 2 加得 M'_2。

(3) 在 M'_2 后面添加 $n-k$ 个零，然后除以生成多项式 $g(x)$ 得余数 r_2，将 r_2 与第三个信息段 M_3 模 2 加得 M'_3。

(4) 对 M'_3 按步骤 (3) 进行得 M'_4，如此下去直到对 M'_p 按步骤 (3) 进行得到 r_p，它就是信息序列 m 编码应得的余数。这时信息序列 m 对应的码字是 $c=M_1M_2\cdots M_pr_p$。

上述步骤可表示如下：

$$M_1 \quad M_2 \quad M_3 \quad \cdots \quad M_p$$

$$\downarrow +r_1$$

$$\overline{M'_2} \to +r_2$$

$$\overline{M'_3} \to r_3$$

$$\vdots$$

$$\to +r_{p-1}$$

$$\overline{M'_p} \to r_p$$

$$c = M_1 M_2 M_3 \cdots M_p r_p$$

码字 c 中的 M_i（$i=1, 2\cdots p$）和 r_p 都是 $n-k$ 位的二进制序列。

软件表算法 I 把 $x^{n-k}m(x)/g(x)$ 的除法运算变成了分段进行的除法运算。并且每一段运算都是在 $n-k$ 位二进制序列后面添加 $n-k$ 个零，再除以生成多项式 $g(x)$ 求余数。对长度为 $n-k$ 位的二进制序列，最多只有 2^{n-k} 种不同取值，所以算法中进行的除法运算，被除数最多只能取 2^{n-k} 个不同值。因此可以事先完成这 2^{n-k} 个被除数除以生成多项式的除法运算，并把计算出的 2^{n-k} 个余数称为中间余数存在内存中，建立一个中间余数表。以后对任何长为 k 位的信息编码时，各信息段的除法运算只要用信息段的取值去查表，便可以找到该信息段对应的中间余数。从而避免了对每个信息段进行一次求余数的除法运算。这个中间余数表也称为软件表，这种算法称为软件表算法 I。

当用软件表算法 I 对接收码字译码时，先用该算法对接收码字中的 k 位信息位分段查表，求出接收码字中信息位的余数。再将计算出的信息位的余数与接收码字中的校验位模 2 加，得到的结果便是接收码字的伴随式。若伴随式为零，认为接收码字正确，否则有错误发生。

下面举例说明软件表算法 I 的编码和译码过程。

【例 3-1】 已知 $g(x) = x^8 + x^2 + x + 1$，设待编码的信息序列 $m=$ 1100101111100011101000010011110100000001。试用软件表算法 I 生成一个 (48, 40) 系统循环码码字。

解：将 m 分成信息段 $M_1 = 11001011$，$M_2 = 11100011$，$M_3 = 10100001$，$M_4 = 00111101$，$M_5 = 00000001$。

在预先建立的软件表中，查出 M_1 对应的中间余数 $r_1 = 01111111$。

计算 $M'_2 = M_2 + r_1 = 11100011 + 01111111 = 10011100$，并查出 M'_2 对应的中间余数 $r_2 = 11011101$。

计算 $M'_3 = M_3 + r_2 = 10100001 + 11011101 = 01111100$，并查出 M'_3 对应的中间余数 $r_3 = 01110011$。

计算 $M'_4 = M_4 + r_3 = 00111101 + 01110011 = 01001110$，并查出 M'_4 对应的中间余数 $r_4 = 11101101$。

计算 $M'_5 = M_5 + r_4 = 00000001 + 11101101 = 11101100$，并查出 M'_5 对应的中间余数 $r_5 = 10001010$。r_5 就是信息序列 m 的余数。

编出的码字是

$c = 1100101111100011101000010011110100000000110001010$

【例 3 - 2】 已知 $g(x) = x^8 + x^2 + x + 1$，设接收码字 $R =$ 100011010100101100110010011001111110111101111000。试用软件表算法 I 译码，判断 R 是否是 (48, 40) 系统循环码码字。

解：将接收码字 R 中的 40 位信息按 $n - k = 8$ 分成信息段 $M_1 = 10001101$，$M_2 = 01001011$，$M_3 = 00110010$，$M_4 = 01100111$，$m_5 = 11101111$。

按软件表算法 I，上述信息的余数计算过程如下：

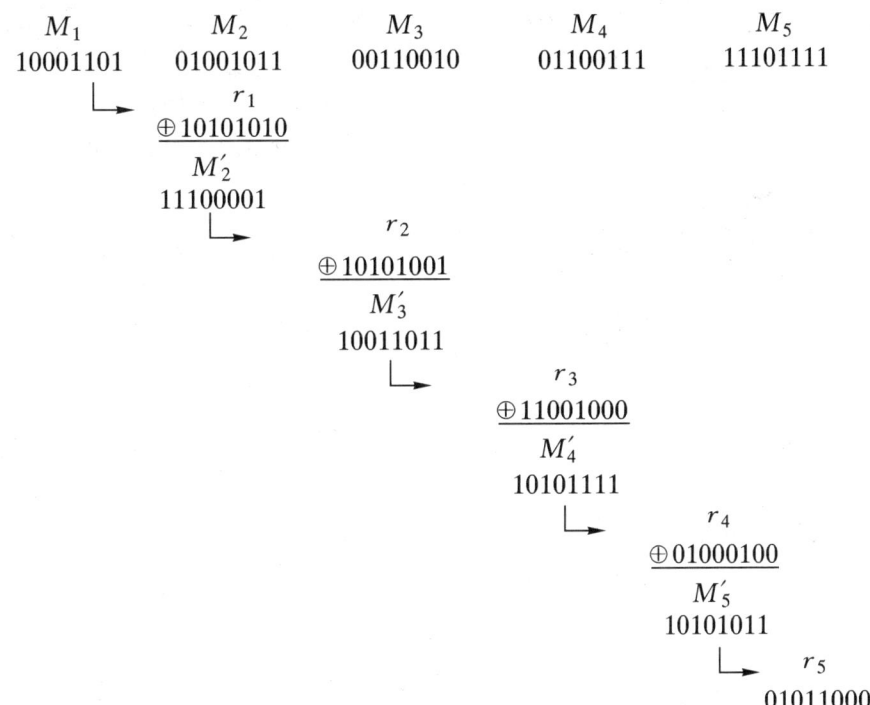

r_5 是用接收码字中的信息位计算出的余数。将 r_5 与接收码字中的校验位模 2 加，得伴随式 $s = 01011000 + 01111000 = 00100000$。由于伴随式不为零，故接收码字不是 (48, 40) 系统循环码码字。

软件表算法 I 中，中间余数的个数为 2^{n-k} 个，中间余数的位数为 $n-k$ 位。当 $n-k$ 太大时，软件表占内存容量过大。因此，软件表算法 I 一般用在 $n-k$ 比较小的情况。

二、软件表算法 II

当 $n-k$ 比较大时，为了减少软件表所占内存单元的数量，可以采用软件表算法 II 实现循环码的编译码。

软件表算法 II 对校验位 $n-k$ 为偶数和校验位 $n-k$ 为奇数时，分两种情况处理。下面仅讨论 $n-k$ 为偶数，并且信息位 k 正好是 $(n-k)/2$ 的整数倍，即 $k = p(n-k)/2$（p 为整数）的情况。

设信息序列 $m = m_{k-1} m_{k-2} \cdots m_1 m_0$，欲对其进行编码，软件表算法 II 的步骤是：

(1) 把信息序列 m 分成长度为 $(n-k)/2$ 位的 p 个信息段，记为 $m = M_1 M_2 \cdots M_p$。

(2) 在第一个信息段 M_1 后面添加 $n-k$ 个零，然后除以生成多项式 $g(x)$，得中间余数 r_1。再将 $n-k$ 位中间余数 r_1 分成两段，前半段的 $(n-k)/2$ 位是高位段，记为 r_{1H}，后半

段的 $(n-k)/2$ 位是低位段，记为 r_{1L}。

(3) 将 r_{1H} 与第二个信息段 M_2 模 2 加，得 M'_2。在 M'_2 后面添加 $n-k$ 个零，然后除以生成多项式 $g(x)$，得中间余数 r_2，再将 $n-k$ 位中间余数 r_2 分成两段，前半段的 $(n-k)/2$ 位记为 r_{2H}，后半段的 $(n-k)/2$ 位记为 r_{2L}。

(4) 将 r_{2H} 和 r_{1L} 与第三个信息段 M_3 模 2 加，得 $M'_3 = r_{2H} + r_{1L} + M_3$。在 M'_3 后面添加 $n-k$ 个零，然后除以生成多项式 $g(x)$，得中间余数 r_3，再将 $n-k$ 位中间余数 r_3 分为两段，前半段的 $(n-k)/2$ 位记为 r_{3H}，后半段的 $(n-k)/2$ 位记为 r_{3L}。

(5) 对 M_3 后面的信息段 M_4，$M_5 \cdots M_p$ 重复步骤 (4)，直到求出 $M'_p = r_{(p-1)H} + r_{(p-2)L} + M_p$。在 M'_p 后面添加 $n-k$ 个零，然后除以生成多项式 $g(x)$，得中间余数 r_p，再将 $n-k$ 位中间余数 r_p 分为两段，前半段的 $(n-k)/2$ 位记为 r_{pH}，后半段的 $(n-k)/2$ 位记为 r_{pL}。将 r_{pH} 与 $r_{(p-1)L}$ 模 2 加得 $r_H = r_{pH} + r_{(p-1)L}$，令 $r_L = r_{pL}$。则 r_H 和 r_L 分别是信息序列 m 的余式 r 的高 $(n-k)/2$ 位和低 $(n-k)/2$ 位。记为 $r = r_H r_L$。

上述步骤可表示如下：

$$
\begin{array}{ccccc}
M_1 & M_2 & M_3 & M_4 & \cdots & M_p \\
& + r_{1H} & r_{1L} \\
\hline
& M'_2 \\
& & + r_{2H} & r_{2L} \\
\hline
& & M'_3 \\
& & & \vdots \\
& & & r_{(p-2)L} \\
& & & + r_{(p-1)H} & r_{(p-1)L} \\
\hline
& & & M'_p \\
& & & & + r_{pH} & r_{pL} \\
\hline
& & & & r_H & r_L
\end{array}
$$

$$c = M_1 M_2 \cdots M_p r_H r_L$$

码字 c 中的 M_i ($i=1、2\cdots p$)，r_H 和 r_L 都是 $(n-k)/2$ 位的二进制序列。

软件表算法 Ⅱ 同样把 $x^{n-k}m(x)/g(x)$ 的除法运算变成了分段进行的除法运算，但信息段的长度是 $(n-k)/2$ 位，故每一段运算是在 $(n-k)/2$ 位二进制序列后面添加 $n-k$ 个零，再除以生成多项式求中间余数。并且对每一个 $n-k$ 位的中间余数，又将其分成高 $(n-k)/2$ 位和低 $(n-k)/2$ 位，按先后分别与后面的两个信息段继续处理。

与软件表算法 Ⅰ 同理，对软件表算法 Ⅱ 也可以事先分别对长度为 $(n-k)/2$ 位的所有二进制序列，其后添 $n-k$ 个零，再除以生成多项式求中间余数，并在内存中建立一个中间余数表。以后对任何长度为 k 位的信息编码，都可以通过查表和模 2 加运算完成。

用软件表算法 Ⅱ 对接收码字译码时，它的原理和计算过程同软件表算法 Ⅰ。

下面举例说明软件表算法 Ⅱ 的编码和译码过程。

【例 3-3】 已知 $g(x) = x^{16} + x^{12} + x^5 + 1$，设待编码的信息序列 $m = 100011000010001010000001$，试用软件表算法 Ⅱ 生成一个 (40, 24) 系统循环码码字。

解：将 m 分成信息段 $M_1 = 10001100$，$M_2 = 00100010$，$M_3 = 10000001$。

在给定的软件表中，通过查表和模 2 加运算，完成如下的编码过程

$$
\begin{array}{cccc}
M_1 & M_2 & M_3 & \\
10001100 & 00100010 & 10000001 & \\
\llcorner\!\!\rightarrow & r_{1H} & r_{1L} & \\
+01010000 & 00000100 & & \\
\hline
M_2' & & & \\
01110010 & & & \\
\llcorner\!\!\rightarrow & r_{2H} & r_{2L} & \\
+01011110 & 11010101 & & \\
\hline
M_3' & & & \\
11011011 & & r_{3H} & r_{3L} \\
\llcorner\!\!\rightarrow & +01111010 & 00010110 & \\
\hline
& r_H & r_L & \\
& 10101111 & 00010110 & \\
\end{array}
$$

$$r = 1010111100010110$$

编出的码字是

$$c = 100011000010001010000011010111100010110$$

【例 3-4】 已知 $g(x) = x^{16} + x^{12} + x^5 + 1$，设接收码字 $R = 1000110010100010100000110101011100011110$。试用软件表算法 Ⅱ 译码，判断 R 是否是 (40，24) 系统循环码码字。

解：将接收码字 R 中的 24 位信息分成信息段 $M_1 = 10001100$，$M_2 = 10100010$，$M_3 = 10000001$。

在给定的软件表中查出 M_1 对应的中间余数 $r_{1H} = 01010000$，$r_{1L} = 00000100$。

计算 $M_2' = r_{1H} + M_2 = 01010000 + 10100010 = 11110010$，并查出 M_2' 对应的中间余数 $r_{2H} = 11001111$，$r_{2L} = 01011101$。

计算 $M_3' = r_{2H} + r_{1L} + M_3 = 11001111 + 00000100 + 10000001 = 01001010$，并查出 M_3' 对应的中间余数 $r_{3H} = 11101001$，$r_{3L} = 10001110$。

计算 $r_{2L} + r_{3H} = 01011101 + 11101001 = 10110100$，得到接收码字 R 中的信息位对应的余数 $r = 1011010010001110$。

将上面计算得到的余数与接收码字中的校验位模 2 加，得伴随式 $s = 0001111110010000$。由于伴随式不为零，故接收码字 R 不是 (40，24) 系统循环码的码字。

三、两段查表法

利用软件表算法 Ⅰ、Ⅱ 实现系统循环码的编译码时，必须事先在内存中建立一个中间余数表，或称软件表，这种方法是以内存空间的支出换取运算速度的提高。如果把算法中划分的信息段再进行处理，其方法是把一个信息段分解成两个信息段的模 2 和，并且使分解后得到的两个信息段各有一半的位数取零，其中一个高半段取零，另一个低半段取零。然后对分解后得到的信息段建立中间余数表，便可以进一步减少余数表所占内存的数量。

这里仅以软件表算法 Ⅰ 说明其方法。按软件表算法 Ⅰ，被划分的信息段长度为 $n-k$ 位，中间余数表中的余数个数为 2^{n-k} 个。假如 $n-k=8$，则按算法 Ⅰ 划分出的任何一个信息段 M_i 的长度均为 8 位二进制数。任何一个 M_i 都可以表示成另外两个 8 位二进制数的模 2 和，并且使其中一个的高 4 位全为零，另一个的低 4 位全为零，即

$$M_i = m_7 m_6 m_5 m_4 m_3 m_2 m_1 m_0 = m_7 m_6 m_5 m_4 0000 + 0000 m_3 m_2 m_1 m_0 \tag{3-38}$$

如果把 $m_7m_6m_5m_4 0000$ 记为 M_{iH}，把 $0000m_3m_2m_1m_0$ 记为 M_{iL}，则有

$$M_i = M_{iH} + M_{iL} \tag{3-39}$$

于是对式（3-39）左边 M_i 的求余数运算，可以转变成对式（3-39）右边的 M_{iH} 和 M_{iL} 分别求余数，再完成对两个余数的模 2 和运算。M_{iH} 有 2^4 种不同取值，M_{iL} 也只有 2^4 种不同取值，因此只要事先分别计算出 M_{iH} 和 M_{iL} 的 2×2^4 个中间余数，在内存中建立一个只有 32 个字节的中间余数表，就可以完成 $n-k=8$ 时，软件表算法 I 的编译码运算。

对 $g(x) = x^8 + x^2 + x + 1$，按两段查表法写出 32 个信息段 M_H 和 M_L，并计算出它们对应的 32 个中间余数，列于表 3-8 中。仍以软件表算法 I 中的例 1-1 为例子，说明两段查表法的编码运算过程。

表 3-8　　　　$g(x) = x^8 + x^2 + x + 1$ 时，两段查表法的信息段及中间余数

信息段 M_H	中间余数 r_H	信息段 M_L	中间余数 r_L
0000 0000	0000 0000	0000 0000	0000 0000
0001 0000	0111 0000	0000 0001	0000 0111
0010 0000	1110 0000	0000 0010	0000 1110
0011 0000	1001 0000	0000 0011	0000 1001
0100 0000	1100 0111	0000 0100	0001 1100
0101 0000	1011 0111	0000 0101	0001 1011
0110 0000	0010 0111	0000 0110	0001 0010
0111 0000	0101 0111	0000 0111	0001 0101
1000 0000	1000 1001	0000 1000	0011 1000
1001 0000	1111 1001	0000 1001	0011 1111
1010 0000	0110 1001	0000 1010	0011 0110
1011 0000	0001 1001	0000 1011	0011 0001
1100 0000	0100 1110	0000 1100	0010 0100
1101 0000	0011 1110	0000 1101	0010 0011
1110 0000	1010 1110	0000 1110	0010 1010
1111 0000	1101 1110	0000 1111	0010 1101

【例 3-5】 已知 $g(x)=x^8+x^2+x+1$，信息序列 m=1100101111100011101000010011110100000001，试用两段查表法生成一个 (48，40) 系统循环码码字。

解： 将 m 分成信息段 $M_1 = 11001011$，$M_2 = 11100011$，$M_3 = 10100001$，$M_4 = 00111101$，$M_5 = 00000001$。

$M_1 = 11001011 = 11000000 + 00001011 = M_{1H} + M_{1L}$。查表 3-8，$M_{1H}$ 的中间余数 $r_{1H} = 01001110$，M_{1L} 的中间余数 $r_{1L} = 00110001$。得 M_1 的余数 $r_1 = r_{1H} + r_{1L} = 01001110 + 00110001 = 01111111$。

求 $M'_2 = M_2 + r_1 = 11100011 + 01111111 = 10011100 = 10010000 + 00001100 = M'_{2H} + M'_{2L}$。查表 3-8，$M'_{2H}$ 的中间余数 $r_{2H}=11111001$，M'_{2L} 的中间余数 $r_{2L}=00100100$。得 M'_2 的余数 $r_2=r_{2H}+r_{2L}=11011101$。

求 $M'_3=M_3+r_2=01111100=01110000+00001100=M'_{3H}+M'_{3L}$。查表 3-8，$M'_{3H}$ 的中间余数 $r_{3H}=01010111$，M'_{3L} 的中间余数 $r_{3L}=00100100$。得 M'_3 的余数 $r_3=r_{3H}+r_{3L}=01110011$。

求 $M'_4=M_4+r_3=01001110=01000000+00001110=M'_{4H}+M'_{4L}$。查表 3-8，$r_{4H}=$

11000111，r_{4L}=00101010。得 r_4=11101101。

求 $M'_5=M_5+r_4$=11101100=11100000+00001100=$M'_{5H}+M'_{5L}$。

查表 3-8，r_{5H}=10101110，r_{5L}=00100100。得 r_5=10001010。

r_5 就是信息序列 m 的余数。编出的码字是

c=1100101111100011101000010011110100000001100001010

两段查表法减少了中间余数表占用的内存空间，但计算一个信息段的余数要进行两次查表和一次模 2 加运算。因此这种方法是以降低运算速度为代价，使内存的占有减少。同理还可以进一步把信息段分成四个或八个新的信息段的模 2 和，使中间余数表占用的内存单元更少。当然，每计算一个信息段的余数时，查表的次数相应增加，运算速度降低。

第七节 远动信息的 CRC 校验

一、生成多项式

要生成一个 (n, k) 循环码，只需要将 x^n+1 进行因式分解，找出一个次数等于 n−k 次的因式，就可以作为 (n, k) 循环码的生成多项式生成该码组。

如果在 x^n+1 的分解式中有多个 n−k 次的因式，则把其中任意一个 n−k 次的因式作为生成多项式，都可以生成一个 (n, k) 循环码。但如果被选用的生成多项式的重量不同，用它生成的循环码最小距离也不相同。即使对次数相同又具有相同重量的生成多项式，只要它们的重量分布不同，所生成的循环码，其码字的重量分布也不相同。在循环码的检错中，当错误图样的重量分布与码字的重量分布相同时，这种错误图样是不可检测出的错误。所以码字的重量分布会影响循环码的检错能力。

在生成 (n', k') 码时，如果 $x^{n'}+1$ 分解不出 (n'−k') 次的因式，可以寻找一个正整数 n (n=n'+η，η 为正整数)，先由 x^n+1 分解出一个 (n'−k') 次的因式，并由它生成一个 (n, k) 循环码 (k=k'+η)。然后按缩短循环码的生成方法，生成 (n, k) 码的缩短循环码(n−η, k−η)，便得到所需要的 (n', k') 缩短循环码。

我国部颁循环式远动规约规定，每帧远动信息中的控制字和信息字都采用 CRC 校验，并选用生成多项式 $g(x)=x^8+x^2+x+1$ 生成 (48, 40) 循环码，其陪集码为 FFH。

规约中的 (48, 40) 循环码实际是 (127, 120) 循环码进行增余删信和缩短处理之后得到的缩短循环码。当分解 $x^{127}+1$ 时，可以得到 18 个 7 次的因式，选择其中一个 $g(x)=x^7+x^6+x^5+x^4+x^3+x^2+1$ 能够生成校验位是 7 位的 (127, 120) 循环码。在循环码的码长不变的情况下，为了将校验元增加一位，通常采用增余删信处理，就是保证码长 n 不变，增加一位校验码元，删除一位信息码元。一种码经过增余删信处理后，得到的增余删信码的生成多项式，等于原来码的生成多项式与一次多项式 x+1 相乘。增余删信码的最小距离较原来的码增大了 1，从而提高了码的抗干扰能力。对 (127, 120) 循环码进行增余删信后，得到 (127, 119) 循环码，它的生成多项式 $g(x)=(x+1)(x^7+x^6+x^5+x^4+x^3+x^2+1)$ =x^8+x^2+x+1。将 (127, 119) 循环码的码长 n 和信息位 k 都缩短 79 位，便得到 (48, 40) 缩短循环码。它仍然由生成多项式 $g(x)=x^8+x^2+x+1$ 生成，并与 (127, 119) 码具有相同的检错和纠错能力。

我国部颁问答式远动规约中的报文，有校验码为16位的报文和校验码为8位的报文。16位校验码的报文采用CRC校验，生成多项式是$g(x)=x^{16}+x^{15}+x^2+1$，它是ISO制定的HDLC标准CRC校验码。8位校验码的报文中，校验码由7位CRC校验码和一位奇偶校验码组成。7位CRC校验码的生成多项式$g(x)=x^7+x^6+x+1$。

二、循环传输规约的CRC校验

循环式传输规约采用（48,40）缩短循环码。它满足$n-k$比较小和信息位是校验位的整数倍两个条件，因此采用上一节介绍的软件表算法I进行编译码。首先生成中间余数表，即软件表，再进行编译码运算。

生成软件表的程序框图见图3-6。该程序设计时要为软件表分配256个字节的内存。计算中间余数时，8位二进制数M的取值从00000000开始，计算完一个后二进制数M加1再计算，直到算完256次，且每次计算出的中间余数，从软件表所占内存的第一个单元开始，逐个依次往下存放。因此二进制数M的取值就是它所对应的中间余数在余数表中的偏移地址。表3-9是计算出的256个中间余数（用十六进制数表示）。

发端用软件表算法I编码时，要将40位信息分为5个八位的信息段，记为M_1、M_2、M_3、M_4、M_5。首先查找M_1的中间余数r_1与M_2模2加，得M'_2，再查找M'_2的中间余数r_2与M_3模2加，得M'_3。如此下去，直到查找到M'_5的中间余数r_5，就是待编码信息的余数。

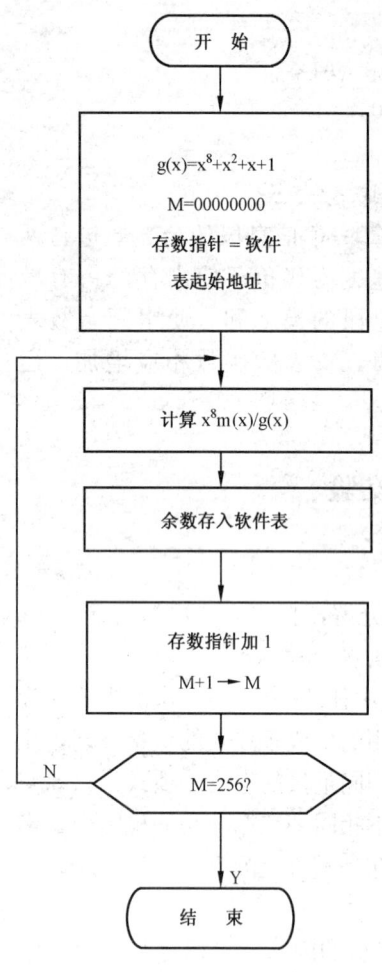

图3-6 生成软件表的程序框图

表3-9　　　　　　　　$g(x)=x^8+x^2+x+1$的中间余数表

被除数低四位		0	1	2	3	4	5	6	7	8	9	A	B	C	D	E	F
被除数高四位	0	00	07	0E	09	1C	1B	12	15	38	3F	36	31	24	23	2A	2D
	1	70	77	7E	79	6C	6B	62	65	48	4F	46	41	54	53	5A	5D
	2	E0	E7	EE	E9	FC	FB	F2	F5	D8	DF	D6	D1	C4	C3	CA	CD
	3	90	97	9E	99	8C	8B	82	85	A8	AF	A6	A1	B4	B3	BA	BD
	4	C7	C0	C9	CE	DB	DC	D5	D2	FF	F8	F1	F6	E3	E4	ED	EA
	5	B7	B0	B9	8E	AB	AC	A5	A2	8F	88	81	86	93	94	9D	9A
	6	27	20	29	2E	3B	3C	35	32	1F	18	11	16	03	04	0D	0A
	7	57	50	59	5E	4B	4C	45	42	6F	68	61	66	73	74	7D	7A
	8	89	8E	87	80	95	92	9B	9C	B1	B6	BF	B8	AD	AA	A3	A4
	9	F9	FE	F7	F0	E5	E2	EB	EC	C1	C6	CF	C8	DD	DA	D3	D4
	A	69	6E	67	60	75	72	7B	7C	51	56	5F	58	4D	4A	43	44
	B	19	1E	17	10	05	02	0B	0C	21	26	2F	28	3D	3A	33	34
	C	4E	49	40	47	52	55	5C	5B	76	71	78	7F	6A	6D	64	63
	D	3E	39	30	37	22	25	2C	2B	06	01	08	0F	1A	1D	14	13
	E	AE	A9	A0	A7	B2	B5	BC	BB	96	91	98	9F	8A	8D	84	83
	F	DE	D9	D0	D7	C2	C5	CC	CB	E6	E1	E8	EF	FA	FD	F4	F3

通常 40 位信息在内存中按字节依次存放，占 5 个内存单元。只要有了中间余数表的起始地址 ADD1 和信息存放的起始地址 ADD2，就可以按照程序框图图 3-7 设计出编码程序。框图中的 R 存放查表找到的中间余数，它的初值为零，终值是 40 位信息的最后余数。M 存放信息段。最后计算出的余数取非之后存放在第五个信息段的后面，便是码字的校验码字节。余数取非作为校验码是部颁规约中要求的陪集码的编码方法。

陪集码是将循环码或缩短循环码的每一个码字加上一个次数小于码长 n 的固定多项式 $P(x)$ 而生成的分组码。若循环码的码多项式为 $c(x)$，它的陪集码的码多项式则是 $c(x)+P(x)$。因为循环码的每一个码字循环移位任意次后，得到的码字仍然是这个循环码中的码字，所以当接收的信息流出现滑步时，将滑步后的 n 位码元错判为码字的概率比较大。如果适当选择 $P(x)$ 把循环码改造成陪集码，在接收信息流出现滑步时，将滑步后的 n 位码元错判为码字的概率将大大降低。这时能够借助连续几个码字校验出错迅速发现失步错误，从而大大降低假同步概率。部颁循环式远动规约中的陪集码多项式 $P(x)=x^7+x^6+x^5+x^4+x^3+x^2+x+1$，它对应的二进制序列是 11111111，即陪集码为 FFH。这时 $c(x)+P(x)$ 等于在余数的每一位上模 2 加 1，即将余数的每一位取非后作为信息序列的校验码。

采用陪集码 FFH 后，即使 (48,40) 缩短循环码的码字中信息位为全零，在码字中也会出现一次码元从"0"至"1"的变化，有利于提高位同步的性能，同时陪集码还具有一定抗滑步的能力。

编码程序在发送端使用，对接收端应该将接收到的 48 位码元分成 6 个 8 位长的字节，存在内存中。对前面 5 个字节（信息位）先按编码程序处理计算出 r_5，对 r_5 取非得 $\bar{r}_5$。然后将 $\bar{r}_5$ 与接收到的第六个字节异或，如果异或结果为零，认为接收码字正确；否则表示发送码字在信道中受到干扰。

为了减少余数表所占内存，可以采用与两段查表法类似的处理办法，把每一个 8 位二进制数分解成 8 个 8 位二进制数的模 2 和，这 8 个 8 位二进制数都只有一位为"1"，其余位为"0"。这样只需建立一个包含 8 个字节的中间余数表，见表 3-10。当对每一个字节计算中间余数时，可以通过判断该字节中的哪几位为"1"，把为"1"的各位对应的中间余数模 2 加即为这个字节的中间余数，这种方法可以称为一位查表法。

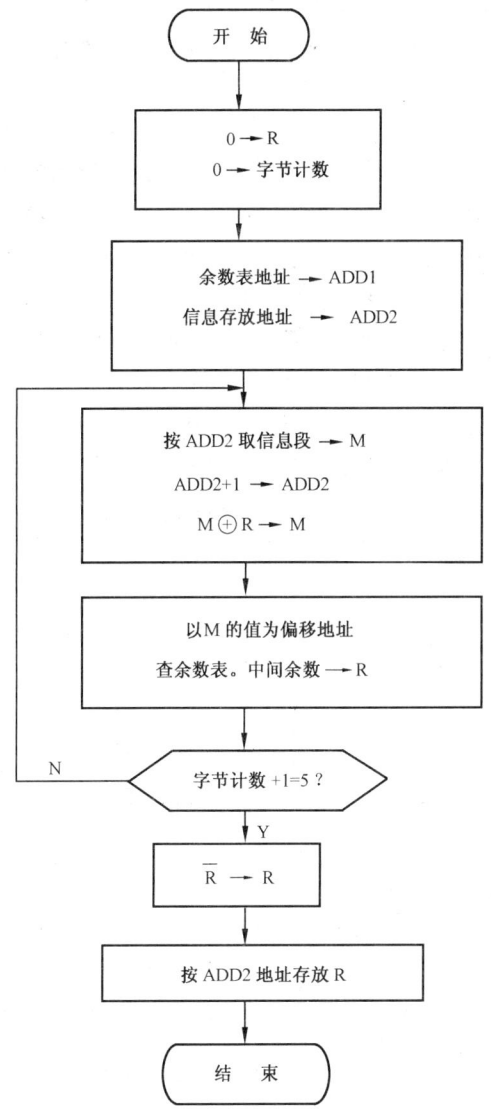

图 3-7 循环传输规约的编码程序框图

三、我国问答式远动规约的 CRC 校验

我国问答式远动规约中，有采用 16 位校验码的报文，也有采用 8 位校验码的报文。

1. 16 位校验码的报文校验

16 位校验码的报文格式，见图 2 - 19。报文由一个 RTU 地址字节、一个报文类型字节、一个数据区长度字节、N 个数据字节和二个校验码字节组成，共 $N+5$ 个字节。CRC 校验的生成多项式是 $g(x)=x^{16}+x^{15}+x^{2}+1$。由于四大网引进中 μ4F RTU 报文的信息码和校验码的排列顺序与通常习惯不同，所以在使用软件表算法进行编译码时，要调整字节的位顺序。

如果用 a_i^j 表示报文中任意一位码元，其中 j 表示码元在报文中的字节号，i 表示码元在一个字节中的位置，则报文的排列如图 3 - 8 所示。图中 $a_7^{N+4}a_6^{N+4}\cdots a_0^{N+4}$ 和 $a_7^{N+5}a_6^{N+5}\cdots a_0^{N+5}$ 表示校验码字节。在进行 $x^{n-k}m(x)/g(x)$ 的编码运算时，信息码 m 从高到低的排列次序如下：$a_0^1a_1^1\cdots a_7^1a_0^2a_1^2\cdots a_7^2\cdots a_0^{N+3}a_1^{N+3}\cdots a_7^{N+3}$。可以看出，第一个字节中的最低位 a_0^1 位是编码运算时信息码的最高位，第 $N+3$ 个字节中的最高位 a_7^{N+3} 位则是编码运算时信息码的最低位。它和常规排列次序的不同是，运算时每一个字节中右边是高位，左边是低位。如果把计算得到的余式表示为

$$r(x)=r_{15}x^{15}+r_{14}x^{14}+\cdots+r_1x+r_0x^0 \tag{3-40}$$

余数 $r_{15}r_{14}\cdots r_0$ 在报文后两个字节中的排列次序为：

$$r_8r_9r_{10}r_{11}r_{12}r_{13}r_{14}r_{15}$$

$$r_0r_1r_2r_3r_4r_5r_6r_7$$

表 3 - 10　　一位查表法的中间余数表

一位为 1 的信息段	中间余数	一位为 1 的信息段	中间余数
00000001	00000111	00010000	01110000
00000010	00001110	00100000	11100000
00000100	00011100	01000000	11000111
00001000	00111000	10000000	10001001

第一字节	a_7^1	a_6^1	a_5^1	a_4^1	a_3^1	a_2^1	a_1^1	a_0^1
第二字节	a_7^2	a_6^2	a_5^2	a_4^2	a_3^2	a_2^2	a_1^2	a_0^2
	⋮							
第 N+4 字节	a_7^{N+4}	a_6^{N+4}	a_5^{N+4}	a_4^{N+4}	a_3^{N+4}	a_2^{N+4}	a_1^{N+4}	a_0^{N+4}
第 N+5 字节	a_7^{N+5}	a_6^{N+5}	a_5^{N+5}	a_4^{N+5}	a_3^{N+5}	a_2^{N+5}	a_1^{N+5}	a_0^{N+5}

图 3 - 8　16 位校验码的报文排列

余数的最高位 r_{15} 排在第一个校验码字节的最低位 a_0^{N+4} 位置上，余数的最低位 r_0 排在第二个校验码字节的最高位 a_7^{N+5} 位置上。因此按 μ4F RTU 报文进行编译码运算时，必须把每个信息字节的高低位进行交换，变成软件表算法中要求的信息码顺序。并且对计算得到的余数也要进行高低位交换，才是报文要求的校验码。为了使位交换工作省时，可以事先生成一个位交换表，对任意一个字节只需要查表，就可以找到位交换后的字节。

16 位校验码的编码程序框图见图 3 - 9。首先生成高低位的位交换表，并按所选择的算法生成中间余数表。然后取一个信息字节，做高低位的位交换后与上一次的中间余数相异或，用异或得到的结果查中间余数表，得中间余数。如果信息字节没有处理完，再取一个信息字节重复上述过程。否则将中间余数做高低位的位交换后，便得到报文的校验字节。

中间余数表的生成要由选择的算法确定。如果用标准的软件表算法Ⅱ，中间余数表可以用 $x^{16}m(x)/g(x)$ 的运算生成。这里 $m(x)$ 是8位二进制数对应的多项式，8位二进制数的取值从 00000000 变化到 11111111 共 256 个，$g(x)=x^{16}+x^{15}+x^2+1$。每次求得的中间余数都是 16 位二进制数。为了减少中间余数表所占内存，可以采用两段查表法，这时 $x^{16}m(x)/g(x)$ 的运算中，$m(x)$ 对应的 8 位二进制数只取 32 种不同的值，这 32 种取值和表 3-8 中的信息段 M_H、M_L 的取值相同。生成多项式仍然是 $g(x)=x^{16}+x^{15}+x^2+1$，每次求得的中间余数还是 16 位二进制数，占两个字节的内存，但只有 32 个中间余数。

2. 8 位校验码的报文校验

8 位校验码的报文在规约中只有两种，一种是类别询问报文，报文固定为四个字节；另一种是重复询问报文，报文固定为五个字节。这两种报文都包含一个 RTU 地址字节、一个报文类型字节和一个校验码字节。按图 3-8 的表示方法，可以把 8 位校验码的重复询问报文用图 3-10 表示，其中 $a_7^5a_6^5a_5^5a_4^5a_3^5a_2^5a_1^5a_0^5$ 表示校验码字节。

校验码字节的最高位 a_7^5 由报文中其余字节的最高位进行模 2 加产生，编码规则是：$a_7^5=a_7^1+a_7^2+a_7^3+a_7^4$。校验码字节中的剩余 7 位是 CRC 校验，它只对报文中其余字节的低 7 位运算，生成多项式 $g(x)=x^7+x^6+x+1$。与 16 位校验码报文一样，在进行 $x^{n-k}m(x)/g(x)$ 编码运算时，信息码 m 的排列次序为 $a_0^1a_1^1\cdots a_6^1a_0^2\cdots a_6^2a_0^3a_1^3\cdots a_6^3a_0^4a_1^4\cdots a_6^4$。第一个字节中的最低位 a_0^1 位是编码运算时的最高位，第四个字节中的最高位 a_6^4 位是编码运算时的最低位。计算得到的余式如果表示为

$$r(x)=r_6x^6+r_5x^5+r_4x^4+r_3x^3+r_2x^2+r_1x+r_0x^0 \tag{3-41}$$

余数 $r_6r_5r_4r_3r_2r_1r_0$ 在校验字节中的排列次序为 $r_0r_1r_2r_3r_4r_5r_6$，它们是校验码字节中的低 7 位。因此采用软件表算法 1 编码时，除生成一个 7 位的中间余数表外，还要一个 7 位的高低位交换表，编码程序框图同图 3-9。为了减少中间余数的个数，也可以用一位查表法，这时只建立一个包含 7 个中间余数的表，这种表类同于表 3-10。

上面介绍的两种 CRC 校验，都需要进行高低位的位交换运算。如果在建立中间余数表时，把位交换的问题考虑在中间余数表的排列顺序之中，程序可以得到简化。

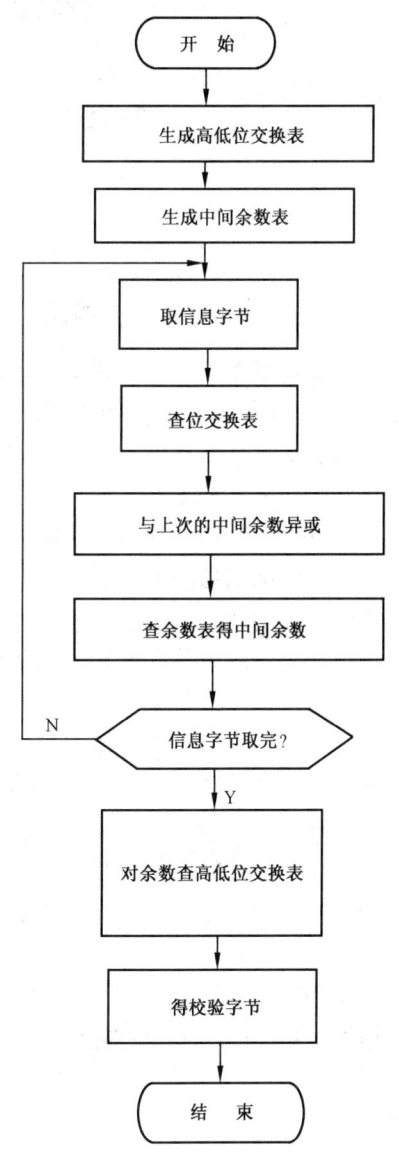

图 3-9 16 位 CRC 校验编码程序框图

a_7^1	a_6^1	a_5^1	a_4^1	a_3^1	a_2^1	a_1^1	a_0^1
a_7^2	a_6^2	a_5^2	a_4^2	a_3^2	a_2^2	a_1^2	a_0^2
			⋮				
a_7^5	a_6^5	a_5^5	a_4^5	a_3^5	a_2^5	a_1^5	a_0^5

图 3-10 8 位校验码的报文排列

第四章 远动信息的时序及同步

第一节 远动信息的时序

信息在信道上的传输通常采用多路复用技术，多路复用技术有频分多路制和时分多路制等。在频分多路制中，各路信号的传输频率不同。在时分多路制中，被传输的信号按先后顺序在各自占用的时间间隔中传送。

远动信息在远动信道上的传输采用时分多路制。CDT规约中，8位码元构成一个字节，6个字节构成一个码字，多个码字构成一帧。polling规约中，多个字节构成一个报文。远动信息的发送时间顺序和接收时间顺序，可以用位、字节、码字来表征。

一、远动信息的位

微机远动装置中，远动信息通过串行接口电路发送和接收。串行接口电路向信道发送或从信道接收的一位数据就是远动信息的一个码元，也称为一位。远动装置通过串行接口电路每秒钟向信道发送或从信道接收的码元数，称为码元传输速率或波特率。远动信息的发送波特率和接收波特率，由串行接口电路的发送时钟和接收时钟进行控制。当串行接口电路工作在同步通信方式时，串行接口电路的发送时钟频率等于远动信息的发送波特率，接收时钟频率等于远动信息的接收波特率。比如要以600Bd的码元传输速率发送远动信息，就应该使串行接口电路的发送时钟频率为600Hz，这时串行接口电路每秒钟向信道发送600个码元。远动装置中串行接口电路的发送时钟和接收时钟可以利用装置中已有的脉冲信号产生，也可以直接采用波特率发生器。

当利用远动装置中CPU的时钟脉冲信号产生串行接口电路的发送时钟时，必须借助分频电路，把CPU的时钟脉冲频率降低到远动信息的码元传输速率。这时分频电路的分频系数δ应满足

$$\delta = \frac{f_{clk}}{c} \tag{4-1}$$

式中 f_{clk} ——CPU的时钟脉冲频率；
 c ——远动信息的码元传输速率。

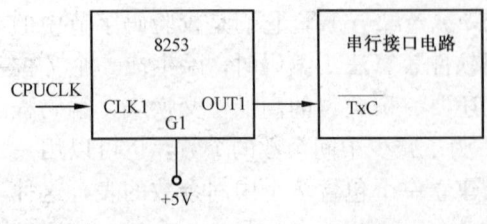

图4-1 8253作分频电路

图4-1是用可编程定时器8253的计数器1作分频电路时的电路图。CPU的时钟脉冲CPUCLK送计数器1的时钟输入端CLK1，计数器1的输出OUT1送串行接口电路的发送时钟端$\overline{TxC}$。初始化8253时，将计数器1的工作方式设置为方波速率发生器方式，写入的计数值等于δ。例如CPU的时钟脉冲频率为2MHz，远动信息的码元传输速率为400Bd，则8253计数器1在初始化时写入的计数值按式（4-1）计算出为5000。这时8253OUT1的输出是频率为400Hz的方波。

图 4-2 是用 MC14411 通用波特率发生器产生发送时钟的电路图。MC14411 的主振脉冲频率为 1.8432MHz，主振脉冲经内部分频电路分频后可以输出多个不同频率的信号。图中只画出了三个输出端的输出信号。当控制端 RSA 和 RSB 分别取 00、01、10 和 11 时，三个输出端输出信号的频率分别为图 4-2 中所示频率 1200、600、300Hz 乘 1、2、16 和 64。

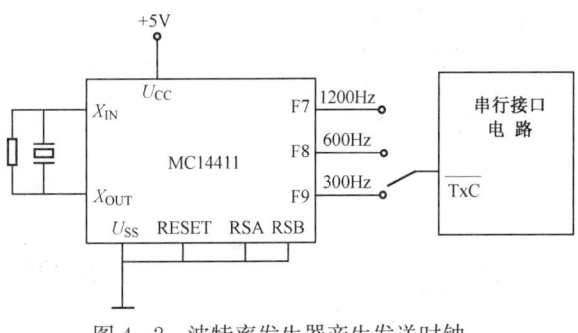

图 4-2 波特率发生器产生发送时钟

总之，微机远动装置中远动信息的码元传输速率由串行接口电路的发送时钟和接收时钟进行控制。同步通信时，串行接口电路发送/接收时钟频率等于远动信息的码元传输速率，即波特率。这时，发送/接收时钟信号的周期等于一位码元的时间宽度。异步通信时，发送/接收时钟频率和远动信息的波特率之间有一个系数关系。

二、字节和码字

串行接口电路完成并行/串行转换和串行/并行转换。远动装置发送远动信息时，CPU 每次通过数据总线并行地向串行接口电路输出一个字节，串行接口电路接收到一个字节后，再一位一位地向信道串行输出。当远动装置接收远动信息时，串行接口电路从信道一位一位地串行接收，当收满一个字节后 CPU 通过数据总线并行地从串行接口电路读入一个字节。

CDT 规约中每个码字固定取 48 位，划分为 6 个字节进行发送和接收。因此发送端设有发送字节计数器，在发送远动信息的过程中，发送字节计数器从 1 计数到 6 表示发完一个码字。同理接收端有接收字节计数器，从 1 计数到 6 表示收完一个码字。一帧信息通常由多个码字组成，所以在接收和发送远动信息的过程中，收发两端还必须对码字个数进行计数。每当字节计数器计数到 6 时，码字计数器加 1，码字计数器的最大计数值等于一帧中码字的个数。当码字计数器从 1 计数到最大计数值时，表示发送或接收完一帧远动信息。

对 polling 规约，发送和接收的远动信息以报文格式出现，各种报文的字节数不等，但每个报文的头部总有 1~2 个字节用来说明这个报文的字节数。因此在发送和接收 polling 规约的报文时，收发两端仍然要对报文进行字节计数，不过字节计数值不是固定地从 1 计数到 6，而是以报文头中给出的报文字节数为准。

三、同步的必要性

远动装置发送远动信息时，按规约规定的帧结构从第一个码字的第一个字节开始发送。每发完一个字节，字节计数器加 1。当字节计数器计到 6 时，表示发完一个码字，这时码字计数器加 1，字节计数器清零，又重新从 1 开始计数。接收装置在接收远动信息的过程中，对接收到的字节和码字也要和发端一样计数。并且接收端对接收到的信息内容的识别，完全按照规约规定的帧结构、码字结构，再对照本端的码字计数器、字节计数器的计数值进行判断。这就要求收端的码字计数器、字节计数器的计数值，必须和发端的码字计数器、字节计数器的计数值保持一致，只有这样收端对信息的识别才是正确的。

另外发送端每位码元的发送由发端串行接口电路的发送时钟控制，接收端在接收每位码元时由收端串行接口电路的接收时钟控制，发送时钟频率和接收时钟频率必须设置相等。即使如此，它们之间仍然存在一定频差，将产生相位差。如果相位差不断积累，到一定时间收发两端将出现错位。

远动装置的同步，就是要保证收发两端码字计数器和字节计数器的计数值一致，并且使接收时钟的相位与发送时钟的相位差不超过允许值。只有这样，才能保证接收端对接收信息识别的正确性。

远动装置中实现同步的方法有帧同步和位同步两种。

第二节 帧 同 步

一、帧同步（frame synchronization）

如果发送端在每帧发送信息字之前，先发送同步码字，即每帧以同步码字开头，标明一帧的开始。接收端从接收信息中检测到正确的同步码字后，将接收端的码字计数器和字节计数器置成与发送端相同的计数状态，这种同步方式叫帧同步。比如发送端每帧发送完同步码字后，置发端码字计数器的计数值为 1，字节计数器的值为 0。当接收端从接收的信息序列中检测出同步码字后，也将接收端的码字计数器置为 1，字节计数器置为 0，便实现了两端码字计数器和字节计数器计数值的一致。这时接收端就完全可以按照规约规定的帧结构和码字结构，用本端码字计数器和字节计数器的计数值，对接收信息进行识别，保证远动信息的正确接收。因此，帧同步是实现在接收端正确识别帧的起始的方法，对每一帧的同步码字的检出是接收端完成信息接收的前提条件。

帧同步中的同步码字也称帧同步码或同步字，同步字取一组特定的不变的字符。部颁 CDT 规约中规定的同步字是按它在通道中的传送顺序为三组 EB90H 来取值。因为 EB90H 具有较好的自相关特性，且三组 EB90H 构成的同步字正好 48 位，与信息字的位数相等，处理较为方便。

二、同步字的检测

串行接口电路向信道传送信息时，一个字节一个字节地进行。对每一个字节首先传送字节中的低位，最后传送字节中的高位。为了保证同步字在通道中的传送顺序为三组 EB90H，写入串行口的同步字应该是三组 D709H。同步字按写入串行接口电路的字节顺序排列，见图 4-3。

接收端对同步字的检测分为两种情况。一种情况是接收端正确接收完一帧信息后，在下一帧的同步字应该出现的时间间隔内寻找同步字，这种工作状态叫惯性同步状态。另一种情况是收发两端处于失步状态，比如接收端刚开机工作，这时，接收端必须从接收信息中首先寻找出同步字，才能进入对后续码字的接收，这种工作状态叫搜索同步状态。图 4-4 是同步字检出原理框图。

部颁 CDT 规约要求远动信息的传送采用同步通信方式。当发送端用同步通信方式发送信息时，串行数据流中不存在字节的起点标志。在收发两端失步，使收端进入搜索同步状态时，接收端对同步字中的第一个 D7H 和 09H 的检测，必须由串行接口电路从按位搜索开始。其方法是：对串行接口电路初始化时，首先写入方式控制字，设置工作方式为

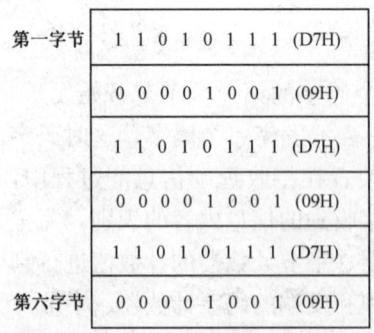

图 4-3 同步字格式

同步通信、每个字符长度为 8 位、选择双同步字符；接着写入两个同步字符 D7H 和 09H；最后由命令控制字置串行接口电路进入搜索方式。这时，串行接口电路在串行移位接收数据时，每接收一位便把接收移位寄存器中的数据与写入的同步字符比较一次。直到两者相同，可以认为找到了同步字符，即找到同步字中的第一组 D709H。同时也就找到了数据流中字节的起点。自此以后，串行接口电路开始按 8 位字符长度接收数据。对剩下的两组 D709H，把它们看作四个特定字节，由程序对陆续收到的字节进行判断，看是否是两组 D709H。如果又连续收到两组 D709H，表示搜索同步字成功，转控制字接收。否则认为按位搜索到的 D709H 是假同步码，必须再回到按位搜索。

当接收端正确接收到同步字，并同步接收完一帧信息后，应该继续接收下一帧的同步字。此时，发端在发完一帧信息后，也进入下一帧同步字的发送。因此接收端是在同步字出现的时刻检测同步字，串行接口电路仍然保持按字节接收数据的工作状态，字节和字节之间的界限还存在。这时同步字的检测可以直接由软件完成，即程序对连续收到的 6 个字节逐个进行判断，看是否是三组 D709H。如果是，这一帧的同步字找到，可以进入后续码字的接收，否则重新转入搜索同步状态的按位搜索。

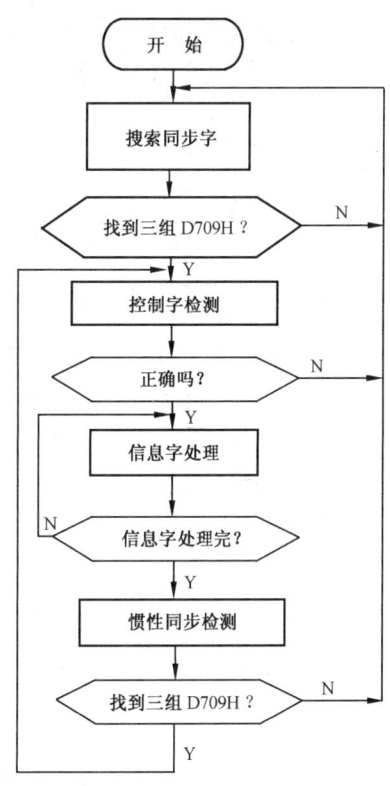

图 4-4 同步字检出原理框图

第三节 位 同 步

位同步是指收发两端的位相位一致，即码元和码元的起止时刻对齐。由于码元的发送和接收分别由发送端和接收端串行接口电路的发送时钟和接收时钟控制，所以位同步就是要使发送端串行接口电路的发送时钟和接收端串行接口电路的接收时钟始终保持相位一致。

当接收端检测到一帧信息中的同步字后，收端处于同步接收状态。由于发端的发送时钟和收端的接收时钟之间有一定频率误差，由它产生的码元相位差即位的相位差，在一帧信息的接收过程中将一位一位地逐步积累。若不及时消除这种位相差，接收进行到一定的时间后，累积的位相差会使收发两端错位，导致收端进入失步状态。因此要保证收发两端同步工作，不仅需要帧同步，还要有位同步措施。

一、数字锁相原理

发送端发送时钟的周期等于一位码元的时间宽度，因此接收端收到的数字信息中含有发送端发送时钟的相位信息。接收端可以在接收信息的过程中，以接收到的信息相位为基准，不断调整收端接收时钟的相位，减小收发两端的位相差，从而不至于出现因位相差的积累而失步的现象。这就是用数字锁相实现位同步的原理。

图 4-5 是接收端完成位同步的数字锁相电路原理框图。它包括校正脉冲发生器、相位比较器、分频电路和计数脉冲控制电路四部分。

u_a 是收端接收到的经解调后的信息序列,它是校正脉冲发生器的输入信号,当 u_a 中的码元从"0"变成"1"或者从"1"变成"0",即 u_a 出现变位时,会使校正脉冲发生器输出一个校正脉冲 u_b。u_b 的脉冲宽度大大小于 u_a 的码元宽度,它是一个窄脉冲信号。因为 u_a 变位只可能出现在发送码元的开始或结束时刻,所以 u_b 也只会在发送端位的起始或结束时刻出现,它可以代表发送端的位相位。

图 4-5 中分频电路的输出 u_c 是收端串行接口电路的接收时钟,u_c 的周期等于接收一位码元的时间宽度。由于发端的串行接口电路在发送时钟的下降沿将发送码元串行移位输出,而收端的串行接口电路在接收时钟的上升沿对接收码元采样输入。因此当发端的发送时钟和收端的接收时钟相位一致时,收端是在每位码元的中心位置采样接收。只要收发两端的位相差不大于半个码元宽度,都能保证收端对码元正确接收。为了使两端的位相差不超过半个码元,收端在接收码元的过程中必须不断检测两端的位相差,并根据检测情况调整收端的位相

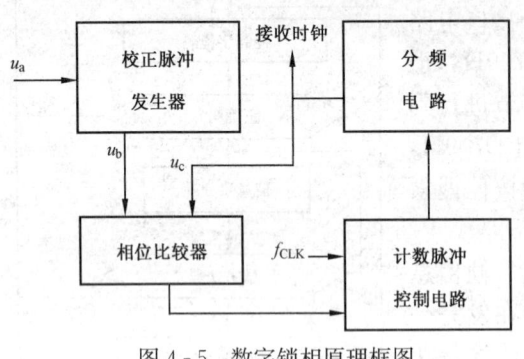

图 4-5 数字锁相原理框图

位,减小位相差,使两端的位相差不至于积累太大。相位比较器完成将 u_b(它代表发送端的位相位)和 u_c(它代表接收端的位相位)进行相位比较。如果 u_b 出现在 u_c 的前半周,即 u_c 等于零的半周,说明接收端的位相位超前发送端的位相位,见图 4-6(a)。如果 u_b 出现在 u_c 的后半周,说明接收端的位相位滞后发送端的位相位,见图 4-6(b)。

计数脉冲控制电路的作用是:根据相位比较器的比较结果,调整收端分频电路的分频系数。当收端不进行位相位调整时,分频电路的分频系数按式(4-1)计算。如果相位比较器的比较结果是接收端的位相位超前发送端的位相位,则由计数脉冲控制电路调整分频电路的分频系数为 $\delta+1$,这时分频电路的输出 u_c 频率降低、周期加长,对下一个码元的位相位实现了滞后校正。反之,若接收端的位相位滞后发送端的位相位,则调整分频电路的分频系数为 $\delta-1$,这时分频电路的输出 u_c 频率增大、周期变短,对下一个码元的位相位实现了超前校正。计数脉冲控制电路对分频电路分频系数的调整,必须在接收信息有变位,使校正脉冲发生器输出校正脉冲时才能进行。在接收信息没有变位出现时,不产生校正脉冲,分频电路按原有的分频系数 δ 工作。

数字锁相电路的校正率 η,用每次校正的时间 ΔT 和码元宽度 T 之比值表示,即

$$\eta = \frac{\Delta T}{T} \tag{4-2}$$

当分频系数为 δ 时,码元宽度为计数脉冲周期的 δ 倍。如果每次校正的时间 ΔT 等于计数脉冲的周期,

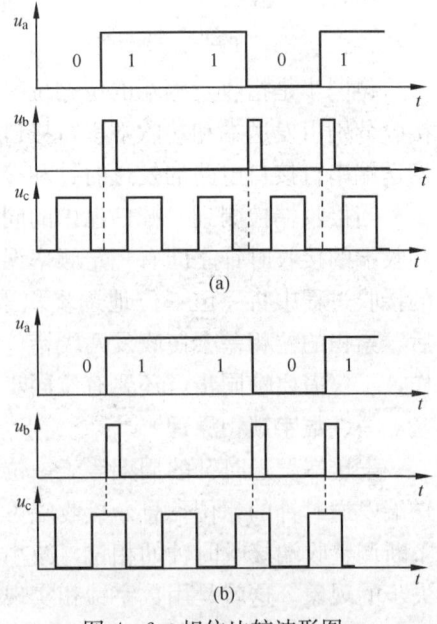

图 4-6 相位比较波形图
(a) 收端超前;(b) 收端滞后

则校正率 $\eta=\Delta T/T=1/\delta$，校正率越大，进入锁定状态越快，反之越慢。

锁定的建立时间，就是位同步建立时间。考虑最坏情况，两端位相差为半个码元宽度，即 $T/2$。由于每次只校正一个计数脉冲周期 T/δ，必须校正 $\delta/2$ 次才能达到稳定状态。接收信息序列中，每个码元变位的概率只占 $1/2$，故同步建立的平均时间为

$$t=2T\times\frac{\delta}{2}=\delta T \tag{4-3}$$

数字锁相电路对位相位的调整是数字式的，即使电路处于锁定状态时，两端的位相差仍存在着稳态摆动。摆动幅度为

$$U(\text{rad})=\pm\frac{2\pi}{\delta} \tag{4-4}$$

相应的同步时间误差为 $\pm\frac{T}{\delta}$，有相对误差 $\frac{\Delta T}{T}=\pm\frac{1}{\delta}$。可以看出，$\delta$ 大使同步误差小，但同步建立时间长。同步误差和同步建立时间对电路的要求是矛盾的。

二、数字锁相电路

数字锁相电路的功能一是完成对收发两端位相位的比较，判断其超前和滞后状态；二是根据判断结果，调整接收端分频电路的分频系数，使收端的位，即码元的宽度变长或变短，从而达到缩小两端位相差的目的。

图 4-7 是用硬件构成的数字锁相电路。图中的两个 JK 触发器和 CD4520 加法计数器构成收端的分频电路。分频电路的输出 f_6 是串行接口电路的接收时钟。校正脉冲产生电路由图 4-7 中的异或门、触发器 ZX1 和 ZX2 组成。Y1、Y2 和 H1 完成相位比较和计数脉冲控制。

经解调后的接收信息序列 TDM 与本地产生的通道信号复现码 TDF 在异或门中进行比较。当 TDM 发生变位时，异或门输出"1"，f_CLK 的上升沿将变位检出触发器 ZX1 置"1"，进而使通道信号复现触发器 ZX2 在 $\overline{f_\text{CLK}}$ 的上升沿改变状态，实现 TDF 跟踪 TDM 变化。当 TDF 跟踪 TDM 变位后，异或门出"0"，f_CLK 的上升沿使 ZX1 从"1"回"0"。所以 ZX1 在每次 TDM 变位时，输出一个宽度等于 f_CLK 周期的脉冲，称为校正脉冲。

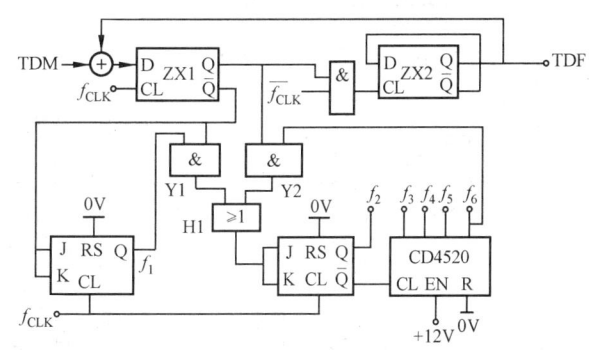

图 4-7 数字锁相电路例 1

分频电路中的两个 JK 触发器，起到调整分频系数的作用。f_CLK 是 JK 触发器的计数脉冲。由于它们的 RS 端都接 0V，所以当 JK 端为"0"时，f_CLK 脉冲不改变 JK 触发器的状态；当 JK 端为"1"时，f_CLK 使 JK 触发器改变一次状态。

当 TDM 无变位时，ZX1 输出为"0"，$\overline{\text{ZX1}}$ 输出为"1"，这时两个 JK 触发器按二进制

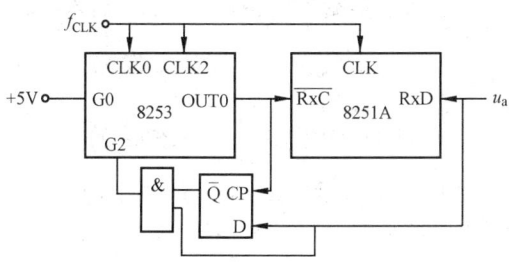

图 4-8 数字锁相电路例 2

计数工作，构成四分频电路。当 TDM 有变位时，ZX1 输出校正脉冲。若校正脉冲出现在分频电路的输出 f_6 的前半周，判断为收端位相位超前，这时输入的一个 f_{CLK} 脉冲不改变两个 JK 触发器的状态，使 JK 触发器的这一次计数循环变为五分频电路，从而实现了滞后校正。若校正脉冲出现在 f_6 的后半周，判断为收端位相位滞后，此时 JK 触发器这一次计数循环变为三分频电路，实现了超前校正。

图 4-7 的数字锁相电路在每次 TDM 有变位时，对收端的位相位校正一个 f_{CLK} 脉冲周期。如果收发两端的位相差较大，则在每次 TDM 变位时校正一次，直至达到位同步为止。

图 4-8 是用可编程定时器 8253 构成的数字锁相电路。8253 的计数器 0 作分频电路；计数器 2、D 触发器和与门完成相位比较；分频系数的调整由软件实现。

初始化 8253 时使计数器 0 和计数器 2 都工作在方式 3——方波速率发生器。选择脉冲信号 f_{CLK} 作计数器 0 和计数器 2 的时钟输入。由于计数器 0 的控制端 G0 为高电平，使计数器 0 始终按写入的计数值对输入 CLK0 的脉冲计数，即以计数值为分频系数，将 f_{CLK} 的频率降低到码元传输速率，其输出 OUT0 送 8251A 的接收时钟端 $\overline{RxC}$。写入计数器 0 的计数值可以由软件进行调整，达到调整分频系数的目的。计数器 2 的控制端 G2 同与门的输出相连，当与门输出高电平时，允许计数器 2 计数，当与门输出低电平时，禁止计数器 2 计数。

相位比较器由 D 触发器和与门组成。接收信息序列 u_a 送 D 触发器的 D 输入端，D 触发器的时钟输入由接收时钟 $\overline{RxC}$ 提供。D 触发器的非端输出 $\overline{Q}$ 和接收的信息序列 u_a 相与，送 8253 的 G2 端。当收发两端位相位相同时，与门输出的脉冲，也就是 G2 的输入脉冲，其宽度恰好为半个码元宽，即 $\frac{T}{2}$；当收端的位相位超前于发端的位相位时，G2 输入脉冲的宽度小于 $\frac{T}{2}$；当收端的位相位滞后于发端的位相位时，G2 输入脉冲的宽度大于 $\frac{T}{2}$。三种情况的波形见图 4-9。由于 G2 脉冲的宽度就是允许计数器 2 计数的时间，所以计数器 2 的计数值大小，反映出 G2 脉冲的宽度，也就反映出收发两端的位相差。如果

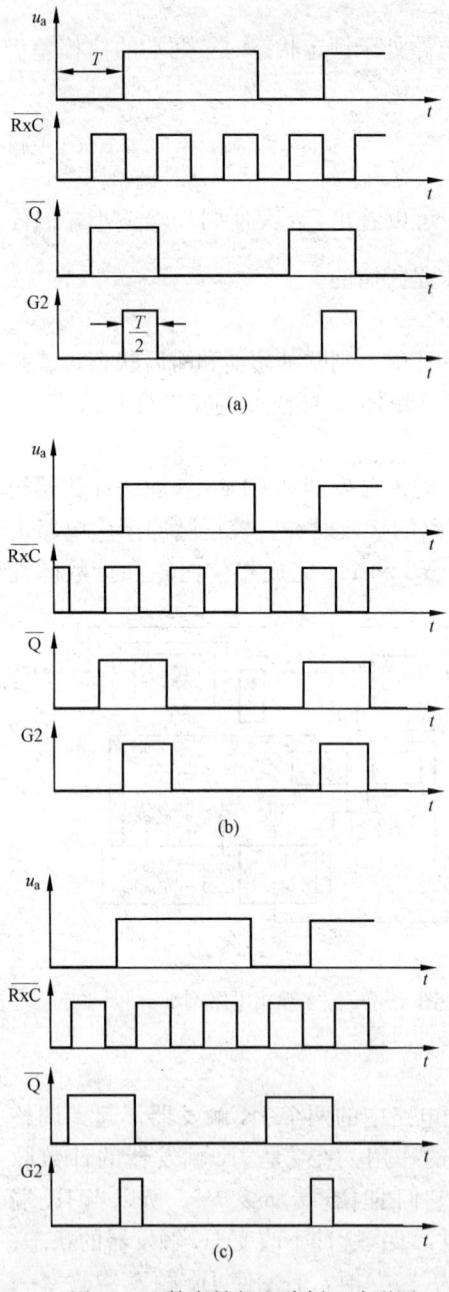

图 4-9 数字锁相电路例 2 波形图
(a) 两端位相位相同；(b) 收端位相位滞后；
(c) 收端位相位超前

G2 脉冲的宽度正好为 $T/2$ 时，计数器 2 的计数值应该等于 N，这时写入计数器 0 的计数值为分频系数 δ。在数字锁相电路工作过程中，由程序不断读计数器 2 的计数值，并和 N 比较。若计数值大于 N，表示 G2 脉冲的宽度大于 $T/2$，由程序重写计数器 0 的计数值，使其小于 δ，将使接收时钟 $\overline{RxC}$ 周期缩短，对下一个码元的位相位作了超前调整。若计数值小于 N，表示 G2 脉冲的宽度小于 $T/2$，重写计数器 0 的计数值，使其大于 δ，将使接收时钟 $\overline{RxC}$ 周期加长，对下一个码元的位相位作了滞后调整。

三、通信方式与位同步

部颁 CDT 规约要求远动信息的传送采用同步通信方式。以同步通信方式发送信息时，收端的帧同步措施可以通过对同步字的检测，将信息序列按字节划分开。但在实现帧同步后，按字节接收的过程中，为了消除发端的发送时钟和收端的接收时钟之间的频差所产生的位相差，收端必须同时采用位同步措施。

现场运行的远动系统有些采用异步通信方式传送远动信息。异步通信用一位起始位表示字符的开始，用停止位表示字符的结束，以此构成一帧信息。由于起始位起到使该字符内各位码元保持位同步的作用，因此收端不必再采用其他措施实现位同步。

异步通信时，接收/发送时钟频率与接收/发送码元的速率有如下关系：

$$接收/发送时钟频率 = n \times 接收/发送码元速率$$

其中 $n=1$、16、32、64。有些串行接口电路 n 不能够选择 32。以 $n=16$ 为例，串行接口电路在寻找每一个字符的起始位时，由接收器在每一个接收时钟的上升沿对输入进行采样，并检测接收信息上的低电平是否保持 8 或 9 个连续的时钟周期，以此确定是否是起始位。这样既可以删除干扰信号，又可以比较准确地确定起始位的中间点，从而提供一个准确的时间基准。从这个基准时间开始，每隔 16 个时钟周期对后续的信息采样，使每一个采样点都基本在每一位码元的中心位置。由于每一个字符只有 5～8 位码元，在接收一个字符的时间内，发送时钟和接收时钟之间的频差积累很小，到下一个字符接收时，接收器通过对起始位的检查，又实现一次位同步。因此异步通信是由起始位对每个字符完成一次位同步，使发送时钟和接收时钟之间的频差造成的相位差不会积累太大。但异步通信由于有起始位和停止位，降低了信息的传输效率。

第四节 同 步 的 性 能

通过检测同步字完成帧同步时，由于信道的干扰，可能出现漏同步和假同步。用数字锁相电路完成位同步时，存在反校的可能性。

一、漏同步和假同步

当同步字在信道中受到干扰，使其中某些码元发生变位，致使收端检测不出同步字时，称为漏同步。

设同步字的码元数为 n，码元传输的误码率为 p_e，则 n 个码元中有 r 个码元发生差错的概率是 $c_n^r(1-p_e)^{n-r}p_e^r$。如果只有同步字不发生差错，收端才能正确检测出同步字，则同步字发生一位至 n 位差错时，都会出现漏同步。其漏同步概率为

$$p_0 = \sum_{r=1}^{n} c_n^r (1-p_e)^{n-r} p_e^r \qquad (4-5)$$

当接收到的信息序列中,出现与同步字相同的码序列时,在对同步字检测时会把它误判为同步字,造成假同步。

设信息序列中每位码元取"0"或"1"的概率相等,则 n 个码元的取值和同步字完全相同的假同步概率为

$$p'_0 = \left(\frac{1}{2}\right)^n \qquad (4-6)$$

如果收端对同步字检测时,允许同步字有 m 个差错位,这时漏同步的概率将降低为

$$p_m = \sum_{r=m+1}^{n} c_n^r (1-p_e)^{n-r} p_e^r \qquad (4-7)$$

但假同步的概率将升高为

$$p'_m = \left(\frac{1}{2}\right)^n \sum_{r=0}^{m} c_n^r \qquad (4-8)$$

为了有效地降低假同步和漏同步概率,在搜索同步状态时,由于假同步出现的可能性大,应严格防止假同步出现,通常取 $m=0$。在惯性同步状态时,为了尽量减少漏同步出现,可选择 $m \neq 0$,允许同步字发生 m 位差错。

二、位同步的反校

用数字锁相电路实现位同步的目的是:通过对接收端接收时钟相位的调整,使接收端接收某一个码字第 i 位码元时的接收时钟和发送端发送同一个码字第 i 位码元时的发送时钟相位相同。当收发两端发送时钟和接收时钟的相位差 $\varphi < \pi$ 时,数字锁相电路能达到上述调整目的。但收发两端发送时钟和接收时钟的相位差 $\varphi > \pi$ 时,数字锁相电路在工作过程中,通过相位调整,会使两者的相位差继续增加,直到 $\varphi \approx 2\pi$,造成两端时序错一位,这种情况称为反校。

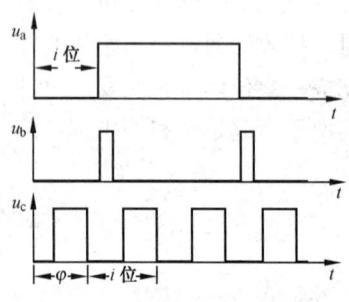

图 4-10 反校时相位比较波形

图 4-10 是收端接收某一个码字第 i 位码元时,接收时钟相位滞后于发送时钟,并且与发端发送时钟的相位差 $\varphi > \pi$,出现反校的相位比较波形。由于滞后的相位 $\varphi > \pi$,使校正脉冲 u_b 出现在 u_c 的前半周,相位比较器将判断为收端位相位超前发端位相位,从而对收端位相位进行滞后校正。校正的结果会使相位差 φ 继续增大,直至 $\varphi \approx 2\pi$,致使发端第 i 位码元的发送时钟对应收端 $(i-1)$ 位码元的接收时钟,造成接收的时序错一位,即滑步。当出现这种情况时,只能借助帧同步措施很快发现,并加以纠正。所以数字锁相必须和帧同步措施相配合,方能实现同步通信时对同步的要求。

第五章 远动信息的信源编码

电力系统是一个动态系统。系统的负荷随时都在变化，系统的各类故障（无论是自然的还是人为的）也随时可能发生。这就要求运行人员时刻掌握系统的运行状态，根据实际情况调整运行方式。因此实时地获取系统运行的各种参数及状态，对运行人员及时准确地了解系统的运行动态以及进一步的决策是至关重要的，而这一切的实现正依赖于远动技术。在远动技术中涉及了大量来自系统的信息——遥信、遥测、电能，也涉及了大量返回系统的命令——遥控、遥调。如何处理这些信息和命令正是本章所要介绍的内容。

第一节 遥信信息的采集和处理

遥信（teleindication，又称远程指示）信息是二元状态量，即是说对于每一个遥信对象而言它有两种状态，两种状态为"非"的关系。因此一个遥信对象正好可以对应于计算机中二进制码的一位，"0"状态与"1"状态。

在电力系统中，遥信信息可以表示设备的启停、断路器的投切、隔离开关的开合、告警信号的有无、保护动作与否等。

一、遥信对象状态的采集

遥信信息通常由电力设备的辅助接点提供，辅助接点的开合直接反映出该设备的工作状态。提供给远动装置的辅助接点大多为无源接点，即空接点，这种接点无论是在"开"状态还是"合"状态下，接点两端均无电位差。断路器和隔离开关提供的就是这一类辅助接点。另一类辅助接点则是有源接点，有源接点在"开"状态时两端有一个直流电压，是由系统蓄电池提供的110V或220V直流电压。一些保护信号提供此类接点。

图5-1给出了两类触点信号的例子。图5-1（a）是断路器动作机构原理图。当合闸线圈YC通电时，断路器闭合，辅助触点QF断开；当跳闸线圈YT通电时，断路器断开，辅助触点QF闭合。QF为动断触点，若直接提供给远动装置，则是一无源触点。通常情况下，二次系统都要给远动提供相应的空触点，但有时无空触点提供给远动使用时，则需在保护回路中提取有源触点。图5-1（b）是断路器事故跳闸音响回路的一部分。断路器在合闸位置时，控制开关SA投入合闸后位置，则SA的①-③，㉓-㉑两对触点闭合，而串接在该回路中的断路器辅助触点QF是在断开位置。无人为操作，控制开关位置不变。若此时断路器跳闸，则QF闭合，接通回路的正、负电源，使信号脉冲继电器1KSM的触点闭合，接通音响报警回路。这时引出的断路器辅助触点信号则是有源的。

不论无源还是有源触点，由于它们来自强电系统，直接进入远动装置将会干扰甚至损坏远动设备，因此必须加入信号隔离措施。通常采用继电器和光电耦合器作为遥信信息的隔离器件，见图5-2。图5-2（a）采用继电器隔离，当断路器在断开时，其辅助触点QF闭合使继电器K动作，其动合触点K闭合，输出的遥信信息YX为低电平"0"状态。反之，当断路器闭合时，其辅助触点QF断开，使继电器K释放，产生高电平"1"状态的遥信信息

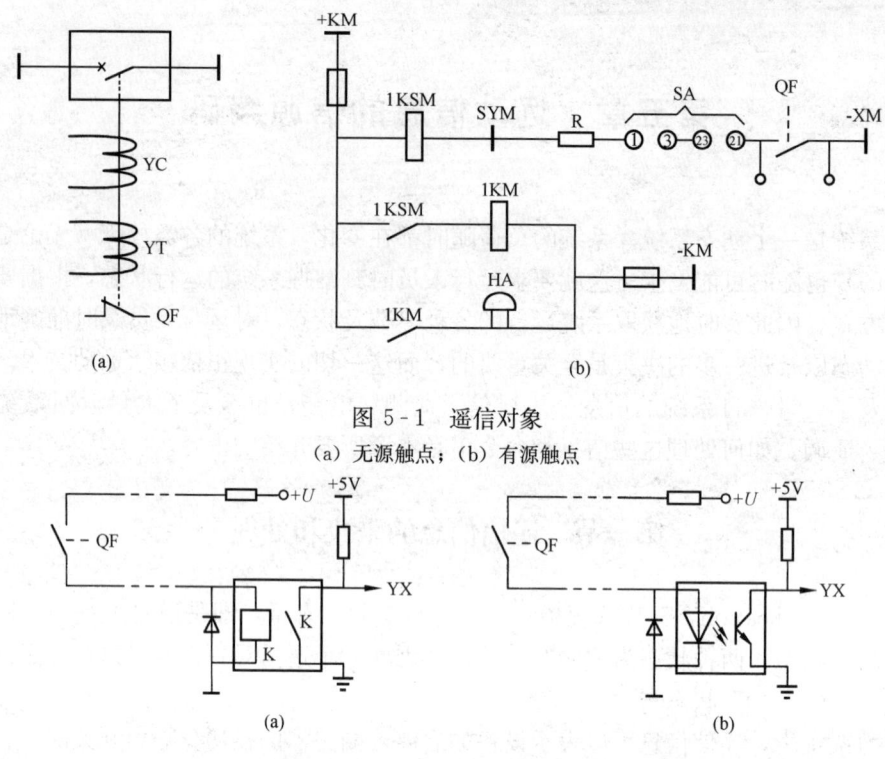

图 5-1 遥信对象
（a）无源触点；（b）有源触点

图 5-2 遥信信息的隔离措施
（a）继电器隔离；（b）光电耦合隔离

YX。同样，在图 5-2（b）中采用的光电耦合器隔离也有相似的过程。当断路器断开时，QF 闭合使发光二极管发光，光敏三极管导通，集电极输出低电平"0"状态。当断路器闭合时，QF 断开使发光二极管中无电流通过，光敏三极管截止，集电极输出高电平"1"状态。

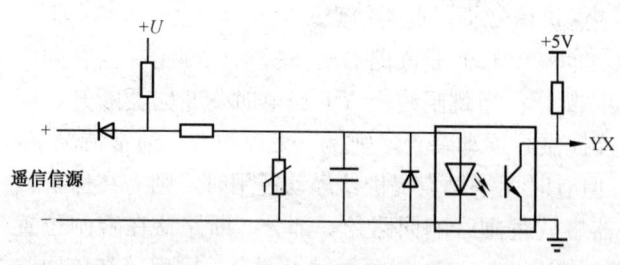

图 5-3 一实用遥信取样电路

图 5-3 给出一适用于有源和无源接点的实用电路。当遥信信源连通（短路）时，输出 YX 为高电平；当遥信信源悬空或带有直流正电压时，YX 为低电平。

上述两图中 $+U$ 的大小选择应根据电力设备的辅助触点与远动装置之间距离的远近来决定，距离远时 $+U$ 可选大一些。一般 $+U$ 取 $+12V$ 或 $+24V$，当然适当提高该电压水平可以增强遥信信息的可靠性和抗干扰能力。

目前在遥信对象状态的采集方面也有采用双触点遥信的处理方法。双触点遥信就是一个遥信量由两个状态信号表示，一个来自开关的合闸接点，另一个来自开关的跳闸接点。因此双触点遥信需用二进制代码的两位来表示。"10"和"01"为有效代码，分别表示合闸与跳闸；"11"和"00"为无效代码。这种处理方法可以提高遥信信源的可靠性和准确性。

二、遥信状态的输入电路

经过上述信号处理后，远动装置内的遥信信息为符合 TTL 电平的"0"、"1"状态信号。每一遥信对象映到计算机中正好是二进制代码的一位。大量散乱的遥信对象必须通过遥信状态的输入电路的有效组织，才能便于计算机处理。

接收遥信量的输入电路可以采用三态门芯片、并行接口芯片和数字多路开关芯片三类接口芯片实现。

三态门芯片种类很多，有 SN74LS240、SN74LS241、SN74LS244、SN74LS245 等，如图 5-4 所示，以 SN74LS244 为例说明。遥信量接至输入端，输出端可直接挂在 CPU 的数据总线上，选通信号由 CPU 或译码电路提供。当选通信号为低电平时，输出状态跟踪输入状态；当选通信号为高电平时，输出处于高阻状态，输入状态的变化不影响输出。

并行接口芯片同样可以实现遥信量的采集，并行接口芯片有 Intel8155、Intel8255 等，见图 5-5，以 Intel8255 可编程 I/O 接口芯片为例说明。Intel8255 芯片共有 PA、PB 和 PC 三个口，每口都是 8 位，可用软件将这三个口设置为输入方式，能实现 24 路遥信量采集。各口数据状态的读取控制见表 5-1。

在上述两种实现方法中，CPU 一次可以直接读取 8 个遥信状态量。当遥信量较多时，可采用多片三态门芯片或并行接口芯片，也可采用数字量多路开关进行扩展。数字量多路开关有 SN74150、SN74151 等。SN74151 为 8 选 1 的数字量多路开关，见图 5-6，其功能表见表 5-2。SN74151 有 8 个输入端 D0~D7，两个输出端，Y 为非反相输出，W 为反相输出，设置数据选择 A、B、C，可以确定输出所对应的输入。

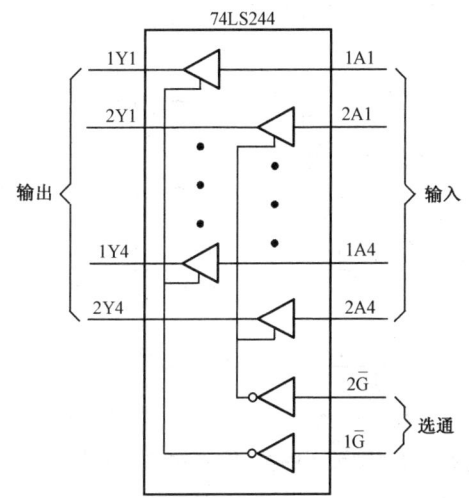

图 5-4 用 SN74LS244 采集遥信量

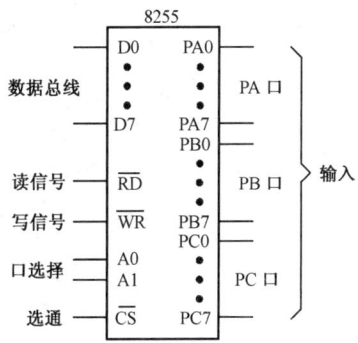

图 5-5 用 Intel8255 采集遥信量

表 5-1　　　　　　　　　　Intel8255 数 据 读 取 控 制

$\overline{CS}$	A_1	A_0	$\overline{RD}$	$\overline{WR}$	所选端口	传送方向
0	0	0	0	1	PA 口	PA 口→数据总线
0	0	1	0	1	PB 口	PB 口→数据总线
0	1	0	0	1	PC 口	PC 口→数据总线
1	X	X	X	X	X	X

表 5-2　　　　　　　　　　　SN74151 功 能 表

选通	S	1	0	0	0	0	0	0	0	0
数据选择	A	X	0	1	0	1	0	1	0	1
	B	X	0	0	1	1	0	0	1	1
	C	X	0	0	0	0	1	1	1	1
输出	Y	0	D_0	D_1	D_2	D_3	D_4	D_5	D_6	D_7
	W	1	$\overline{D_0}$	$\overline{D_1}$	$\overline{D_2}$	$\overline{D_3}$	$\overline{D_4}$	$\overline{D_5}$	$\overline{D_6}$	$\overline{D_7}$

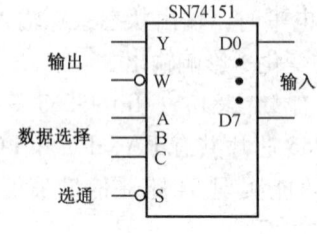

图 5-6　用 SN74151 采集遥信量

图 5-7 为采用 1 片 SN74LS244 和 8 片 SN74151 实现 64 路遥信量输入的例子。8 片 SN74151 共可接 64 路遥信量，其输出分别接至 SN74LS244 的 8 个输入端，SN74LS244 的输出端接至 Intel8031 CPU 的数据总线上。SN74151 的数据选择由 Intel8031 的 P1.0～P1.2 控制，SN74LS244 的片选信号由 Intel8031 的 P2.7 产生。这样在 74LS244 的 8 路输入的基础上，连接 8 片 SN74151 实现 64 路输入量的扩展。

遥信信息在采集和处理上有两种不同的模式：定时扫查和变位触发。下面以 Intel8255 为例对 8 个遥信量输入的简单情况分别加以说明。

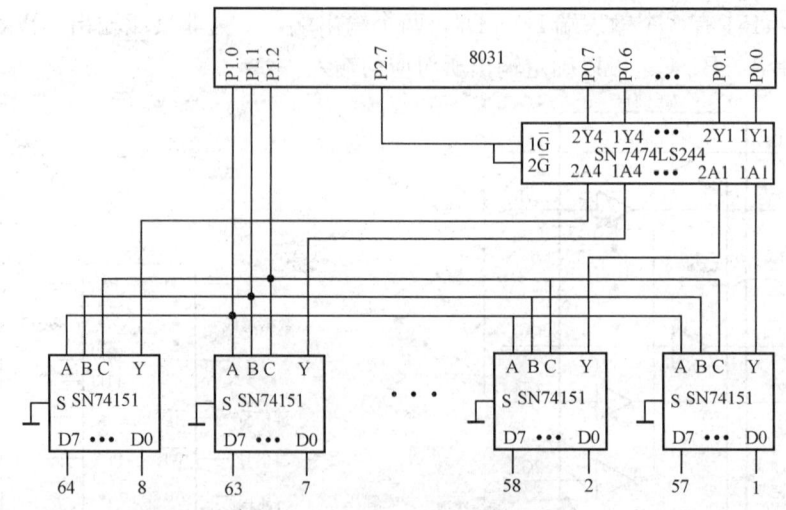

图 5-7　用数字量多路开关实现遥信量输入的扩展

1. 定时扫查模式

遥信信息不同于遥测信息，它不是随时随刻都在变化。通常情况下状态是不变化的，而状态的改变往往又是瞬间完成的。因此对遥信量采集时，必须不断地扫查，以捕捉遥信变位。图 5-8 给出了一个 8 路遥信量采集的电路图。将 Intel8255 的 A 口设置为输入方式，读 A 口的状态即可得到 8 路遥信量的状态。

通常系统对遥信采集有一分辨率的指标，即对同一遥信量的前后两次扫查的时间间隔。根据分辨率可以设定遥信扫查的时间间隔，一般将遥信扫查置于实时时钟中断服务程序中，每一个等时间间隔，如 1～10ms，都要对全部的遥信量进行一次扫查，这样构成的扫查模式为定时扫查模式。遥信定时扫查的子程序框图见图5-9。

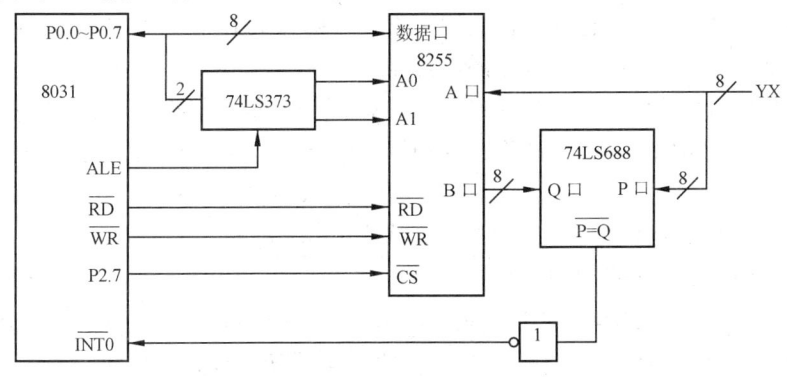

图5-8 8路遥信量采集电路

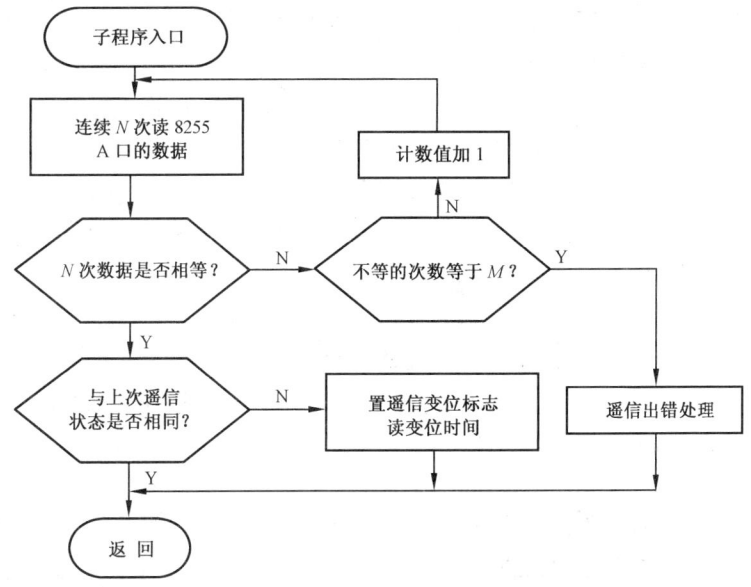

图5-9 遥信定时扫查子程序框图

图中，连续 N 次读遥信量状态并比较是否相等是一种软件去抖的方法，可保证遥信量的正确性。如果不等，则应返回再次读数据，如果这一过程反复 M 次仍不能结束，则说明有遥信信源出故障，如辅助接点接触不良，这时应进行遥信出错处理，对故障遥信置出错标志或无效标志。在遥信正确读取后，应与前次遥信状态进行比较，判断有无遥信变化，如果有变位，则记录下变位时刻，置变位标志。

遥信定时扫查模式方式简单、结构清晰。由于在每一个定时间隔中都要进行全遥信扫查，如果采集的遥信量大，同时要求分辨率高时，则会加重 CPU 的负荷，影响 CPU 对其他中断的响应速度，延长程序的执行时间，降低了实时性。这些问题的解决通常采用智能遥信采集，即用一 CPU 专门负责遥信采集，构成多 CPU 的 RTU 系统结构。如果是单 CPU 结构的 RTU 系统，要有高的遥信分辨率，同时又有整体的实时性，则可以采用下述遥信变位触发模式加以实现。

2. 变位触发模式

在实时扫查模式的基础上，稍加修改则可实现变位触发模式。如图5-8所示，增加一8

位数值比较器 74LS688，Intel8255 的 A 口仍置成输入方式，接遥信量输入，同时接到 74LS688 的 P 口，Intel8255 的 B 口置成输出方式，接到 74LS688 的 Q 口，74LS688 的比较输出经反相后接至 Intel8031 的外部中断源 $\overline{INT0}$ 上。

在程序初始化过程中，先从 Intel8255 的 A 口读遥信量状态，将读到的状态从 B 口输出，这时，74LS688 的 P 口和 Q 口的数字相等，输出低电平。当输入的遥信量状态发生变化时，74LS688 的 P 口和 Q 口的数字不等（P 口为现在的遥信状态，Q 口为上一次的遥信状态），这时输出高电平，经反相器送至 Intel8031 的中断源 $\overline{INT0}$，触发中断，说明有遥信变位。在遥信变位中断服务程序中，应先从 Intel8255 的 A 口读遥信状态，并与上一时刻遥信状态比较，判别出变位遥信位，取变位时刻，再把现在的状态从 B 口输出，使比较输出信号为低电平，其程序框图如图 5-10 所示。

遥信变位触发模式特别适用于对遥信分辨率要求极高的场合，当然这种模式所提供的硬件环境也可实现定时扫查模式。变位触发模式需要增加一些硬件，占用一个 CPU 的外部中断源。这是一种以硬件投入换取软件实时性的方法。

三、提高遥信信息可靠性措施

电网调度自动化对远动系统中遥信采集的可靠性和准确性的要求极高，要求在硬件和软件两个环节加以充分的保证。

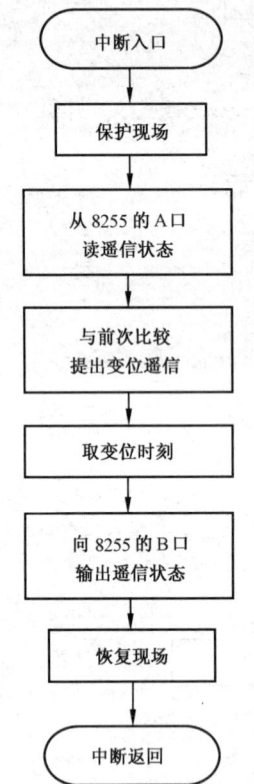

图 5-10 遥信变位触发中断服务程序框图

在硬件方面首先要保证强电系统和弱电系统的信号隔离，通常采用继电器隔离和光电耦合器隔离。两种器件虽都能达到信号隔离效果，但输入/输出状态变化的响应时间不同。继电器有几毫秒至几十毫秒的时延，中速光电耦合器只有几个微秒。因此继电器常用于分辨率要求不高的场合，现在远动中基本上都采用光电耦合器作为遥信信号的隔离。在采用光电耦合器作隔离时应当注意限流电阻的阻值与加的辅助电源的大小有关。要求当辅助接点断开（或闭合）时流过发光二极管的电流值能保证发光二极管充分发光，光敏三极管充分导通；当辅助接点闭合（或断开）时流过发光二极管的电流基本为零，保证发光二极管不发光（或极弱），光敏三极管充分截止。为防止发光二极管受反向电压的冲击，应并一反向二极管消除反向电压。电力系统中的强电磁干扰及辅助接点的状态变化，都会对遥信输入回路产生冲击和浪涌现象，因此在输入回路中应并入压敏电阻或瞬变二极管，以消除或削弱这些冲击。另外，还可以并入适当容量的电容，以消除或削弱高频干扰和抖动，也可以在光电耦合器后面接入专用的防颤滤波电路，如 MC14490，消除抖动。

在软件方面不能以一次读取的遥信状态为准，因为一次读取的数据可能正是受到干扰的，或是在遥信状态变化过程中读取的，带有随机性（对于 TTL 电平而言，0～0.8V 为低电平，2～5V 为高电平，而 0.8～2V 的电平不定）。另外辅助接点在闭合和断开时都不同程度产生抖动，因此不能以一次瞬间的状态来表示遥信状态，必须连续多次读取状态，以其每次读取均相同的状态作为遥信状态，这样才能保证遥信信息的正确性和可靠性。

另外，遥信的防抖和消噪处理也可以采用软件的方法实现，如遥信扫查的时间间隔为 1ms，遥信的防抖时间为 10ms，而连续 10 次遥信扫查的状态一致，这才是遥信的稳定状态。值得注意的是，遥信变位的状态是遥信的稳定状态，而遥信变位的时刻是遥信进入稳定状态时的时刻。

由于遥信信息源来源于不同的设备和不同的环境，对其防抖和消噪处理的延时也不相同，因此通常采用软件的方法灵活处理。

四、事件顺序记录

事件（event）指的是运行设备状态的变化，如开关所处的闭合或断开状态的变化，保护所处的正常或告警状态的变化。事件顺序记录（SOE）是指开关或继电保护动作时，按动作的时间先后顺序进行的记录。因此要完成事件顺序记录功能，远动装置中必须提供实时时钟。

实时时钟由 CPU 内部或外部的可编程定时/计数器电路产生的定时中断请求信号，在定时中断响应后，执行实时时钟中断服务程序而形成。为此，在远动装置内部的随机存储器 RAM 中开辟一些存储单元，分别作为年、月、日、时、分、秒、毫秒的计数单元。装置工作时，应先对各计数单元赋以相应的初值，实时中断信号间隔以毫秒为单位，在中断服务程序中对中断次数计数，由软件按照各时间单元之间的关系对各计数单元的值进行修改，从而使装置内始终保存一个实时的时间，作为事件顺序记录的时标依据。

图 5-11 给出一实时时钟中断服务程序框图。假设可编程定时/计数器每 1ms 产生一次中断信号，则中断服务程序中以 1ms 为基本时间单位开始累积计数，按照公历年、月、日、时、分、秒、毫秒的关系修改各计数单元。是否为闰月可以用年的值是否能被 400 整除或能被 4 整除但不能被 100 整除来确定。

实时时钟除了为事件顺序记录提供时标外，还可以为其他一些定时任务服务，如图 5-11 中的遥信扫描、整点打印等。值得注意的是由于实时时钟中断服务程序每 1ms 响应一次，因此要求中断服务程序执行时间不能超过 1ms，否则会造成中断嵌套，以致死机。为了保证其他任务的实时性，应尽量减少实时时钟中断服务程序的执行时间，对于某些占时间多的定时任务（如定时打印），应以置标志的方式在中断服务程序外完成。

事件分辨率（separating capability，discrimination）指能正确区分事件发生顺序的最小时间间隔。按照图 5-11 的程序流程框图，每 5ms 调一次遥信扫描子程序，事件分辨率为 5ms，即在前后两次遥信扫描之间变化的遥信均视为同一时刻变化。因此改变遥信扫描的周期，可改变事件分辨率，或者说可根据事件分辨率的要求，确定遥信扫描的周期。站内分辨率和站间分辨率（或系统分辨率）是事件顺序记录的主要技术指标。站内（或站间）分辨率是指站内（或站间）发生的两个事件能被分辨出来的最小时间间隔。规约中要求，站内分辨率应小于 10ms，系统分辨率应小于 20ms。

为了保证系统分辨率，全系统应该参照同一个时间标准，即必须建立全网的统一时钟。一种统一全网时钟的方法是由主站周期性地向各 RTU 发送时钟命令，各 RTU 以主站的实时时钟为标准对本站实时时钟的各计数单元进行修正，达到统一时钟的目的。另一种方法是在主站和各 RTU 处分别装配标准时钟信号的接收装置，接受天文台发出的无线电校时信号或 GPS（全球定位系统）提供的标准时钟信号。

两种校时方法有各自的优势。第一种方法不需要额外增加硬件，只需主站与各 RTU 之间进行一组时钟报文的交互通信，完成 RTU 的对时。但对于联合电力系统的多级调度系统，各主站之间的实时时钟不统一，对跨区域的连续故障，各主站获得的事件顺序记录不能

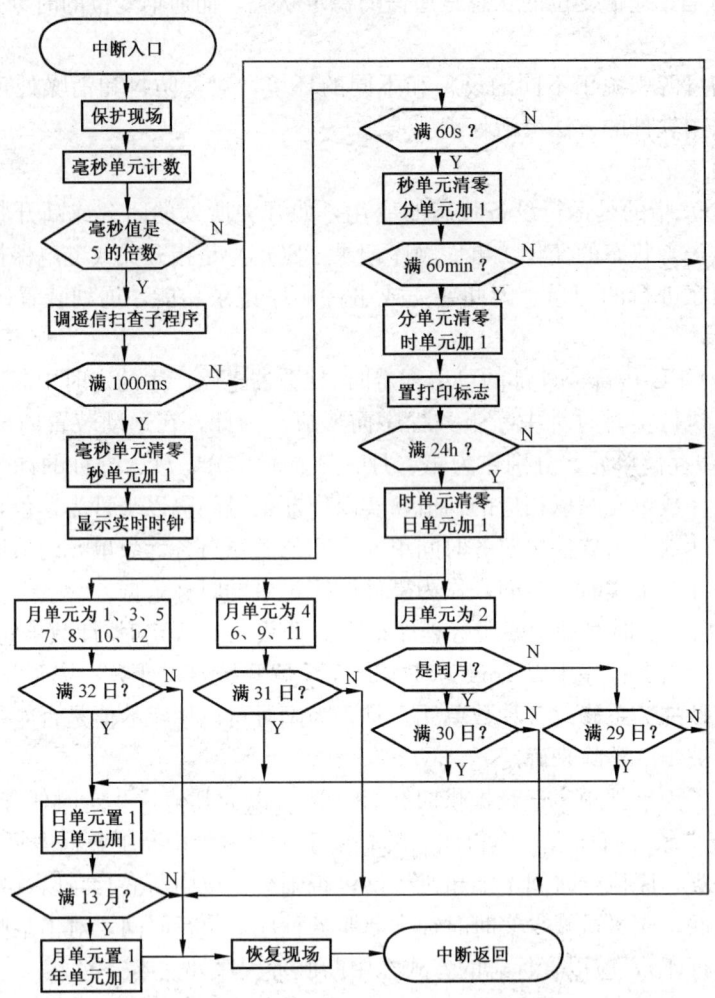

图 5-11 实时时钟中断服务程序框图

反映故障过程。如果以第一级调度的实时时钟为基准，逐级对时，由于通道延时等因素也会造成不同级或同级 RTU 之间的实时时钟有较大的偏差。第二种方法则可以解决上述问题，使覆盖整个联合电力系统的各级调度主站和各 RTU 有一同一的实时时钟，能充分保证跨调度区域的系统分辨率的指标，减去了主站与子站之间的对时通信。但是由于要增加标准时钟信号的接收装置，整个远动系统的硬件成本大大提高，其推广会受到投资费用的限制。当然随着科学技术的发展，硬件成本的降低，今后仍是可行的。目前一种可行的方法则是在各级调度中心配置标准时钟，而在其所辖的 RTU 与主站之间采用一个对时过程完成校时工作，达到全网时钟的统一。

下面说明如何实现统一全网时钟的方法。

首先主站向 RTU 发送设置时钟命令，RTU 接收后修改 RTU 的实时时钟。然后主站再向 RTU 发送召唤子站时钟命令，RTU 收到上述命令后插入返送两个信息字，即 RTU 时钟和等待时间。主站收到返送的信息后，计算出 RTU 的时钟校正值，向 RTU 发出设置时钟校正值命令。RTU 收到校正值后修正 RTU 的实时时钟。对时过程如图 5-12 所示。

第五章　远动信息的信源编码　　77

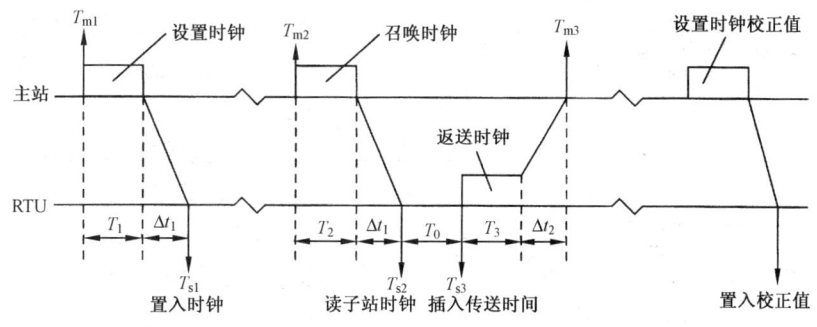

图 5-12　对时过程图

T_{m1}—主站发送设置时钟命令时，主站时钟读数；T_{m2}—主站发送召唤子站时钟帧时，当 CPU 向串行口写入同步字第一个字节时的主站时钟读数；T_{m3}—主站收到 RTU 的时钟返送信息字后主站时钟读数；T_{s1}—RTU 收到设置时钟命令后 RTU 置时钟的时间；T_{s2}—RTU 收到召唤子站时钟命令后的 RTU 时钟读数；T_{s3}—RTU 插入传送时钟返送信息字时，CPU 向串行口写入第一个信息字的第一个字节时 RTU 读取的时钟数；T_1—设置时钟命令的码长时间；T_2—召唤子站时钟命令的码长时间；T_3—子站时钟返送信息字的码长时间；T_0—从 RTU 收到召唤子站时钟命令起，到 RTU 向主站送子站时钟返送信息字之间的时间；Δt_1—下行通道时延；Δt_2—上行通道时延

设上下行通道时延相等，则平均时延 Δt 为

$$\Delta t = \frac{1}{2}(\Delta t_1 + \Delta t_2) = \frac{1}{2}[(T_{m3} - T_{m2}) - (T_2 + T_3 + T_0)] \quad (5-1)$$

校正值 c 为

$$c = (T_{m2} + T_2 + \Delta t) - T_{s2}$$
$$= \frac{1}{2}(T_{m2} + T_{m3} + T_2 - T_3 - T_0) - T_{s2} \quad (5-2)$$

在实际系统中，上、下通道时延是不可能完全相同的，同时中断响应速度也不一致，因此这种软件校时方法自然会引入一些偏差。另外，即使各 RTU 的时钟置为一致，但各 RTU 均有自己的时钟计数信号，这些信号频率的微小偏差，都会随着时钟的不断运行而产生较大的累计偏差。因此，在系统运行中，主站应周期性地对各 RTU 进行校时，以确保系统分辨率的技术指标要求。

第二节　遥　测　量　的　采　集

在对电力系统运行状态进行监测过程中，除了要获取上节所介绍的遥信信息外，还有一类重要的信息——遥测信息。遥测（telemetering，又称远程测量）信息是表征系统运行状况的连续变化量（或称为模拟量），分为电量和非电量两种。电量指的是一次系统中母线电压、支路（输电线和变压器）电流、支路有功和无功等，非电量指的是发电机定子和转子的温度、水库的水位等。不论是电量还是非电量都需要转换成计算机能够处理的弱电信号，如 0～+5V 或 −5～+5V 的直流模拟电压。由于电力系统中的电量均为强电信号（例如电压上万伏，电流上百安），因此这些量必须先经过电压互感器（TV）和电流互感器（TA），再经过相应的变送器（电压、电流、功率、功率因数等变送器），转换成弱电信号。至于温度、水位等非电量则需要通过温度传感器、水位传感器等变换成弱电信号。这些弱电直流模拟信号受多路开关控制分时接入模/数（A/D）转换电路，经 A/D 转换电路后转换成一组二进制

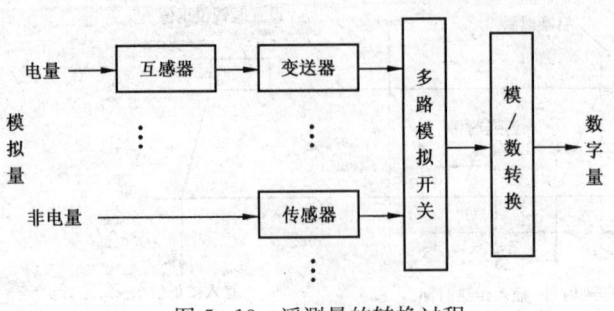

图 5-13 遥测量的转换过程

代码。这组二进制代码与转换的模拟量之间构成线性一一对应关系。遥测量的转换过程见图 5-13。

一、模/数转换原理

模/数转换是遥测量采集的核心部分，了解其基本原理和实现方法对掌握遥测量采集的全过程是非常必要的。实现 A/D 转换的方法很多，有逐位比较式、双积分式、并行比较式以及 U/f 转换式等。各种实现方法都有其各自特点，可根据现场情况即用户要求加以选择。下面就这几种方法做一个简要介绍。

1. 逐位比较式 A/D 转换

逐位比较式 A/D 转换是把待转换的直流模拟电压与一组呈二进制关系的标准电压一位一位由高至低逐位进行比较，决定每位是去码（为 0）还是留码（为 1），从而实现模拟电压到二进制数码的转换。

图 5-14 为逐位比较式 A/D 转换原理框图。一般由逻辑控制与定时电路、电压比较器、逐次逼近逻辑寄存器 SAR、D/A 转换电路和三态输出数据锁存器等组成。

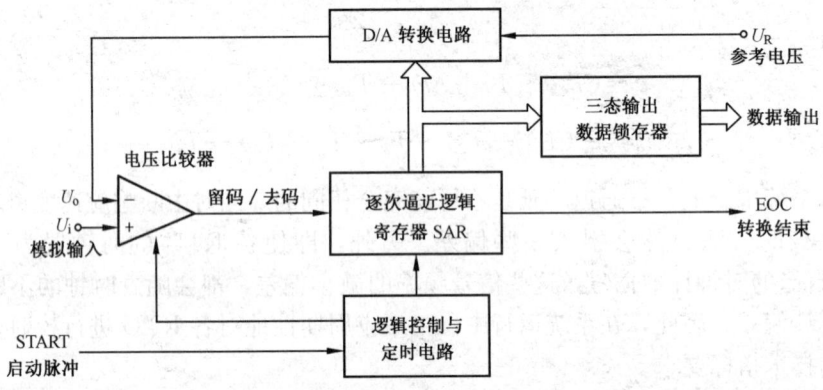

图 5-14 逐位比较式 A/D 转换原理图

D/A 转换电路可以是一个 T 型网络（又称 R-2R 网络），也可以是权电阻网络。D/A 转换电路的作用是输出由 n 个呈二进制关系的标准电压的组合叠加电压。n 个标准电压为 $U_R \times 2^{-1}$、$U_R \times 2^{-2}$、…、$U_R \times 2^{-n}$。寄存器 SAR 中 n 位二进制数 $d_1 \sim d_n$ 的状态受逻辑控制电路和电压比较器的控制。每一位在 D/A 转换电路中都对应一个标准电压。应用叠加原理可得 D/A 转换电路输出的电压 U_o 是 n 个标准电压的组合。

$$U_o = U_R \sum_{j=1}^{n} d_j \times 2^{-j} \qquad (5-3)$$

其中 d_j = "1" 或 "0"，d_1 为最高位，d_n 为最低位。D/A 转换的满量程为

$$U_{max} = U_R(1 - 2^{-n}) \qquad (5-4)$$

因此，对于一个 $0 \sim U_{max}$ 伏的直流电压 U_i，都可以用一组 n 个二进制码（$d_1 \sim d_n$）表示，其表示误差不大于 1LSB（$U_R \times 2^{-n}$）V。

再看图 5-14，其电路工作过程如下：

首先启动脉冲使 A/D 转换器开始工作，寄存器 SAR 全部清零，U_o 输出为 0。

然后定时电路控制逐位比较的节拍，由高位到低位一位一位进行。第一位的比较：置 $d_1=$ "1"，这时 D/A 转换电路的输出 $U_o=U_R\times2^{-1}$，电压比较器比较输入电压 U_i 与 U_o 的大小。若 $U_i \geqslant U_o$ 则作留码处理，保留 $d_1=$ "1"；若 $U_i<U_o$，则作去码处理，使 $d_1=$ "0"。第二位的比较：置 $d_2=$ "1"，这时 D/A 转换电路输出 $U_o=d_1U_R\times2^{-1}+U_R\times2^{-2}$，电压比较器比较 U_i 与 U_o 的大小，根据比较结果决定第二位 d_2 是留码还是去码。依次类推，此过程一直到第 n 位比较结束。

最后可以在一定误差范围内达到 $U_i=U_o$，这时输出转换结束信号 EOC，并且输出的 n 位二进制数据有效。该数据正是 A/D 转换后得到的数字量。

以一个 8 位 A/D 转换器为例加以说明。设 D/A 转换的满量程为 5V，输入电压 U_i 为 4.5V，转换过程见表 5-3。

从表中可以看出，D/A 转换最后输出电压 U_o 与待转换的直流模拟电压 U_i 之间存在一定的偏差，但偏差不大于一个量化单位 LSB（数字量的最低有效位对应的 D/A 转换网络的输出电压）。这一误差是在连续变化量用有限的数字量表示过程中所不可避免的，称为量化误差。当然 D/A 转换的位数越多，一个量化单位对应的电压值越小，转换误差亦越小。A/D 转换精度受 D/A 转换网络输出电压的精度及比较器的分辨率、稳定度等影响较大。

表 5-3 逐位比较 A/D 转换过程表

步骤	逐次逼近逻辑寄存器 SAR								标准电压	数值	D/A 输出 U_o	比较判决
	d_1	d_2	d_3	d_4	d_5	d_6	d_7	d_8				
1	1	0	0	0	0	0	0	0	2.5	128	2.5	留码
2	1	1	0	0	0	0	0	0	1.25	192	3.75	留码
3	1	1	1	0	0	0	0	0	0.625	224	4.375	留码
4	1	1	1	1	0	0	0	0	0.3125	240	4.6825	去码
5	1	1	1	0	1	0	0	0	0.15625	232	4.53125	去码
6	1	1	1	0	0	1	0	0	0.078125	228	4.453125	留码
7	1	1	1	0	0	1	1	0	0.0390625	230	4.4921875	留码
8	1	1	1	0	0	1	1	1	0.01953125	231	4.51171875	去码
结束	1	1	1	0	0	1	1	0		230	4.4921875	

逐位比较 A/D 转换采用二分搜索法让 D/A 网络的输出电压向待转换电压逼近。因此，转换速度比较快，完成一次 A/D 转换所需的时间，称为转换时间，其倒数称为转换速率。一般逐位比较式 A/D 转换器一次转换时间在几微秒至百微秒范围内，因此广泛应用于中高速数据采集系统、在线自动检测系统、动态测控系统等领域中。

值得注意的是，在逐位比较式 A/D 转换过程中，转换过程是对某一固定的输入电压经多次比较后得出转换结果。如果在转换过程中输入出现正常波动或受到干扰，直接会给转换结果带来严重误差。因此在实际应用中需在逐位比较式 A/D 转换器前加一采样/保持器，以保证在 A/D 转换进行期间输入电压不发生变化。

2. 双积分式 A/D 转换

双积分式 A/D 转换采用的是 U/T（电压/时间）的转换方式，图 5-15 给出它的电路原理框图。其工作过程分三个阶段完成：采样阶段、回积阶段和复零阶段。

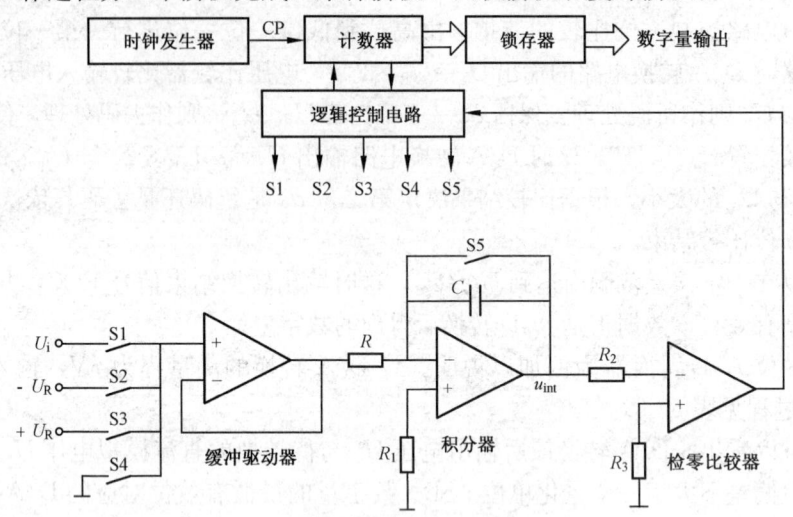

图 5-15 双积分式 A/D 转换原理图

第一阶段 T_1：T_1 为采样时间，模拟开关 S1 导通，其余的模拟开关断开，此阶段为采样阶段，对输入电压 U_i 进行积分采样。通常，在此阶段之前，积分器的输出已被清零。因此当输入电压 U_i 为正时，积分器输出电压 u_{int} 向负渐增；当 U_i 为负时，u_{int} 向正渐增，见图 5-16。

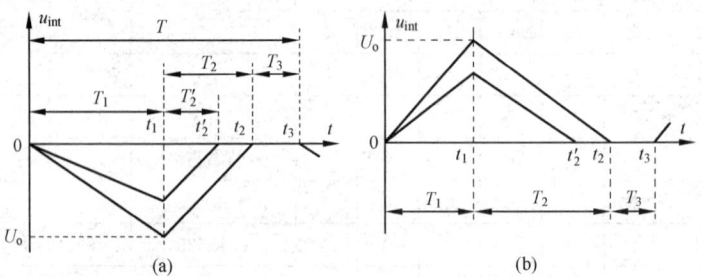

图 5-16 积分器输出电压波形
(a) $u_i > 0$；(b) $u_i < 0$

当时钟脉冲 CP 的频率固定时，对输入电压 U_i 的积分阶段的时间 T_1 为一常数（因为 T_1 阶段的时钟脉冲计数值为一内部设定值）。T_1 阶段结束时刻积分器的输出电压为

$$U_o = -\int_0^{t_1} \frac{U_i}{RC} dt = -\frac{1}{RC} \int_0^{t_1} U_i dt = -\frac{1}{RC} \overline{U}_i \cdot T_1 \tag{5-5}$$

式中，$\overline{U}_i$ 表示在 T_1 阶段中 U_i 的积分平均值，若 U_i 为不变，则 $\overline{U}_i = U_i$。由于 R、C、T_1 均为常数，因此 U_o 的数值与 $-\overline{U}_i$ 的数值成正比。

第二阶段 T_2：T_2 为回积时间，模拟开关 S2 或 S3 导通，其余的模拟开关断开，此阶段为回积阶段，对参考电压进行积分。如果采样阶段 T_1 中 $U_o < 0$（$U_i > 0$），则在 T_2 阶段只导通 S2，使积分器的输出从 t_1 时刻开始回积到 0；反之，如果 T_1 阶段中 $U_o > 0$（$U_i < 0$），则在 T_2 阶段只导通 S3，使积分器的输出从 t_1 时刻开始回积到 0；回积阶段的 u_{int} 波形见图 5-16。由于在回积过程中，积分器对固定的参考电压积分，所以此过程中 u_{int} 的斜率不变。

当 $u_i>0$ 时，从 0 时刻到 t_2 时刻的整个积分过程，可由下式表示

$$\frac{1}{RC}\int_0^{t_1} U_i \mathrm{d}t + \frac{1}{RC}\int_{t_1}^{t_2} -U_R \mathrm{d}t$$

$$= \frac{1}{RC}(\overline{U}_i \cdot T_1 - U_R \cdot T_2) = 0 \tag{5-6}$$

由上式可以推出 T_2 与 $\overline{U}_i$ 的关系式

$$T_2 = \frac{T_1}{U_R} \cdot \overline{U}_i \tag{5-7}$$

由于 T_1 和 U_R 均为常数，因此 T_2 与 $\overline{U}_i$ 成正比，实现了 U/T 的转换。如果在 T_2 阶段时钟脉冲 CP 的频率保持不变，其脉冲计数值与 $\overline{U}_i$ 成正比。

第三阶段 T_3：T_3 为复零时间，模拟开关 S4 和 S5 导通，其余断开，此阶段为复零阶段。复零阶段是一个辅助阶段，为本次转换做结束工作，并为下次转换做好准备。在此阶段先把计数器在 T_2 阶段的计数值送到数据锁存器，输出数字量；然后计数器复零，为下次转换作准备；最后控制 S4 和 S5 导通，积分器被充分放电使 u_{int} 回零。

由于双积分式 A/D 转换器测量的是待转换的直流模拟电压的平均值，因此它对周期等于采样周期 T_1 或等于 T_1/n 的对称交流干扰以及尖峰脉冲干扰是有很强的抑制能力。影响 A/D 转换结果的是 T_1 阶段结束时刻的积分器输出电压 U_0，如果在此期间中存在尖峰干扰，经积分低通滤波作用后，尖峰干扰对积分结果的影响很小。在电力系统中被测的电量中常混杂有周期性的工频干扰，只要取采样时间 T_1 为工频周期（20ms）或其整数倍，就可有效地抑制工频干扰。因为积分器的初值为 0，不论输入信号 u_i 中混杂的对称交流干扰信号初相角为何值，只要 T_1 为其周期或周期的整数倍，T_1 阶段结束时刻 t_1 的积分值 U_0 均与此交流信号无关，只决定于 u_i 中的直流成分。

但是实际系统对工频干扰的抑制能力总是有限的，因为干扰信号往往并不是理想的对称正弦波，只要正负半周不对称，存在很小的直流平均分量，干扰的影响就不可能消除。

双积分式 A/D 转换具有转换精度高、抑制干扰能力强、造价低等优点，但由于采用积分方式，因而转换速度低，一般低于 30 次/s，所以双积分式 A/D 转换常用于低速的数据采集系统。

3. 并行比较式 A/D 转换

并行比较式 A/D 转换又称瞬时比较—编码式 A/D 转换，是一种转换速度最快、转换原理最直观的转换技术。

如图 5-17 所示，n 位并行比较式 A/D 转换需要用 2^n+1 个电阻串联组成分压器，与参考电压端和地端直接相连的两个电阻阻值为 $R/2$，其余 2^n-1 个电阻阻值均为 R，分压器上端加参考电压 U_R。显然，两端的两个电阻上的电压降为 $U_R/2^{n+1}$，中间的各电阻上电压降均为 $U_R/2^n$。因此，分压器把参考电压 U_R 分成了 2^n 个分层量化电压，两端的两个电阻各分得半层量化电压，即 1/2LSB，这样可实现 1/2LSB 偏置，使量化误差变成为 ±1/2LSB。

接入各电压比较器负端的分压器提供的各分压值可用下式表示

$$\begin{cases} U_0 = U_R \\ U_j = \frac{2^{n+1}-(2j-1)}{2^{n+1}} \cdot U_R \qquad j=1,2,\cdots,2^n \end{cases} \tag{5-8}$$

待测的模拟电压 U_i 则接入各电压比较器正端。各电压比较器的输出经 2^n 个段鉴别与门送入

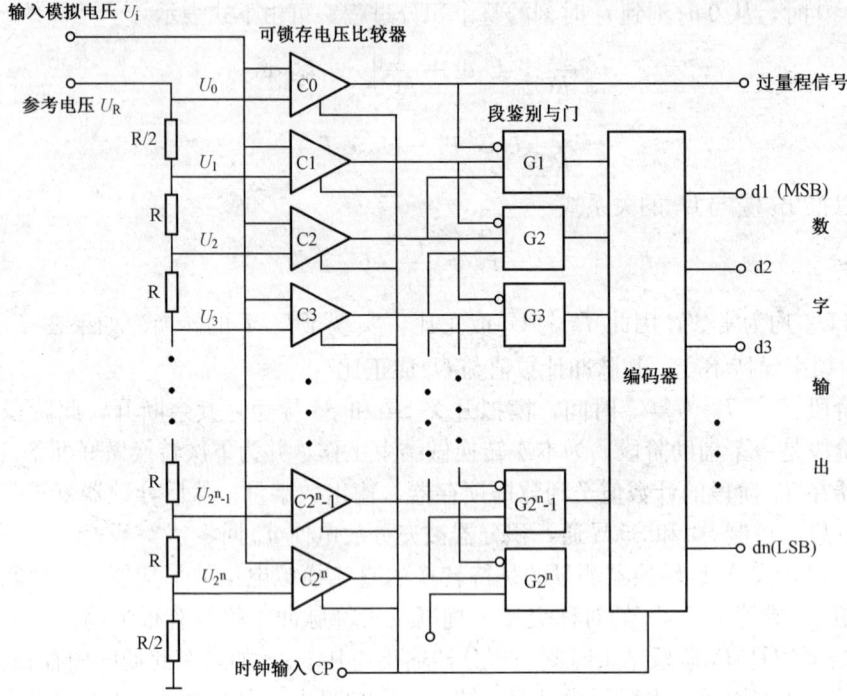

图 5-17 n 位并行比较式 A/D 转换原理框图

编码器,编码器编码后,输出 n 位二进制数字量。

假设输入模拟电压 U_i 落在 U_{j-1} 和 U_j 之间,即 $U_{j-1} > U_i > U_j$ ($j = 1, 2, \cdots, 2^n$),则各电压比较器的比较结果为:C0、C1、$\cdots$、C$j-1$ 输出为 0,Cj、C$j+1$、$\cdots$、C2^n 输出为 1。这些比较器输出结果送入各段鉴别与门,各段鉴别与门输出结果为 $G_j = 1$,其余的为 0。经 2^n 线—n 线编码器后输出对应的 n 位二进制数码。如果输入模拟电压 $U_i > U_R$,则电压比较器 C0 输出"1"信号,表示输入电压过量程。如果输入模拟电压 $U_i < \frac{1}{2^{n+1}} U_R$,则过量程信号和各段鉴别与门输出均为 0,表示输入电压小于 1/2LSB,认为 $U_i = 0$。

从理论上讲,并行比较式 A/D 转换只需要一个时钟周期,但实际上却占用两个周期。第一个时钟周期用于将输入信号寄存在可锁存电压比较器中,第二个时钟周期用于对比较结果进行编码,并输出数据。

并行比较式 A/D 转换器转换速率极高,有的高达 100MHz,常用于数字通信技术和超高速数据采集系统。但其电路组成复杂,集成度高,一般分辨率为 8 位,价格昂贵,限制了其应用。

4. 电荷平衡式 U/f 转换

U/f 转换也是模/数转换的一种实现方法。图 5-18 (a) 为电荷平衡式 U/f 转换的原理框图。图中,输入模拟电压 u_i 与 R 构成对积分器的充电回路。恒流源 I_R 与模拟开关 S 则构成对积分器的反充电回路。

整个电路构成可视为一个振荡频率受输入电压 u_i 控制的多谐振荡器。当积分器的输出电压 u_{int} 下降到零时,零电压比较器发生跳变,触发单稳态定时器,产生一个宽度为 t_0 的脉冲,该脉冲使开关 S 接通。在电路设计中要求 $I_R > u_{imax}/R$,因此,在 t_0 期间积分器是以反

第五章 远动信息的信源编码

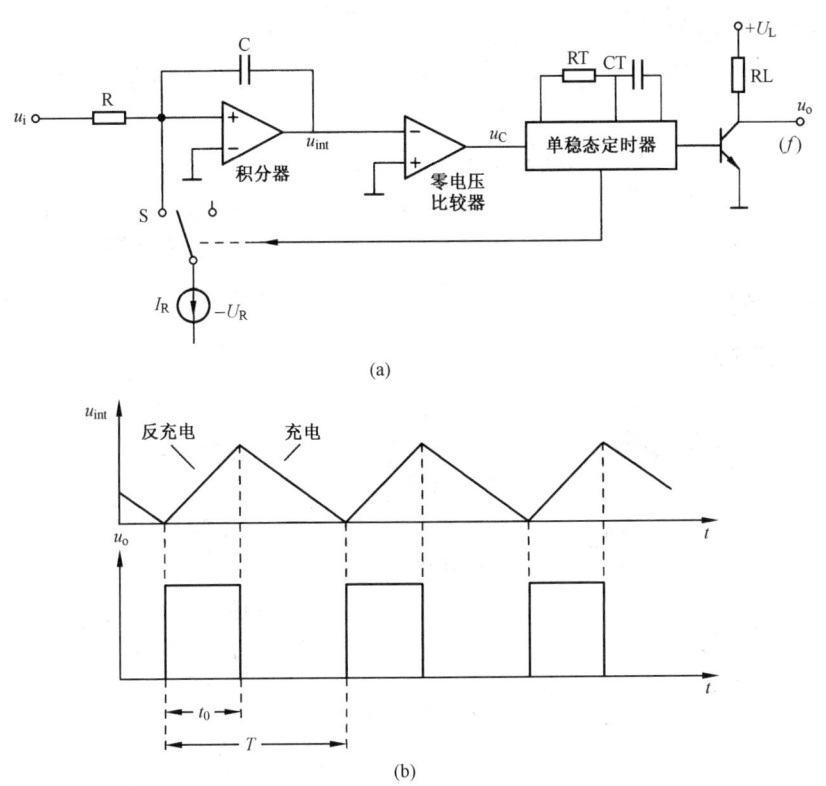

图 5-18 电荷平衡式 U/f 转换
(a) 原理框图；(b) 输出波形

充电为主，使 u_{int} 上升到某一正电压。t_0 结束时，开关 S 断开，这时只有正的输入电压 u_i 起作用，使积分器负积充电，u_{int} 逐渐下降，当 u_{int} 下降到 0V 时，零电压比较器反转，又使单稳态定时器产生一个 t_0 脉冲，再次反充电，如此不断地振荡下去。积分器输出电压 u_{int} 和单稳态定时器输出的 u_o 波形见图 5-18（b）。

在一个周期 T 中，输入电压 u_i 和 R 一直处于充电工作状态，恒流源 I_R 只持续 t_0 时间的反充电过程。根据一个周期中充电电荷量与反充电电荷量相等的电荷平衡原理，可得

$$\frac{u_i}{R} \cdot T = I_R \cdot t_0 \tag{5-9}$$

$$T = \frac{I_R \cdot R \cdot t_0}{u_i} \tag{5-10}$$

输出振荡频率 f

$$f = \frac{1}{T} = \frac{1}{I_R \cdot R \cdot t_0} u_i \tag{5-11}$$

式（5-11）表明，输出电压频率 f 与输入电压 u_i 成正比，从而实现了 U/f 转换。U/f 转换精度与 I_R、t_0 及 R 的准确性和稳定性有关。积分电阻 R 可用来调节 U/f 的标称传递关系。

U/f 转换与上述三种 A/D 转换的不同之处在于：上述三种 A/D 转换输出的是并行二进制数据（也有串行二进制数据），而 U/f 转换输出的则是串行频率信号。因此 U/f 转换与计算机接口简单、灵活，只要用一路输入通道，可以是计算机（或单片机）的一根 I/O 口线、中断源输入或计数输入。由于 U/f 转换将直流模拟电压转换成一频率数字信号，因此易于实现光电隔离和信号的远传（可以调制在射频信号上，进行无线传播）。U/f 转换与双

积分式 A/D 转换有相似之处，都采用了对输入信号的积分，因此 U/f 转换同样也是具有很强的抗干扰性能。U/f 转换具有良好的精度和线性度，频率输出动态范围宽，一般最高可达 100kHz。

在电荷平衡式 U/f 转换技术基础上改进而成的一种 A/D 转换——量化反馈式 A/D 转换，将 U/f 转换中的频率信号输出改为经计数电路后输出并行二进制数据。量化反馈式 A/D 转换与双积分式 A/D 转换一样，也是有对串模干扰的抑制能力。量化反馈式 A/D 转换电路是一种连续转换的闭环系统，转换位数有 $3\frac{1}{2}$ 位和 $4\frac{1}{2}$ 位，转换速率小于 8Hz。关于量化反馈式 A/D 转换的更详尽的介绍，这里从略。

二、模/数转换芯片介绍

在远动系统模拟量采集中，最常用的模/数转换形式有三种：逐位比较式 A/D 转换、双积分式 A/D 转换和电荷平衡式 U/f 转换。下面就这三种转换采用的常用芯片作一介绍。

1. AD574A

AD574A 为 12 位逐位比较式 A/D 转换器，采用 28 脚双列直插式陶瓷封装，图 5 - 19 为 AD574A 的引脚定义。AD574A 内部由模拟芯片和数字芯片混合集成而成。模拟芯片为 AD565A 型快速 12 位 D/A 转换器芯片；数字芯片则包括高性能比较器、逐位比较逻辑寄存器、时钟电路、逻辑控制电路以及三态输出数据锁存器等。AD574A 的非线性误差小于 ±1LSB，完成一次 12 位的转换需要 $25\mu s$。

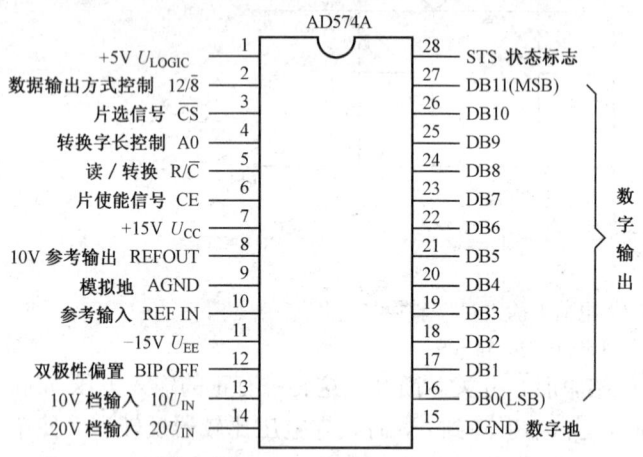

图 5 - 19　AD574A 芯片的引脚定义

AD574A 有两个模拟量输入引脚 $10U_{IN}$ 和 $20U_{IN}$ 都可置成单极性和双极性输入方式，因此其模拟输入量程有四档：0～+10V、0～+20V、-5～+5V 和 -10～+10V。A/D 转换中的零漂调整和增益调整是通过引脚 BIP OFF 和 REF IN 外接可调电位器来实现。如图 5 - 20 所示，RP1 为零漂调整，RP2 为增益调整。在进行零漂调整和增益调整时，应先确定模拟输入量是单极性还是双极性，然后按照表 5 - 4 给出的输入模拟量与输出代码的关系进行调整。

表 5 - 4　　　　　　　　AD574A 的输入模拟量与输出代码的关系

单 极 性			双 极 性			说　明
0～10V	0～20V	二进制	-5～+5V	-10～+10V	偏移二进制码	
9.9976V	19.9951V	0FFFH	4.9976V	9.9951V	0FFFH	正满刻度减 1LSB
0	0		0	0	0800H	
			-5V	-10V	0000H	负满刻度
2.44mV	4.88mV		2.44mV	4.88mV		1LSB 的值

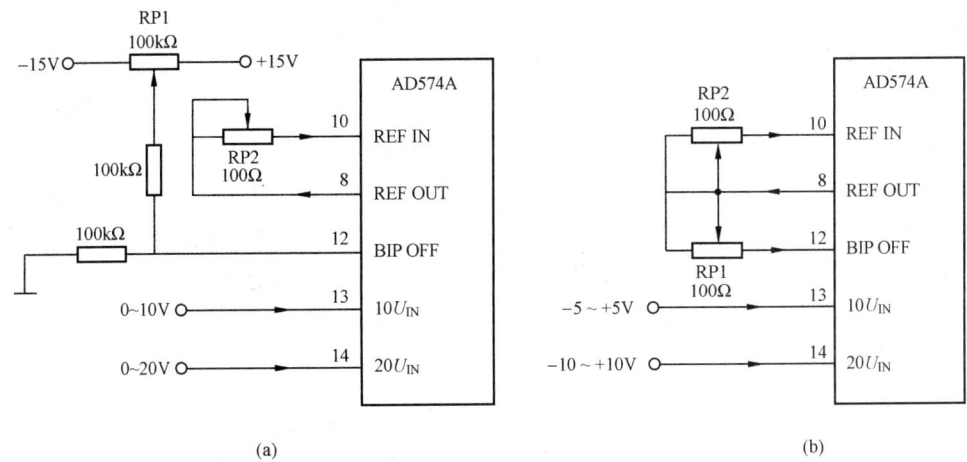

图 5-20 AD574A 的量程设置
(a) 单极性输入；(b) 双极性输入

AD574A 的工作过程是由逻辑控制输入信号 CE、$\overline{CS}$、$R/\overline{C}$、$12/\overline{8}$ 以及 A0 进行 A/D 转换的启动以及数据的输出，其逻辑控制真值表见表 5-5。

表 5-5　　　　　　　　　　AD574A 的逻辑控制真值表

CE	$\overline{CS}$	$R/\overline{C}$	$12/\overline{8}$	A0	工作状态
0	×	×	×	×	禁止工作
×	1	×	×	×	禁止工作
1	0	0	×	0	启动 12 位转换
1	0	0	×	1	启动 8 位转换
1	0	1	接 1 脚（+5V）	×	12 位并行输出有效
1	0	1	接 15 脚（0V）	0	高 8 位并行输出有效
1	0	1	接 15 脚（0V）	1	低 4 位加上尾随 4 个 0 有效

只有 CE=1、$\overline{CS}$=0 同时满足时，AD574A 才能进入工作状态。当 AD574A 处于工作状态时，$R/\overline{C}$=0 启动 A/D 转换，$R/\overline{C}$=1 可进行数据读取。如果 $R/\overline{C}$ 输入控制信号为一宽度不小于 $0.35\mu s$ 的负脉冲，则启动一次 A/D 转换，但若负脉冲宽度超过 $25\mu s$，则将两次启动 A/D 转换。

$12/\overline{8}$ 和 A0 用于实现转换字长和数据输出格式的控制。当 $R/\overline{C}$=0 时，若 A0=0，则按完整的 12 位 A/D 转换方式启动；若 A0=1，则按 8 位 A/D 转换方式启动。$12/\overline{8}$ 是控制数据输出格式的。$12/\overline{8}$=1 时，为 12 位并行输出（DB11~DB0 有效）；$12/\overline{8}$=0 时，为 8 位双字节输出，此刻 A0=0 时输出高 8 位（DB11~DB4 有效），A0=1 时输出低 4 位（DB3~DB0 有效），并以 4 个 0 补足尾随的 4 位。由于 $12/\overline{8}$ 脚与 TTL 电平不兼容，故应在印刷板上布线硬接至 +5V 或 0V。STS 为 A/D 转换状态标志，STS=1 表示 AD574A 正处于 A/D 转换过程中，STS=0 表示 A/D 转换结束。此输出信号可接至 CPU 的中断源或输入端口线，如接至 8031 的 P3.2（$\overline{INT0}$）脚，可作为中断或查询工作方式的信号用。

如果将 CE 和 $12/\overline{8}$ 引脚接 +5V，$\overline{CS}$ 和 A0 引脚接 0V，AD574A 可以采用独立方式工

作。向 R/$\overline{\text{C}}$ 输入负脉冲，启动一次 A/D 转换，一个转换周期（25μs）后，查询 STS 引脚为低电平，即可读取数据，若 STS 是接至中断源，可以在下降沿触发中断，在中断服务程序中读数。

2. ICL7109

ICL7109 为 12 位二进制数据输出并带有极性位和溢出位的双积分式 A/D 转换器，采用 40 脚双列直插式封装，引脚定义如图 5-21 所示。同样，ICL7109 的内部电路也是由两部分组成：模拟电路和数字电路。模拟电路包括模拟信号输入、振荡电路、积分电路、比较电路以及基准电源电路；数字电路包括时钟振荡器、握手逻辑、转换控制逻辑、计数器、锁存器以及三态门输出。

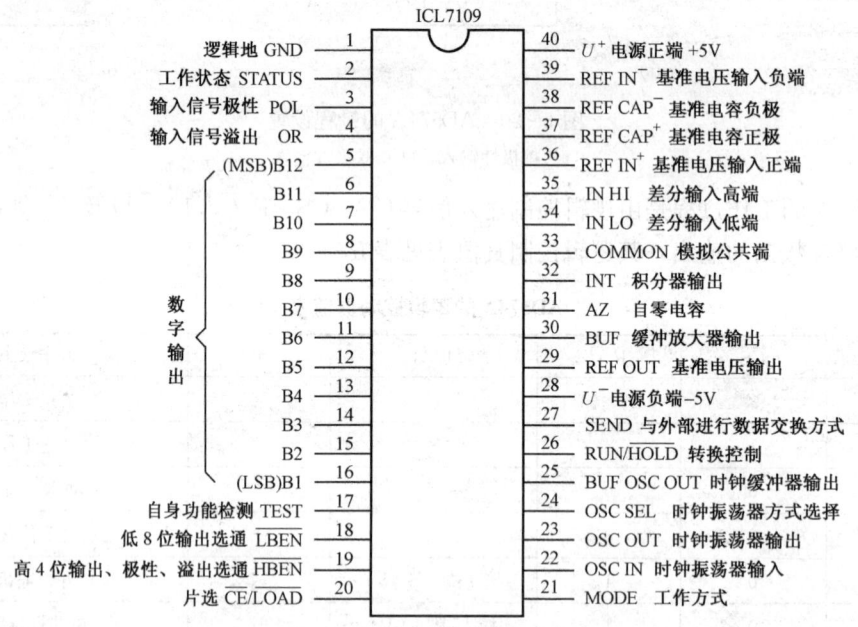

图 5-21 ICL7109 芯片的引脚定义

ICL7109 采用双电源供电，+5V 接 U^+，-5V 接 U^-，地接 GND，并与模拟公共端 COMMON 一点连接。基准电压由引脚 REF IN$^-$ 和 REF IN$^+$ 处引入，基准电压可以由外部提供，也可以由内部基准电压输出端 REF OUT 经电阻分压后提供。为消除共模电压（即基准电压低端不是模拟公共点），需在引脚 REF CAP$^-$、REF CAP$^+$ 处加一电容，一般取 1μF，若基准电压较小时可加大电容值。

IN HI 和 IN LO 为模拟信号差分输入的两端，若单端输入则信号端接 IN HI，IN LO 接 COMMON，模拟输入对应的 A/D 转换满度输出要达到 4096 个数，则要求输入模拟量绝对值的最大值等于两倍基准电压，如基准电压为 2.048V，对应于 4.096V 满度输入模拟电压。当输入信号为正时，POL 脚输出高电平，为负时输出低电平。若输入信号超量程则 OR 脚输出高电平。A/D 转换后的 12 位二进制数据由 B1～B12 脚输出，输出方式由 $\overline{\text{LBEN}}$ 和 $\overline{\text{HBEN}}$ 控制，当 $\overline{\text{LBEN}}$=0 时低 8 位数据输出选通，即 B1～B8 位有效；当 $\overline{\text{HBEN}}$=0 时，高 4 位数据和极性位、溢出位选通，即 B9～B12、POL、OR 有效。

转换状态控制由 RUN/$\overline{\text{HOLD}}$ 输入控制，当输入高电平时每 8192 个时钟完整一次转换，当输入低电平时，转换将立即结束消除积分阶段并跳至自动调零阶段，从而提高了转换速度。

ICL7109 最大转换速度为 30 次/s。一个转换周期为 8192 个时钟，每个周期分三个阶段：信号积分、回积分和自零。积分阶段固定为 2048 个时钟数，回积阶段在满量程时为 4096 个时钟数，自零阶段最小为 2048 个时钟数。在积分和回积阶段 STATUS 输出高电平，在自零阶段 STATUS 输出为低电平，此时 12 位输出数据和极性位、溢出位保持不变，可以读取数据。

MODE 是输出方式选择引脚。当输入低电平信号至 MODE 脚时，转换器为直接输出工作方式，此时可在片选和字节使能的控制下直接读取数据；当输入高电平脉冲时，转换器处于 UART 方式，并在输出两个字节的数据后返回到直接输出方式；当输入高电平时，转换器将在信号交换方式的每一转换周期的结尾输出数据。$\overline{CE/LOAD}$ 是片选引脚，当 MODE＝0 时，它用作输出的主选通信号，低电平时，数据正常输出，高电平时，则所有数据输出端皆高阻状态；当 MODE＝1 时，它用作信号交换方式的加载选通信号。

ICL7109 片内有振荡器和时钟，但还需外接一些振荡元件。OSC SEL 用来选择振荡器类型。若 OSC SEL 接＋5V 或悬空，则采用 RC 振荡器。外接的电阻、电容的一端分别接至 OSC OUT 脚和 BUF OSC OUT 脚，另一端都接至 OSC IN 脚，RC 振荡器频率为 $0.45/RC$ （C＞50pF）。若 OSC SEL 接地则采用晶体振荡器，外接晶振的两引脚分别接到 OSC IN 和 OSC OUT，此时的内部时钟为 58 分频后的振荡器频率。适当地选择振荡频率可以有效地提高抗干扰的能力。因为 A/D 转换的采样积分时钟为 2048 个时钟，若取工频周期 20ms，则可取晶振频率 f＝2048.58/20ms ＝ 5.939MHz（可用 6MHz），RC 振荡器频率 f＝ 2048/20ms ＝ 102.4kHz。

另外还有一些外接元件的连接见图 5 - 22。积分电阻 R_{INT} 和积分电容 C_{INT} 的大小选择与缓冲放大器和积分器提供的推动电流 $20\mu A$ 有关，积分电阻要选足够大，以保证在输入电压范围内的线性，一般取 R_{INT}＝满度电压 $U/20\mu A$。为了使积分器工作在不饱和状态（低于电源 0.3V），积分器的输出电压摆幅应在±3.5～±4V，因此一般取 C_{INT}＝（2048 个时钟周期）·（$20\mu A$）/积分器输出摆幅。至于自动调零电容 C_{AZ} 的大小则与输入电压满度有关。当小满度输

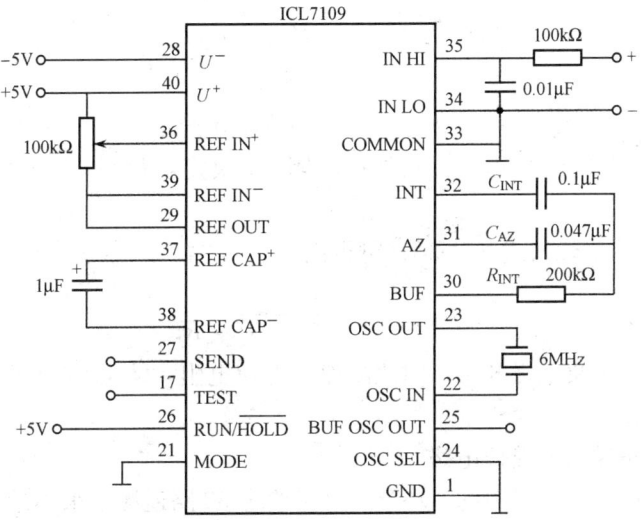

图 5 - 22　ICL7109 的外接电路

入电压（如 409.6mV）时，噪声是主要的，这时积分电阻小，C_{AZ} 值应为 C_{INT} 值的两倍，当大满度输入电压（如 4.096V），复零误差比噪声更重要，这时 C_{AZ} 值应为 C_{INT} 的一半。

3. LMx31

LMx31 系列电压/频率转换器（包括 LM131A/LM131、LM231A/LM231、LM331A/LM331），作为一种廉价简单电路很适于用作模/数转换器、精密频率/电压转换器、长时间积分器、线性频率调制或解调以及其他功能电路。LMx31 可双电源或单电源工作，单电源可在 4~40V 工作。最大线性度为 0.01%，满量程频率范围 1Hz~100kHz，采用 8 脚双列直插式封装，其内部简化电路及外接电路见图 5-23。

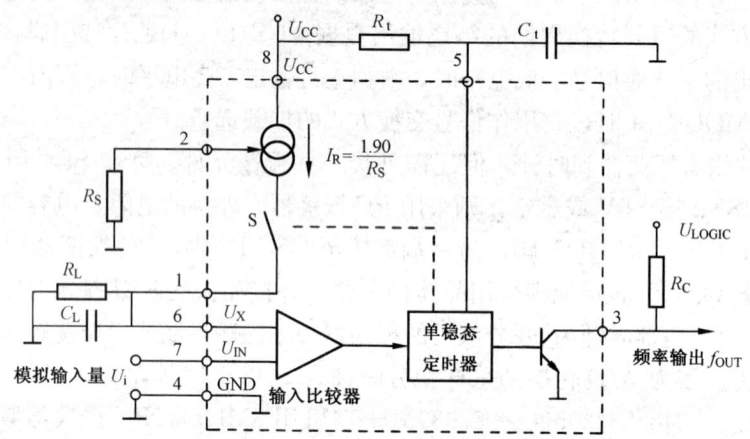

图 5-23 LMx31 内部简化电路及外接电路

图 5-23 中，虚线框内为 LMx31 的简化电路框图。当输入电压 $U_{IN} > U_X$ 时，输入比较器触发单稳态定时器产生一脉宽为 $t = 1.1 R_t C_t$ 的脉冲，此时 S 导通，使电容 C_L 充电，U_X 上升，t 结束后，S 断开，C_L 通过 R_L 放电，U_X 下降至 $U_X < U_{IN}$ 为止，输入比较器再次触发单稳态定时器。如此循环反复构成自激振荡，依据充、放电电能平衡的原理有

$$\left(I_R - \frac{\overline{U}_X}{R_L}\right) \cdot t \cdot f_{OUT} = \frac{\overline{U}_X}{R_L} \cdot \left(\frac{1}{f_{OUT}} - t\right) \cdot f_{OUT} \tag{5-12}$$

可得出

$$f_{OUT} = \frac{\overline{U}_X}{I_R \cdot R_L \cdot t} = \frac{\overline{U}_{IN}}{I_R \cdot R_L \cdot t} \tag{5-13}$$

式中，I_R 是由内部基准电压 1.90V 和外接电阻 R_S 决定，$I_R = 1.90/R_S$，通常 I_R 取 50~500 μA。

将 I_R 和 t 的表达式代入式（5-13）可得出

$$f_{OUT} = \frac{R_S \cdot \overline{U}_{IN}}{2.09 R_L \cdot C_t \cdot R_t} \tag{5-14}$$

由于频率输出端为集电极开路，因此需加一上拉电阻，U_{LOGIC} 的大小应根据后续接收电路的逻辑电压而定。

三、模拟遥测量输入的接口电路

为了进一步了解遥测量采集的各环节，这里给出 32 路遥测量采集的实用电路，见图 5-24。该电路主要包括三个部分：CPU、译码、程序/数据存储，见图 5-24（a）；多路模拟开关、采样/保持、A/D 转换，见图 5-24（b）；以及光电隔离，见图 5-24（c）。

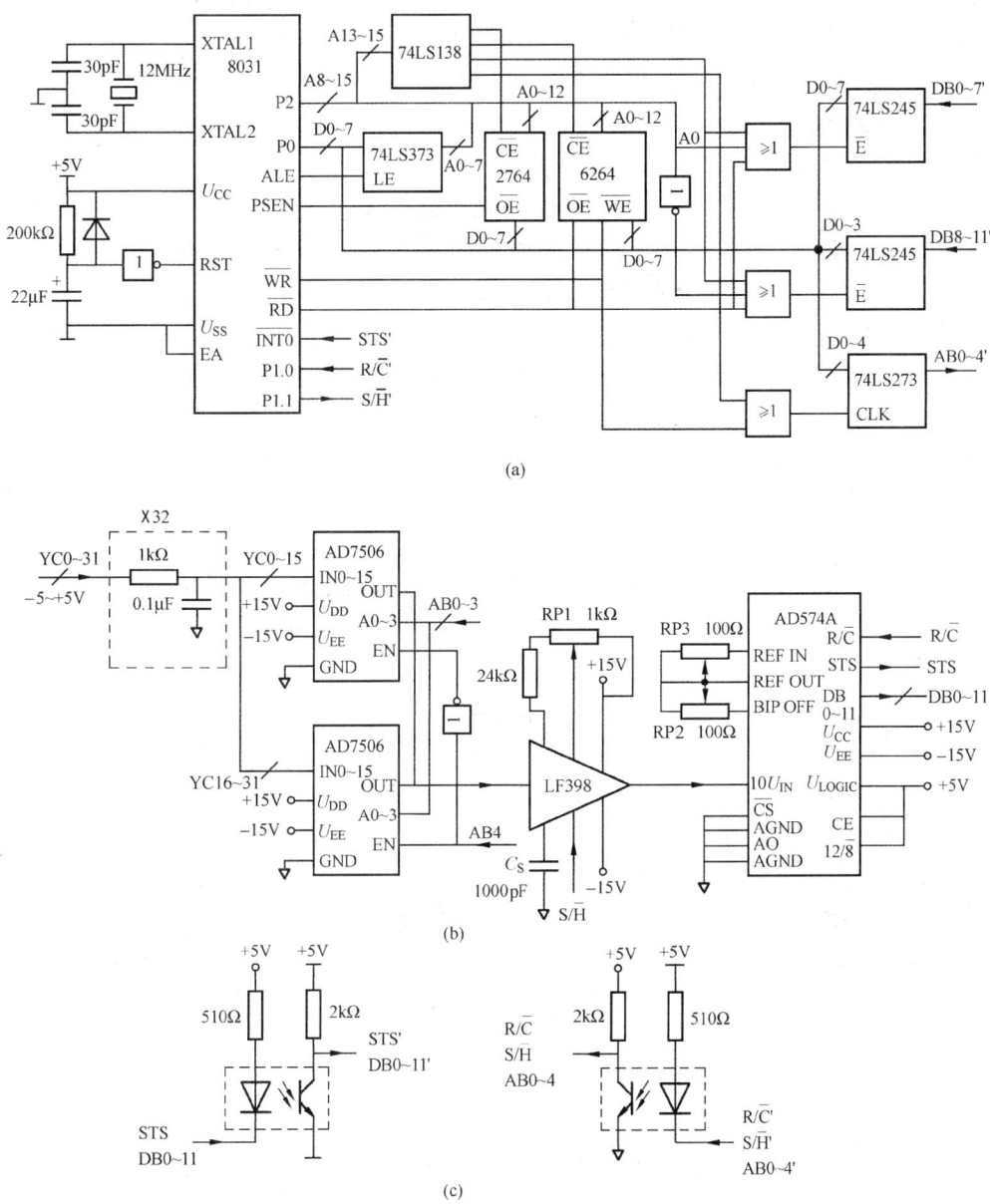

图 5-24 32 路遥测量采集实用电路
(a) 计算与存储；(b) 模拟量采集；(c) 光电隔离

输入到远动装置的 32 路遥测量均是经过变送器输出 $-5\sim+5V$ 的直流电压信号，各路信号再经过 RC 低通滤波后进入模拟多路开关的输入端。AD7506 为 16 选 1 的模拟多路开关，用两片 AD7506 实现 32 路模拟输入量的选择。AD7506 的 16 路输入量的选通地址由地址线信号 AB0~3 提供，由于其芯片使能信号 EN 为高电平有效，因此用 AB4 反相信号控制前 16 路，AB4 控制后 16 路，这样 AB0~4 可选择 32 路输入量。两片 AD7506 的输出端 OUT 连接在一起送采样/保持器 LF398 的输入端。

采样/保持器需外接一采样电容 C_S 和调零电路，调节 RP1 可实现调零工作。LF398 的输出端接 AD574A 的 $10U_{IN}$ 端。AD574A 是逐位比较式 A/D 转换器，由于是瞬时比较，要求在逐位比较过程中，输入信号保持不变，因此在 A/D 转换开始的时间，应使 LF398 处于保持状态。S/$\overline{H}$ 信号可用来控制 LF398 应处的状态。当 S/$\overline{H}$＝1 时，LF398 处于采样（跟随）状态，即输出信号与输入信号接通，C_S 充电；当 S/$\overline{H}$＝0 时，LF398 处于保持状态，断开输入信号，输出信号由 C_S 的电压决定。

根据输入信号变化范围，AD574A 设置成双极性输入－5～＋5V 量程，RP2 和 RP3 实现零漂和增益的调整。图 5-24 中 AD574A 接成独立工作方式，R/$\overline{C}$ 接收一个负脉冲即启动一次 A/D 转换，A/D 转换结束后输出的 12 位偏移二进制码数据从 DB0～11 输出，A/D 转换的工作状态由 STS 输出信号表示。STS＝1 表示正在转换中；STS＝0 表示转换已结束，可读数。此信号可作为 8031 的一个中断源接至 $\overline{INT0}$。

CPU 选用 8031，晶振 12MHz，12 分频为机器周期。2764 为 8K 字节的 EPROM，6264 为 8K 字节的 RAM，74LS138 产生选通信号，为各芯片分配地址空间，2764 的地址为 0000H～1FFFH，6264 为 2000H～3FFFH，A/D 转换结果数据的低 8 位 DB0～7 的地址为 4000H，高 4 位为 4001H，32 路输入量的选通地址为 6000H，8031 的 P1.0 脚提供 AD574A 的启动信号 R/$\overline{C}$，P1.1 提供 LF398 的采样/保持信号，$\overline{INT0}$ 接 AD574A 的转换状态信号，为提高系统的抗干扰能力，将模拟电路中与单片机系统交换的数字信号用光电耦合器隔离。

在这个电路中，A/D 转换的实现可采用查询方式，也可采用中断方式。查询方式是判断 $\overline{INT0}$ 脚电平的高低来决定何时启动转换、何时读数；中断方式则是先启动转换，转换结束后 STS 的下降沿（负跳变）触发中断，进入中断服务程序，在中断服务程序中读数，或再启动下一次转换。在设置 8031 的外部中断时，应置为边沿触发而不是电平触发。否则中断响应后，中断源仍不能消除，这一点值得注意。

设在主程序初始化中已将 8031 的外部中断 $\overline{INT0}$ 置为边沿触发，8031 内部寄存器 30H 中存放遥测量选通地址（00H～1FH），并初始化为 00H，同时启动一次 A/D 转换，触发中断。A/D 转换的数据存入 6264 中，地址为 2000H～203FH，低字节在前，高字节在后。A/D 转换中断服务程序如下：

```
ADC:    PUSH    PSW             ;保护现场
        PUSH    ACC
        PUSH    DPL
        PUSH    DPH
        SETB    RS0             ;选寄存器组 3
        SETB    RS1
        MOV     DPTR,#4000H
        MOVX    A,@DPTR         ;取 A/D 转换数据的低 8 位
        MOV     R0,A
        INC     DPTR
        MOVX    A,@DPTR         ;取 A/D 转换数据的高 4 位
        ANL     A,#0FH          ;屏蔽高位字节的高 4 位
        MOV     R1,A
```

```
        MOV     DPH,#20H          ;计算存数地址
        MOV     A,30H
        ADD     A,30H
        MOV     DPL,A
        MOV     A,R0
        MOVX    @DPTR,A           ;存低 8 位数据
        INC     DPTR
        MOV     A,R1
        MOVX    @DPTR,A           ;存高 4 位数据
        MOV     A,30H             ;计算下一路遥测量地址
        INC     A
        ANL     A,#1FH
        MOV     30H,A
        MOV     DPTR,#6000H
        MOV     @DPTR,A           ;选通模拟多路开关
        SETB    P1.1              ;采样
        NOP                       ;延时
         ⋮
        NOP
        CLR     P1.1              ;保持
        CLR     P1.0              ;启动 A/D 转换
        NOP
        NOP
        SETB    P1.0
        POP     DPH               ;恢复现场
        POP     DPL
        POP     ACC
        POP     PSW
        RETI                      ;中断返回
```

四、数字化的遥测量采集

上面讲述的遥测量采集其输入量均为直流模拟电压信号，经 A/D 转换后存入数据存储单元中，待以后处理和上送。另外还有一类送入远动装置的遥测量，其形式不是模拟信号，而是数字信号。这类信号主要来源为一些指示仪表设备，这些设备将待测量通过内部电路转换成数字信号（如 BCD 码形式），数字值代表了待测量的大小，即为有名值。一方面用于数码管显示，另一方面用并行口输出提供给远动装置或其他装置使用。这类遥测量称为数字化的遥测量。

数字化的遥测量采集电路类似于遥信采集电路，利用并行口或三态门直接对数字化的遥测量进行读数。一个 BCD 码占用四根信号线，如果一个数字化的遥测量用四个 BCD 码表示，则要占 16 根信号线，即两个字节的并行输入口。与遥信量不同的是，遥信量输出多为

空触点，需外接辅助电源产生电信号。数字化遥测量输出可能直接是电平信号，此时不能外加辅助电源，可串一电阻驱动光电耦合器的发光二极管。当然如果提供的是集电极开路输出，则可直接采用遥信量采集电路。

虽然数字化遥测量和遥信量都是并口采集的数据，但含义不同。遥信数据的每一位代表一个遥信对象的状态，而一个数字化遥测数据则是用多个BCD码表示。

第三节 遥测信息的处理

A/D转换后的数据为原始数据，或称为生数据，这些数据要提供给调度运行人员用，还需要作一系列的处理。

一、数字滤波

输入到遥测量采集系统的模拟直流电压都是来自各类变送器和传感器，这些有用的信号中常混杂有各种频率的干扰信号。因此，在遥测量采集的输入端通常加入RC低通滤波器，用以抑制某些干扰信号。RC滤波器易实现对高频干扰信号的抑制，但欲抑制低频干扰信号（如频率为0.01Hz的干扰信号）要求的C值太大，不易实现。而数字滤波器可以对极低频率的干扰信号进行滤波，弥补了RC滤波器的不足。

数字滤波就是在计算机中用一定的计算方法对输入信号的量化数据进行数学处理，减少干扰在有用信号中的比重，提高信号的真实性。这是一种软件方法，对滤波算法的选择、滤波系数的调整都有极大的灵活性，因此在遥测量的处理上广泛采用。

在问答式远动规约中建议采用一阶递归滤波，滤波公式如下

$$Y_k = X_k + A(Y_{k-1} - X_k) \qquad (5-15)$$

式中　X_k——新采样的数据；

Y_{k-1}——前一次的滤波输出；

Y_k——这一次的滤波输出；

A——滤波系数。

滤波系数A可由下式确定

$$A = \frac{\tau}{T+\tau} \qquad (5-16)$$

式中　T——采样周期；

τ——数字滤波器的时间常数，为达到最佳的滤波效果，τ值的选取应根据实际系统而定，不断改变τ值，使低频周期性噪声减至最弱或全部消除，这时的τ值为系统的最佳滤波系数。

式（5-15）是一迭代公式，其初值为$Y_0=X_0$，A的取值范围为$0 \leqslant A < 1$，A值的取值大小决定了滤波输出是重视本次采样，还是重视以前的采样，当$A=0$时不进行数字滤波。用式（5-15）作滤波处理，会造成输出与输入信号之间的相位滞后，故又称一阶滞后滤波。

在问答式远动规约（试行）中，滤波系数由主站用发送滤波系数报文向RTU发送。报文格式如下：

第五章　远动信息的信源编码

字节 1	RTU 地址
字节 2	13H
字节 3	N＝08H
字节 4	类别 0 滤波系数
⋮	⋮
字节 11	类别 7 滤波系数
字节 12	CRC（1）
字节 13	CRC（2）

字节 4 至字节 11 为数据区 $N=8$

这里 13H 代表发送滤波系数报文。第 4 字节到第 11 字节是 8 个字节的数据区，为 8 个滤波系数，分别送给 RTU 数据的 8 个类别，对每一个类别给定一个 8 位的滤波系数。滤波系数一个字节内各位定义如下：

b7	b6	b5	b4	b3	b2	b1	b0
2^{-1}	2^{-2}	2^{-3}	2^{-4}	2^{-5}	2^{-6}	2^{-7}	2^{-8}
0.5	0.25	0.125	0.0625	0.03125	0.015625	0.0078125	0.00390625

除上述一阶滞后滤波方法以外，常用的还有以下一些方法。

限幅滤波法：对于缓慢变化量，如温度、水位等，根据实际经验确定出两次采样输入信号幅值可能出现的最大偏差 ΔY，通过程序判断确定本次滤波输出。输出判据如下：

若 $|X_k-Y_{k-1}|\leqslant\Delta Y$，则 $Y_k=X_k$；

若 $|X_k-Y_{k-1}|>\Delta Y$，则 $Y_k=Y_{k-1}$。

此法对滤去脉冲性干扰十分有效。

算术平均滤波法：是将 N 个采样值相加，然后取其算术平均值作为本次滤波输出值，计算公式如下

$$Y_k=\frac{1}{N}\sum_{i=1}^{N}X_i \tag{5-17}$$

式中　Y_k——第 k 次滤波输出值；

X_i——第 i 次采样值；

N——采样次数。

此法可以有效地消除随机误差，对周期性等振幅干扰也有较明显的滤波效果。

算术平均滤波法中每计算一次滤波输出值，需要 N 帧数据，N 值取得大，虽然平滑滤波效果好，但滤波输出刷新周期会变长，实时性降低。因此在采样周期较长或要求数据刷新速度较高的实时系统中，不能采用，而采用改进方法——递推平均滤波法。

递推平均滤波法：在存储器中开辟一能存储 N 个数据的缓冲区，该缓冲区中的数据采用先进先出（FIFO）的方法刷新数据，使缓冲区中存放的始终是最新的 N 个数据，再采用算术平均方法计算，即

$$Y_k=\frac{1}{N}\sum_{i=0}^{N-1}X_{k-i} \tag{5-18}$$

式中 Y_k——第 k 次滤波输出值;

X_{k-i}——从第 k 次向前递推 i 次的采样值;

N——递推平均项数。

在采样过程中,往往会遇到尖脉冲干扰,这种干扰常使个别采样数据远离真实值。如果直接用式(5-18)计算会将失真数据带入滤波输出结果中。因此在求平均之前,先剔除 N 个待求平均的数据中最大值和最小值,再对余下的 $N-2$ 数据求平均,这样既滤去了脉冲干扰又滤去了随机干扰。将式(5-18)作进一步修改,可得到防脉冲干扰的递推平均滤波方法。

$$Y_k = \frac{1}{N-2} \Big[\sum_{i=0}^{N-1} X_{k-i} - \text{MAX}(X_{k-i} \mid i=0,\cdots,N-1) - \text{MIN}(X_{k-i} \mid i=0,\cdots,N-1) \Big]$$
(5-19)

中位值滤波法:也是一种滤除脉冲干扰的方法,它是将 N 个采样数据按大小顺序排列,取中间的值作为滤波输出值。

数字滤波算法的选定应根据被测量的特性以及现场环境的干扰情况而定,因此要达到一个良好的滤波效果,往往需要综合利用各种数字滤波算法的特点,构成复合数字滤波,式(5-19)就是一个例子。

二、死区计算

远动装置中遥测量的采集工作是不间断地循环进行着,并需要将遥测数据上送至调度中心。这些遥测量并不是随时随刻都在大幅度变化,而大多数遥测量在某一时间内变化是缓慢的。如果要将这微小的变化不停地送往调度中心,会增加各个环节的负担,同时对调度运行人员观测运行状态也无益。

首先大量的数据要在通道上传输,增加了通道负担;其次前置机要不断地接收数据并作相应的处理,一直处于高负荷的工作状态;再者前置机处理后的数据需及时传送给调度主机,调度主机再将这些数据存入实时数据库、刷新画面数据、用于实时计算。当数据有任何变化时,都要进行这些数据交换和处理工作,CPU 的工作负担很重。对调度运行人员而言,遥测量的微小变化,对掌握系统的运行状态并无多大的帮助,反而不断跳动的尾数还会影响运行人员的观察。

如果在遥测量处理中加入死区计算,则可有效地解决上述问题。死区计算是对连续变化的模拟量规定一个较小的变化范围。当模拟量在这个规定的范围内变化时,认为该模拟量没有变化,这个期间模拟量的值用原值表示,这个规定的范围称为死区。当模拟量连续变化超出死区时,则以此刻的模拟量值代替旧值,并以此值为中心再设死区。因此死区计算实际上是降低模拟量变化灵敏度的一种方法。图 5-25 给出死区计算示意图。t_0 时刻的 u 值为 U_0,设死区为 $2\Delta U$,当 $|u-U_0|<\Delta U$ 时,认为 u 值未变,在 $t_0 \sim t_1$ 时间内,u 值为 U_0;当 t_1 时刻,$|U_1-U_0|>\Delta U$,则以此刻的值 U_1 代替 u 的原值 U_0,再以 U_1 为中心再设死区,到 t_2 时刻 u 值越死区,用 t_2 时刻的值 U_0 代替 U_1。从图 5-25 中可以看出,在 $t_0 \sim t_2$ 这段时间,u

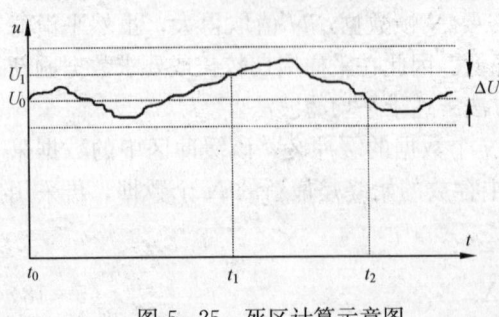

图 5-25 死区计算示意图

是不断变化着，但采用死区计算后，可用两个值 U_0 和 U_1 来表征这一变化过程。在死区计算中，死区的大小选定应当合理。取值过小，则变化灵敏度过高，不能减轻处理负担；取值过大，则易疏漏掉一些重要的变化信息。

在我国问答式远动规约（试行）中，提供了死区计算的途径，死区以压缩因子的形式来表示，用压缩因子来规定模拟量的变化范围。对遥测量进行死区计算时，由主站向 RTU 发送压缩因子，其报文类型码为 04H，报文格式如下：

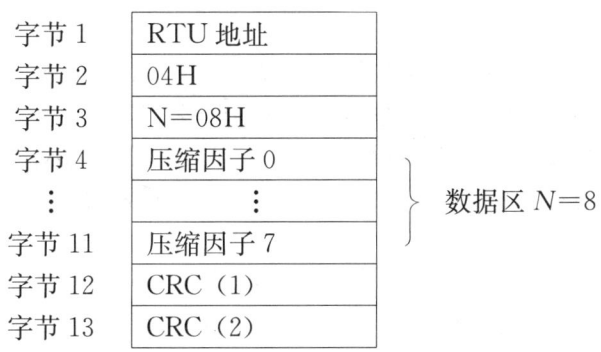

数据区有 8 个字节，每个字节存放一种压缩因子，用二进制表示，其值从 0～255 任意设定，代表模拟量变化的绝对值。每个模拟量究竟用哪种压缩因子，要由主站向 RTU 发的发送 I/O 模块工作方式与参数报文确定。利用这些压缩因子对每个模拟量进行死区计算，当模拟量的变化超出其死区时，应将此模拟量变化标志置 1，相应的类别标志置 1，以使在主站下送类别询问报文时，将变化了的模拟量组装成模块状态变化报文上送。

采用 CDT 方式传送远动信息的装置，也可以在装置和主机之间的信息传送中，对遥测量采用死区计算的处理方法，达到减轻主机负担的目的。

三、越限比较

远动装置不单是对电力系统中各种运行参数量进行采集，还需要对这些量作辅助分析。电力系统是一个动态系统，随着负荷的变化、故障的发生以及运行方式的改变，各种运行参数都要发生相应的变化。从系统运行的安全性、可靠性以及对电能质量的要求等方面的考虑，许多运行参数必须在一定的范围内变化，即必须满足不等式约束条件。例如，向用户供电的电能质量指标要求，频率的变化不能超过 $50Hz\pm0.2Hz$，电压的变化不能超过额定电压的 $\pm5\%$；从安全性、可靠性运行角度看，输电线上传输的功率不能超过其稳定极限。因此，对每一个量用上限值和下限值来规定其允许的运行范围，用这些量的实时运行值与其限值作比较，一旦发现某一量超出允许范围即判为越限，可能是越上限或越下限。这时，一方面要对这一量置越限标志，另一方面要发出信号（如报警、改变该遥测量的显示颜色等），这一功能称为越限比较。

越限比较功能通常设在调度端。每一个遥测量都要设定其对应的上限值和下限值，这些限值应存放在掉电保护单元，同时还应能够修改。遥测数据的每一次刷新，都要作一次比较工作，并把比较的结果存放起来。比较结果有三种可能：不越限、越上限和越下限，可用越限标志的不同状态表示。比较任务用计算机的比较指令可以十分方便地实现。

在电力系统运行中，由于负荷的不断变化，运行参数可能会出现上下波动的情况，当这种波动发生在上限值或下限值附近时，会出现连续不断的告警现象，给运行人员带来干扰。为了避免这种情况下发生频繁告警，通常参加越限比较的数据先要做死区处理。

实际上并不是每一个遥测量都需要进行越限比较，即使是参加越限比较也可能只是上限比较，这就给比较工作带来很大的麻烦。为了使越限比较程序能方便地实现，可对每一个遥测量设限值。对于不需比较的遥测量其上限值和下限值可设成该量不可能出现的最大值和最小值，使其与不进行比较效果相同。同样，只需比较上限的遥测量，可将下限值设成其不可能出现的最小值，这样也如同不比较下限。

四、标度变换和二一十转换

通常在远动装置中，用一个 A/D 转换器对多路输入的直流模拟电压分时地进行模拟量到数字量的转换。由于采用一个 A/D 转换器，因此各个输入量必须经过一系列的转换（如互感器、变送器、传感器），变换成统一量程的直流模拟电压，A/D 转换结果的数字量只代表其输入模拟量的电压大小，而不能代表遥测量的实际值。要想求得实际值就必须进行标度变换。

1. 标度变换

标度变换又称为乘系数，是将 A/D 转换结果的无量纲数字量还原成有量纲的实际值的换算方法。为了弄清标度变换的实现过程，必须先了解实际量是如何经过转换变成数字量的。

假设在众多的遥测量中有一个线电压量 U_{AC} 和一个相电流量 I_A，U_{AC} 的额定值为 220kV AC，I_A 的最大值为 400A AC。这些一次信号必须经过互感器变成二次信号，选电压互感器（TV）的额定比值 K_{TV} 为 220kV AC：100V AC，电流互感器（TA）的额定比值 K_{TA} 为 400A AC：5A AC。这些二次信号还必须经过变送器才能输入到 A/D 转换器。选电压变送器的额定比值 K_{BU} 为 100V AC：5V DC，电流变送器的额定比值 K_{BI} 为 5A AC：5V DC。A/D 转换器的输入量程为 −5～+5V。若是 12 位的 A/D 转换器，则 5V 的输入模拟量转换后的数字量为 07FFH（2047），即 A/D 转换器的额定比值 K_{AD} 为 5V：2047。显然，如果 U_{AC} = 220kV，I_A = 400A，转换后的数字均为 2047，但它们的量纲和转换比例系数不同。在上述条件下，如果 U_{AC} 转换后对应的数字量为 D_U，I_A 对应为 D_I，则它们的转换关系如下

$$U_{AC} = K_U \cdot D_U \tag{5-20}$$

$$I_A = K_I \cdot D_I \tag{5-21}$$

其中

$$K_U = K_{TV} \cdot K_{BU} \cdot K_{AD} \tag{5-22}$$

$$K_I = K_{TA} \cdot K_{BI} \cdot K_{AD} \tag{5-23}$$

这里，K_U、K_I 就是遥测量的转换系数。

值得注意的是，遥测量的转换系数不能简单地视为遥测量的额定值与数字量的满码的比值。这种情况只有当上级变换的额定输出值与下级变换的额定输入值相等时才成立。当然，通常情况下，为了最大限度保证 A/D 变换的精度，都期望做到这一点。比如对 110kV 额定电压在选电压互感器时，常选 110kV：100V 而不是选 220kV：100V。所以，在计算转换系数时，必须弄清每一级变换的比例系数，才能正确地进行标度变换。

2. 二一十转换

标度变换后的数据已经代表了遥测量的实际值，但此数据是以二进制数表示的。在某些场合，还希望再转换为十进制数，这就需要进行二一十转换。

这里的十进制实际上还是采用二进制数来表示，一个十进制数用 4 位二进制数的前 10 个状态表示十进制的 0~9，后 6 个状态无效，这些二—十进制代码称为 BCD 码。标度变换后的数据可能有整数和小数两部分，在进行二—十转换时对整数和小数的处理方法不同，应分别对待。

对于整数的二—十转换应先确定二进制数可能对应的十进制数的最高位数，例如：12 位二进制数若转换为十进制数，最高只能是千位。用待转换的二进制数不断减去 1000，并对减的次数计数。至不够减时，则计数值为千位数，余数再不断地减去 100，并对减的次数计数。至不够减时，计数值为百位数，如此类推可得十位数和个位数。也可用除法指令，通过除法运算得到二—十转换的结果。

对小数的二—十转换则采用"乘 10 取整"的方法。将二进制小数乘以 10，得到的整数部分为十进制小数小数点后的第一位，再将余下的小数乘以 10，得到的整数部分为小数点后的第二位，如此下去，可得第三位、第四位等等。

标度变换和二—十转换的处理工作可以在 RTU 中完成，也可移到调度端完成。具体实现应根据实际系统的要求以及系统运行的规约对遥测量数据格式的要求而定。当然这些功能在调度端实现是要容易些，并且具有更大的灵活性。

五、事故追忆

电力系统在运行过程中随时可能发生事故，因此在对电力系统运行监测时，希望把事故发生前后的一段时间内遥测数据的变化情况保存下来，为今后的事故分析提供原始依据，这就是事故追忆功能。

要实现事故追忆功能，就必须在内存中开辟一足够大的实时数据缓冲区，缓冲区内的数据采用先进先出（FIFO）的方式刷新。缓冲区的大小应根据事故追忆对事故前后需记录的时间长度、一帧信息的数据量以及数据的刷新周期而定。当事故发生时的那帧信息移至缓冲区中部时，将整个缓冲区的数据保存下来，作为事后分析使用。

事故追忆一般不对所有的遥测量作存储。之所以这样做，是因为一方面全遥测存储数据量大，另一方面也没有必要。实际上，对事故的事后分析，通常只需分析其相关遥测量的变化过程。因此，可以事先定义好每一事故对应的需存储的遥测量集，这样既减小了存储容量，又提高了事故的分析效率。

事故追忆功能应该是在发生事故时启动。事故的发生往往会引起一系列遥信变位，因此可以以遥信变位来启动事故追忆。但是遥信变位并不就意味着事故的发生，所以可以用变电站的事故总告警保护信号启动事故追忆，对于省级和网级调度也可用静稳定分析和动稳定分析的结果启动事故追忆。

第四节　脉冲量的采集和处理

远动装置除了对遥信量和遥测量进行监测外，还需对电能量进行监测。电能量包括有功电能和无功电能，它们是有功功率和无功功率对时间的积分，是一个累计量（counted measurand），可以通过厂站端安装的电能表读取信息。为了便于远动装置提取这些信息，需要对传统的电能表进行改造，增加一套脉冲信号发生装置，构成脉冲电能表。脉冲电能表上的转盘每转一圈发出一个定宽脉冲，如 80、40ms 等，每转 N 圈表示 1kWh（varh）（二次侧），如 $N=1000$。

一、脉冲量的采集

脉冲电能表发出的脉冲是经光电隔离采用集电极开路形式输出，因此信号的提取需外加电源。图 5-26 给出脉冲量输入电路的两种方式。

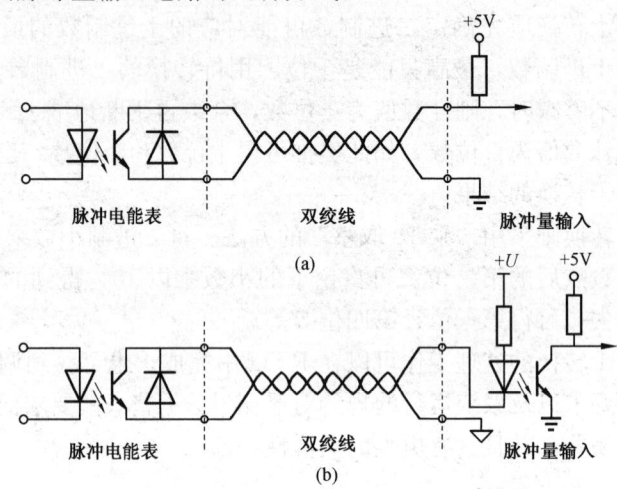

图 5-26 脉冲量输入电路
(a) 一级光电隔离；(b) 两级光电隔离

图 5-26（a）是利用脉冲电能表内部提供的光电耦合实现信号隔离，图 5-26（b）则在脉冲量输入电路中增加了一级光电隔离，图中 $+U$ 可以是 5、12V 或 24V，这样就进一步提高了系统的抗干扰能力。采用双绞线作为信号的传输线也是为了增强抗干扰能力。

脉冲量采集常采用两种方法：硬件计数法和软件计数法。下面分别加以介绍：

1. 硬件计数法

硬件计数法是利用定时/计数器实现对脉冲量的计数。以 8253 为例说明这种方法的实现。

8253 片内有 3 路独立的十六位二进制或二—十进制减法计数器，计数速率范围小于 2MHz，所有操作方式均是可编程的。其引脚定义如图 5-27 所示。图中，D0～D7 为数据总线，CLK0、CLK1、CLK2 分别为计数器 0、1、2 的时钟输入，GATE0、GATE1、GATE2 为计数器 0、1、2 的控制输入，OUT0、OUT1、OUT2 为计数器 0、1、2 的输出，$\overline{RD}$ 为读操作信号，$\overline{WR}$ 为写操作信号，$\overline{CS}$ 为片选信号，U_{CC} 接 +5V 电源，GND 接地。A1、A0 为"00"时选择计数器 0，"01"选择计数器 1，"10"选择计数器 2，"11"选择控制寄存器。对计数器可以进行读写操作，即取数和置数。而对控制寄存器只能进行写操作，即写控制字，控制字各位定义见图 5-28。

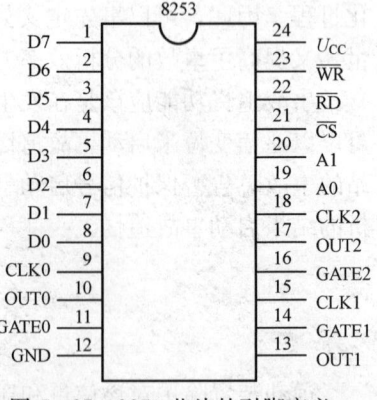

图 5-27 8253 芯片的引脚定义

利用 8253 进行脉冲量采集通常选择工作方式 0。对预置数进行减法计数，当减为零时，输出端 OUT 变为高电平，向 CPU 发出中断申请；CPU 响应中断，向计数器装入新的计数

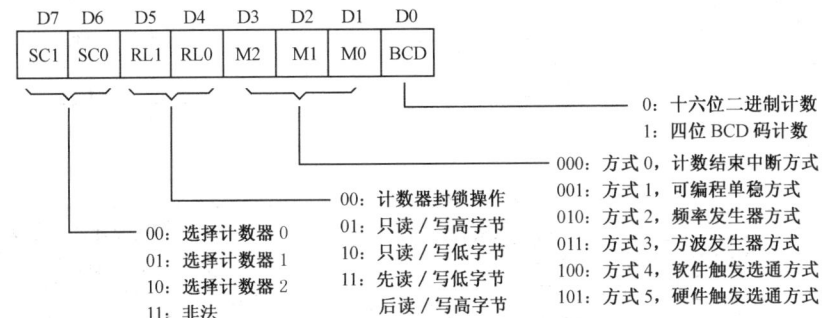

图 5-28　8253 控制字定义

值，输出端 OUT 变为低电平，在计数期间 OUT 一直保持低电平。图 5-29 给出了 8031 与 8253 的接口电路。8253 三个计数器输出端经三输入或非门接至 8031 的外部中断 $\overline{INT0}$。由于 8253 无状态字，因此需将 OUT0、OUT1、OUT2 接至 8031 的 P1.0、P1.1、P1.2，通过读 P1.0、P1.1、P1.2 的状态判定为哪一计数器中断。

图 5-30 为脉冲量采集中断服务程序。当 P1.0＝1 时，表明计数器 0 已计数结束，需再装计数值，并对计数单元 0 加 1，计数器 0 重新计数。同样当 P1.1、P1.2 为 1 时，对计数器 1、2 也要作相应处理。如果计数器装的数为 1000，则计数单元中计数的单位为 1000 个脉冲，假设脉冲电能表转速为 1000r/kWh，计数单元存放的数值单位为千瓦小时。

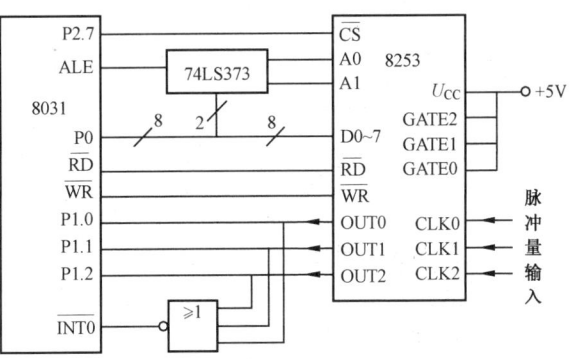

图 5-29　8031 与 8253 的接口电路

用 8253 实现脉冲量采集，采用中断方式，软件占用 CPU 时间少，特别适合单 CPU 远动装置；但是占用硬件资源大，一片 8253 只能处理三路脉冲量输入，每个计数器计数结束中断信号或是直接占用 CPU 及扩展（8259）中断源，或是经或非后接入中断源，再由 CPU 提供输入口，可读计数结束中断信号状态。

2. 软件计数法

脉冲量脉宽一般大于 10ms，如果采用类似于遥信变位判别的方法，可以用软件测出脉冲量的正跳变（或负跳变），每一个正跳变，脉冲数加 1。只要正跳变判别周期小于脉冲量的最小脉宽，则可正确地对脉冲计数。脉冲量的输入电路可采用遥信输入电路，但软件却不相同。脉冲量软件计数法程序框图见图 5-31。

图 5-31 中是对 8 路脉冲量进行处理，NEW 单元中存放的是 8 路脉冲量的当前状态，LAST 单元存放的是 8 路脉冲量的上次状态，前后两次状态的异或存放在 XOR 单元。XOR 单元中为 1 的位表明对应的脉冲量状态改变了，如果对应脉冲量的当前状态为 1，则表示该脉冲刚发生了正跳变，脉冲量的计数单元加 1。

采用软件计数法采集脉冲量，可以大大地节省硬件开销，但软件需要不断地对各脉冲量的高、低电平作判断，因而占用 CPU 的大量时间。通常该法都是采用智能模板实现。

100　　　　　　　　　　　　　电 力 系 统 远 动（第三版）

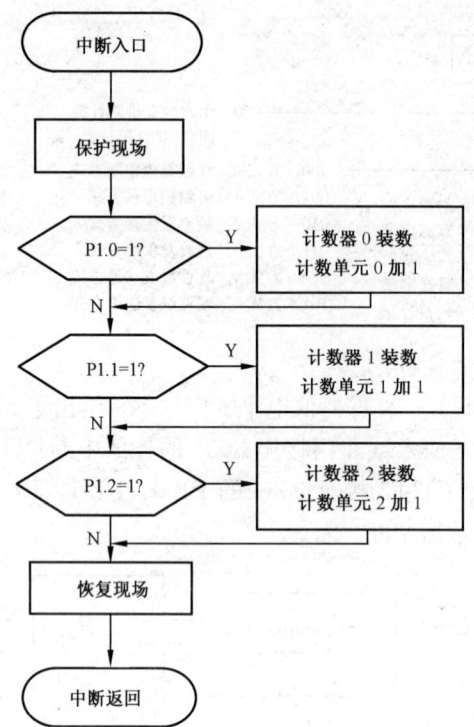

图 5-30　脉冲量采集中断服务程序

二、脉冲量的处理

远动装置对脉冲电能量计数后，还需将计数值发送到主站，计数值长度为 24 位二进制数。发送电能量的数据格式如图 5-32 所示。

图 5-32（a）为脉冲电能量的数据格式，b23～b0 表示电能脉冲计数值，b29＝0 表示计数值为二进制码，b29＝1 表示计数值为 BCD 码，b31＝1 表示计数值无效。图 5-32（b）为我国问答式远动规约（试行）中脉冲电能量的数据格式，b23～b0 同样表示电能脉冲计数值（二进制码），b31＝1 表示预置命令作用到电能脉冲计数器，b30＝1 表示冻结命令作用到电能脉冲计数器，b29＝1 表示计数值从 B 组取，b28＝1 表示计数值从 A 组取。

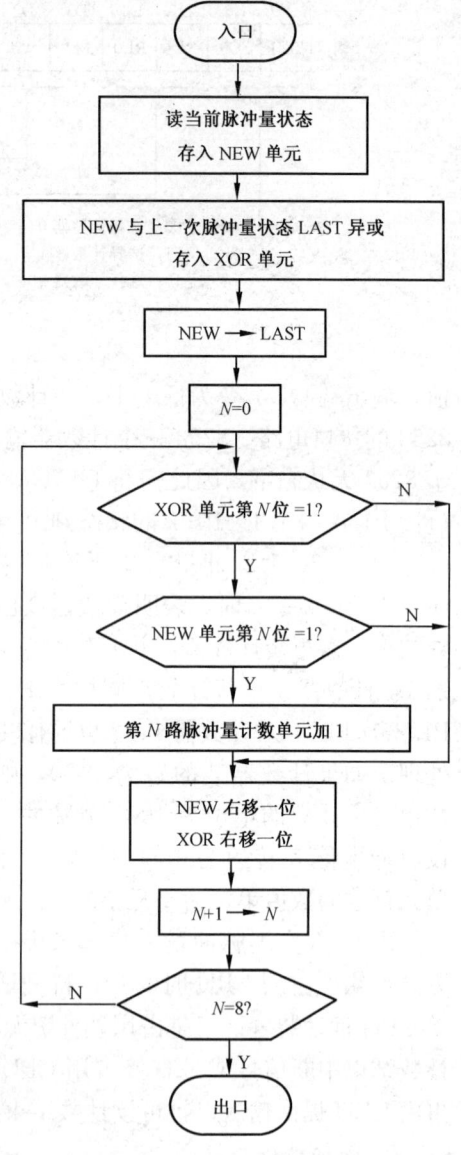

图 5-31　软件计数法程序框图

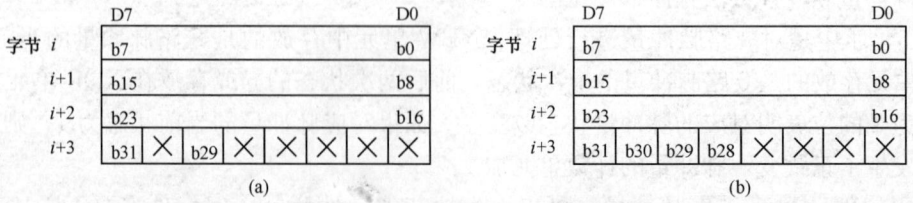

图 5-32　脉冲电能量的数据格式
(a) CDT；(b) polling

主站在读取各 RTU 的电能量时，希望各电能量为同一时刻的值，为保证在主站查询各 RTU 的电能量以及 RTU 上送电能量时，电能脉冲计数值不变，且是同一时刻的值。在读取之前主站需向 RTU 发送电能冻结命令（可以是广播命令），RTU 收到冻结命令后，立即将各脉冲计数单元的数据取出并存入某一缓冲区，作为主站读数据的数据区，主站查询完电能量后，再发送解冻命令，电能量查询过程结束。

在处理电能量的冻结、读数和解冻方面，循环式规约（CDT）和问答式规约（polling）有所不同。在 CDT 方式下，RTU 定时向主站传送电能量信息，定时可以是整点或 30min，也可以由主站随时发送广播命令（冻结命令），查询电能量，被冻结的脉冲计数值发送三遍之后自动解冻。在 polling 方式下处理电能量则有更大的灵活性，除可对电能量进行冻结、读数、解冻，还可以预置、清零，可以是广播命令，也可是对某一量的单独操作。预置功能是为了修改电能脉冲计数器的计数初值（底数），以便与电能表的读数相一致。由主站向 RTU 发送冻结、解冻、读数和预置命令均用数据召唤报文（0DH），其格式如下：

字节 1	RTU 地址
字节 2	0DH
字节 3	N＝04H
字节 4	模块地址
字节 5	字标志
字节 6	控制命令（1）
字节 7	控制命令（2）
字节 8	CRC（1）
字节 9	CRC（2）

其中，控制命令（1）的 b3～b0 表示电能量地址（二进制），b4 表示广播命令，b7～b5 未用；控制命令（2）的 b1～b0 未用，b2 表示 A 组，b3 表示 B 组，b4 表示预置，b5 表示解冻，b6 表示冻结，b7 表示复位预置（清零）。控制字设置与对应功能见表 5-6。

主站从 RTU 处读到的电能量只是代表脉冲计数值，而要获得实际的电能值，必须要作相应的转换。

表 5-6　　　　　　　　　　电能量控制命令字的设置

控制命令字	功　能	控制命令字	功　能
0400H	读 A 组数	8010H	广播预置清零
0800H	读 B 组数	400＊H	电能冻结
100＊H	个别预置	200＊H	电能解冻
800＊H	个别预置清零	4010H	广播冻结
1010H	广播预置	2010H	广播解冻

转换系数的确定取决于下面三个因素：电压互感器变比 K_{TV}、电流互感器变比 K_{TA}、电能量脉冲比 K_W（一个脉冲对应二次侧的电能值），则实际电能值 S 与脉冲计数值 N 的关系如下

$$S = K_{TV} \cdot K_{TA} \cdot K_W \cdot N \tag{5-24}$$

第五节 遥控和遥调

电力系统的运行随着负荷的变化需要不断地调整系统的运行方式，以保证发电与用电的平衡。在保证系统安全和供用电平衡的前提下，应尽量提高用户的电能质量，同时最大限度降低系统网损和发电成本，提高系统的经济效益。所以，远动系统除了要完成对电力系统运行状况的监测，还要对电力运行设备实施控制，确保系统安全、可靠、经济地运行。如为保证系统频率的质量而实施的自动发电控制（AGC）、为保证各母线电压运行水平的电压无功控制（VQC），为保证系统运行经济性的经济调度控制（EDC）等。

根据受控设备的不同，远程控制可分为遥控和遥调。遥控，又称远程命令（telecommand），是应用远程通信技术，完成改变运行设备状态的命令，如对断路器的控制。遥调，又称远程调节（teleadjusting），是应用远程通信技术，完成对具有两个以上状态的运行设备的控制。如机组出力的调节、励磁电流的调节、有载调压变压器分接头的位置调节等。

一、遥控

1. 遥控输出接口电路

遥控输出通常以继电器触点方式提供。继电器一方面可起到信号隔离作用；另一方面可以直接接入控制回路，控制回路中信号的通断。若提供的继电器触点容量不够时，还可再接入一级中间继电器。图5-33为8路遥控输出接口电路。

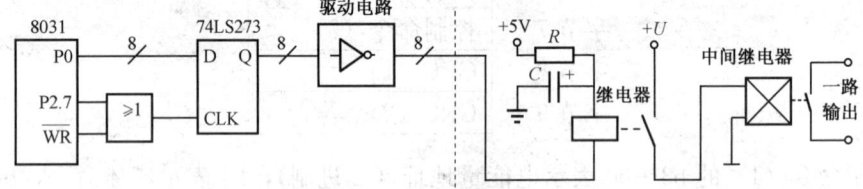

图5-33 8路遥控输出接口电路

图中，74LS273为8位D触发器，以锁存遥控输出信号的状态。为使继电器能可靠地动作，在锁存器与继电器之间加入驱动电路。驱动电路在输出低电平时，应有较大的吸收电流。电阻R阻值的选取，应能保证继电器动作时线圈中有较大的电流。当然，R值越小，提供的动作电流越大，继电器动作越可靠。但是，驱动电路的功耗增加，发热加大，电源提供的电流增大。为解决这一问题，可在继电器与地之间加入电容C。当驱动电路输出为高电平时，继电器线圈中流过电流很小，继电器不动作；当驱动电路输出为低电平时，继电器线圈中流过的电流，一部分由电源经电阻R提供，另一部分由电容C放电提供；当驱动电路再次输出高电平时，电源与驱动电路同时对电容C充电，电容C上的电压迅速提高，充电结束后可保证继电器线圈中的电流很小，继电器恢复常态。从上述分析的结果可以看出，加入电容后，一方面减小了驱动电路和电源的功耗，另一方面提高了继电器触点动作的可靠性，缩短了触点吸合的时间。加在继电器上的电源应根据继电器要求而定，可以是+5、+12V或+24V等。如果继电器提供的触点容量不够，就应该增加一级中间继电器，满足实际触点容量的要求。

图5-33中，遥控输出为一对动合触点。遥控状态为"0"时，继电器不动作，触点断开；遥控状态为"1"时，继电器动作，触点闭合。一般继电器可同时提供一对动合触点和

一对动断触点,实际系统中是接动合触点还是接动断触点,应视要求而定。

2. 遥控实现

遥控输出提供的是空触点,将这对空触点串入某一回路,其作用类似于一个开关,只是其接通和断开的状态受 RTU 输出信号的控制。

比如需要通过换气扇来调节变电站的室内环境温度,用遥控触点代替换气扇的电源开关。当温度低于某一值时,遥控触点处于常开状态,换气扇不工作;当温度超过某一值时,发出遥控闭合命令,触点闭合,换气扇工作,降低室内温度。这种遥控实现方式要求遥控输出要保持某一状态。输出"0"状态,设备不工作;输出"1"状态,设备工作。但当 RTU 失电时,原输出"1"状态(触点闭合)变为"0"状态(动合触点断开),使受控的工作设备停止工作。因此 RTU 必须由 UPS 电源供电,防止 RTU 掉电。

在电力系统中,遥控的主要对象为断路器,对断路器运行状态的控制方式与上述不同,其合闸操作和跳闸操作,分别由合闸回路和跳闸回路控制。因此,对断路器的操作需要两路遥控输出实现,一路负责合闸控制,另一路负责跳闸控制。

图 5-34 给出断路器遥控回路简图,图中略去断路器手动控制回路部分。+KM,-KM 为控制回路电源小母线,+HM,-HM 为合闸小母线,1~4FU 为熔断器,QF 为断路器辅助触点,KM 为合闸接触器,YC 为合闸线圈,YT 为跳闸线圈,KCB 为跳跃闭锁继电器,YKH 为遥控合闸,YKT 为遥控跳闸。

假设断路器处于跳闸状态,此时 QF 动断触点闭合,KCB 动断触点闭合,YKH 动合触点断开。远动装置输出遥控合闸执行信号"1",使 YKH 中间继电器动作,YKH 动合触点闭合,合闸回路信号接通,+KM→1FU→YKH→KCB→QF→KM→2FU→-KM。

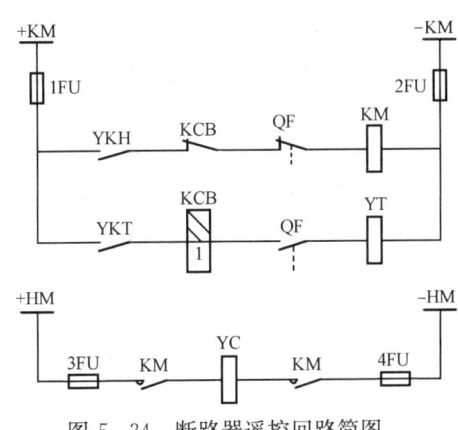

图 5-34 断路器遥控回路简图

加在 KM 上的电压是额定电压,使得 KM 启动,KM 的动合触点闭合,接通断路器的合闸线圈 YC 回路,使合闸线圈励磁,驱动合闸铁芯,机构转动,完成合闸过程。该过程持续 2~3s 的时间。等待断路器已可靠合闸,断路器辅助触点 QF 的动断触点断开,动合触点闭合,断开合闸线圈回路。厂站端远动装置再输出遥控合闸完成信号"0",使 YKH 中间继电器不动作,YKH 动合触点断开,遥控合闸过程结束。

断路器处于合闸状态时,QF 动合触点闭合。远动装置输出遥控跳闸执行信号"1",使 YKT 中间继电器动作,YKT 动合触点闭合,跳闸线圈回路信号接通,+KM→1FU→YKT→KCB→QF→YT→2FU→-KM。串接在回路中的 KCB 线圈是电流线圈,压降很小,KCB 动断触点断开(可防止此时的误合闸操作),跳闸线圈 YT 承受额定电压,跳闸线圈励磁,驱动跳闸铁芯,机构转动,完成跳闸过程。跳闸后,断路器辅助触点 QF 的动断触点闭合,动合触点断开。厂站端远动装置再输出遥控跳闸完成信号"0",使 YKT 中间继电器不动作,YKT 动合触点断开,遥控跳闸过程结束。

遥控输出信号一般都是由锁存器提供,对 8 位锁存器进行一次写操作,将写入一个字节(8 位)的数据,而遥控操作只需要改变某一位的状态。因此必须对遥控数据进行位操作处理。8031 单片机的指令系统提供了很强的位操作能力，可对内部 RAM 中 16 个字节的 128 位进行直接置位、清零、与、或、异或等位操作，能很方便地形成遥控数据。对于没有位操作功能的 CPU，可以用字节操作方式完成位操作功能的方法形成遥控数据。

表 5-7 给出对一个字节中各位置"1"和清"0"的数据。假设遥控状态数据存入 YKDATA，遥控对象号存入 YKNUM，下面给出一段处理程序，可对指定的遥控对象状态进行置"1"，清"0"，取反操作。

表 5-7 字节—位转换操作数

数据位	b7	b6	b5	b4	b3	b2	b1	b0
置"1"	80	40	20	10	08	04	02	01
置"0"	7F	BF	DF	EF	F7	FB	FD	FE

```
            ⋮
        LCALL   PSET1               ;置"1"
        ORL     A, YKDATA
        MOV     YKDATA, A
            ⋮
        LCALL   PCLR0               ;清"0"
        ANL     A, YKDATA
        MOV     YKDATA, A
            ⋮
        LCALL   PSET1               ;取反
        OXL     A, YKDATA
        MOV     YKDATA, A
            ⋮
PSET1:  MOV     DPTR, #TBL1         ;取置"1"用的操作数
        MOV     A, YKNUM
        ADD     A, DPL
        MOV     DPL, A
        MOV     A, DPH
        ADDC    A, #00H
        MOV     DPH, A
        CLR     A
        MOVC    A, @A+DPTR
        RET
PCLR0:  MOV     DPTR, #TBL0         ;取清"0"用的操作数
        MOV     A, YKNUM
        ADD     A, DPL
        MOV     DPL, A
        MOV     A, DPH
```

```
        ADDC      A，♯00H
        MOV       DPH，A
        CLR       A
        MOVC      A，@A+DPTR
        RET
TBL0： DB        0FEH，0FDH，0FBH，0F7H，0EFH，0DFH，0BFH，7FH
TBL1： DB        01H，02H，04H，08H，10H，20H，40H，80H
```

结合下面将介绍的远动规约中的遥控命令和升降命令，遥控的硬件输出电路还可以采用更贴近实际的方法实现，见图 5‐35。

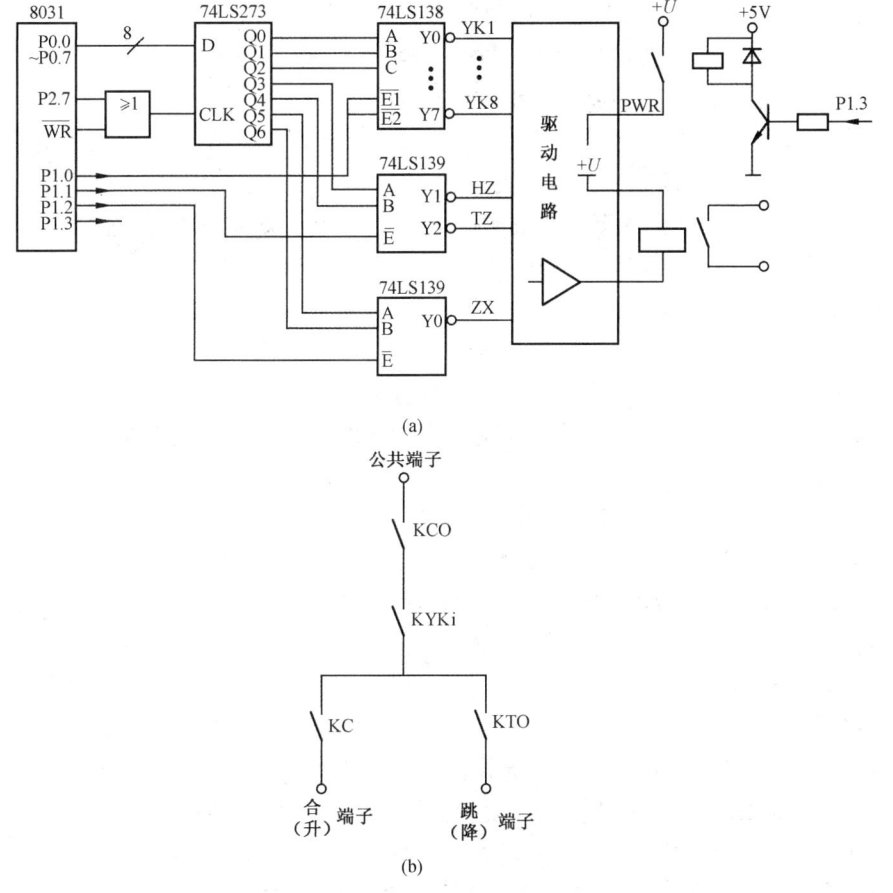

图 5‐35 遥控实现电路
(a) 遥控译码电路；(b) 继电器输出电路

在图 5‐35 (a) 中，通过硬件将遥控数据经译码电路分成三类信号：对象信号、性质信号和执行信号。采用译码器形成控制信号，可以确保信号的可靠性和唯一性，如对象信号 YK1～YK8 这 8 个信号有效时，总是只有一个信号为低电平，这就在硬件上保证了在同一时刻只能选中一个遥控对象。对于合闸 HZ 信号、跳闸 TZ 信号、执行 ZX 信号也是同样的道理。8031 的 P1.0、P1.1、P1.2 脚提供三个译码器的选通信号，为"0"时选通译码器，为"1"时译码器的各输出引脚均为高电平。驱动电路及继电器线圈的工作电源 +U 是通过 8031 的 P1.3 控制的一继电器的动合触点 PWR 接入。其目的在于提高遥控的可靠性，即只有在遥控过程中接通工作电源+U。P1.3为"1"时,继电器动作,其动合触点闭合,电源接通;P1.3为"0"时,电源断开。

遥控的对象信号(YK1~YK8)、性质信号(HZ、TZ)和执行信号(ZX)都对应有相应的继电器,对象继电器KYKi、合闸继电器KC、跳闸继电器KTO、执行继电器KCO。这些继电器的触点按照图5-35(b)的方式连接,就构成了一个遥控对象的合/跳(升/降)输出回路。

在软件的配合下,图5-35中遥控的实现过程如下:

遥控前(或初始化)的状态应该是P1.0、P1.1、P1.2置为高电平,P1.3置为低电平。当要进行遥控操作时,应先置P1.3为"1",接通驱动电路的工作电源。接下来做遥控选择操作:向74LS273写控制字;控制字的定义为D0~D2表示控制对象号的编码0~7,D3=1、D4=0表示合闸,D3=0、D4=1表示跳闸,D5=0、D6=0表示执行;置P1.0=0,选通对象译码器,检测对象继电器的触点状态是否与控制的方式一致,置P1.1=0,选通性质译码器,检测性质(合、跳)继电器的触点状态是否与控制的要求一致,检测正确则选通成功。选通成功后,再进行遥控执行操作,置P1.2=0,选通执行译码器,检测执行继电器的触点状态是否正确。若执行成功,延时时间为遥控出口时间(如3s),然后结束遥控操作,即P1.0=1、P1.1=1、P1.2=1、P1.3=0。如果遥控选择或执行操作不成功,也同样结束遥控操作。

图中未示出各继电器状态返校电路,其返校电路如同遥信采集电路,只是其空触点为各继电器的一对动合触点。检测继电器状态时应等待继电器可靠动作后再读其状态,即延时继电器的吸合时间。另外各类继电器应有多对触点,如触点数不足,可再加一级。

3. 远动规约中的遥控命令

对运行设备进行遥控操作是非常慎重的,要严格禁止任何错误的操作。因此在调度端向远动终端下达遥控命令时,对上下通信格式即远动规约有严格的要求,必须在信息通信的各个步骤均正确无误时RTU才能输出遥控信号。下面对循环式远动规约中遥控命令的实现作一介绍。

遥控全过程分四个步骤完成,见图5-36(a)。第一步,主站(调度端)向子站(RTU)发送遥控选择命令;第二步,子站向主站返送遥控返校信息;第三步,根据实现情况,主站向子站下达遥控执行命令或遥控撤销命令;第四步,如果是遥控执行则RTU改变遥控输出状态,如果是遥控撤销则遥控状态保持不变。遥控命令帧均由五个码字构成,其帧结构见图5-36(b)。同步字为三组D709H。控制字的格式如图5-37所示。控制字的第一个字节B0为控制字节,置为71H;B1字节为帧类别,可区别下行遥控命令的含义,61H为遥控选择,C2H为遥控执行,B3H为遥控撤销;B2字节为信息字数,03H表示遥控命令帧包含三个信息字;B3、B4字节分别为源站址(调度端地址)和目的站址(RTU地址);B5字节放置控制字的校验码。三个信息字的内容完全相同,以保证遥控信息的正确性。

遥控过程的信息字格式如图5-38所示。图5-38(a)、(b)、(c)、(d)分别为遥控选择、遥控返校、遥控执行、遥控撤销信息字格式,可从其功能码的不同值(E0H、E1H、E2H、E3H)加以区别。在遥控选择信息字和遥控返校信息字中,B1字节为CCH,表示合闸操作,33H表示分闸操作。在遥控执行和遥控撤销中,B1字节为AAH表示执行遥控命令,55H表示撤销遥控命令。在这些信息字中,B2字节为开关序号,用二进制码表示。B3字节、B4字节与B1字节、B2字节内容相同,能提高信息的可靠性。如果开关序号用BCD

码表示，则需将信息字中的 B2～B4 字节的内容改为图 5-39 的格式。

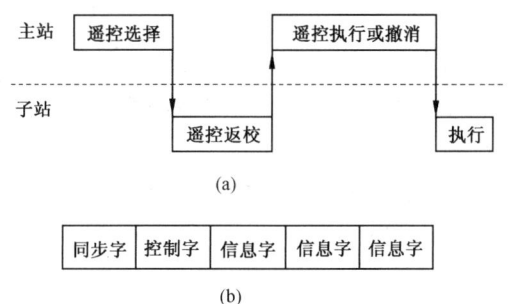

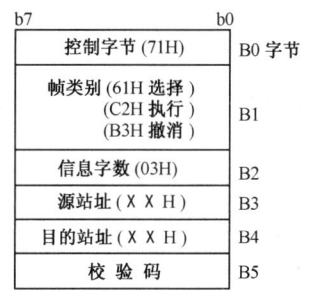

图 5-36 遥控过程及帧格式
（a）控制过程；（b）帧结构

图 5-37 遥控命令的控制字格式

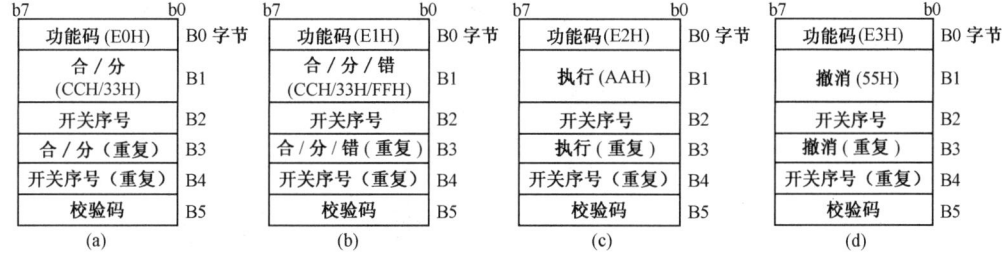

图 5-38 遥控过程的信息字格式
（a）遥控选择（下行）；（b）遥控返校（上行）；（c）遥控执行（下行）；（d）遥控撤销（下行）

当 RTU 正确收到遥控选择命令时，若检查出开关序号无效，则在遥控返校信息字中的 B1、B3 字节中写入 FFH。由于上行信息是循环传送方式，因此遥控返校信息必须随机插入传送，为保证可靠性还必须连续传送三遍。连续插送三遍必须在同一帧内，不许跨帧，若本帧不够连续插送三遍，应全部改到下帧进行。

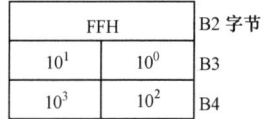

图 5-39 遥控开关序号的 BCD 码表示

调度端在发出遥控选择命令后，超时未收到遥控返校信息字，则本次命令自动撤销。另外，如果遥控过程中遇到有变位遥信，则本次命令也自动撤销，并通过子站工作状态返回信息。

在问答式远动规约中，遥控的实现过程与在循环式远动规约中类似，只是报文格式要复杂些。

问答式的遥控过程如下：第一步，由主站向 RTU 发送一个遥控对象、性质的选择命令报文；第二步，由 RTU 向主站返送一个返送校核码的报文；第三步，主站向 RTU 发送一个执行命令；第四步，RTU 向主站报告一个正确接收的确认信号；第五步，主站向 RTU 发送询问报文。

在问答式中实现遥控过程的报文格式因不同的规约其具体形式有所差异，但都应具备这几种报文：遥控选择报文（下行）、遥控返校报文（上行）、遥控执行报文（下行）、遥控状态查询报文（下行）、遥控状态返送报文（上行）。当 RTU 收到某一命令报文，而无须返回信息时，如遥控执行命令，这时要返回一肯定确认报文（上行）。当然，如果 RTU 收到一无效报文时，则应回送否定确认报文（上行）。

二、遥调

1. 遥调输出接口电路

在厂站端遥调输出的直流电压、电流模拟量通常是由数/模转换器加电压放大、电流放大来实现的。数/模转换器件种类众多，但工作原理大致相同。这里以DAC1230为例，作一简要说明。

DAC1230是12位相乘数/模转换器，片内将8根输入线制成12位DAC数据，能直接与8位数据总线接口，分辨率12位，电流建立时间1μs，单电源供电（5～15V DC），采用双列直插式陶瓷封装，其功能框图见图5-40。各引脚定义说明如下：

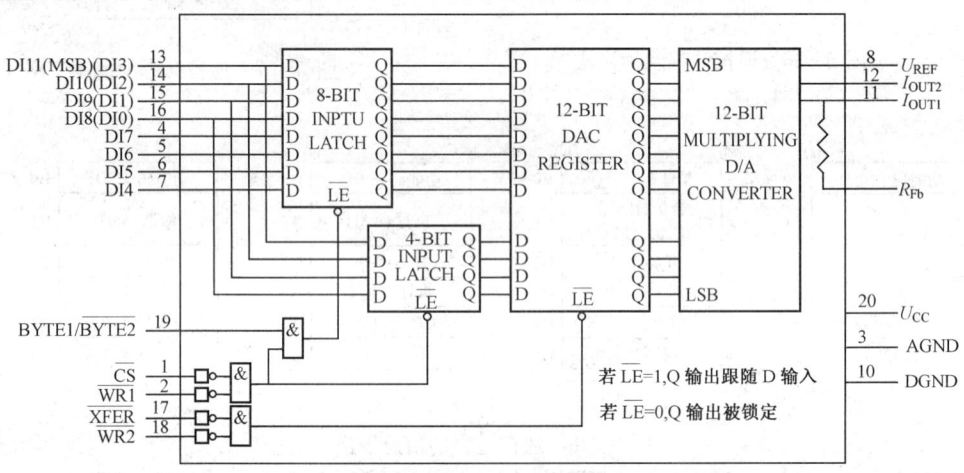

图5-40 DAC1230功能框图

$\overline{CS}$为片选信号，低电平有效。$\overline{CS}$用于使能$\overline{WR1}$。

$\overline{WR1}$为写入1，低电平有效，用于将数字数据位（DI）送到输入锁存器。当$\overline{WR1}$为低电平时，输入锁存器中的数据被锁存。12位输入锁存器分成2个锁存器，一个存放前8位的数据，而另一个存放后4位。BYTE1/$\overline{BYTE2}$控制脚为高电平时选择二个锁存器，处于低电平时则改写4位输入锁存器。

BYTE1/$\overline{BYTE2}$为字节顺序控制。当此控制端为高电平时，输入锁存器中的12个单元都被使能；当为低电平时，只使能输入锁存器中的最低4位。

$\overline{WR2}$为写入2，低电平有效。$\overline{WR2}$用于使能$\overline{XFER}$。

$\overline{XFER}$为传送控制信号，低电平有效。该信号与$\overline{WR2}$结合时，能将输入锁存器中的12位数据转移到DAC寄存器中。

DI0～DI11为数据字入。DI0是最低有效位（LSB），DI11是最高有效位（MSB）。

I_{OUT1}为数/模转换器电流输出1。DAC寄存器中所有数字码为全"1"时I_{OUT1}为最大；为全"0"时，I_{OUT1}为零。

I_{OUT2}为数/模转换器电流输出2。当基准电压固定时，I_{OUT2}为常量减去I_{OUT1}，即：$I_{OUT1}+I_{OUT2}=$常量，等于$U_{REF}\cdot\left(1-\dfrac{1}{4096}\right)$除以基准输入阻抗。

R_{Fb}为反馈电阻。片内的反馈电阻用作为DAC提供输出电压的外部运放的分流反馈电阻。

U_{REF}为基准输入电压。该输入端把外部精密电压源与内部的R-2R梯形网络连接起来，

U_{REF} 的选择范围为 $-10\sim+10V$。

U_{CC} 为数字电源电压。U_{CC} 的范围在直流电压 $5\sim15V$，工作电压的最佳值为 $15V$。

$\overline{AGND}$ 为模拟地。

$\overline{DGND}$ 为数字地。

DAC1230 的 12 位有效数据采用向左对齐的数据格式存放在一个字（两个字节）中。工作步骤为：先锁存送来的最高 8 位数据（DI11～DI4）（BYTE1/$\overline{BYTE2}$＝1，$\overline{CS}$＝0，$\overline{WR1}$＝0），此时最低 4 位的数据锁存器也锁存了 4 位数据（DI11～DI8）；再锁存送来的最低 4 位数据（DI3～DI0）（BYTE1/$\overline{BYTE2}$＝0，$\overline{CS}$＝0，$\overline{WR1}$＝0），最低 4 位数据改写；最后将两个锁存器锁存的 12 位数据送入 12 位 DAC 寄存器中（$\overline{XFER}$＝0，$\overline{WR2}$＝0）。具体的控制方式有三种：一是自动传递方式，将 BYTE1/$\overline{BYTE2}$ 与 $\overline{XFER}$ 连至处理机的 A0，$\overline{WR1}$ 与 $\overline{WR2}$ 连至处理机的 $\overline{WR}$，$\overline{CS}$ 连至某一地址译码信号，这样在送最低 4 位数据到输入锁存器的同时，也把全部 12 位数据送到了 DAC 寄存器中；二是独立处理机的传送控制方式，在上一方式中将 $\overline{XFER}$ 用同一地址译码信号提供，这样在送完高 8 位和低 4 位数据后，最后用 $\overline{XFER}$ 和 $\overline{WR2}$ 传送 12 位 DAC 数据至 DAC 寄存器；三是外部选通传送方式，在上一方式中再将 $\overline{WR2}$ 直接接地（$\overline{WR2}$＝0），这样最后的控制只由 $\overline{XFER}$ 来完成。

图 5-41 以 DAC1230 为例给出单极性数模转换电压、电流输出电路。8031 对 DAC1230 采用自动传送方式控制，运算放大器 A1、A2 构成电压放大电路，A3 与三极管 VT1、VT2 组成电流放大电路，RP1 为调零漂电位器，RP2 为调增益电位器。U_o 为电压输出。I_o 为电流输出，R_L 为外部负载电阻，U_L 为外加的负载电压。R_S 为取样电阻，用于确定 I_o 与 U_o 的比例关系：$I_o=U_o/R_S$，为使输出电流 I_o 与输出电压 U_o 满足线性关系，必须保证晶体管工作在线性区，一般 U_{CE} 应为 $2\sim2.5V$ 左右。电流输出的负载能力与负荷电压 U_L 的选取有关。设 $U_L=12V$，$U_{CE}=2V$，$I_{omax}=10mA$，$R_S=500\Omega$，则

$$R_{Lmax}=\frac{U_L-U_{CE}-I_{omax}\cdot R_S}{I_{omax}}=\frac{12-2-10\times0.5}{10}=0.5(k\Omega)$$

若将 U_L 提高到 $24V$，则 R_{Lmax} 为 $1.7k\Omega$。

图 5-41 的电路可以实现 $0\sim5V$、$0\sim10V$、$0\sim10mA$、$0\sim20mA$ 等不同量程输出，若在电路中加入适当的偏置电路，则还可实现 $4\sim20mA$ 输出。电压和电流输出与输入数据的对应关系见表 5-8。

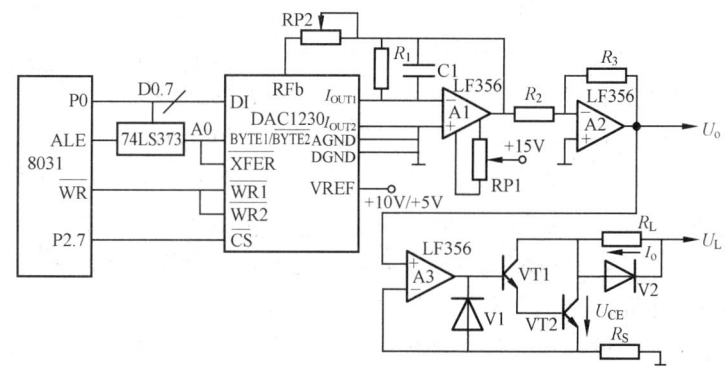

图 5-41 单极性数/模转换电压、电流输出电路

表 5-8 电压和电流输出与输入数据的对应关系

输入数据	电压输出（V）		电流输出（mA）	
	$U_{REF}=5.000V$	$U_{REF}=10.000V$	$U_0=0\sim5.000V$ $R_S=500\Omega$	$U_0=1\sim5V$（加偏置） $R_S=250\Omega$
0000H	0	0	0	4.000
0CE0H	0.2500	0.5000	0.500	4.800
3330H	1.0000	2.0000	2.000	7.200
6660H	2.0000	4.0000	4.000	10.400
8000H	2.5000	5.0000	5.000	12.000
99A0H	3.0000	6.0000	6.000	13.000
CC00H	4.0000	8.0000	8.000	16.800
F330H	4.7500	9.5000	9.500	19.200
FFF0H	4.9988	9.9976	9.9976	19.996

2. 遥调的实现

保证供电的电能质量是电力系统运行的一项重要任务。负荷的波动直接影响着系统频率和母线电压，因此系统中必须装设调节装置对频率和电压进行控制。在电厂有励磁自动调节装置以及频率和有功功率的自动调节装置，变电站有有载调压变压器的分接头调节装置。这些调节装置可以手动操作和当地闭环控制，也可由调度中心下发遥调命令，经 RTU 处理后输出遥调信息，实现远程调节。遥调功能有助于电力系统更好地保证电能质量，实现经济运行。

调节装置的不同，其调节方式也不相同。概括说来有两种方式：模拟整定值调节方式和正增值/负增值脉冲调节方式。下面以可控硅自动励磁调节装置为例来说明这两种方式。图 5-42 给出可控硅自动励磁调节装置中整流输出控制的原理框图。U 为发电机端电压经电压互感器和电压变送器后的量，U_{set} 为远动装置输出的遥调直流模拟电压量。两者比较后得偏差值 ΔU，经综合放大得到控制电压 U_k，U_k 使移相控制部分的输出脉冲电压 u_g 前后移动，u_g 的变化使可控硅整流桥中可控硅的控制角 α（触发脉冲至相应换相点间的电角度）的大小改变，从而改变整流桥输出电压的大小，最终改变发电机励磁，达到对端电压的控制。假设测量电压 U 大于整定电压 U_{set}，则 ΔU 为正，经综合放大，移相控制后的脉冲电压 u_g 后移，控制角 α 增大，整流桥输出电压下降，减小发电机励磁，使端电压下降。反之亦然。由此可见，这是一个负反馈调节装置，可使发电机端电压维持在整定值 U_{set} 的水平上运行。这里的遥调是通过调节整定电压 U_{set} 来实现端电压的闭环调节。在开环运行时，可用正增值/负增值脉冲方式实现遥调。若欲使端电压升高，可由 RTU 输出一正增值脉冲的遥调信号，该信号使脉冲电压 u_g 前移，可控硅的控制角 α 减小，整流桥输出电压升高，发电机励磁增大，最终使端电压升高。同样，若欲使端电压下降，则遥调输出负增值脉冲，该脉冲使可控硅的控制角增大，励磁减小，发电机端电压下降。

大规模集成电路技术的飞速发展，涌现出各类微处理器。这些微处理器处理速度更快，计算能力更强，可靠性更高，各种接口集成的更多。在许多工业控制领域中，用微处理器等大规模集成电路的数字式电子系统逐步取代常规的模拟式电子设备已成为今后的发展趋势。

第五章 远动信息的信源编码 111

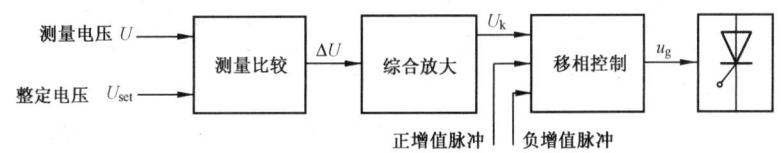

图 5-42 可控硅整流输出控制原理框图

目前，数字式自动电压调节器、数字式电液调速器已在电力系统中成功地应用，还会得到进一步的完善和发展。对于这类数字式的调节装置，RTU 在处理遥调时，可以利用数字式调节装置和 RTU 中的 CPU 进行机间通信。RTU 将遥调命令传递给数字式调节装置，由数字式调节装置实现遥调操作。今后 RTU 与各类数字式调节装置，将构成一分布式的调控系统。

3. 远动规约中遥调命令

在部颁循环式远动规约中，涉及遥调的命令有两类，升降命令和设定命令。

升降命令是与上述所讲的正增值/负增值脉冲调节方式的调节装置接口对应的遥调命令。在变电站自动化系统中，升降命令通常用于有载调压变压器分接头的升、降调节。这种变压器分接头位置一般有好几档（比如 5 档或更多），因此就把升降命令划归为遥调、尽管升、降操作是采用遥控实现的。升降命令的实现过程及格式与遥控命令的实现过程及格式基本相同，只是帧类别、功能码及操作含义不同。

升降命令的实现过程也是分四步进行：第一步，主站向子站发送升降选择命令；第二步，子站向主站返送升降返校信息；第三步，主站向子站下达升降执行命令或升降撤销命令；第四步，子站根据主站下达的命令执行或不执行升降操作。升降命令的控制字格式可参见图 5-37，只是帧类别不同。升降选择命令帧的帧类别为 F4H，升降执行命令帧的帧类别为 85H，升降撤销命令帧的帧类别为 26H。升降控制过程的信息字格式见图 5-43。图中，升降选择、升降返校、升降执行、升降撤销的功能码分别为 E4H、E5H、E6H、E7H。升降操作分别用 CCH 和 33H 表示。如果升降对象选择无效，则升降返校信息的 B1 字节为 FFH。对象号用二进制码表示。升降命令的处理方式与遥控命令的处理方式相同，此不再赘述。

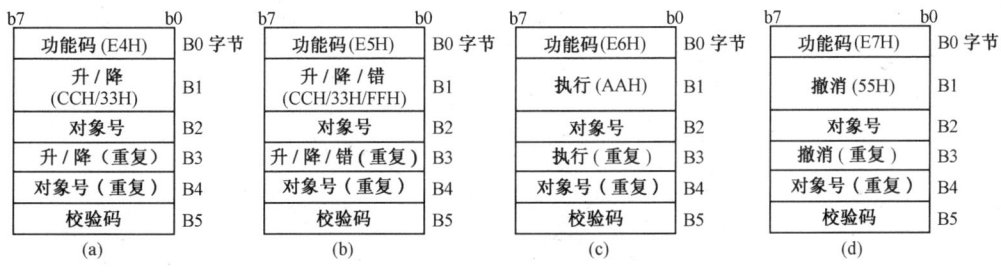

图 5-43 升降控制过程的信息字格式
(a) 升降选择（下行）；(b) 升降返校（上行）；(c) 升降执行（下行）；(d) 升降撤销（下行）

设定命令是与模拟整定值调节方式的调节装置接口对应的遥调命令。设定命令的控制字格式与遥控的控制字格式相同，但帧类别为 57H。设定命令只有一个下行帧，无返校、执行、撤销命令帧。设定命令的信息字格式见图 5-44。设定命令的功能码为 E8H，设定操作为 C3H。对象号为二进制码。设定点的数值为 12 位二进制码，不乘以系数，负数以 2 的补码表示。信息字连送三个。值得注意的是，在设定命令过程中若遇变位遥信或相应 AGC 控制开关未合上，命令自动取消，并通过子站工作状态返回信息。

问答式远动规约实现遥调的方式与循环式基本相同，只是各厂在具体的报文格式定义上有所不同，这里不一一列举。

三、遥控和遥调的可靠性

与遥信和遥测不同，遥控和遥调作为对系统的控制和调节措施，将改变系统的运行方式，它对确保系统安全、稳定、经济地运行会产生直接的影响。因此，对遥控和遥调的可靠性要求是极高的，不允许有误操作。

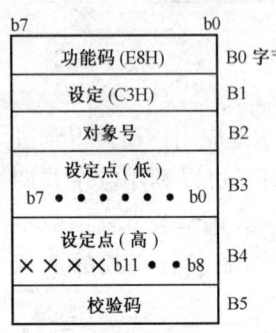

图 5-44 设定命令的信息字格式

除控制执行部件和调节部件要有高可靠性和灵敏性外，调度端与 RTU 的通信及 RTU 的可靠性也是非常重要的。

在远动规约中，遥控、遥调命令的定义和实现过程已充分保证了调度端和 RTU 通信的可靠性。帧类别、功能码和操作的唯一性，信息字的冗余性，信息的校验，选择的返校等各方面都正确无误后，RTU 才执行操作。

在 RTU 方面，应使硬件和软件具有遥控和遥调执行过程正确性的自检功能。如自检 CPU 发出的数据与锁存输出的数据的一致性。在执行遥控时，应保证合闸操作与跳闸操作的互斥性；在执行遥调时，应保证升、降操作的互斥性，设定操作输出的模拟信号的自保持（防止在远动装置故障时出现零整定值调节）。

在系统设计中，必须要考虑对遥控对象和遥调对象的运行状态和运行水平进行监视的遥信和遥测的回送量，用以对控制和调节结果的监测。RTU 供电的可靠性也是非常重要的，应采用 UPS 电源、交、直流供电。若要进一步提高遥控和遥调整体可靠性，还可以采用容错控制处理技术，构造双重或多重执行系统。

第六章 电量变送器

发电厂和变电站中被监测电量都是高电压大电流的强电信号,不能被远动装置直接接受。远动装置中的遥测量采集信号一般是 0～5V 或 −5～+5V 的直流电压,因此必须做量值的转换。一次系统的强电信号经电压互感器(TV)和电流互感器(TA)变换成额定值为 100V 和 5A/1A 的交流信号,供二次系统仪表、保护和测量使用。但是要想将这些二次系统的信号引入远动装置中,还必须再经过一级变换,以使达到远动装置遥测量采集信号接口特性要求,电量变送器(transducer)正是实现这一转换的器件。根据被测电量的不同,相应地有不同的电量变送器,如电流变送器、电压变送器、有功功率变送器、无功功率变送器、功率因数变送器、频率变送器、有功电能变送器、无功电能变送器等。另外系统中还有一些非电量需要被监测,如变压器油温、水库水位等。这些量可由相应的温度、水位传感器变换成 0～5V 的直流电压信号,有些传感器还可以输出数字遥测量(BCD 码)。本章着重介绍电流、电压、功率变送器,以及用交流采样软件算法求取全电量。

第一节 交流电流变送器和交流电压变送器

国标对交流电量变换为直流电量的电工测量变送器的输出标称值有具体的规定。对于电流输出变送器的输出标称值有以下几种:0～0.5mA、0～1mA、0～2.5mA、0～5mA、0～10mA、0～20mA、4～20mA、−1～0～1mA、−5～0～5mA、−10～0～10mA。对于电压输出变送器的输出标称值有以下几种:0～10mV、0～50mV、0～100mV、0～1V、0～5V、0～10V、−1～0～1V、−5～0～5V、−10～0～10V。其中常用的输出有 0～1mA、−1～0～1mA、0～5V、−5～0～5V 这几种标称值。

电量变送器中的变换电路多采用运算放大器和电阻、电容、二极管等元器件构成,因此必须为运算放大器提供电源,图 6-1 是为变送器提供工作电源的原理图。

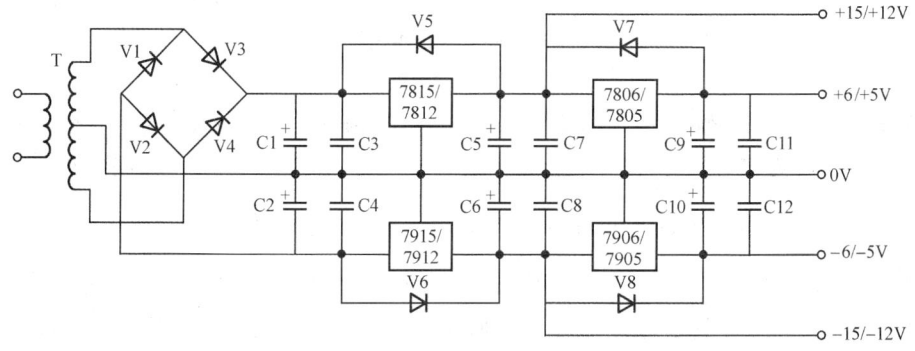

图 6-1 变送器工作电源的原理图

图中可提供两组正负电源 ±15/±12V 和 ±6/±5V。互感器 T 的一次侧接至 220V 交流电源或电压互感器(TV)的二次侧,V1～V4 构成全波桥式整流电路,二极管 V5～V8

对稳压器 7815、7915、7805、7905 起到保护作用,电容 C1~C12 可以改善稳压器的瞬态响应。

交流电流变送器和交流电压变送器的变换原理是基本相同的,见图 6-2,都包括有全波整流电路、低通滤波电路和电压/电流转换电路三个部分,其不同之处在于信号输入部分。交流电流变送器中的变量器 T 的一次侧输入信号来自电流互感器的二次侧输出信号,并在 T 的二次侧并入分流电阻 R,其变量器 T 的结构与电流互感器一样。交流电压变送器中的变量器 T 的一次侧输入信号来自电压互感器的二次侧输出信号,二次侧的电阻 R 不接,其变量器 T 的结构与电压互感器一样。

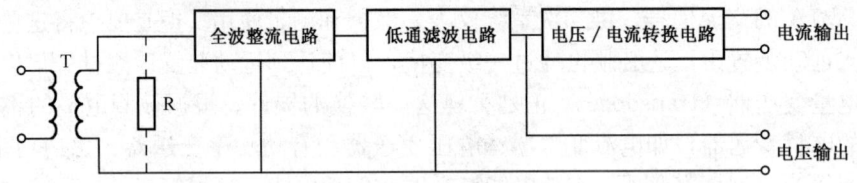

图 6-2 交流电流/电压变送器原理图

全波整流有效值电路是在绝对值电路的基础上再加低通滤电路构成,其核心的运算放大器见图 6-3(a)。

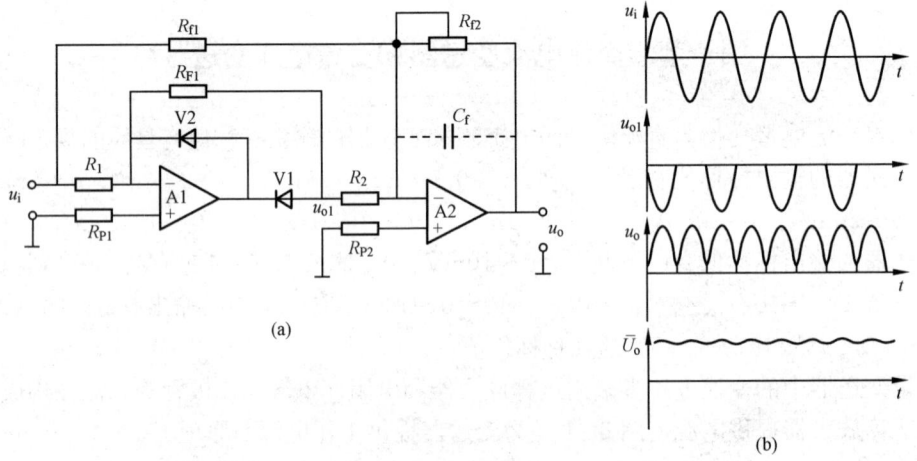

图 6-3 全波整流有效值电路及信号波形
(a) 电路;(b) 波形

运算放大器 A1、二极管 V1、V2 和电阻 R_1、R_{F1} 构成半波整流电路。当输入信号 $u_i < 0$ 时,运放 A1 输出为正、V2 导通、V1 截止,$u_{o1} = 0$;当 $u_i > 0$ 时,A1 输出为负,V1 导通,V2 截止,$u_{o1} = -\dfrac{R_{F1}}{R_1} u_i$,其波形见图 6-3(b)。

只要运算放大器 A1 的输出电压在数值上大于整流二极管 V1、V2 的正向导通电压 U_D,则当 $u_i \neq 0$ 时 V1 和 V2 中总有一个处于导通状态,另一个处于截止状态,实现正常整流。若运算放大器的开环增益为 $K_D(\omega)$,则其整流的最小输入电压峰值为 $U_D / K_D(\omega)$,即使二极管正向导通电压在整流中的影响削弱了 $K_D(\omega)$ 倍,因此整流特性大大改善。

在未接入 C_f 时,运算放大器 A2 和电阻 R_2、R_{f1}、R_{f2} 构成反向加法器,$u_o = -\dfrac{R_{f2}}{R_{f1}} u_i - \dfrac{R_{f2}}{R_2} u_{o1}$,即

$$u_o = \begin{cases} -\dfrac{R_{f2}}{R_{f1}} u_i & u_i < 0 \\ \left(\dfrac{R_{F1} R_{f2}}{R_1 R_2} - \dfrac{R_{f2}}{R_{f1}}\right) u_i & u_i > 0 \end{cases} \quad (6-1)$$

为保证正负半波放大倍数一致，要求 $\dfrac{R_{f2}}{R_{f1}} = \dfrac{R_{F1} R_{f2}}{R_1 R_2} - \dfrac{R_{f2}}{R_{f1}} = K_U$，即 $R_{F1} R_{f1} = 2 R_1 R_2$。$K_U = 1$ 时为绝对值电路，调整 R_{f2} 的阻值，可改变电路的增益。通常选 $R_{F1} = R_1$，$R_{f1} = 2 R_2$，u_o 的波形如图 6-3（b）所示。

假设输入信号为正弦波电压 $u_i = U_{im} \sin \omega t$，在 R_{f2} 上并入一电容 C_f，构成低通滤波器，只要适当选取 C_f 的值，使低通滤波器的截止角频率 ω_o 满足

$$\omega_o = \dfrac{1}{R_{f2} C_f} \ll \omega \quad (6-2)$$

则可认为全波整流电压 u_o 中的全部交流纹波均被 A2 抑制掉，只有 u_o 中的直流分量 $\overline{U}_o$ 方能通过，即

$$\overline{U}_o = \dfrac{2}{\pi} \cdot \dfrac{R_{f2}}{R_{f1}} \cdot U_{im} \quad (6-3)$$

调节 R_{f2} 的阻值，使

$$R_{f2} = \dfrac{\pi}{2\sqrt{2}} R_{f1} \quad (6-4)$$

即可保证输出电压 $\overline{U}_o$ 为输入正弦波 u_i 的有效值。总之，输出电压与输入电压的有效值成正比。

将图 6-3 中的输出电压信号再经一级低通滤波后，可以得到更满意的直流电压信号。低通滤波器可采用电压控制电压源（VCVS）型二阶低通滤波器电路实现，如图 6-4 所示。图 6-4 中信号增益 K_o 和截止角频率 ω_o 由下式确定

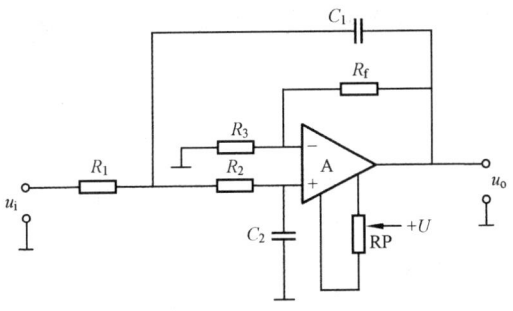

图 6-4 VCVS 型二阶低通滤波器电路

$$\begin{cases} K_o = 1 + \dfrac{R_f}{R_3} \\ \omega_o = \sqrt{\dfrac{1}{R_1 R_2 C_1 C_2}} \end{cases} \quad (6-5)$$

利用一些运算放大器（如 LF356）内部提供的失调补偿功能，调整电位器 RP 可使失调电压为零。

此时得到的直流电压的大小与整流前的正弦波电压的有效值成正比，其比例可通过调整图 6-3 中的 R_f 实现。如对于交流电流变送器可调成输入 5A 交流电流对应输出 5V 直流电压，对于交流电压变送器可调成输入 100V 交流电压对应输出 5V 直流电压。

为了提高变送器输出信号的传输能力和抗干扰能力，可将变送器输出电压经电压/电流变换，实现恒流输出。恒流输出的形式有共地和不共地两种，见图 6-5。

图 6-5（a）为共地方式恒流输出，其输出电流 I_o 为

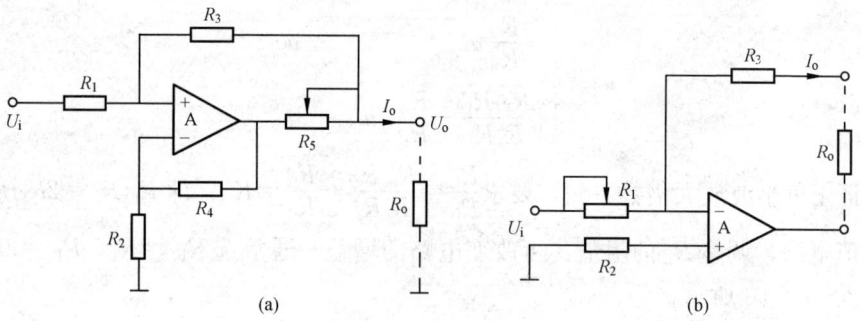

图 6-5 共地与不共地方式恒流输出
(a) 共地；(b) 不共地

$$I_o = \frac{R_2R_3 + R_2R_5 + R_3R_4}{R_2R_5(R_1+R_3)}U_i + \frac{R_1R_4 - R_2R_3 - R_2R_5}{R_2R_5(R_1+R_3)}U_o \tag{6-6}$$

令 $R_1=R_2$，$R_4=R_3+R_5$，可将式（6-6）简化为

$$I_o = \frac{R_4}{R_1R_5}U_i \tag{6-7}$$

上式表明输出电流 I_o 与负载电阻 R_o 无关，输入电压 U_i 与输出电流 I_o 成正比。

图 6-5（b）为不共地方式恒流输出，其输出电流 I_o 为

$$I_o = \frac{U_i}{R_1} \tag{6-8}$$

同样，I_o 与负载电阻 R_o 无关，R_1 的大小决定了 U_i 与 I_o 的对应关系。

第二节 功 率 变 送 器

功率变送器用于测量通过输电线路、变压器和发电机等的有功或无功功率，它能将被测的功率变换成与其成线性关系的直流电压或电流，并能反映功率方向。

功率变送器有单相和三相之分，但其基本原理是相同的。

设某一相的电压相量为 $\dot{U}$ 和电流相量的共轭为 $\overset{*}{I}$，则复功率 $\overline{S}$ 为

$$\overline{S} = \dot{U}\overset{*}{I} = UI\cos\varphi + jUI\sin\varphi = P + jQ \tag{6-9}$$

其中 U、I 为电压和电流的有效值，φ 为电压和电流相量的相角差，P、Q 为有功功率和无功功率。由式（6-9）可得

$$P = UI\cos\varphi \tag{6-10}$$
$$Q = UI\sin\varphi \tag{6-11}$$

设 A、B、C 三相相电压相量为 $\dot{U}_A$、$\dot{U}_B$、$\dot{U}_C$，三相相电流相量为 $\dot{I}_A$、$\dot{I}_B$、$\dot{I}_C$，各相电压相量与电流相量的相角差为 φ_A、φ_B、φ_C，则三相复功率 $\overline{S}$ 为

$$\begin{aligned}\overline{S} &= \dot{U}_A\overset{*}{I}_A + \dot{U}_B\overset{*}{I}_B + \dot{U}_C\overset{*}{I}_C \\ &= U_AI_A\cos\varphi_A + U_BI_B\cos\varphi_B + U_CI_C\cos\varphi_C \\ &\quad + j(U_AI_A\sin\varphi_A + U_BI_B\sin\varphi_B + U_CI_C\sin\varphi_C)\end{aligned} \tag{6-12}$$

即三相有功功率 P_Σ 和三相无功功率 Q_Σ 为

第六章 电量变送器

$$P_\Sigma = U_A I_A \cos\varphi_A + U_B I_B \cos\varphi_B + U_C I_C \cos\varphi_C$$
$$= P_A + P_B + P_C \tag{6-13}$$
$$Q_\Sigma = U_A I_A \sin\varphi_A + U_B I_B \sin\varphi_B + U_C I_C \sin\varphi_C$$
$$= Q_A + Q_B + Q_C \tag{6-14}$$

其中 U_A、U_B、U_C、I_A、I_B、I_C 为三相相电压和相电流的有效值，P_A、P_B、P_C、Q_A、Q_B、Q_C 为 A、B、C 三个单相有功和无功功率。

设电压、电流的瞬时值表达式为

$$u = \sqrt{2} U \sin(\omega t + \varphi) \tag{6-15}$$
$$i = \sqrt{2} I \sin\omega t \tag{6-16}$$

其中 ω 为角频率，则 ui 的平均值为

$$\frac{1}{T}\int_0^T ui \, dt = \frac{1}{T}\int_0^T 2UI \sin(\omega t + \varphi) \sin\omega t \, dt$$
$$= \frac{1}{T}\int_0^T UI[\cos\varphi - \cos(2\omega t + \varphi)] dt$$
$$= UI \cos\varphi \tag{6-17}$$

其中，T 为周期。上式表明，电压与电流乘积的平均值等于有功功率。

若将电流信号移相，使其比原信号超前 90°，即

$$i' = \sqrt{2} I \sin(\omega t + 90°) \tag{6-18}$$

则 u 与 i' 乘积的平均值为

$$\frac{1}{T}\int_0^T ui' \, dt = \frac{1}{T}\int_0^T 2UI \sin(\omega t + \varphi) \sin(\omega t + 90°) dt$$
$$= \frac{1}{T}\int_0^T UI[\cos(\varphi - 90°) - \cos(2\omega t + \varphi + 90°)] dt$$
$$= UI \cos(\varphi - 90°) = UI \sin\varphi \tag{6-19}$$

式（6-19）表明，电压与超前 90°后的电流乘积的平均值等于无功功率。

因此，功率变送器主要由乘法器和低通滤波器实现电压和电流乘积的平均值（直流分量）。图 6-6 为单相有功和无功变送器原理框图。

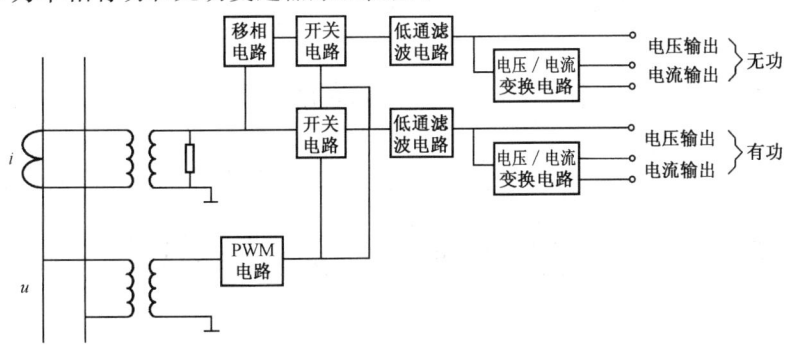

图 6-6 单相有功和无功变送器原理图

一、PWM 电路

脉冲宽度调制（PWM）电路是在方波发生器基础上构成的。方波发生器电路如图 6-7（a）所示。电路由迟滞比较器，电容 C，限幅电路 V1、V2 组成。R_0 为限流电阻，防止放

大器 A 过载。V1、V2 为两个相同的稳压二极管，设限幅电压为 U_D（一个稳压二极管的反向稳定电压加另一个正向压降），则输出电压 u_o 的高电位 U_{oH} 和低电位 U_{oL} 满足下列关系

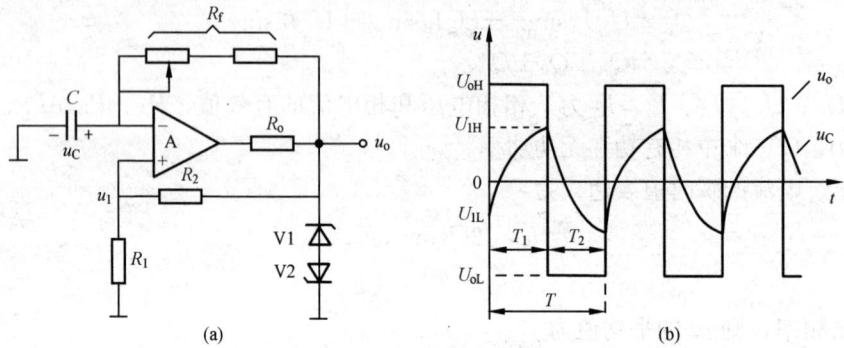

图 6-7 方波发生器
(a) 电路；(b) 波形

$$U_{oH} = -U_{oL} = U_D \quad (6-20)$$

当 $u_o = U_{oH}$ 时，电阻 R_1 上电压 $u_1 = U_{1H}$，即

$$U_{1H} = \frac{R_1}{R_1 + R_2} U_{oH} = \frac{R_1}{R_1 + R_2} U_D \quad (6-21)$$

由于此时 u_o 为高电位，所以通过 R_f 向电容 C 进行充电，电容上电压 u_C 上升。当 u_C 上升到与 u_1 相等时，u_o 发生跳变，即由高电位跳变到低电位，输出电压 u_o 由 U_{oH} 跳变到 U_{oL}。

当 $u_o = U_{oL}$ 时，$u_1 = U_{1L}$，即

$$U_{1L} = \frac{R_1}{R_1 + R_2} U_{oL} = -\frac{R_1}{R_1 + R_2} U_D \quad (6-22)$$

此时电容 C 开始放电，u_C 下降，当下降到 $u_C = U_{1L}$ 时，u_o 发生跳变，由低电位跳到高电位。如此反复，便在输出端得到一方波，其波形见图 6-7 (b)。

从图 6-7 (b) 的波形可以看出：在 U_{oH} 作用下，电容两端电压由 U_{1L} 充电到 U_{1H} 所需的时间为 T_1；在 U_{oL} 作用下，电容由 U_{1H} 放电到 U_{1L} 所需的时间为 T_2。输出电压信号的振荡周期 $T = T_1 + T_2$。

电容充电过程：起始值 $u_C(0) = U_{1L}$，终止值 $u_C(\infty) = U_{oH}$，时间常数 $\tau = R_f C$，电容电压 $u_C(t)$ 的表达式为

$$u_C(t) = U_{oH} + (U_{1L} - U_{oH}) e^{-\frac{t}{R_f C}} \quad (6-23)$$

当 $t = T_1$ 时，$u_C(T_1) = U_{1H}$，有

$$U_{1H} = U_{oH} + (U_{1L} - U_{oH}) e^{-\frac{T_1}{R_f C}} \quad (6-24)$$

$$T_1 = R_f C \ln \frac{U_{oH} - U_{1L}}{U_{oH} - U_{1H}} = R_f C \ln \frac{U_D + [R_1/(R_1 + R_2)] U_D}{U_D - [R_1/(R_1 + R_2)] U_D}$$

$$= R_f C \ln \left(1 + \frac{2R_1}{R_2}\right) \quad (6-25)$$

电容放电过程：起始值 $u_C(0) = U_{1H}$，终止值 $u_C(\infty) = U_{oL}$，电容电压 $u_C(t)$ 的表达式为

$$u_C(t) = U_{oL} + (U_{1H} - U_{oL}) e^{-\frac{t}{R_f C}} \quad (6-26)$$

当 $t = T_2$ 时，$u_C(T_2) = U_{1L}$，有

$$U_{1L}=U_{oL}+(U_{1H}-U_{oL})\,e^{-\frac{T_2}{R_f C}} \tag{6-27}$$

$$T_2=R_f C\ln\frac{U_{oL}-U_{1H}}{U_{oL}-U_{1L}}=R_f C\ln\frac{-U_D-[R_1/(R_1+R_2)]U_D}{-U_D+[R_1/(R_1+R_2)]U_D}$$

$$=R_f C\ln\left(1+\frac{2R_1}{R_2}\right) \tag{6-28}$$

由式（6-25）、式（6-28）可知，$T_1=T_2$，振荡周期为

$$T=T_1+T_2=2R_f C\ln\left(1+\frac{2R_1}{R_2}\right) \tag{6-29}$$

在图6-7（a）方波发生器电路的基础上稍加修改，即可获得PWM电路。其T_1、T_2时间受输入电压u_i的控制，如图6-8（a）所示。

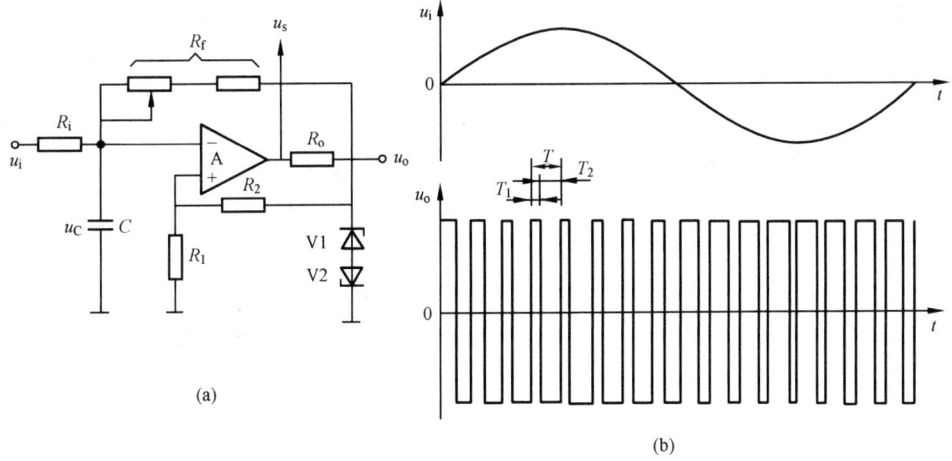

图6-8　PWM电路
(a) 电路；(b) 波形

从图中可以看出，有两条回路对电容C进行充电和放电，这两条回路分别由u_i、R_i和u_o、R_f组成。因此充、放电时间常数τ和充、放电终止值U_{CH}、U_{CL}均发生改变，分别为

$$\tau=\frac{R_i R_f}{R_i+R_f}C \tag{6-30}$$

$$U_{CH}=\frac{R_i U_D+R_f u_i}{R_i+R_f} \tag{6-31}$$

$$U_{CL}=-\frac{R_i U_D-R_f u_i}{R_i+R_f} \tag{6-32}$$

用上述同样的方法可得电容C的充电和放电时间T_1、T_2（或输出电压u_o为高、低电位的时间）。

$$T_1=\tau\ln\frac{U_{CH}-U_{1L}}{U_{CH}-U_{1H}}=\frac{R_i R_f}{R_i+R_f}C\ln\frac{\dfrac{R_i U_D+R_f u_i}{R_i+R_f}+\dfrac{R_1}{R_1+R_2}U_D}{\dfrac{R_i U_D+R_f u_i}{R_i+R_f}-\dfrac{R_1}{R_1+R_2}U_D} \tag{6-33}$$

$$T_2=\tau\ln\frac{U_{CL}-U_{1H}}{U_{CL}-U_{1L}}=\frac{R_i R_f}{R_i+R_f}C\ln\frac{\dfrac{R_i U_D-R_f u_i}{R_i+R_f}+\dfrac{R_1}{R_1+R_2}U_D}{\dfrac{R_i U_D-R_f u_i}{R_i+R_f}-\dfrac{R_1}{R_1+R_2}U_D} \tag{6-34}$$

当输入电压 u_i 的绝对值的最大值小于 U_D，$R_i > R_f$，$R_2 \gg R_1$ 时，式（6-33）、式（6-34）可以展成泰勒级数，并化简为

$$T_1 = \frac{2R_1R_iR_fCU_D}{(R_1+R_2)(R_iU_D+R_fu_i)} \quad (6-35)$$

$$T_2 = \frac{2R_1R_iR_fCU_D}{(R_1+R_2)(R_iU_D-R_fu_i)} \quad (6-36)$$

输出电压 u_o 与输入电压 u_i 的对应关系如图 6-8（b）所示，输出电压 u_o 高、低电位的宽度受输入正弦电压 u_i 控制。u_i 由小变大，u_o 的高电位的宽度变窄，低电位的宽度变宽；当 u_i 最大时高电位的宽度最窄，低电位的宽度最宽；u_i 由大变小，u_o 的高电位变宽，低电位变窄，当 u_i 最小时，高电位最宽，低电位最窄。该输出的不对称负、正脉冲宽度之差与其振荡周期的比值为

$$\frac{T_2-T_1}{T_1+T_2} = \frac{R_f}{R_i} \cdot \frac{u_i}{U_D} \quad (6-37)$$

上式表明，PWM 电路输出电压 u_o 的负、正脉冲宽度之差与周期的比值，和输入电压 u_i 成正比。

二、开关电路

开关电路由结型场效应管（J-FET）VT 和运算放大器 A 组成，见图 6-9。u_j 为输入电压，u_s 来自图 6-8 中的运算放大器的输出端，作为 VT 的控制信号，选取 $R_1 = R_2 = R_3$。

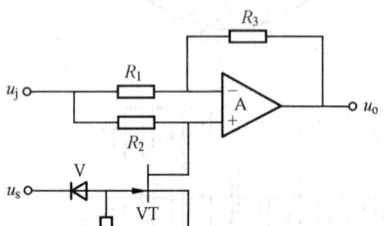

图 6-9 开关电路

当 u_s 为正电位时，VT 导通，A 的正相输入端接地，构成反相放大，持续时间 T_1，输出电压 $u_o = -u_j$；当 u_s 为负电位时，VT 截止，VT 的漏极电流为 0，A 的正相输入端的电压为 u_j，构成同相缓冲，持续时间 T_2，输出电压 $u_o = u_j$。由此可得，在周期 T 内输出电压 u_o 的平均值 $\overline{U}_o$ 为

$$\overline{U}_o = \frac{1}{T_1+T_2}(-T_1u_j+T_2u_j) = \frac{T_2-T_1}{T_1+T_2}u_j \quad (6-38)$$

将式（6-37）代入上式可得

$$\overline{U}_o = \frac{R_f}{R_iU_D}u_iu_j \quad (6-39)$$

由式（6-39）、式（6-37）可以看出，若使 u_i 对应相电压，u_j 对应相电流，则 $\overline{U}_o$ 对应单相有功功率，并与有功成正比，比例系数可通过调整 R_f 获得。

由 PWM 电路和开关电路构成的乘法电路称为脉冲宽度调制乘法电路，或称时间分割乘法电路，适合作为低频范围的乘法使用。其输出信号的频率可达 10^4 Hz，极易用低通滤波电路获取直流分量（平均值）。

有关低通滤波电路和电压/电流变换电路可参见上一节内容，此处不再赘述。

三、移相电路

由式（6-19）可知，若将电流信号移相超前 90°，则可获得相应的无功功率。移相电路见图 6-10。

由图 6-10 可得输入与输出电压的关系为

$$u_o = -\frac{1-j\omega RC}{1+j\omega RC}u_i \quad (6-40)$$

其中，ω 为输入电压的角频率。显然对于不同频率的输入信号，电路的增益不变，为常数 1，但输出信号的相位移是输入信号角频率的函数。相移 $\theta_o(\omega)$ 为

$$\theta_o(\omega) = -\pi - 2\arctan\omega RC \qquad (6-41)$$

$\theta_o(\omega)$ 可在 $-180°\sim-360°$ 内变化。若使 $RC=1/\omega$，可产生 $-270°$ 的相移，即输出信号在相位上滞后输入信号 $270°$，相当于超前 $90°$。

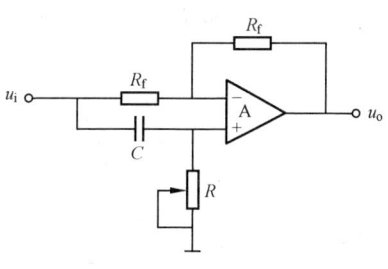

图 6-10 移相电路

值得注意的是，调整 R，使电路对 50Hz 的信号相移滞后 $270°$，或超前 $90°$，但当输入信号的频率偏离 50Hz 时，相移将发生改变。由于电力系统对频率质量有严格的规定，要求正、负偏差不超过 0.2Hz，因此相移产生的误差是很小的。

四、三相功率测量原理

上面介绍了单相有功功率和单相无功功率测量的工作原理。若用三个或两个单相功率测量单元的输出相加，则可得到三相功率。

1. 三相有功功率的测量

无论是三相四线制电路，还是三相三线制电路，均可采用三元件法测三相有功功率，其原理接线图见图 6-11。

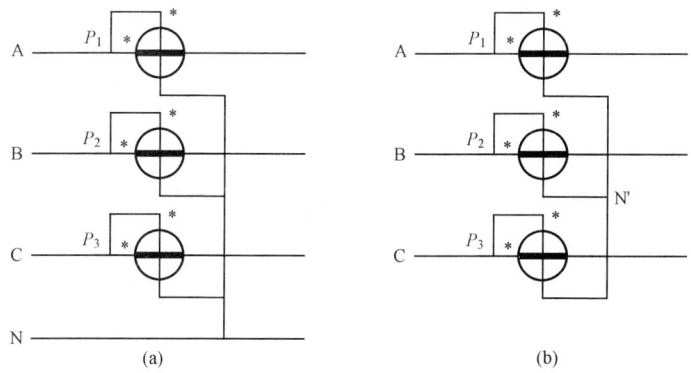

图 6-11 三元件法测量有功功率的原理接线图
(a) 三相四线制；(b) 三相三线制

对于三相四线制电路，由式（6-13）可知三个单相有功功率之和即为三相有功功率，见图 6-11 (a)。该法测得的三相有功功率，不管三相电压是否对称，也不管三相电流是否平衡，其结果总是正确的。

对于三相三线制电路，A、B、C 三相电流满足下式

$$i_A + i_B + i_C = 0 \qquad (6-42)$$

图 6-11 (b) 的接线方式测得的有功功率的瞬时值为

$$\begin{aligned}p_1+p_2+p_3 &= (u_A-u_{N'})i_A + (u_B-u_{N'})i_B + (u_C-u_{N'})i_C \\ &= u_A i_A + u_B i_B + u_C i_C - u_{N'}(i_A+i_B+i_C) \\ &= u_A i_A + u_B i_B + u_C i_C = p\end{aligned} \qquad (6-43)$$

其平均值满足式（6-13），正确地反映三相有功功率。

根据三相三线制满足式（6-42）的特点，可以两元件法测三相有功功率，其原理接线

图如图 6-12 所示。

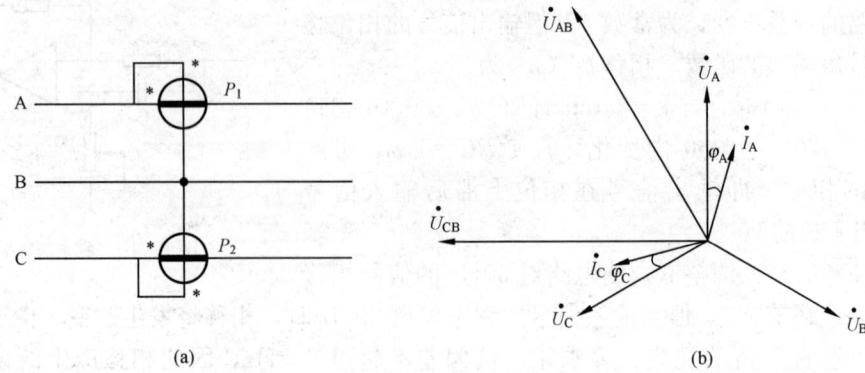

图 6-12 二元件法测量三相有功功率
(a) 接线图；(b) 相量图

由式（6-42）可知 $\dot{I}_B=-\dot{I}_A-\dot{I}_C$，代入式（6-12）得

$$\bar{S}=\dot{U}_A\overset{*}{I}_A+\dot{U}_B(-\overset{*}{I}_A-\overset{*}{I}_C)+\dot{U}_C\overset{*}{I}_C=\dot{U}_{AB}\overset{*}{I}_A+\dot{U}_{CB}\overset{*}{I}_C$$

$$=U_{AB}I_A\cos(\overset{\frown}{\dot{U}_{AB},\dot{I}_A})+U_{CB}I_C\cos(\overset{\frown}{\dot{U}_{CB},\dot{I}_C})$$

$$+\mathrm{j}[U_{AB}I_A\sin(\overset{\frown}{\dot{U}_{AB},\dot{I}_A})+U_{CB}I_C\sin(\overset{\frown}{\dot{U}_{CB},\dot{I}_C})]$$

$$=P+\mathrm{j}Q \tag{6-44}$$

按图 6-12 接线测的有功功率恰好为三相有功功率

$$P_1+P_2=U_{AB}I_A\cos(\overset{\frown}{\dot{U}_{AB},\dot{I}_A})+U_{CB}I_C\cos(\overset{\frown}{\dot{U}_{CB},\dot{I}_C})=P \tag{6-45}$$

同样，二元件法测得的有功功率，不论负载电压、电流对称与否，均不会产生测量误差。

2. 三相无功功率的测量

上面介绍的单相无功功率测量，实际上是采用有功功率的测量方法，只是将输入的电流信号作超前 90°相移。因此，只要把输入的电流 $\dot{I}_A$、$\dot{I}_B$、$\dot{I}_C$ 作超前 90°相移，采用图 6-11、图 6-12 的接线，获得的则是三相无功功率。不论负载电压、电流对称与否，这种测量方法均不会产生无功功率测量误差。但当系统频率偏离额定频率，将引起一些误差。

若不用移相方法，又要用有功功率测量部件测量无功功率，则需要利用三相电路的特点，采用跨相 90°的接线方法测量三相无功功率。

图 6-13 给出一元件跨相 90°法测量三相无功功率的原理。当三相电路完全对称（即三相电压、三相电流均对称）时，分析图 6-13（b）可知，$\dot{U}_{BC}$ 滞后 $\dot{U}_A$ 90°，$\dot{U}_{BC}$ 与 $\dot{I}_A$ 的夹角为 90°$-\varphi$。按照图 6-13（a）接线，测量结果为

$$P_1=U_{BC}I_A\cos(90°-\varphi)=U_{CB}I_A\sin\varphi=UI\sin\varphi \tag{6-46}$$

其中 U、I 为线电压和线电流。三相无功功率为

$$Q=\sqrt{3}UI\sin\varphi=\sqrt{3}P_1 \tag{6-47}$$

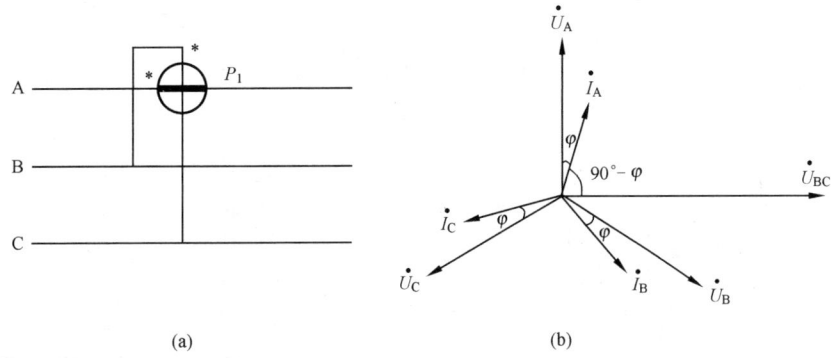

图 6-13 一元件跨相 90°法测量三相无功功率
(a) 接线图；(b) 相量图

因此，当三相电路完全对称时，三相无功功率等于一元件跨相 90°法测量结果的 $\sqrt{3}$ 倍。若不是三相完全对称电路，则此法将产生测量误差。

图 6-14 给出二元件跨相 90°法测量三相无功功率的原理。当三相电路完全对称时，分析图 6-14 (b) 可知，$\dot{U}_{BC}$ 滞后 $\dot{U}_A$ 90°，$\dot{U}_{AB}$ 滞后 $\dot{U}_C$ 90°，$\dot{U}_{BC}$ 与 $\dot{I}_A$ 的夹角为 $90°-\varphi$，$\dot{U}_{AB}$ 与 $\dot{I}_C$ 的夹角为 $90°-\varphi$。按图 6-14 (a) 接线，测量结果为

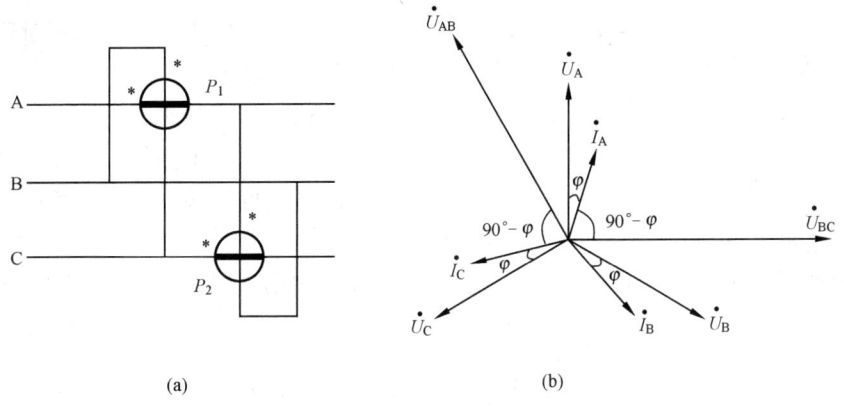

图 6-14 二元件跨相 90°法测量三相无功功率
(a) 接线图；(b) 相量图

$$P_1+P_2=U_{BC}I_A\cos(90°-\varphi)+U_{AB}I_C\cos(90°-\varphi)=2UI\sin\varphi \tag{6-48}$$

三相无功功率为

$$Q=\sqrt{3}UI\sin\varphi=\frac{\sqrt{3}}{2}(P_1+P_2) \tag{6-49}$$

因此，当三相电路完全对称时，二元件跨相 90°法测量结果乘以 $\sqrt{3}/2$ 为三相无功功率。此法也仅适应于三相完全对称电路的无功功率测量。

图 6-15 给出三元件跨相 90°法测量三相无功功率的原理。采用同样的分析方法，当三相电路完全对称时，有

$$\begin{aligned}P_1+P_2+P_3&=U_{BC}I_A\cos(90°-\varphi_A)+U_{CA}I_B\cos(90°-\varphi_B)+U_{AB}I_C\cos(90°-\varphi_C)\\&=U_{BC}I_A\sin\varphi_A+U_{CA}I_B\sin\varphi_B+U_{AB}I_C\sin\varphi_C\end{aligned}$$

$$= 3UI\sin\varphi \tag{6-50}$$

$$Q = \frac{\sqrt{3}}{3}(P_1+P_2+P_3) \tag{6-51}$$

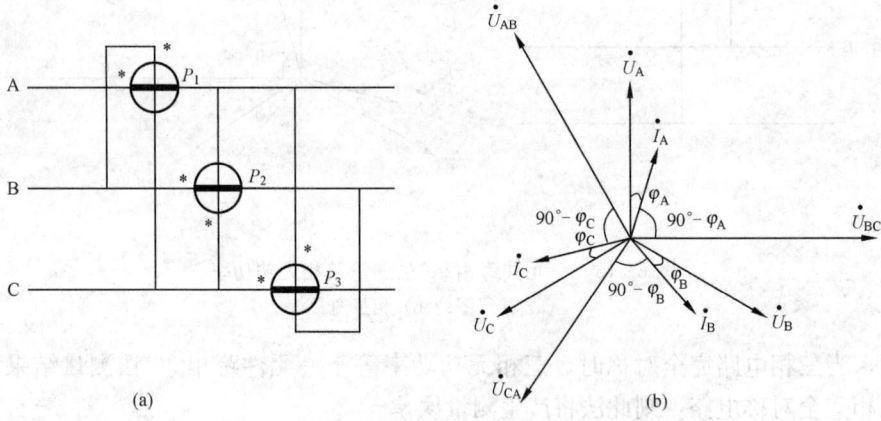

图 6-15　三元件跨相 90°法测量三相无功功率
(a) 接线图；(b) 相量图

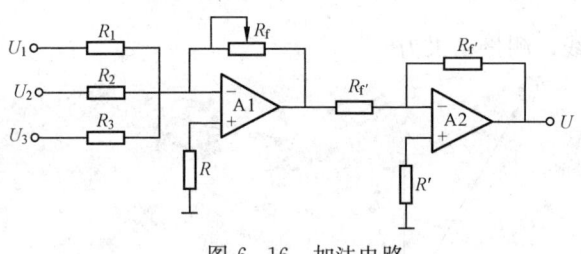

图 6-16　加法电路

可以证明仅当三相电路的电压对称或电流对称时，式（6-51）仍然成立。因此，此法适用于三相简单不对称电路中的三相无功功率的测量。

五、加法电路

在三相功率测量中，需要将两个或三个测量元件的输出求和，用运算放大器构成的加法电路很容易实现这一点，见图 6-16。

设三元件测量功率的输出电压分别为 U_1、U_2、U_3，则加法电路的输出电压 U 为

$$U = \frac{R_f}{R_1}U_1 + \frac{R_f}{R_2}U_2 + \frac{R_f}{R_3}U_3 \tag{6-52}$$

取 $R_1=R_2=R_3$，则

$$U = \frac{R_f}{R_1}(U_1+U_2+U_3) \tag{6-53}$$

即输出电压 U 与输入电压之和成正比，U 的值与三相功率成正比。调整 R_f，可改变比例系数。

第三节　交流采样原理及算法

第五章中的遥测采集以及本章前两节的电压、电流、功率变送器均属于直流采样的内容。直流采样是将直流的电压信号经模/数转换后得到数字量，数字量的值与直流信号的大小成正比。由于电力系统中的电压、电流、功率等电量均为交流强电信号，这些电量的大小是由其有效值（如电压、电流）或平均值（如功率）来表征，因此需要相应的变送器完成有效值或平均值的变换工作。也就是说，在遥测量采集中，若采用直流采样，就必须有电量变

送器提供信号，并且需要采集什么电量，就需要提供什么电量变送器。由此可见，若采集一个厂、站的全部电量（电压、电流、有功功率、无功功率、功率因数、频率），所需的变送器的种类和数量很大，通常要安装在单独的变送器屏中，而且投资也高。能否直接对交流电压、电流进行采样，用软件完成各类电量变送器的功能，从而获得全部电量信息，这就是交流采样要完成的工作。

一、交流采样原理

先回顾一下各电量的定义。设正弦电压、电流的瞬时值表达式为

$$u(t) = U_m \sin(\omega t) \tag{6-54}$$

$$i(t) = I_m \sin(\omega t - \varphi) \tag{6-55}$$

式中，U_m、I_m 分别为电压、电流的幅值，ω 为角频率，$\omega = 2\pi f = 2\pi/T$（f 为频率，T 为周期），φ 为电压、电流的相角差，则电压、电流的有效值 U、I 为

$$U = \sqrt{\frac{1}{T}\int_0^T u^2(t)\,dt} = \sqrt{\frac{1}{T}\int_0^T U_m^2 \sin^2(\omega t)\,dt} = \frac{U_m}{\sqrt{2}} \tag{6-56}$$

$$I = \sqrt{\frac{1}{T}\int_0^T i^2(t)\,dt} = \sqrt{\frac{1}{T}\int_0^T I_m^2 \sin^2(\omega t - \varphi)\,dt} = \frac{I_m}{\sqrt{2}} \tag{6-57}$$

有功功率（又称平均功率）P 为

$$P = \frac{1}{T}\int_0^T u(t)\cdot i(t)\,dt = \frac{1}{T}\int_0^T U_m I_m \sin\omega t \cdot \sin(\omega t - \varphi)\,dt$$

$$= \frac{U_m I_m}{2}\cos\varphi = UI\cos\varphi \tag{6-58}$$

无功功率 Q 为

$$Q = UI\sin\varphi \tag{6-59}$$

视在功率 S 为

$$S = UI = \sqrt{P^2 + Q^2} \tag{6-60}$$

复功率 $\overline{S}$ 为

$$\overline{S} = P + jQ = UI\underline{/\varphi} \tag{6-61}$$

功率因数 $\cos\varphi$ 为

$$\cos\varphi = \frac{P}{S} \tag{6-62}$$

通过上述定义不难看出，只要分析出式（6-54）、式（6-55）中的各参量，就可以利用式（6-56）～式（6-62）推导出各电量。

交流采样是将连续的周期信号离散化，用一定的算法对离散时间信号进行分析，计算出所需的信息。一般离散化处理方法是将连续时间信号的一个周期 T 分为 N 个等分点，每隔 T/N 时间进行一次采样，得到离散时间信号，经模/数转换得到离散数据，把这些数据送入计算机进行软件处理，便得到电压、电流的有效值、有功功率、无功功率、功率因数、频率以及谐波分量。

二、交流采样算法

交流采样算法的数据基础是离散时间数据。设在一个周期 T 内等间隔对 $u(t)$、$i(t)$ 作 N（为正整数）次采样，则第 k 次采样值 u_k，i_k 为

$$u_k = u\left(k \cdot \frac{T}{N}\right) = U_m \sin\frac{2\pi k}{N} \qquad k=0, 1, \cdots, N-1 \qquad (6-63)$$

$$i_k = i\left(k \cdot \frac{T}{N}\right) = I_m \sin\left(\frac{2\pi k}{N} - \varphi\right) \qquad k=0, 1, \cdots, N-1 \qquad (6-64)$$

交流采样算法很多，可大体上归为时域分析算法和频域分析算法两大类。

1. 时域分析算法

时域分析算法主要有积分算法和二点算法，下面就这两种方法作介绍。

(1) 积分算法。又称均方根算法，是将连续函数的积分运算用离散化的函数值构成的阶梯波的面积代替，如图6-17所示。电压、电流的有效值及有功功率的离散表达式如下：

$$U = \sqrt{\frac{1}{T}\int_0^T u^2(t)\mathrm{d}t} = \sqrt{\frac{1}{T}\sum_{k=0}^{N-1} u^2\left(\frac{kT}{N}\right) \cdot \frac{T}{N}} = \sqrt{\frac{1}{N}\sum_{k=0}^{N-1} u_k^2} \qquad (6-65)$$

$$I = \sqrt{\frac{1}{T}\int_0^T i^2(t)\mathrm{d}t} = \sqrt{\frac{1}{T}\sum_{k=0}^{N-1} i^2\left(\frac{kT}{N}\right) \cdot \frac{T}{N}} = \sqrt{\frac{1}{N}\sum_{k=0}^{N-1} i_k^2} \qquad (6-66)$$

$$P = \frac{1}{T}\int_0^T u(t)i(t)\mathrm{d}t = \frac{1}{T}\sum_{k=0}^{N-1} u\left(\frac{kT}{N}\right) \cdot i\left(\frac{kT}{N}\right) \cdot \frac{T}{N} = \frac{1}{N}\sum_{k=0}^{N-1} u_k i_k \qquad (6-67)$$

通常情况下，电力系统中电压、电流不可能是标准的正弦波，都含有各次谐波分量。若信号中所含最高谐波次数为M，则电压、电流的表达式为

$$u(t) = \sqrt{2}\sum_{l=1}^{M} U_l \sin(l\omega t + \varphi_{ul}) \qquad (6-68)$$

$$i(t) = \sqrt{2}\sum_{l=1}^{M} I_l \sin(l\omega t + \varphi_{il}) \qquad (6-69)$$

式中U_l、I_l分别为电压、电流的第l次谐波的有效值，φ_{ul}、φ_{il}分别为电压、电流的第l次谐波的初相角，ω为基波的角频率。

根据奈奎斯特（Nyquist）采样频率的定义，当

$$N \geqslant 2M+1 \qquad (6-70)$$

满足时，式（6-65）～式（6-67）成立。若式（6-70）不满足，则式（6-65）～式（6-67）存在误差。

功率因数由式（6-60）和式（6-62）计算。无功功率的表达式为

$$Q = \sqrt{S^2 - P^2} = \sqrt{(UI)^2 - P^2} \qquad (6-71)$$

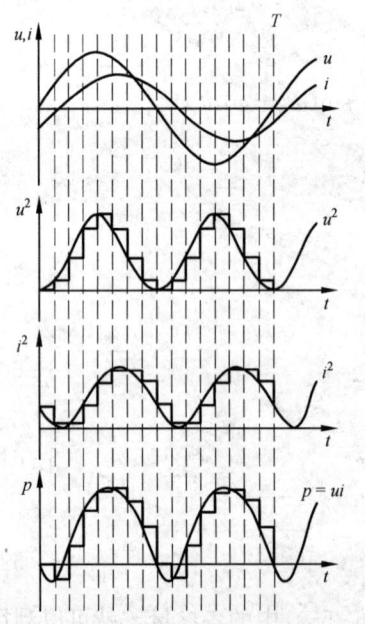

图6-17 连续函数积分与阶梯波面积

注意式（6-71）只表示出无功功率的大小，而无方向。若要将无功功率的大小和方向均表示出来，则应按式（6-59）计算。这时要测出电压、电流的相角差（或功率因数角）。

另一种无功功率的计算是采用移相的方法来实现的，参见式（6-18）、式（6-19）。与移相电路不同的是这里的移相是数字处理，而非模拟变换。设一个周期的等间隔采样次数为N，当N为4的整数倍时，若用第$k+\frac{N}{4}$次的数据代替第k次的数据，则作超前90°的数字移相。若用第$k-\frac{N}{4}$次的数据代替第k次的数据，则作滞后90°的数字移相。将式（6-67）

中的 i_k 用 $i_{k+\frac{N}{4}}$ 代替，或将 u_k 用 $u_{k-\frac{N}{4}}$ 代替，则得无功功率的另一表达式

$$\begin{cases} Q = \dfrac{1}{N}\sum_{k=0}^{N-1} u_k \cdot i_{k+\frac{N}{4}} \\ Q = \dfrac{1}{N}\sum_{k=0}^{N-1} u_{k-\frac{N}{4}} \cdot i_k \end{cases} \quad (6-72)$$

数字移相 90°是按基波计算的，即对应于基波周期的 1/4，因而对于不同次的谐波，其移相效果不同。如对三次谐波而言，相当于移相 270°，对于五次谐波相当于移相 90°。所以当被数字移相的信号为非纯正弦信号时，将出现测量误差。另外，数字移相所用的数据为不同时刻的数据，若信号在一个周波内有变化，则也会引起误差。

（2）二点算法。二点算法是依据正弦交流电压、电流量两点瞬时值的关系，推出电压、电流的有效值，相角差以及有功功率、无功功率、功率因数，见图 6-18。

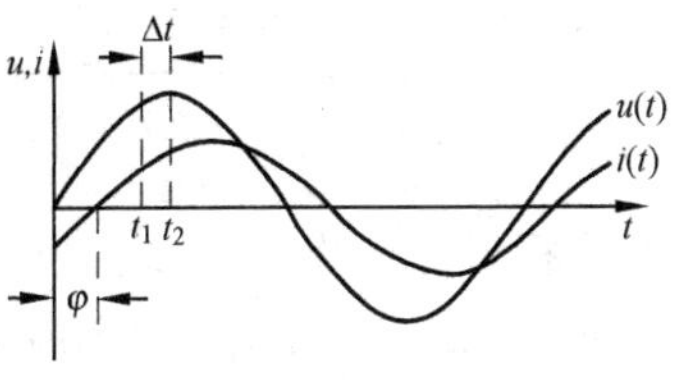

图 6-18 二点算法示意图

电压、电流的瞬时值表达式为式（6-54）和式（6-55）。

当 $t=t_1$ 时，有

$$u_1 = u(t_1) = U_m \sin\omega t_1 \quad (6-73)$$

$$i_1 = i(t_1) = I_m \sin(\omega t_1 - \varphi) \quad (6-74)$$

当 $t=t_2=t_1+\Delta t$ 时，有

$$u_2 = u(t_2) = U_m \sin\omega t_2 = u_1 \cos\omega\Delta t + U_m \cos\omega t_1 \cdot \sin\omega\Delta t \quad (6-75)$$

$$i_2 = i(t_2) = I_m \sin(\omega t_2 - \varphi) = i_1 \cos\omega\Delta t + I_m \cos(\omega t_1 - \varphi) \cdot \sin\omega\Delta t \quad (6-76)$$

取采样间隔 $\Delta t = T/N$，T 为信号周期，N 为一个周期的等分数，则有 $\omega\Delta t = 2\pi/N$，代入式（6-75）、式（6-76）并整理，得

$$\cos\omega t_1 = \dfrac{u_2 - u_1\cos\dfrac{2\pi}{N}}{U_m \sin\dfrac{2\pi}{N}} \quad (6-77)$$

$$\cos(\omega t_1 - \varphi) = \dfrac{i_2 - i_1\cos\dfrac{2\pi}{N}}{I_m \sin\dfrac{2\pi}{N}} \quad (6-78)$$

由式（6-73）、式（6-74）得

$$\sin\omega t_1 = \dfrac{u_1}{U_m} \quad (6-79)$$

$$\sin(\omega t_1 - \varphi) = \dfrac{i_1}{I_m} \quad (6-80)$$

将式（6-77）和式（6-79）两边平方再相加，整理后得

$$U_m = \sqrt{\left(\dfrac{u_2 - u_1\cos\dfrac{2\pi}{N}}{\sin\dfrac{2\pi}{N}}\right)^2 + u_1^2} \quad (6-81)$$

同理，可由式（6-78）和式（6-80）得

$$I_m = \sqrt{\left(\frac{i_2 - i_1 \cos\frac{2\pi}{N}}{\sin\frac{2\pi}{N}}\right)^2 + i_1^2} \qquad (6\text{-}82)$$

将式（6-81）、式（6-82）分别代入式（6-56）、式（6-57）即得电压、电流的有效值。

将式（6-77）～式（6-80）代入下式，可得功率因数

$$\cos\varphi = \cos(\omega t_1 - \varphi - \omega t_1) = \cos(\omega t_1 - \varphi) \cdot \cos\omega t_1 + \sin(\omega t_1 - \varphi) \cdot \sin\omega t_1$$

$$= \frac{u_1 i_1 + u_2 i_2 - (u_1 i_2 + u_2 i_1)\cos\frac{2\pi}{N}}{U_m I_m \sin^2\left(\frac{2\pi}{N}\right)} \qquad (6\text{-}83)$$

将式（6-81）～式（6-83）代入式（6-58），可得有功功率。

由 $\cos(\omega t_1 - \varphi) = \cos\omega t_1 \cdot \cos\varphi + \sin\omega t_1 \cdot \sin\varphi$ 有

$$\sin\varphi = \frac{\cos(\omega t_1 - \varphi) - \cos\omega t_1 \cos\varphi}{\sin\omega t_1} \qquad (6\text{-}84)$$

将式（6-77）～式（6-79）、式（6-83）代入式（6-84），再将式（6-84）代入式（6-59）可得无功功率。

由于二点算法是基于标准正弦信号提取特征量的，因此当信号中含有谐波分量时将引起测量误差。

2. 频域分析算法

频域分析算法主要是利用傅里叶变换，对非正弦信号的各次谐波分量进行分析。对于非正弦信号，均方根算法虽然在计算结果中包含了谐波成分，但不能分析出各次谐波分量。

设 $f(t)$ 是以 T 为周期的函数，且在 $[0, T]$ 上绝对可积，则 $f(t)$ 可用傅里叶级数的三角级数形式表示

$$f(t) = C_0 + \sum_{n=1}^{\infty} C_n \sin(n\omega t + \varphi_n) \qquad (6\text{-}85)$$

式中 $\omega = \frac{2\pi}{T}$，C_0 为直流分量，C_n 为第 n 次谐波的幅值，φ_n 为第 n 次谐波的初相角。

将式（6-85）作一变换，可得另一表达式

$$f(t) = C_0 + \sum_{n=1}^{\infty}(a_n \cos n\omega t + b_n \sin n\omega t) \qquad (6\text{-}86)$$

式（6-85）与式（6-86）中各常量的关系为

$$a_n = C_n \sin\varphi_n \qquad (6\text{-}87)$$

$$b_n = C_n \cos\varphi_n \qquad (6\text{-}88)$$

$$C_n = \sqrt{a_n^2 + b_n^2} \qquad (6\text{-}89)$$

$$\varphi_n = \begin{cases} \arctan\dfrac{a_n}{b_n}, & b_n > 0 \\ \arctan\dfrac{a_n}{b_n} + \pi, & b_n < 0 \end{cases} \qquad (6\text{-}90)$$

将式（6-86）两边乘以 $\cos(n\omega t)$ 或乘以 $\sin(n\omega t)$，或直接对两边在一周期内取定积

分，可导出 a_n、b_n 和 C_0 的算式

$$a_n = \frac{2}{T}\int_0^T f(t)\cos(n\omega t)\mathrm{d}t \tag{6-91}$$

$$b_n = \frac{2}{T}\int_0^T f(t)\sin(n\omega t)\mathrm{d}t \tag{6-92}$$

$$C_0 = \frac{1}{T}\int_0^T f(t)\mathrm{d}t \tag{6-93}$$

另外，a_n、b_n 和 C_n 也可用傅里叶变换来表示。设 F_n 为 $f(t)$ 的傅里叶变换，有

$$F_n = \int_0^T f(t)\mathrm{e}^{-jn\omega t}\mathrm{d}t \tag{6-94}$$

将 $\mathrm{e}^{-jn\omega t} = \cos n\omega t - \mathrm{j}\sin n\omega t$ 代入上式再用式（6-91）、式（6-92）、式（6-94）进行换算，有

$$a_n = \frac{2}{T}|F_n|\cos\varphi_n \tag{6-95}$$

$$b_n = -\frac{2}{T}|F_n|\sin\varphi_n \tag{6-96}$$

$$C_n = \frac{2}{T}|F_n| \tag{6-97}$$

$$\tan\varphi_n = -\frac{b_n}{a_n} \tag{6-98}$$

式（6-97）表明，周期函数 $f(t)$ 的各次谐波幅值等于其傅里叶变换 F_n 的幅值（$|F_n|$）的 $\frac{2}{T}$ 倍。

（1）离散傅里叶变换（DFT）。对连续时间函数 $f(t)$ 在 $[0,T]$ 区间上作 N 等分，时间间隔为 $\frac{T}{N}$，则可得到 $f(t)$ 对应的离散时间函数序列 $\left\{f\left(\frac{kT}{N}\right)\right\}$，记作 $\{f_k\}$，其中 $k=0,1,\cdots,N-1$，或 $k=1,2,\cdots,N$。$\int_0^T f(t)\mathrm{d}t$ 为连续时间函数曲线 $f(t)$ 在 $[0,T]$ 时间段上与时间 t 轴构成的积分，$\sum_{k=0}^{N-1}f_k \cdot \frac{T}{N} = \frac{T}{N}\sum_{k=0}^{N-1}f_k$ 为时间段 $[0,T]$ 上 N 个由离散时间函数 f_k 与时间间隔 $\frac{T}{N}$ 构成的矩形面积的累加和。显然，当离散时间间隔 $\frac{T}{N}$ 取得愈小（或 N 愈大）时，上述的积分式与累加和式的数值愈逼近；当 N 为无穷大时，两式的数值相等。

将式（6-94）中的积分用累加和代替，就得到离散傅里叶变换（DFT）的表达式

$$F_n = \frac{T}{N}\sum_{k=0}^{N-1}f_k\mathrm{e}^{-\mathrm{j}\frac{2\pi kn}{N}} \qquad n=0,1,2,\cdots,N-1 \tag{6-99}$$

同样，可将式（6-95）、式（6-96）改写成离散表达式

$$a_n = \frac{2}{N}\sum_{k=0}^{N-1}f_k\cos\frac{2\pi kn}{N} \qquad n=0,1,2,\cdots,N-1 \tag{6-100}$$

$$b_n = -\frac{2}{N}\sum_{k=0}^{N-1}f_k\sin\frac{2\pi kn}{N} \qquad n=0,1,2,\cdots,N-1 \tag{6-101}$$

通过对式（6-99）的分析可以得出，当采样点数为 N 时，由式（6-99）仅能给出 $\frac{N}{2}$ 个频谱分量的数值。比如选取每个周期 16 个采样点，则最多可得到 7 次谐波分量。也就是说，

只有当采样频率 f_S 至少是原信号中最高频率 f_C 的 2 倍以上（$f_S \geqslant 2f_C$）时，式（6-85）才能正确地表述原信号的信息。通常将采样频率的一半 $\left(\dfrac{f_S}{2}\right)$ 称为奈奎斯特频率。当原信号中最高的频率 f_C 高于奈奎斯特频率 $\dfrac{f_S}{2}$ 时，原信号中高于 $\dfrac{f_S}{2}$ 的频谱分量将会在低于 $\dfrac{f_S}{2}$ 的频率中出现，即引起频谱的混叠，从而导致频谱分析出现误差。因此，为了对有限次的谐波分量作正确分析，需将原信号通过低通滤波器，滤掉高于 $\dfrac{f_S}{2}$ 的谐波分量。

下面就如何利用离散傅里叶变换进行电量计算作介绍。

不难看出，式（6-100）、式（6-101）是第 n 次谐波分量的实部和虚部。电压、电流的第 n 次谐波分量的离散傅里叶变换的表达式为

$$\dot{U}_{nm} = \frac{2}{N}\sum_{k=0}^{N-1} u_k \cos\frac{2\pi kn}{N} - j\frac{2}{N}\sum_{k=0}^{N-1} u_k \sin\frac{2\pi kn}{N} = U_{nm\,\text{Re}} - jU_{nm\,\text{Im}} \quad (6\text{-}102)$$

$$\dot{I}_{nm} = \frac{2}{N}\sum_{k=0}^{N-1} i_k \cos\frac{2\pi kn}{N} - j\frac{2}{N}\sum_{k=0}^{N-1} i_k \sin\frac{2\pi kn}{N} = I_{nm\,\text{Re}} - jI_{nm\,\text{Im}} \quad (6\text{-}103)$$

其中
$$\left.\begin{aligned} U_{nm\text{Re}} &= \frac{2}{N}\sum_{k=0}^{N-1} u_k \cos\frac{2\pi kn}{N} \\ U_{nm\text{Im}} &= \frac{2}{N}\sum_{k=0}^{N-1} u_k \sin\frac{2\pi kn}{N} \\ I_{nm\text{Re}} &= \frac{2}{N}\sum_{k=0}^{N-1} i_k \cos\frac{2\pi kn}{N} \\ I_{nm\text{Im}} &= \frac{2}{N}\sum_{k=0}^{N-1} i_k \sin\frac{2\pi kn}{N} \end{aligned}\right\} \quad (6\text{-}104)$$

式中，$\dot{U}_{nm}$、$\dot{I}_{nm}$ 为第 n 次谐波电压、电流的复数；$U_{nm\text{Re}}$、$U_{nm\text{Im}}$、$I_{nm\text{Re}}$、$I_{nm\text{Im}}$ 分别为其实部和虚部。第 n 次谐波的电压、电流相量可表示为

$$\dot{U}_n = \frac{1}{\sqrt{2}}\dot{U}_{nm} = \frac{1}{\sqrt{2}}(U_{nm\text{Re}} - jU_{nm\text{Im}}) = U_{n\text{Re}} - jU_{n\text{Im}} \quad (6\text{-}105)$$

$$\dot{I}_n = \frac{1}{\sqrt{2}}\dot{I}_{nm} = \frac{1}{\sqrt{2}}(I_{nm\text{Re}} - jI_{nm\text{Im}}) = I_{n\text{Re}} - jI_{n\text{Im}} \quad (6\text{-}106)$$

第 n 次谐波的电压、电流有效值为

$$U_n = \sqrt{U_{n\text{Re}}^2 + U_{n\text{Im}}^2} = \sqrt{\frac{U_{nm\text{Re}}^2 + U_{nm\text{Im}}^2}{2}} \quad (6\text{-}107)$$

$$I_n = \sqrt{I_{n\text{Re}}^2 + I_{n\text{Im}}^2} = \sqrt{\frac{I_{nm\text{Re}}^2 + I_{nm\text{Im}}^2}{2}} \quad (6\text{-}108)$$

第 n 次谐波的复功率 $\overline{S}_n$ 为

$$\overline{S}_n = \dot{U}_n \overset{*}{I}_n = \frac{1}{2}(U_{nm\text{Re}} - jU_{nm\text{Im}})(I_{nm\text{Re}} + jI_{nm\text{Im}})$$

$$= \frac{1}{2}(U_{nm\text{Re}}I_{nm\text{Re}} + U_{nm\text{Im}}I_{nm\text{Im}}) + j\frac{1}{2}(U_{nm\text{Re}}I_{nm\text{Im}} - U_{nm\text{Im}}I_{nm\text{Re}}) = P_n + jQ_n \quad (6\text{-}109)$$

即第 n 次谐波的有功功率和无功功率为

$$P_n = \frac{1}{2}(U_{nm\mathrm{Re}} I_{nm\mathrm{Re}} + U_{nm\mathrm{Im}} I_{nm\mathrm{Im}}) \qquad (6\text{-}110)$$

$$Q_n = \frac{1}{2}(U_{nm\mathrm{Re}} I_{nm\mathrm{Im}} - U_{nm\mathrm{Im}} I_{nm\mathrm{Re}}) \qquad (6\text{-}111)$$

根据非正弦周期电压、电流有效值的定义以及功率的定义,有

$$U = \sqrt{\sum_{n=1}^{M} U_n^2} \qquad (6\text{-}112)$$

$$I = \sqrt{\sum_{n=1}^{M} I_n^2} \qquad (6\text{-}113)$$

$$S = \sqrt{\sum_{n=1}^{M} U_n^2 \cdot \sum_{n=1}^{M} I_n^2} \qquad (6\text{-}114)$$

$$P = \sum_{n=1}^{M} P_n \qquad (6\text{-}115)$$

$$Q = \sum_{n=1}^{M} Q_n \qquad (6\text{-}116)$$

$$\cos\varphi = \frac{P}{S} \qquad (6\text{-}117)$$

其中 $M = \frac{N}{2} - 1$,由奈奎斯特频率确定。

显然式(6-114)~式(6-116)确定的 S、P、Q,不满足 $S^2 = P^2 + Q^2$,于是引入畸变功率 D,使得

$$S^2 = P^2 + Q^2 + D^2 \qquad (6\text{-}118)$$

若只分析基波,则只考虑 $n=1$ 即可。

(2) 快速傅里叶变换(FFT)。考察下面的离散傅里叶变换算式

$$F_n = \sum_{k=0}^{N-1} f_k \mathrm{e}^{-\mathrm{j}\frac{2\pi kn}{N}} \qquad n = 0,1,2,\cdots,N-1 \qquad (6\text{-}119)$$

令 $w = \mathrm{e}^{-\mathrm{j}\frac{2\pi}{N}}$ 有 $\mathrm{e}^{-\mathrm{j}\frac{2\pi kn}{N}} = w^{kn}$,则式(6-119)可改写为

$$F_n = \sum_{k=0}^{N-1} f_k w^{kn} \qquad n = 0,1,2,\cdots,N-1 \qquad (6\text{-}120)$$

式(6-120)中,w 为复数,f_k 也可能是复数(如在同时计算两个实函数的傅里叶变换中,就是使一个实函数为实部,另一个为虚部),因此式(6-120)的计算量为 N^2 次复数乘法和 $N(N-1)$ 次复数加法。当 N 值较大时,DFT 的计算量是很大的,在实时环境采用 DFT 算法就遇到实时性的问题。

如果对每个周期采样次数 N 作适当选择,使 $N = 2^m$,其中 m 为正整数,按一定的规律进行计算,就可使计算量大大减小,即减小为 $\frac{Nm}{2}$ 次复数乘法和 Nm 次复数加法,这就是快速傅里叶变换(FFT)算法。

式(6-120)可写为矩阵形式

$$\boldsymbol{F} = \boldsymbol{w}\boldsymbol{f} \qquad (6\text{-}121)$$

$N = 2^m$ 的 FFT 的算法的出发点,就是把 $N \times N$ 的矩阵 w 分解为 m 个 $N \times N$ 的矩阵相乘,

其中这 m 个矩阵具有复数乘法和复数加法次数最少的特性，即 $\frac{N}{2}$ 次复数乘法和 N 次复数加法。当然要 w 作有效地分解，还要对 $\boldsymbol{F}$ 或 $\boldsymbol{f}$ 中的元素作重新排序。图 6-19 给 $N=4$ 的 FFT 算法流图。

如果把 $\boldsymbol{F}$ 和 $\boldsymbol{f}$ 中的元素序号用二进制表示，不难看出：当输入数据 f_k 为正序时，输出数据 F_n 为倒序，如图 6-19（a）所示；当输入数据 f_k 为倒序时，输出数据 F_n 为正序，如图 6-19（b）所示。图中 $F_n^{(0)}$、$F_n^{(1)}$、$F_n^{(2)}$ 分别为第 0 次、第 1 次、第 2 次运算结果的数据，$f_k^{(0)}$ 实际上是输入的原始数据。每一次运算只用到上一次运算结果的数据，因此在数据存储上可以新数据替换旧数据，内存占用量很少，而且每一次运算都只有 $\frac{N}{2}$ 个节点对分别作计算。考察第 l 次运算中（$l=1, 2, \cdots, m$）节点对的间距，图 6-19（a）中每个节点对的间距为 2^{m-l}，图 6-19（b）中每个节点对的间距为 2^{l-1}。

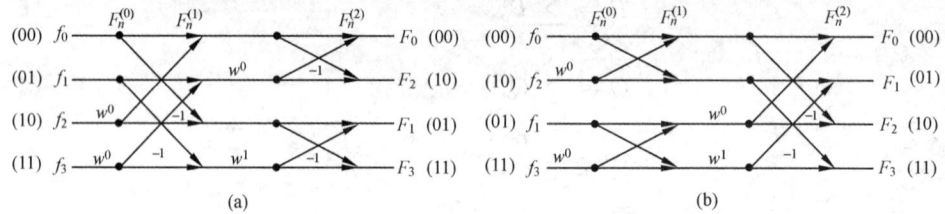

图 6-19　$N=4$ 的 FFT 算法流图
(a) 输入数据正序；(b) 输入数据倒序

因 $w=\mathrm{e}^{-\mathrm{j}\frac{2\pi}{N}}$，有 $w^{P+N}=w^P$，$w^{P+\frac{N}{2}}=-w^P$。对于某一节点对，若一节点的加权系数为 w^P，则另一节点的加权系数为 $w^{P+\frac{N}{2}}=-w^P$。所以在计算一节点对时，仅作一次乘法运算。输入数据为正序时［图 6-19（a）］，其节点对的计算公式为

$$\left. \begin{array}{l} F_n^{(l)} = F_n^{(l-1)} + w^P F_{k+2^{m-l}}^{(l-1)} \\ F_{n+2^{m-l}}^{(l)} = F_n^{(l-1)} - w^P F_{k+2^{m-l}}^{(l)} \end{array} \right\} \tag{6-122}$$

式中 l 为计算次数，$l=1, 2, \cdots, m$，F 的右下标为节点号或数据的序号，取 $0, 1, \cdots, 2^m-1$（或 $N-1$）。在每一次计算中，都从 $n=0$ 开始，计算 2^{m-l} 个节点对，然后跳过 2^{m-l} 个节点，此时 n 被赋值为 $n+2^{m-l}+1$，再计算 2^{m-l} 个节点对，如此类推，直至 $n+2^{m-l}+1$ 大于 N，本次计算结束。w^P 中 P 的取值按如下方法确定：将 n 用 m 位二进制数表示，再将其右移 $m-l$ 位，高位用零填补，最后把该二进制数进行位序颠倒，对应的十进制数就是 P 的值。

值得注意的是计算的数据 $F_n^{(m)}$ 的序号与 F_n 的序号用二进制表示时成倒序关系，因此还必须把计算结果重新排序，才能得到最终结果。

三、插值法的应用

从前面交流采样的算法分析中可以看出，不论是积分法还是傅里叶变换法，都需要将连续函数的积分作离散化处理，这种离散化处理方法的精度与一个周期的等间距采样点的个数 N 有关。采样点个数越多，则精度越高。而提高采样点个数却易受到 A/D 转换以及 CPU 处理转换过程（如模拟多路开关的选择，采样/保持控制等）的速度限制。

把插值法应用到交流采样中，可以不增加采样点就可以使计算结果的精度大大提高，其效果如同增加了采样点数。具体的做法是，将定积分用分段定积分累加和替代，每一分段函

数用已知的离散数据构成的插值函数表示。常用的有线性插值和抛物线插值两种。

设有一时间函数 $y=f(t)$，已知 $y_k=f(t_k)$，$y_{k+1}=f(t_{k+1})$，则可构造一线性插值函数

$$L_1(t)=\frac{t-t_{k+1}}{t_k-t_{k+1}}\cdot y_k+\frac{t-t_k}{t_{k+1}-t_k}\cdot y_{k+1} \qquad (6-123)$$

若已知 $y_{2k}=f(t_{2k})$，$y_{2k+1}=f(t_{2k+1})$，$y_{2k+2}=f(t_{2k+2})$，则可构造一抛物线插值函数

$$L_2(t)=\frac{(t-t_{2k+1})(t-t_{2k+2})}{(t_{2k}-t_{2k+1})(t_{2k}-t_{2k+2})}\cdot y_{2k}+\frac{(t-t_{2k})(t-t_{2k+2})}{(t_{2k+1}-t_{2k})(t_{2k+1}-t_{2k+2})}\cdot y_{2k+1}$$

$$+\frac{(t-t_{2k})(t-t_{2k+1})}{(t_{2k+2}-t_{2k})(t_{2k+2}-t_{2k+1})}\cdot y_{2k+2} \qquad (6-124)$$

对于一个周期 T 有 N 个等间距采样点，上两式中 $t_k=\dfrac{T}{N}k$。

利用分段线性插值法或抛物插值法，积分式 $\int_0^T f(t)\mathrm{d}t$ 可写成

$$\int_0^T f(t)\mathrm{d}t=\sum_{k=0}^{N-1}\int_{t_k}^{t_{k+1}}L_1(t)\mathrm{d}t \qquad (6-125)$$

或

$$\int_0^T f(t)\mathrm{d}t=\sum_{k=0}^{\frac{N}{2}-1}\int_{t_{2k}}^{t_{2k+2}}L_2(t)\mathrm{d}t \qquad (6-126)$$

用这样的方法可以将积分算法和傅里叶算法作相应的改进，这里就不再赘述。

第四节 被测电量的交流采样

交流采样算法的实现必须有相应的硬件和软件作支撑。不论是时域分析算法，还是频域分析算法，其硬件基础是相同的，只是在软件上有所差异。

一、硬件结构及工作原理

交流采样与直流采样不同点在于输入信号是交流弱信号（如 3.5V），要计算有功功率和无功功率，还要求采集的电压和电流信号的离散数据在时间上保持一致。因此交流采样的硬件中有多个采样保持器，以保证单个 A/D 转换器，分时转换出的电压、电流数据是同一时刻的。对于三相三线制电路要有四个采样/保持器（S/H）用于保持 u_{AB}、u_{CB}、i_A、i_C 信号，对于三相四线制电路要有六个 S/H 保持 u_A、u_B、u_C、i_A、i_B、i_C 信号。另外，要保证采集的离散数据是等间距的，还要对 S/H 进行控制。

图 6-20 给出三相三线制的交流采样硬件结构框图。

1. 低通滤波器

根据采样定理，当输入信号中所含最高谐波频率小于奈魁斯特频率时，离散化处理分析的结果理论上不会引起误差。由于一个周期中采样点数 N 是有限的，因此只能有效地分析有限频谱的信号。故需将输入信号经低通滤波器，滤除高于奈魁斯特频率的信号。

引入低通滤波器滤掉了高次谐波，同时也使输出与输入信号之间产生了相移，不同频率信号相移程度也不同，这样就破坏了输入信号之间的相位关系。另外不同频率信号的增益亦不相同。因此在设计低通滤波器时，应适当地选择元件参数，使其接近于理想的低通滤波器，即在低通滤波内具有恒定的增益，而在低通滤波外则有无穷大的衰减。四个低通滤波器的幅频特性、相移频率特性要保持一致。

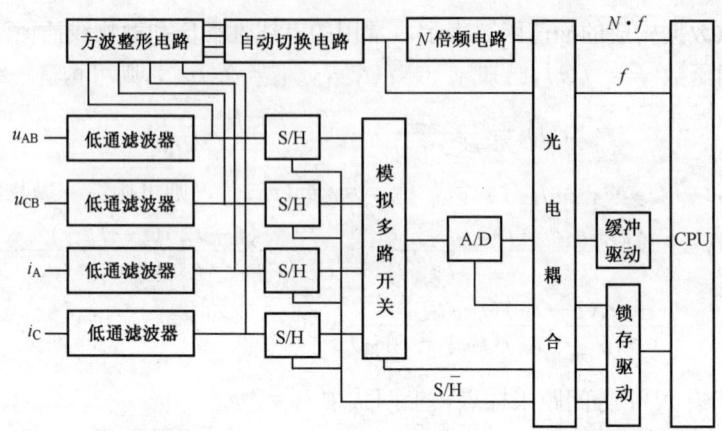

图 6-20 三相三线制的交流采样硬件结构框图

通常,电力系统中电压、电流中较高次谐波的含量很小,可以通过提高一个周波的采样点数,或采用插值法,这样处理可略去低通滤波器这个环节,同样能满足测量精度的要求。

2. 方波整形电路

方波整形电路是将输入的交流电压信号整形成方波信号,以提取系统频率信号,见图 6-21。

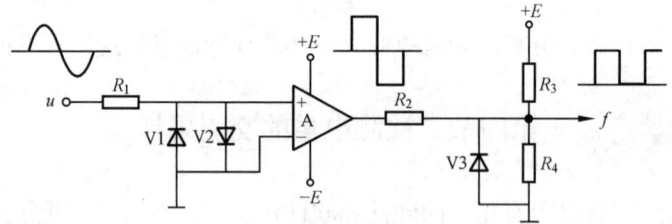

图 6-21 方波整形电路

图中运算放大器 A 与电阻 R_1、二极管 V1、V2 组成零电位比较器。当输入信号 $u>0$ 时,A 输出信号幅值为正电源电压 $+E$;当 $u<0$ 时,A 输出为负电源电压 $-E$。输入信号周期性变化时,输出信号为周期性变化的方波,且输入与输出信号的周期或频率一致。二极管 V1、V2 作为运算放大器 A 的输入信号限幅保护。

比较器输出的方波信号是 CMOS 电平,可通过二极管 V3、电阻 R_2、R_3、R_4 转换为 TTL 电平的方波信号 f。信号 f 可作为频率测量和采样信号的依据。图 6-21 中示意出输入、输出信号波形转换的过程。

3. 自动切换电路

整形后的方波是跟踪输入信号的,若输入信号消失,方波信号也随即消失。例如发生 A、B 相间短路,u_{AB} 将为 0,这时要求自动切换到 u_{CB} 提供的方波信号上。因为这个方波信号是非常重要的,它提供了系统频率信号 f,同时产生 N 倍系统频率信号 $N \cdot f$ 作为采样信号,如果这个信号消失,交流采样将无法正常工作。

如果系统发生三相短路,u_{AB}、u_{CB} 均为 0,这时应自动切换到 i_A 或 i_C 提供的方波信号上。只有当输入信号均为 0 时,自动切换电路输出的方波信号才消失,当然这时各个电量也就为 0 了。

自动切换电路实际上是一个数字多路开关,通过对数字多路开关输出的方波信号的监视,决定是否切换输入信号。用输出的方波信号控制某一计数器清零或计数,高电平清零,低电平计数。当低电平的持续时间超过设定值时,计数器计数溢出,控制数字多路开关的地址选通信号,切换到下一路输入的方波信号。

4. N 倍频电路

用 CD4046 和一些外围电路可构成 N 倍频电路,见图 6-22。CD4046 锁相环芯片由线性压控振荡器、两个鉴相器以及一个源极跟随器组成。

图 6-22 中,电容 C_1 和电阻 R_1 用于决定压控振荡器的中心频率。R_2 可以改变压控振荡器的自由振荡频率,并且改变振荡器的频率控制范围。CD4046 的 INH 脚为低电平时压控振荡器工作。AIN 脚为信号输入。U_{COUT} 脚为压控振荡器的输出,将 U_{COUT} 脚的输出信号给 N 分频电路,分频电路的输出则接至 BIN 脚,这样可以使得压控振荡器输出信号的频率为输入信号频率的 N 倍。AIN 和 BIN 两脚的信号引到片内的两个鉴相器的输入端。PC2 为鉴相器的输出信号(鉴相器 2 为边沿触发型鉴相器),对 R_3、R_4、C_2 构成环路滤波器进行充放电,改变压控振荡器输入端 U_{CIN} 的信号,达到输出与输入信号的同步。

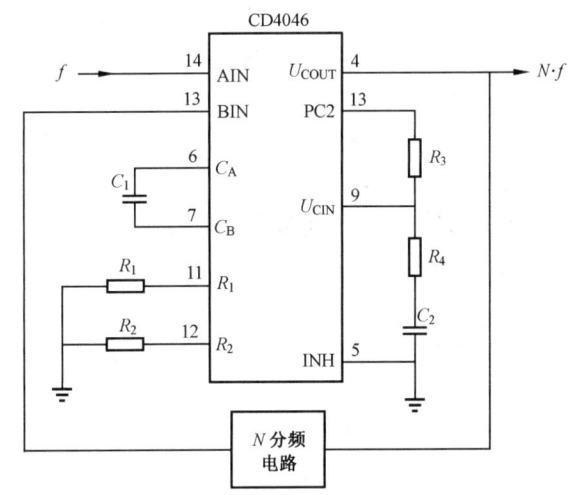

图 6-22 N 倍频电路

5. 采样/保持与模/数转换

在输入信号与模拟多路开关之间加入一组采样/保持器(S/H),是为了保证 A/D 转换器分时转换的各路信号是同一时刻的采样值,因此四个 S/H 的控制信号端应连在一起。如采用 LF398,8 脚为高电平时,进入采样(跟随)状态,其输出跟随输入变化;8 脚为低电平时,进入保持状态,这样输出信号保持不变,等待 A/D 转换。S/H 的控制信号由 CPU 发出,要求 S/H 每一次进入保持状态的时间间隔相等,这样才能保证离散的采样数据在时间上等间距。

S/H 进入保持状态后,CPU 选择模拟多路开关的地址,并启动 A/D 转换,直至将四路信号均转换完毕,再控制 S/H 进入跟随状态。

6. 光电耦合与驱动电路

模拟信号经 A/D 转换或方波整形等处理后,变为 TTL 电平信号供 CPU 使用。为防止干扰的侵入,可在数字信号传递过程中加上光电耦合器,起到信号隔离,以提高电路的抗干扰能力。

光电耦合器存在有不容忽略的输出信号响应时间(一般为微秒级),因此输入电平必须有一定的维持时间,以保证建立起可靠的输出电平。在交流采样中,如果采样点数 N 较大时,应选用高速光电耦合器作为信号隔离器件。通常,接至光电耦合器输入端的信号,都是经过锁存器锁存了的信号,若是脉冲信号,则要经过脉冲展宽处理后(74LS123 可以实现脉冲展宽),才能输入到光电耦合器。为保证光电耦合器中的光敏三极管可靠地工作在导通或截止状态,还需要增加一些外部驱动电路。

需要说明的是，交流采样使用的交流弱信号，一般都经过两级电磁隔离，第一级是TA、TV将一次信号变换为二次信号，第二级是变量器（小互感器）再将二次信号变换为峰值小于5V或10V的交流弱信号。在要求不太高的场合，也可省去数字光电耦合环节。数字光电耦合器的响应速度限制了进一步提高采样点数，在略去数字光电耦合器的同时，又要保证系统有高的抗干扰能力，可在模拟信号输入之前加入线性光电耦合器。

图 6-20 的硬件结构框图是针对一回线而言。如果母线上挂接有多回线路，可在电流输入端（i_A、i_C）处接两个模拟多路开关，实现多回线路交流采样。

二、软件设计

交流采样的软件主要包括采样频率的提取、交流采样控制、交流采样算法实现及数据的平滑处理四大部分。

1. 采样频率的提取

当确定了交流采样点数 N 后，要求每一个周期内部有 N 个采样点，并且在时间上是等间隔的。由于系统频率 f 随系统运行方式的变化而变化，因此要求采样频率能跟踪系统频率的变化保持 N 倍系统频率 $N \cdot f$。

常用的采样频率的提取方法有两种。一种是将 N 倍频电路提供的 $N \cdot f$ 信号，接至 CPU 的中断源上，用信号的上升沿或下降沿触发中断。中断的时间间隔为 $\frac{T}{N}$，在中断服务程序中完成交流采样的控制和处理任务。由于 N 倍频电路采用锁相环技术，可以保证 N 倍系统频率的关系。另一种是将整形后的方波信号 f，也接至 CPU 的中断源上，用信号的上升沿或下降沿触发中断。中断的时间间隔为 T，第一次中断时启动一计数器计数，第二次中断时停止计数，并读出该计数器的计数值 n，用该计数值除以 N 后的值 $\frac{n}{N}$ 作为另一定时器的设定值，交流采样的控制和处理任务放在这个定时器的中断服务程序中完成。由于 $\frac{n}{N}$ 一般都是非整数，无论采用取整还是四舍五入的方法处理，最终都不能保证 N 倍定时器的设定时间等于系统周期，这将导致一个周期的采样点数不等于 N。一种修正办法是：用 $\frac{n}{N}$ 的整数作为 N 次定时的设定值，并将其中的 $\frac{n}{N}$ 的余数个定时的设定值加 1，这样做可以保证每个周期都有 N 个采样点，但不是等间隔，不等间隔差为一个计数时间单位。

这两种方法的不同之处在于，方法一通过硬件提供采样点数，而方法二则是通过软件处理。

上述两种方法除了提供了采样频率为下一步实现交流采样作准备，同时还能通过软件测量出系统频率，其软件设计的程序框图如图 6-23 所示。

图中 I 为进入中断的次数，应初始化为零。首次进入中断时，$I=0$，然后启动计数器计数。N 的取值大小与产生中断的中断信号频率有关。如果中断信号是交流电压、电流直接整形的信号，则 N 值取 1；如果中断信号是 N 倍频采样分点方波信号，则取值为 N。当 $I \neq N$ 时，I 值加 1，退出中断；当 $I=N$ 时，计数器停止计数，读出计数值。最后用计数器的计数频率除以计数值，则得到系统频率；若用计数器的计数周期乘以计数值，则得到系统周期。将 I 清零退出中断，可继续作频率测量。

从频率测量过程可以看出，其精度与计数器计数频率有关，计数频率越高，则精度也高。另外频率的测量精度还受首次（$I=0$）中断和末次（$I=N$）中断的响应时间差异的影响，以及从中断入口到启动计数和停止计数的时间不等引起的计数值误差的影响。一种解决方法是延长计数时间（如 N 值加倍，对两个周期计数），并对计数终值修正。

2. 交流采样控制

交流采样控制是指对采样/保持器、模拟多路开关和模/数转换器的控制，其软件框图见图 6-24。

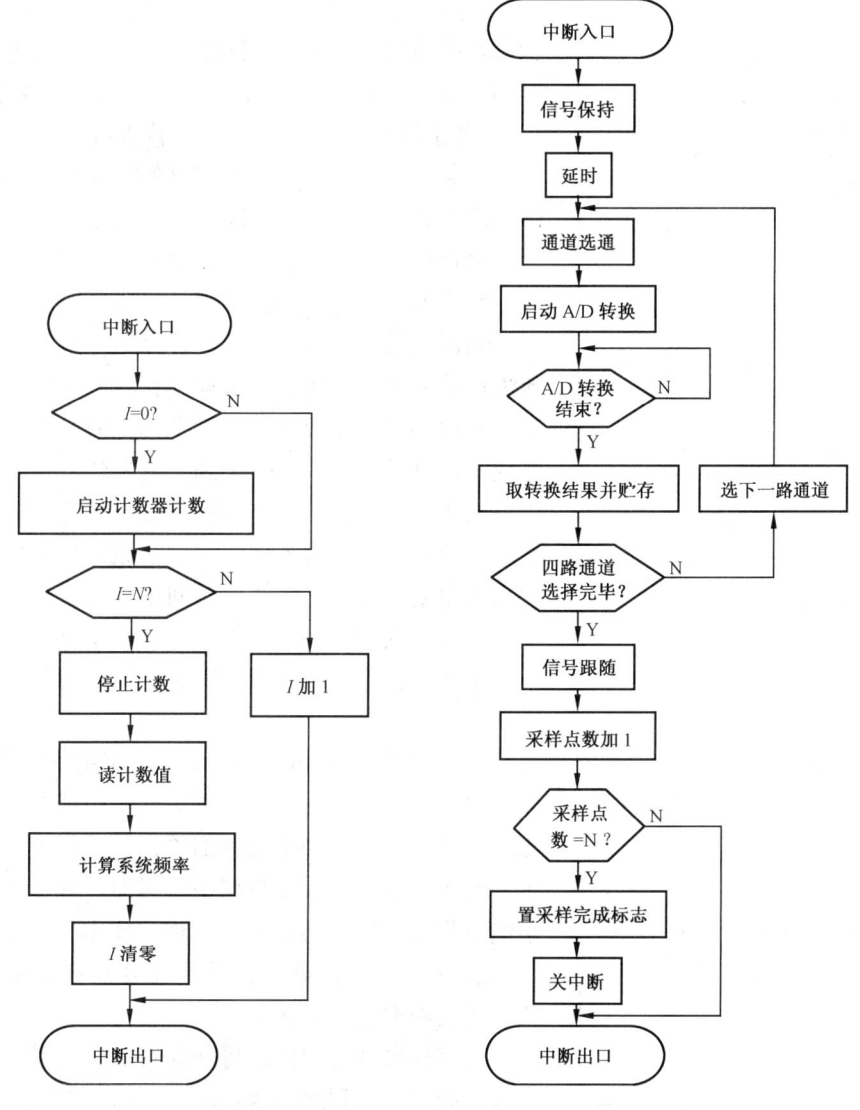

图 6-23 频率测量软件设计的程序框图　　图 6-24 交流采样控制软件框图

交流采样的控制过程通常是在中断服务程序中完成，根据采样频率提取方式的不同，中断服务程序可以是外部中断或内部定时器中断的服务程序。在进入一个完整的交流采样过程之前，中断是关闭的，并需要作相应的初始化工作，通道计数单元和采样点计数单元清零，采样/保持器处于跟随状态。在开中断前，还应清除中断登记，否则会引起第一、二次中断时间间隔不等于采样时间间隔。初始化完毕后，即可开中断，进入交流采样过程。

在进入中断服务程序后首先要做的是控制 S/H 对输入电压、电流信号进行保持，并作一短暂的延时，确保输出信号稳定。接下来分别对各输入信号进行 A/D 转换，对于三相三线制电路，可对 u_{AB}、u_{CB}、i_A、i_C 四个量作转换。选通模拟多路开关地址，启动 A/D 转换，待转换结束后，取出转换数据，存入相应的存储单元，再选择下一路通道，再启动 A/D 转换，直至四路信号转换完毕。这时得到的四个数据是同一时刻的。

四路信号转换完毕后，应立即控制 S/H 进入跟随状态，因为输出信号要跟随输入信号的变化需要一定的时间，这样可以最大限度增长跟随时间。采样点数加1，判断采样点数是否等于 N，若不等，则继续响应下一次中断；若相等，则一个完整的交流采样数据采集过程完成，关中断，退出中断。待利用这些采集数据得出全部电量后，再开中断作下一路信号处理。

3. 交流采样的算法实现及数据的平滑处理

利用完整的交流采样数据计算出全电量，是通过交流采样的算法来实现。交流采样算法的软件编制，因算法不同而不同。在处理上，可把选定的交流采样算法编制成一计算子程序，待查询到交流采样数据采集完成标志后调用。也可以把某些能利用已采集的数据作简单运算的部分安排在交流采样控制中断服务程序中，当然必须保证中断服务程序的执行时间小于触发中断的时间间隔（即采样周期），否则将导致中断嵌套，使交流采样不能正常进行。下面以积分算法为例来说明这两种处理方法。

图 6-25 为积分算法的子程序框图。图中 $u_{AB}^{(k)}$、$u_{CB}^{(k)}$、$i_A^{(k)}$、$i_C^{(k)}$ 为第 k 点采样的电压、电流数据。程序中先对电压、电流、功率的累加单元及采样点计数单元清零，电压、电流作采样数据平方累加，有功功率作电压乘电流累加，累加次数为 N。然后作电压、电流有效值计算及有功功率计算。最后再计算视在功率、功率因数、无功功率。

采用这种处理方法获得一线路的全电量花费的时间为系统周期加子程序的执行时间。为了提高实时性，可以把子程序分解为若干部分，嵌入到交流采样控制中断服务程序中，图 6-25 中累加单元清零部分放在初始化处理中，累加计算部分放在图 6-24 信号跟随后，电量计算部分放在关中断后。这样处理后可使全电量获得时

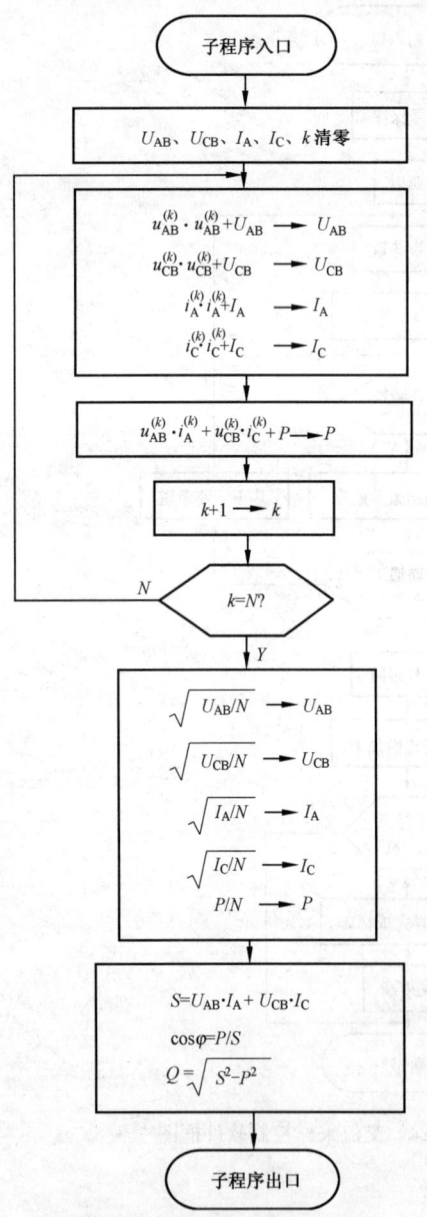

图 6-25 积分算法子程序框图

间为一个系统周期。值得注意的是，这种做法必须要对中断服务程序的执行时间作认真的计

算，以免引起中断嵌套。

与直流采样一样，交流采样计算的全电量数据也要进行数字滤波处理，处理方法相同，此处不再赘述。

从数据的获取速度上看，直流采样的速度取决于 A/D 转换速度，一般为微秒级，而交流采样需在一个周波后并做计算处理才能获得所需的数据。但从响应速度上看，交流采样却优于直流采样。当输入信号变化时，交流采样可在 20ms（以 50Hz 为例）后迅速反映出来，而直流采样由于变送器存在固有的延时，响应时间通常上百毫秒。另外交流采样还可分析出谐波含量，投资小、配置灵活、扩展方便，这些都是直流采样望尘莫及的。

三、误差分析

交流采样的误差主要包括三个方面：硬件的信号转换误差、算法的模型误差和软件的计算误差。

信号转换误差是指输入/输出信号在转换过程中出现线性对应关系的破坏而产生的误差。如互感器、低通滤波器、A/D 转换器、方波整形电路、N 倍频方波信号产生电路等。这些硬件环节引起的误差直接影响到交流采样的精度，在设计时应给以充分考虑。

模型误差是指建立交流采样算法的必要条件不能满足时所引起的误差，各种交流采样算法模型都有其成立的条件（或前提）。时域分析的二点算法要求输入信号为正弦波，当输入信号畸变时，将出现误差，畸变程度越大，误差越大。在采用数字 90°移相计算无功功率时，当仅有基波和 $4k+1$（$k=1，2\cdots$）次谐波时才成立，否则也将产生模型误差。积分算法（均方根算法）以及傅里叶变换算法都要求严格满足采样定理，输入信号中最高次谐波的频率必须小于或等于奈奎斯特频率，每个周期的采样点数相等，并且每个采样点必须等间距。如果这些苛刻的条件不满足，也将产生误差。

计算误差主要指计算中的舍入误差以及一些运算（如乘、除、开方等）结果的精度损失所引起的误差。输入信号越小，交流采样的计算误差越大。

综上所述，引起交流采样误差的环节较多，只有严格控制，才能满足测量精度要求。在信号转换方面，应选择线性好、温漂小、稳定性高的器件。因为信号转换误差是一固有的误差，只有在后续处理中引入修正系数适当地加以改善。从实际上看，严格满足算法成立条件是不可能的，只能最大限度地满足。如：尽量提高采样点数 N、让采样频率快速跟踪系统频率、离散数据的时间间隔尽量相等。在计算上，如傅里叶变换的计算，采用浮点运算。为避免小信号时计算误差大，在电流输入端加一级程控增益放大器，将小信号放大后再处理计算。

第五节　电量变送器的主要性能指标

电量变送器作为直流采样的信号源，其性能指标的优劣直接影响着遥测系统测量的准确度。为此国家对电量变送器的性能指标做出了明确的规定，这里就主要的性能指标作一介绍。

一、变送器的标称值

变送器的输入量来自电力系统中电压互感器（TV）和电流互感器（TA）的输出。不论一次系统的电压等级和电流容量是多少，电压互感器的输出额定值均为交流 100V，电流互感器的输出额定值为交流 5A 或 1A，因此变送器输入额定电压为交流 100V，额定电流为交流 5A 或 1A。

变送器输出为直流，有电压型输出和电流型输出两种，电压输出标称值常用的有 0～5V、0～10V、−5V～0～5V、−10V～0～10V，电流输出标称值常用的有 0～1mA、0～10mA、−1mA～0～1mA、−10mA～0～10mA、4～20mA。变送器采用电流型和电压型输出，在传输距离很近和无干扰环境条件下，所引起的误差和信号稳定性两者没有明显的差异。但在传输距离较远，并且现场环境恶劣的条件下，应优选电流型输出，因为电流型输出的变送器相当于电流源，有较高的抑制分布在传输线上的外部磁场和静电场干扰的能力，并且电流输出标称值越大，抗干扰的能力越强。

二、变送器的允许过量输入

变送器的允许过量输入分为连续过量输入和短时过量输入。连续过量输入为标称值或上限值的 120%，短时过量输入应按表 6-1 的规定进行试验，试验用电流和电压，是表 6-1 中所列系数与较高标称值，或参比范围上限或标称使用范围上限的乘积。变送器在完成连续和短时过量输入试验后，仍应满足其精度要求。

表 6-1　　　　　　　　短时过量输入

被测量	与电流相乘的系数	与电压相乘的系数	施加次数	每次施加过输入的持续时间（s）	相邻施加之间的间隔时间（s）
电流	2 10		10 5	10 3	10 5min
电压、频率		1.5	10	10	10
功率(有功、无功)	1	1.5	10	10	10
功率因数	2	1	10	10	10
相角	10	1	5	3	5min

三、变送器的输出性能

变送器的输出性能主要指输出负载能力、输出纹波和输出响应时间。

电流输出负载最大值应不小于 $\dfrac{10\,(\text{V})}{\text{输出电流较高标称值（mA）}}$（kΩ），电压输出负载最低值应不大于 3、5kΩ。

输出纹波含量有效值不应超过输出上限值的 0.3%。

响应时间不大于 400ms。响应时间应通过输入一阶跃信号使输出产生一个从输出较高标称值的 0%～90% 的方法测定。如果要求对减少输入进行试验，响应时间由阶跃输入量在输出中产生的变化，从输出较高标称值的 100%～10% 确定。响应时间是变送器的一个重要性能指标，响应时间的长短直接影响到变送器输出是否能快速跟踪系统参量的变化。尤其是在电网事故情况下，要想对事故进行分析和判断，必须缩短响应时间。如果变送器的响应时间小于 100ms，这时采样数据能反映出开关动作瞬时变化引起的电气参量变化。

四、变送器的准确度

变送器是一个电量变换装置，它总是存在一定的变换误差，这个变换误差基本上决定了变送器的测量准确度。变送器的准确度由基本误差极限和改变量极限确定。变送器的等级指数一般分为六级，它与误差极限的关系见表 6-2。

表 6-2　　　　　　以基准值的百分数表示误差极限与等级之间的关系

误差极限（%）	±0.1	±0.2	±0.5	±1	±1.5	±2.5
等级指数	0.1	0.2	0.5	1.0	1.5	2.5

基本误差是指变送器在参比条件下测定的误差。参比条件是变送器符合基本误差要求的规定条件，此条件由参比值和参比范围确定。参比条件对被测量和影响量都有明确的规定条件。影响量是能影响变送器特性的量（被测量除外），有环境温度、被测量频率、被测量波形、输出负载、辅助电源、外部磁场等。

改变量是当某一影响量相继取两个不同的规定值时，变送器对同一被测量值产生的两个输出值之间的差。改变量可以基准值百分数表示。因此，影响量引起的改变量能对变送器在实际运行情况下的准确度作出有效的评估。改变量包括环境温度引起的改变量、输入量频率引起的改变量、输入量电压引起的改变量（电压变送器除外）、输入量电流引起的改变量（仅对相位角变送器和功率因数变送器）、功率因数引起的改变量（仅对有功功率和无功功率变送器）、输出负载引起的改变量、辅助电源引起的改变量、连续运行引起的改变量、自热引起的改变量、不平衡电流对三相有功和无功功率变送器特性影响引起的改变量、输入量波形畸变引起的误差改变量、三相有功和无功功率测量线路之间相互作用引起的改变量、外部磁场引起的改变量、被测量超过测量范围引起的改变量。

另外，变送器的稳定度也是一个重要指标，通常以一年为期限。在规定的运输、储存、使用条件情况下，变送器应符合准确度等级规定的有关基本误差极限。

五、变送器的功耗

变送器的输入回路一般都接在电气测量回路中，与其他电气测量仪表共用一个电流互感器和电压互感器，而这些互感器的准确度与其二次负载有关。因此，为防止互感器过载，降低测量综合误差，应尽量降低变送器的功耗。

六、变送器的绝缘电阻测定和绝缘电压试验

变送器应具有一定的绝缘强度和耐压性能。各输入回路与外壳之间、所有输入回路与输出回路之间、各输入回路之间，用 500V 直流摇表，跨接于变送器上述各项回路之间，加压持续 1min 后，测得的绝缘电阻应不小于 5MΩ。变送器的绝缘电压试验包括：各输入回路对外壳加交流 50Hz、2kV 电压，持续 1min；输出回路对外壳加交流 50Hz、500V 电压，持续 1min；输入回路对输出回路之间加交流 50Hz、500V 电压，持续 1min；各输入回路之间加交流 50Hz、2kV 电压，持续 1min。在完成电压试验后，变送器仍应满足其等级指数要求。

第七章 远动信息的传输

第一节 数字通信

一、模拟通信系统与数字通信系统

通信时要传输的消息是多种多样的，所有不同的消息可以归结为两类，一类称作模拟消息，另一类称作离散消息。模拟消息也称连续消息，它是指消息的状态是连续变化的。如亮度连续变化的图像、强弱连续变化的语音。离散消息也称数字消息，它是指消息的状态是可数的或离散型的。比如数据、符号等。

消息需要通过某种设备转换成信号才能传输，并且消息与信号之间必须建立单一的对应关系，否则在接收端无法把信号还原成原来的消息。由消息转换得到的信号即信息信号，相应地也分为模拟信号和数字信号两大类。当信号的某一参量对应于模拟消息而连续取值时，这样的信号称为模拟信号，如话筒产生的话音电压信号。当信号的某一参量携带着离散消息，而使该参量的取值是离散的，这样的信号称为数字信号，如电报信号。

模拟信号和数字信号都可以在通信系统中传输。按照通信系统中传输的是模拟信号还是数字信号，我们把通信系统相应地分为模拟通信系统和数字通信系统两类。

模拟通信系统的基本组成可以用图7-1所示的模型来表示。信息源的作用是实现原始消息到信息信号即基带信号的变换。受信者则实现其反变换。由于基带信号不宜直接进行远距离传输，因此必须经过调制后再送入信道进行传输。我们把调制前的基带信号称作调制信号，调制后的信号称作已调信号或信道信号。在模拟通信系统中，调制信号为模拟基带信号。接收端的解调是调制的逆变换，即从已调信号中恢复基带信号，即信息信号。受信者再把信息信号还原为原来的消息。

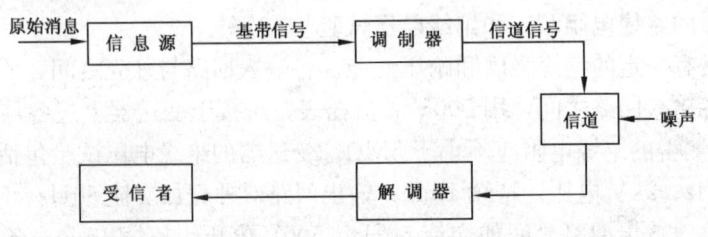

图7-1 模拟通信系统模型

数字通信系统模型如图2-1所示。数字通信系统中的原始消息经信源编码和信道编码之后，变换成信息信号，也称调制信号。在数字通信系统中，调制信号是数字基带信号。数字基带信号经调制器调制后输出，同样称作已调信号或信道信号。

在模拟通信系统中，增音机的数量随传输距离而增加，模拟信号中的噪声和串扰随增音机数加多相应地累积加大，从而使模拟通信的通信距离受到限制。在数字信号的传输过程中，噪声对数字信号的干扰可以在每一个再生中继机中借助对信号的再生来消除，使噪声不能积累，因此数字通信的通信距离在理论上是不受限制的。数字通信中的差错控制技术还可以提高数字信号传输的可靠性，同时数字信号也便于现代计算技术的处理、易于加密。另外数字通信系统的设备采用数字电路，可以用大规模和超大规模集成电路来实现，使设备的通用性好、经济可靠并能实现微型化。但是模拟通信系统的信道信号是模拟信号，其频带一般都比较窄，而数字通信占用的频带较宽。如一路话音信号传输时只需 4kHz 带宽，但经数字化后就约占 64kHz 的带宽。因此模拟通信系统的信道频带利用率较高。

由于数字通信较模拟通信有许多优点，使数字通信在各个领域中发展很快。通常可以将模拟信号经模/数转换变换为数字信号，然后进行数字通信，以求得到更好的通信质量。

二、信道与噪声

信道是任何通信系统中不可缺少的部分。对于信道一般有狭义信道和广义信道两种定义。

狭义信道仅指信号传输的媒质。它可以是有线信道，如电线、电缆、光纤等，也可以是无线信道，如自由空间、电离层等。

广义信道对模拟通信系统是指从调制器输出端到解调器输入端之间的所有设备以及传输媒质。对数字通信系统是指从调制器输入端到解调器输出端之间的所有设备以及传输媒质。前者也称作调制信道，它传输模拟信号。后者也称作编码信道，它传输数字信号。

任何一个通信系统，当信号在信道中传输时，都不可避免地会受到各种噪声的干扰。噪声是信号在传输过程中所受到的各种各样干扰信号的总称。按噪声对信号的干扰形式可以把噪声分为加性噪声和乘性噪声。乘性噪声是依赖于信号存在的，当信道中没有信号时，它也随之消失。加性噪声是独立存在的，与信道内有无信号无关，它以叠加的形式干扰信号。按噪声波形的不同，可以把噪声分为单频噪声、脉冲噪声和起伏噪声。单频噪声主要指无线电干扰，它是一种连续波干扰，其特点是频谱集中在某个频率附近很窄的频带范围内。脉冲噪声包括工业干扰中的电火花、断续电流以及天电干扰中的雷电等。它的特点是波形的持续时间短促，且突发的间隔时间较长，呈脉冲性质。起伏噪声主要是指信道内部的热噪声、器件噪声和来自空间的宇宙噪声，是时间上连续的无规则干扰。由于单频噪声和脉冲噪声或者在频域内或者在时域内出现的局部性，对信号传输的危害比较小，真正危害并限制通信系统性能的是起伏噪声。因为它来自信道本身，所以它对信号传输的影响是不可避免的。起伏噪声属于加性噪声。

信道噪声对信道中传输信号的影响程度可以用信噪比来衡量。信噪比是指在同一点上信号功率与噪声功率之比，信噪比越大，说明信号功率相对于噪声功率来说，在信号和噪声的混合波形中所占的比例越大。因此恢复原来的信号就越容易。所以提高信噪比能够提高通信质量。在数字通信系统中，噪声对通信质量的影响也常用误码率来表示。误码率越大，通信的可靠性越差。

三、数字基带信号

消息在数字通信系统中经过了两个变换，一个是消息与数字基带信号之间的变换，另一个是数字基带信号与信道信号之间的变换。前一个变换由发送和接收终端设备完成，后一个变换则由调制器和解调器来完成。

如果不经过调制与解调过程，而直接在信道中传输数字基带信号，这种通信系统称为数字基带传输系统，简称基带传输系统。

基带传输系统中的数字信号有二元数字信号和多元数字信号。最常用的是二元数字信

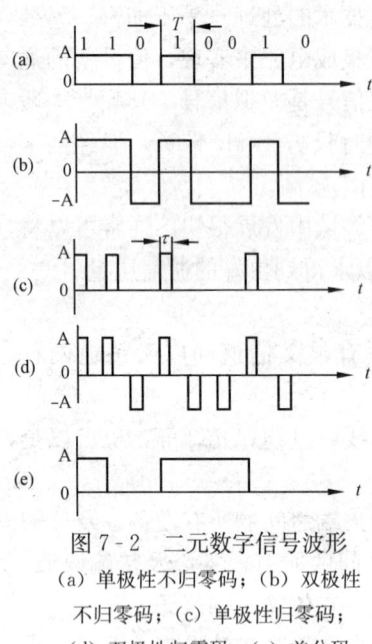

图 7-2 二元数字信号波形
(a) 单极性不归零码；(b) 双极性不归零码；(c) 单极性归零码；
(d) 双极性归零码；(e) 差分码

号，即二元码也称二进制码。二元码的每一位码元只能取"0"或"1"。最简单的二元码基带波形是矩形脉冲，取值只有两种电平。图 7-2 中仅画出了一部分表示二元码的矩形脉冲波形。T 表示码元宽度。

单极性不归零码用高电平和零电平两种取值分别表示"1"和"0"，在每个码元期间电平保持不变，见图 7-2 (a)。

双极性不归零码用正电平表示"1"、负电平表示"0"，在每个码元内电平保持不变，见图 7-2 (b)。

单极性归零码用正脉冲表示"1"、无脉冲表示"0"。正脉冲的电平为 A，宽度为 τ，且 τ 小于码元宽度 T。τ/T 称为占空比，见图 7-2 (c)。

双极性归零码用正脉冲表示"1"，负脉冲表示"0"。脉冲电平分别为 A 和 −A，正负脉冲的占空比相同，见图 7-2 (d)。

差分码中的"1"和"0"分别用脉冲电平的变化与否来表示。若相邻脉冲电平改变时表示"1"，不改变时表示"0"，则有图 7-2 (e) 的差分码波形。

上述各种用来表示数字基带信号的矩形脉冲信号都是时域信号。时域信号通过傅氏变换可以用频域信号来表示。这时任何一个时域信号被分解成频域中的许多频率分量。这些频率分量所取频率的范围形成信号的频谱。数字基带信号的频谱基本上从零频开始，是低频信号。而多数实际的信道属于带通信道。带通信道的频率特性像一个带通滤波器，只允许频率分布在某个最低频率和最高频率之间的通频带内的信号能可靠传输。这种信道不适宜传输直流和低频信号。因此必须将数字基带信号的频谱搬移到高频处，即把数字基带信号变换成适合于在实际信道中传输的频带信号形式。这个变换过程称为数字调制。我们把包括了调制和解调过程的传输系统称为频带传输系统。

对远动系统，远动信息以数字信号进行传输，所以远动信息的传输系统是数字通信系统。远动系统中所有待传送的消息，首先在发送终端形成发送码字。发送码字在进入调制器之前，是用单极性不归零码表示的数字基带信号。发送码字进入调制器完成数字调制后，得到信道信号，再向信道中发送。经信道传输后，接收端收到的信道信号通过数字解调后，还原为数字基带信号，再由接收终端将数字基带信号还原成原来的消息。

第二节 数字调制与解调

一、调制与解调

调制就是用待传输的基带信号去控制高频正弦波或周期性脉冲信号的某个参数，使它按基带信号变化。通常把基带信号称为调制信号；被调制的高频正弦波或周期性脉冲信号称为载波，它起着运载基带信号的作用；调制后得到的信号称为已调信号。

通过调制，基带信号的频谱被搬移到载频附近，使它可以适应信道频带的要求，便于发送与接收。调制还是实现信道多路复用的一种重要手段。由于各路的基带信号往往在时间上和频谱上是互相重叠的，必须将各路传输信号在时间上或频率上分离开来，这就是时分复用和频分复用的方法。频分复用就是采用调制的方法，在传输信号的频带小于信道允许的频带范围时，将几路信号通过不同载频的搬移后，再一齐送入信道中传输，从而实现在频率域内的信道复用。另外还可以通过选择不同的调制方式，采用牺牲信号在信道中传输的有效性办法，来换取抗干扰性能的提高，以保证必要的通信质量。

因此，调制就是为了使信号便于传输、减少干扰和易于放大，使一种波形（载波）参数，按另一种信号波形（调制波）变化的过程。解调就是从调制的载波信号中将原调制信号复原的过程。

按所用载波信号的不同，调制可以分为两类，即连续波调制和脉冲调制。连续波调制的载波信号是连续波形，通常选用高频正弦波。脉冲调制的载波信号是脉冲信号，一般选用矩形脉冲。按调制信号的不同，无论连续波调制还是脉冲调制，都可以包含模拟调制和数字调制两种调制方式。模拟调制的调制信号是连续变化的模拟量。数字调制的调制信号是离散的数字量。

二、数字调制方式

数字调制是利用数字信号去控制一定形式的载波而实现调制的一种方法。通常用高频正弦波作为载波信号，这时载波信号可以表示为

$$u(t) = U_m \cos(\omega t + \varphi) \tag{7-1}$$

当用数字基带信号去分别控制正弦载波信号的幅值 U_m、角频率 ω、相位 φ 这三个参数中的任意一个参数时，便分别实现了振幅键控（ASK）、移频键控（FSK）及移相键控（PSK）的调制方式。

振幅键控又称数字调幅，是用数字基带信号对载波振幅进行控制的幅值调制方法。被调制的载波信号只能取 N 种不同的固定幅值。在二进制的振幅键控中，用幅值 0 和幅值 U_m 分别代表数字基带信号"0"和"1"时，二进制振幅键控（2ASK）信号的数学表示式为

$$u(t) = \begin{cases} 0 & \text{数字信号"0"} \\ U_m \cos\omega t & \text{数字信号"1"} \end{cases} \tag{7-2}$$

这里设其初相位 $\varphi = 0°$。图 7-3（a）是二进制数字基带信号 1001110001 的波形，图 7-3（b）是经振幅键控后得到的 2ASK 信号波形。

移频键控又称数字调频，是用数字基带信号对载波瞬时频率进行控制的频率调制方式。被调制的载波信号只能取 N 个不同的固定频率值。在二进制的移频键控中，用频率 f_1 和 f_2 分别代表数字基带信号"0"和"1"时，得到的二进制移频键控（2FSK）信号的数学表达式为

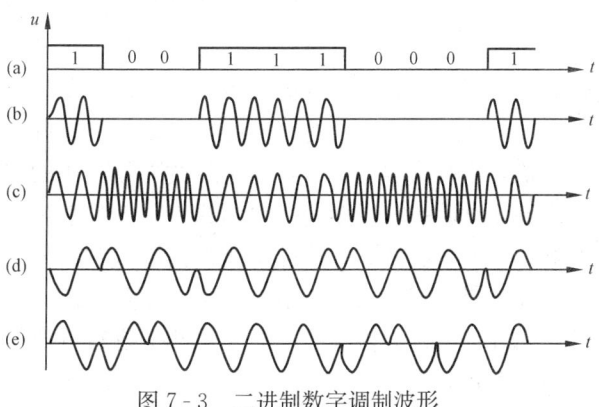

图 7-3 二进制数字调制波形

(a) 数字信号；(b) 二进制振幅键控；(c) 二进制移频键控；
(d) 二进制绝对移相键控；(e) 二进制相对移相键控

$$u(t) = \begin{cases} U_m \cos 2\pi f_1 t = U_m \cos\omega_1 t & \text{数字信号"0"} \\ U_m \cos 2\pi f_2 t = U_m \cos\omega_2 t & \text{数字信号"1"} \end{cases} \tag{7-3}$$

这里设其初相位 $\varphi=0°$。

根据 FSK 信号在数字信号的变化点其相位是否变化的情况，可以将 FSK 信号分为相位连续的 FSK 信号和相位不连续的 FSK 信号。前者在数字信号变化的时刻 FSK 信号的相位是连续的，而后者是不连续的。图 7-3（c）是数字信号 1001110001 对应的 2FSK 信号波形。它是相位连续的 2FSK 信号波形。

移相键控又称数字调相，是用数字基带信号对载波相位进行控制的相位调制方式。移相键控分为绝对移相键控和相对移相键控。

绝对移相键控中，被调制的载波信号只能取 N 种不同的固定相位值。在二进制的绝对移相键控中，用相位 0 和相位 π 分别代表数字基带信号"0"和"1"时，得到的二进制绝对移相键控（2PSK）信号的数学表达式为

$$u(t) = \begin{cases} U_m\cos(\omega t + 0) & \text{数字信号"0"} \\ U_m\cos(\omega t + \pi) & \text{数字信号"1"} \end{cases} \tag{7-4}$$

图 7-3（d）是数字信号 1001110001 对应的 2PSK 信号波形。绝对移相键控是用未调载波的相位作为参考基准的调相，已调载波的相位或者与未调载波同相，或者相位相差 π。

相对移相键控是利用载波相位的相对变化来传送数字信息。每位数字信号所对应的已调载波相位不是以固定的未调载波相位为基准，而是以相邻的前一位数字信号的已调载波相位为基准，使后一位数字信号的已调载波相位取 N 种固定的相位变化值。也就是利用前后两位数字信号的已调载波的相位差来传送数字信息。在二进制的相对移相键控（2DPSK）中，如果载波相位发生 180°变化，也就是这一位数字信号的已调载波相位对于前一位数字信号的已调载波的相位差 $\Delta\varphi=\pi$ 时，代表传送数字基带信号"0"；而当载波相位不发生变化即 $\Delta\varphi=0$ 时，代表传送数字基带信号"1"。则图 7-3（e）是数字信号 1001110001 对应的二进制相对移相键控（2DPSK）信号波形。

三、数字调制系统的性能

1. 抗噪声性能

在数字通信系统中，信道噪声对传输信号的影响程度通常用信噪比来衡量，而信道噪声的存在将最终影响系统总的误码率。因此，从各种数字调制系统的信噪比与误码率之间的关系式，可以看出调制系统的抗噪声性能。

接收端对已调信号的解调可以采用相干解调的解调方法或非相干解调的解调方法。相干解调就是在接收端用一个与发送载波同频同相的本地同步载波和接收到的已调信号相乘，从而使载频附近的重现频谱搬回到原点附近的基带范围，属同步检测法，也称同步解调。非相干解调是依靠已调波的幅度变化来提取调制信号。由于它不要求提供严格同步的参考载波，故又称非同步解调，属包络检波法。最常见的非相干解调器是包络检波器。

当分别用包络检波法和同步检测法进行解调时，三种数字调制系统的误码率与信噪比之间的关系式如下：

相干 2ASK $\qquad p_e = \dfrac{1}{2}\mathrm{erfc}\left(\dfrac{\sqrt{r}}{2}\right) \tag{7-5}$

非相干 2ASK $\qquad p_e = \dfrac{1}{2}e^{-r/4} \tag{7-6}$

相干 2FSK $\qquad p_e = \dfrac{1}{2}\mathrm{erfc}\left(\sqrt{\dfrac{r}{2}}\right) \tag{7-7}$

非相干 2FSK $$p_e = \frac{1}{2} e^{-r/2} \qquad (7-8)$$

相干 2PSK $$p_e = \frac{1}{2} \text{erfc}(\sqrt{r}) \qquad (7-9)$$

差分相干 2DPSK $$p_e = \frac{1}{2} e^{-r} \qquad (7-10)$$

式中 r ——功率信噪比；

p_e——误码率；

$\text{erfc}(x) = 1 - \text{erf}(x) = \frac{2}{\sqrt{\pi}} \int_x^\infty e^{-u^2} du$ 是余误差函数；

$\text{erf}(x) = \frac{2}{\sqrt{\pi}} \int_0^x e^{-u^2} du$ 是误差函数。

对 2ASK 系统，在大信噪比条件下用包络检波法解调时，最小误码率公式为式（7-6）。用同步检波法解调时，误码率公式为式（7-5）。在大信噪比时（$r \gg 1$），式（7-5）可以改写成 $p_e = \frac{1}{\sqrt{\pi r}} e^{-r/4}$，这是相干解调时的最小误码率。由于误码率公式中指数项起主要作用，所以在大信噪比条件下，为了得到给定的误码率，同步检测法所要求的信噪比只比包络检测法所要求的低很少。也就是说这两种检测方法几乎有同样好的性能。

对 2FSK，采用包络检波法解调时，误码率公式为式（7-8），将该式与式（7-6）比较，可以得出如下结论：在大信噪比条件下，采用包络检波法时在相同的误码率条件下，移频键控信号所需信噪比是振幅键控的一半。2FSK 系统采用同步检波法解调时，误码率公式为式（7-7），将该式与式（7-5）比较可以看出，相干解调时在同样的误码率条件下，2FSK 系统所需信噪比也是 2ASK 系统所要求的信噪比的一半。但由于振幅键控系统在发送"0"时，实际发送信号功率为零，故两种系统所要求的平均功率信噪比是一样的。

二进制移相键控系统中，数字调相信号是用载波相位的变化来传输信息，其包络并不反映信息，所以无论是绝对调相信号或相对调相信号的解调都采用相干解调。绝对调相信号 2PSK 相干解调时，误码率公式为式（7-9）。与 2FSK 信号相干解调时的误码率式（7-7）比较，在相同误码率条件下，相干 2PSK 系统所需信噪比又是相干 2FSK 系统所要求的信噪比的 1/2。2DPSK 信号解调时可以用前一码元的载波相位作为后一码元的参考相位，也就是把前一码元波形保存下来作为后一码元解调时的参考载波，这种方法称为差分相干解调。采用差分相干解调对 2DPSK 信号解调时，误码率按式（7-10）计算。与 2FSK 最佳非相干解调时的误码率式（7-8）比较，在相同误码率条件下，差分相干 2DPSK 系统所需信噪比是最佳非相干 2FSK 系统所要求的信噪比的 1/2。

综上所述，在各种解调方式中，如果满足相同误码率条件，则对信噪比的要求按从小到大的排列顺序是：相干 PSK，差分相干 DPSK，相干 FSK，相干 ASK，非相干 FSK，非相干 ASK。虽然相干检测时的性能要优于非相干检测，但前者要求本地载波信号与接收信号之间保持严格的载波同步，这就要增加设备的复杂性。

如果采用相同的解调方式，在相同误码率条件下，则在信噪比要求上 PSK 是 FSK 的 1/2，FSK 是 ASK 的 1/2。

在信噪比相同的条件下，相干 2PSK 的误码率比相干 2FSK 和相干 2ASK 的误码率低。

差分相干 2DPSK 的误码率比非相干 2FSK 和非相干 2ASK 的误码率低，即相干 PSK 的误码率最低，振幅键控的误码率最高。

2. 信号的带宽

周期为 T 的时间信号函数 $f(t)$，可以用傅氏级数表示为

$$f(t) = \sum_{n=-\infty}^{+\infty} F_n(\omega) e^{jn\omega_0 t} \tag{7-11}$$

式中

$$F_n(\omega) = \frac{1}{T} \int_{-\frac{T}{2}}^{\frac{T}{2}} f(t) e^{-jn\omega_0 t} dt \tag{7-12}$$

$$\omega_0 = \frac{2\pi}{T} \tag{7-13}$$

我们把 $F_n(\omega)$ 称作周期信号 $f(t)$ 的离散频谱。$F_n(\omega)$ 一般是复数，故可以表示为

$$F_n(\omega) = |F_n(\omega)| e^{j\varphi(\omega)} \tag{7-14}$$

其中 $|F_n(\omega)|$ 与频率的关系就是周期信号 $f(t)$ 的幅度谱。$\varphi(\omega)$ 与频率的关系就是相位谱。

对于非周期信号 $f(t)$，根据傅氏变换有

$$f(t) = \frac{1}{2\pi} \int_{-\infty}^{+\infty} F(\omega) e^{j\omega t} d\omega \tag{7-15}$$

$$F(\omega) = \int_{-\infty}^{+\infty} f(t) e^{-j\omega t} dt \tag{7-16}$$

式中　$F(\omega)$——$f(t)$ 的傅氏变换，称作信号 $f(t)$ 的频谱密度函数，简称频谱。

$F(\omega)$ 是分布在 $-\infty \sim +\infty$ 整个频率范围内的连续谱，一般是复数，因此可以表示为

$$F(\omega) = |F(\omega)| e^{j\varphi(\omega)} \tag{7-17}$$

能量为有限值的信号称作能量信号。能量信号 $f(t)$ 的归一化能量（简称能量）定义为将电压信号 $f(t)$ 加在 1Ω 电阻上或让电流信号 $f(t)$ 通过 1Ω 电阻所消耗的能量。令能量为 E，则它定义为

$$E = \int_{-\infty}^{+\infty} f^2(t) dt \tag{7-18}$$

有些信号的能量为无限大，但其平均功率为有限值，这种信号称作功率信号。功率信号 $f(t)$ 的归一化平均功率（简称平均功率）定义为在 1Ω 电阻上所消耗的平均功率

$$P = \lim_{T \to \infty} \frac{1}{T} \int_{-\frac{T}{2}}^{\frac{T}{2}} f^2(t) dt \tag{7-19}$$

式中　T——求平均的时间区间。

对于周期为 T 的周期信号 $f(t)$，其平均功率为

$$P = \frac{1}{T} \int_{-\frac{T}{2}}^{\frac{T}{2}} f^2(t) dt \tag{7-20}$$

能量谱密度和功率谱密度表示信号的能量密度或功率密度随频率变化的情况。

为了导出能量信号 $f(t)$ 的能量谱密度，将式（7-15）代入式（7-18）整理后可得

$$E = \int_{-\infty}^{+\infty} f^2(t) dt = \frac{1}{2\pi} \int_{-\infty}^{+\infty} |F(\omega)|^2 d\omega \tag{7-21}$$

式（7-21）就是著名的帕式定理。式中 $F(\omega)$ 是 $f(t)$ 的傅氏变换。该式说明能量信号的总能量等于各个频率分量单独贡献出的能量的连续和（即积分）。也就是说，信号在时域

或在频域中计算的能量是相等的。信号能量可以由 $|F(\omega)|^2$ 曲线下所覆盖的面积给出，因此 $|F(\omega)|^2$ 可以理解为信号在单位带宽内的能量，它反映了信号能量在频率轴上的分布情况，称它为信号的能量谱密度，记作 $E(\omega)$，单位是 J/Hz。有

$$E(\omega) = |F(\omega)|^2 \quad (\text{J/Hz}) \tag{7-22}$$

这时信号的能量可以写成

$$E = \frac{1}{2\pi}\int_{-\infty}^{+\infty} E(\omega)\mathrm{d}\omega \tag{7-23}$$

式（7-23）说明信号的能量等于它的能量谱密度在整个频域内的连续积分。

对于一般的功率信号 $f(t)$（并非指定是周期性信号），由于它具有无限大的能量，故无法使用能量谱密度的定义，而只能用功率参数来表征。功率信号的功率谱密度可以按下述方法求得。

把图 7-4 所示的功率信号 $f(t)$ 截出 $|t|\leqslant\dfrac{T}{2}$

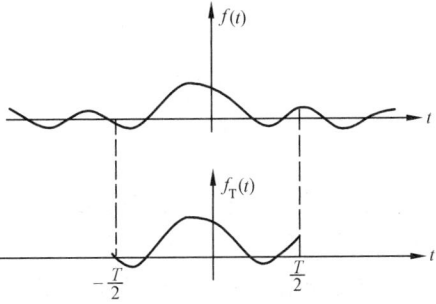

图 7-4　功率信号 $f(t)$ 及其截短函数

的部分，得到截短函数 $f_T(t)$，可以表示为

$$f_T(t) = \begin{cases} f(t) & |t|\leqslant\dfrac{T}{2} \\ 0 & \text{其他 } t \end{cases} \tag{7-24}$$

只要 T 为有限值，$f_T(t)$ 的能量 E_T 也是有限值。用 $F_T(\omega)$ 表示 $f_T(t)$ 的傅氏变换，则

$$E_T = \int_{-\infty}^{+\infty} f_T^2(t)\mathrm{d}t = \frac{1}{2\pi}\int_{-\infty}^{+\infty}|F_T(\omega)|^2\mathrm{d}\omega \tag{7-25}$$

因为

$$\int_{-\infty}^{+\infty} f_T^2(t)\mathrm{d}t = \int_{-\frac{T}{2}}^{\frac{T}{2}} f^2(t)\mathrm{d}t \tag{7-26}$$

所以有

$$\begin{aligned} P &= \lim_{T\to\infty}\frac{1}{T}\int_{-\frac{T}{2}}^{\frac{T}{2}} f^2(t)\mathrm{d}t = \lim_{T\to\infty}\frac{1}{T}\int_{-\infty}^{+\infty} f_T^2(t)\mathrm{d}t \\ &= \lim_{T\to\infty}\frac{1}{T}\frac{1}{2\pi}\int_{-\infty}^{+\infty}|F_T(\omega)|^2\mathrm{d}\omega \\ &= \frac{1}{2\pi}\int_{-\infty}^{+\infty}\lim_{T\to\infty}\frac{|F_T(\omega)|^2}{T}\mathrm{d}\omega \end{aligned} \tag{7-27}$$

由图 7-4 可知，当 $T\to\infty$ 时，$f_T(t)\to f(t)$。由于 $f(t)$ 是功率信号，所以当 $T\to\infty$ 时，$\dfrac{|F_T(\omega)|^2}{T}$ 的极限是存在的。此极限就称为功率信号 $f(t)$ 的功率谱密度，记作 $W(\omega)$，单位是 W/Hz。有

$$W(\omega) = \lim_{T\to\infty}\frac{|F_T(\omega)|^2}{T} \tag{7-28}$$

它反映了信号平均功率在整个频率轴上的分布情况。这时信号的平均功率又可以表示为

$$P = \frac{1}{2\pi}\int_{-\infty}^{+\infty} W(\omega)\mathrm{d}\omega = \frac{1}{\pi}\int_{0}^{\infty} W(\omega)\mathrm{d}\omega = 2\int_{0}^{\infty} W(f)\mathrm{d}f \tag{7-29}$$

上式说明信号的平均功率等于它的功率谱密度在整个频域内的连续积分。功率谱密度定义在 $-\infty \sim +\infty$ 整个频率轴上，称作双边功率谱密度。在实际工程中只定义在 $0 \sim +\infty$ 正频率范围内，称作单边功率谱密度。

当 $f(t)$ 是周期为 T 的周期信号时，将式 (7-11) 代入式 (7-20) 则有

$$P = \frac{1}{T}\int_{-\frac{T}{2}}^{\frac{T}{2}} f^2(t)\mathrm{d}t = \frac{1}{T}\int_{-\frac{T}{2}}^{\frac{T}{2}} f(t)\Big[\sum_{n=-\infty}^{+\infty} F_n(\omega)\mathrm{e}^{jn\omega_0 t}\Big]\mathrm{d}t$$

$$= \sum_{n=-\infty}^{+\infty} F_n(\omega)\Big[\frac{1}{T}\int_{-\frac{T}{2}}^{\frac{T}{2}} f(t)\mathrm{e}^{jn\omega_0 t}\mathrm{d}t\Big] = \sum_{n=-\infty}^{+\infty} F_n(\omega) \cdot F_n(-\omega)$$

$$= \sum_{n=-\infty}^{+\infty} F_n(\omega) F_n^*(\omega) = \sum_{n=-\infty}^{+\infty} |F_n(\omega)|^2 \tag{7-30}$$

这就是周期信号的帕式定理。式 (7-30) 表明：周期信号的总功率等于各个频率分量单独贡献出的功率之和。$|F_n(\omega)|^2$ 就是频率为 $n\omega_0$ 频率分量的平均功率。

需要指出的是，无论能量谱密度还是功率谱密度，它们都只与信号的幅度谱有关，而与信号的相位谱无关。通常可以用信号的功率谱密度函数（简称功率谱）来描述信号的频域特性。

几乎所有的实际信号，它们的功率谱或能量谱的主要成分都集中在某一频率范围之内，在这个频率范围之外的成分很少。这个频率范围可以用信号的带宽来表征。

信号的带宽是指信号的能量（或功率）主要集中的频率范围，它有不同的定义方法：一种定义方法是采用占总能量（或总功率）的百分数（比如 90%、95%、99%）的频率范围来确定；另一种定义方法是，假定功率谱或能量谱在频率轴上具有单峰形状（实际是指谱的一个主峰），则信号带宽为峰值的单边下降到半功率处的相应频率间隔。信号带宽通常用 B 来表示。

如果数字基带信号以单极性不归零的矩形脉冲波形表示，T_b 是单个矩形脉冲的宽度，并假设信号中出现"1"码元和"0"码元是等概率的。我们可以计算单极性不归零码的功率谱，得到功率谱的图形如图 7-5 所示。从图中可见，功率谱的主要成分集中在 ω 为 $\left(0, \dfrac{2\pi}{T_b}\right)$，即 f 为 $\left(0, \dfrac{1}{T_b}\right)$ 的频率范围内，因此数字基带信号的带宽 $B = 1/T_b$。因为 T_b 是单个码元的宽度，所以 $1/T_b$ 是数字基带信号传输时的码元速率。故信号带宽也可以写成 $B = f_b$ (Hz)，f_b 等于码元传输速率。

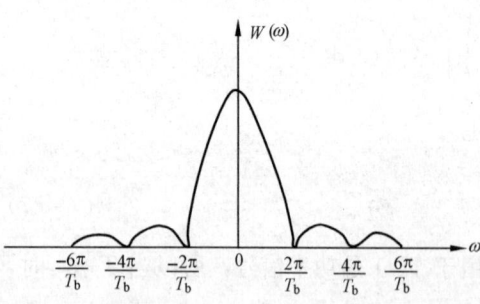

图 7-5 单极性不归零码的功率谱

当用数字基带信号控制载波的振幅时，实现了振幅键控。在二进制振幅键控中，如果载波信号是高频正弦型信号 $\cos\omega_c t$，二进制数字基带信号 $s(t)$ 用时间函数表示为

$$s(t) = \sum_{n=-\infty}^{+\infty} a_n g(t - nT_b) \tag{7-31}$$

式中　　a_n——第 n 个码元的取值，可以取 "0" 或 "1"；

T_b——每个码元的周期，即码元宽度；

$g(t-nT_b)$——第 n 个码元的基带信号波形。

这时已调信号可以表示为

$$s_{ASK}(t) = s(t)\cos\omega_c t = \Big[\sum_{n=-\infty}^{+\infty} a_n g(t-nT_b)\Big]\cos\omega_c t \tag{7-32}$$

计算 ASK 信号的双边功率谱密度为

$$W_{ASK}(f) = \frac{1}{4}[W_s(f-f_c) + W_s(f+f_c)] \tag{7-33}$$

式中 $W_s(f)$ ——基带信号 $s(t)$ 的双边功率谱密度。

从式（7-33）可以看出，ASK 信号的功率谱是基带信号功率谱的线性平移，因而称振幅键控为线性调制。

二进制 ASK 信号的功率谱曲线示于图 7-6。由图 7-6 可见，二进制 ASK 信号的带宽 B_{ASK} 是基带信号带宽 B 的两倍，即 $B_{ASK}=2B=2f_b$。

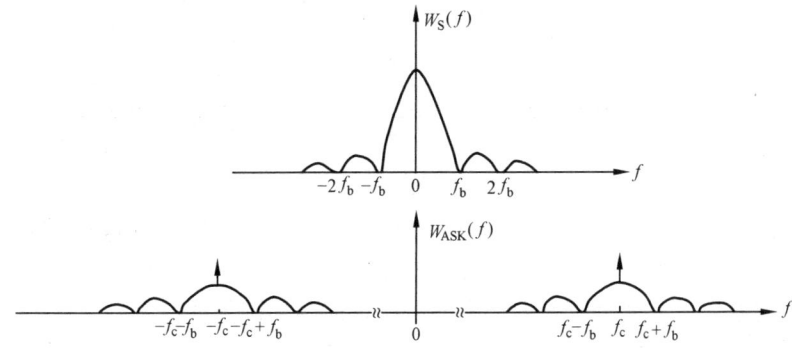

图 7-6 二进制 ASK 信号的功率谱

二进制 PSK 信号的功率谱曲线见图 7-7。可以看出，传输 PSK 信号所需的带宽与 ASK 信号相同，它的带宽约为基带信号带宽的两倍，即 $B_{PSK}=2B=2f_b$。

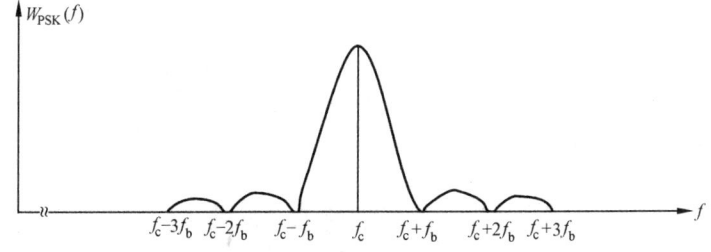

图 7-7 二进制 PSK 信号的功率谱

相位不连续的 2FSK 信号可以看成是两个 2ASK 信号之和。当数字基带信号中的"0"和"1"出现概率相等时，相位不连续的 FSK 信号单边功率谱示意图见图 7-8。图中 $f_c = \frac{1}{2}(f_2+f_1)$ 为标称频率；$h = \frac{f_2-f_1}{f_b}$ 为调频指数；f_1、f_2 是两个特征频率。由图 7-8 可见，功率谱曲线对标称频率 f_c 对称。

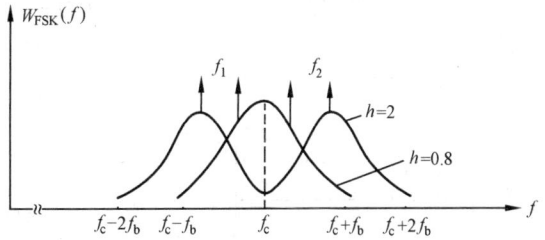

图 7-8 相位不连续 FSK 信号的功率谱

当 f_1 和 f_2 之差较小，即 h 较小时，曲线只有一个峰值；当 h 加大，即 f_2 和 f_1 相距较远时，

曲线出现双峰。若只考虑第一个过零点的频率分量，则相位不连续的 FSK 信号的带宽约为

$$B_{FSK} = |f_2 - f_1| + 2f_b = (2+h)f_b \qquad (7-34)$$

相位连续的 FSK 信号的功率谱示意图见图 7-9。图中曲线也对称于标称频率 f_c。随着 h 值的增大，信号功率谱由单峰变为双峰。当 $h>2$ 时，相位连续 FSK 信号的带宽与相位不连续的 FSK 信号基本相同；当 $h<1.5$ 时，相位连续的 FSK 信号的带宽小于相位不连续 FSK 信号的带宽。当 $h<0.7$ 时，相位连续 FSK 信号的带宽比 ASK、PSK 信号还要窄。

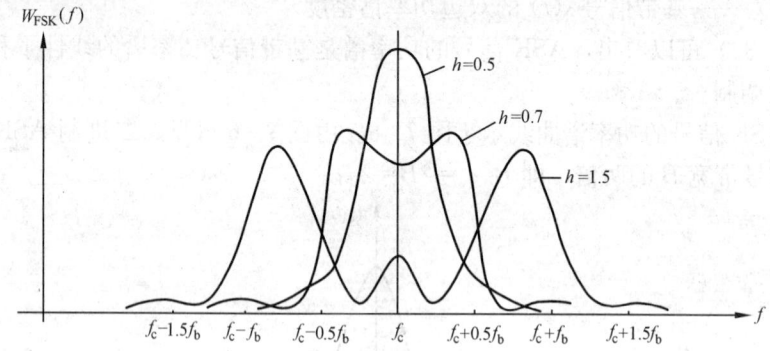

图 7-9 相位连续 FSK 信号的功率谱

为了便于比较，表 7-1 中列出了不同调制方式下，已调信号的近似带宽。可以看出，在码元传输速率相同的条件下，当调频指数较大时，ASK 信号和 PSK 信号将比 FSK 信号占据窄得多的信道带宽。这时从频带利用率上说，前两种调制系统比后一种更为有效。当调频指数较小时，相位连续的 2FSK 占用的信道带宽最窄。

表 7-1　　　　　　　　　　各种调制信号的带宽

B＼h	0.6～0.7	0.8～1.0	1.5	>2
相位连续 FSK	$1.5f_b$	$2.5f_b$	$3f_b$	$(2+h)f_b$
相位不连续 FSK	$(2+h)f_b$	$(2+h)f_b$	$(2+h)f_b$	$(2+h)f_b$
ASK　PSK	$2f_b$	$2f_b$	$2f_b$	$2f_b$

第三节　二进制移频键控

一、二进制移频键控信号的产生

二进制移频键控信号分为相位不连续的 2FSK 信号和相位连续的 2FSK 信号。前者通常用频率键控法产生，后者用直接调频法产生。

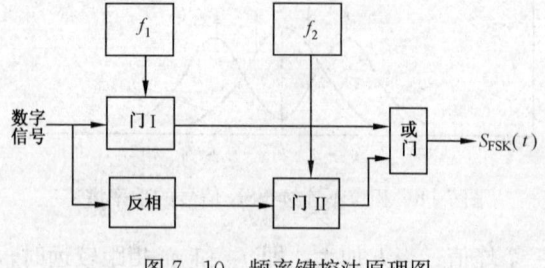

图 7-10　频率键控法原理图

图 7-10 是用频率键控法产生相位不连续的 2FSK 信号的原理图。图中有两个独立的振荡器，输出信号频率为 f_1 和 f_2。二进制数字信号以互非的状态加在两个门电路上，使其任何时候都只有一个振荡器的信号从或门输出。这样得到的 2FSK 信号相位是不连续的。

图 7-11 是用直接调频法产生相位连续的 2FSK 信号的原理图。它是利用二进制数字信号去控制 LC 振荡器中的键控开关，使电容 ΔC 或者并接到或者不并接到振荡回路的两端，从而改变振荡器输出信号的频率。若数字信号为"0"时，键控开关断开，此时 LC 振荡器的振荡频率为

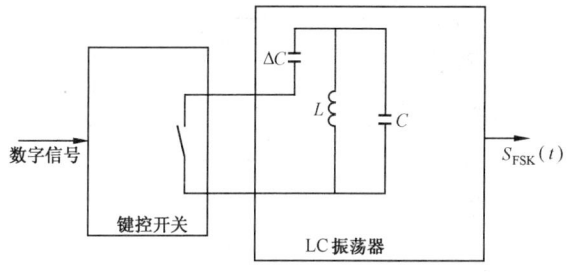

图 7-11 直接调频法原理图

$$f_1 = \frac{1}{2\pi\sqrt{LC}} \quad (7-35)$$

当数字信号为"1"时，键控开关接通，电容 ΔC 并接入振荡回路，此时 LC 振荡器的振荡频率为

$$f_2 = \frac{1}{2\pi\sqrt{L(C+\Delta C)}} \quad (7-36)$$

若 $\Delta C \ll C$，则频率的变化量近似为

$$|\Delta f| = \frac{\Delta C}{2C} f_1 \quad (7-37)$$

用这种方法产生的 FSK 信号，在数字信号发生变化的时刻，振荡器输出信号的频率将发生突变。但由于是从同一个振荡回路输出，因此产生的 FSK 信号相位是连续的。

同理，如果利用二进制数字信号控制 LC 振荡器中的键控开关，去改变振荡回路中的电感 L 的大小，同样可以产生出相位连续的 FSK 信号。

在调频法中，除了采用 LC 振荡器外，还可以用数字式调频电路产生相位连续的 FSK 信号，其原理见图 7-12。数字调频电路一般由晶体振荡器、可变分频器和固定分频器组成。晶体振荡器输出稳定的频率为 f 的振荡信号；可变分频器的分频系数随数字信号的改变而变化，在数字信号分别取"0"和"1"时，可变分频器对振荡器的输出分别完成 N_1 和 N_2 次的分频，从而使可控分频器的输出分别

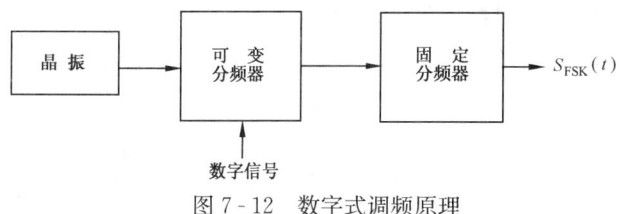

图 7-12 数字式调频原理

为 f/N_1 和 f/N_2 两种不同频率的信号；固定分频器的作用是对可变分频器的输出再分频 N 次，最后得到频率为 f/N_1N 和 f/N_2N 的 FSK 信号。

在数字调频电路中，当码元传输速率与可变分频器输出的信号频率不为整数倍关系时，可变分频器输出的数字调频信号是一个相位不连续的信号。采用在其后加一个分频系数较大的公共分频器的处理办法，可以减小输出的数字调频信号的相位不连续性。一般使 N_2 和 N_1 之间的差值较小，同时将 N 的值取得较大，便可在固定分频器的输出得到相位连续的 FSK 信号。

数字调频电路中的可变分频器可以采用可编程的定时器电路构成。图 7-13 是用定时器接口电路 8253 构成的可变分频器。8253 有三个独立的 16 位计数器，这里使用了其中的 1 号计数器和 2 号计数器作可变分频器。两个计数器的时钟输入都接 CPU 的 CLK 端，1 号计数器的选通输入 GATE1 由数字信号的取值控制，2 号计数器的选通输入 GATE2 由数字信

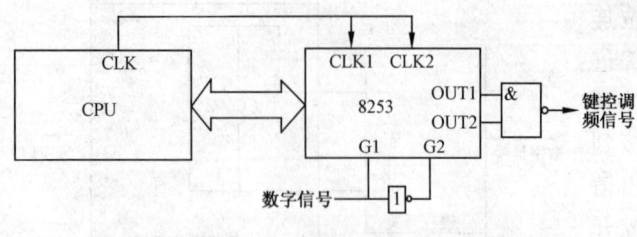

号经反相输出后的取值控制。于是 1 号计数器在数字信号为"1"时才能计数，2 号计数器在数字信号为"0"时才能计数。对 8253 初始化时，使 1、2 号计数器都工作在方式 3，并根据键控调频所要求的频率 f_1 和 f_2 分别给两个计数器写入不同的计数值。

图 7-13 8253 构成的可变分频器

这样，当数字信号输入时，便可以在 8253 的 OUT1 和 OUT2 端得到两个分时出现的不同频率的输出信号。这两个信号再经与非门输出，最后得到所需要的键控调频信号。

二、二进制移频键控的调制原理

图 7-14 是二进制移频键控（2FSK）的调制器原理图。

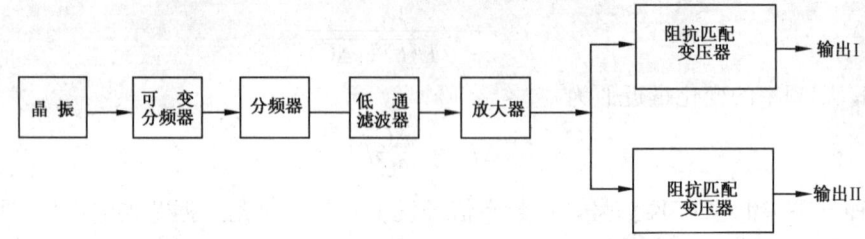

图 7-14 2FSK 调制器原理图

调制器中的振荡器可以采用石英晶体振荡器。由于石英晶体振荡器频率稳定度高，且受外界影响较小，从而可以保证调制器输出的调频频率是很稳定的。

可变分频器由数字集成电路组成。当数字信号为"1"时，可变分频器对振荡器的输出完成 N_1 分频；数字信号为"0"时，可变分频器对振荡器的输出完成 N_2 分频。

可变分频器之后的分频器的分频系数固定为 N，它的作用是为了减小可变分频器输出的键控调频信号的相位不连续性。

如果石英晶体振荡器输出的频率为 3.49MHz、$N_1=9$、$N_2=10$、$N=128$。则可变分频器输出的数字调频信号频率分别为 349000Hz 和 387778Hz，再经分频器 128 分频后得到频率分别为 2727Hz 和 3030Hz 的数字调频信号。

分频器输出的键控调频信号仍为矩形波，采用低通滤波器滤除矩形波的高次谐波和杂散干扰，便可以得到正弦的移频信号输出。

低通滤波器的输出经射极跟随器隔离后，进入发送放大器。通过调节可以使放大器的输出达到合适的电平输出数值。

阻抗匹配变压器的作用是使调制器的输出阻抗和线路阻抗相匹配。它可以接成具有 600Ω 或 150Ω 的输出阻抗，以满足不同线路对阻抗的要求。由于放大器之后分两路输出，故可以满足一发二收系统的需要。

三、二进制移频键控信号的解调

数字调频信号的解调分为相干解调和非相干解调两类，根据 FSK 信号的特点，通常采用非相干解调的方法。虽然它的性能略差于相干解调，但解调时不需要接收端提供相干载波，因而设备简单。FSK 信号的非相干解调可以用鉴频法、过零检测法和差分检波法。

1. 鉴频法

用鉴频法实现对移频键控信号的解调,就是采用选频回路将频率的变化转换成幅度的变化,然后采用包络检波器,将幅度检测出来,从而还原出数字信号。

图 7-15 是鉴频法的原理框图。

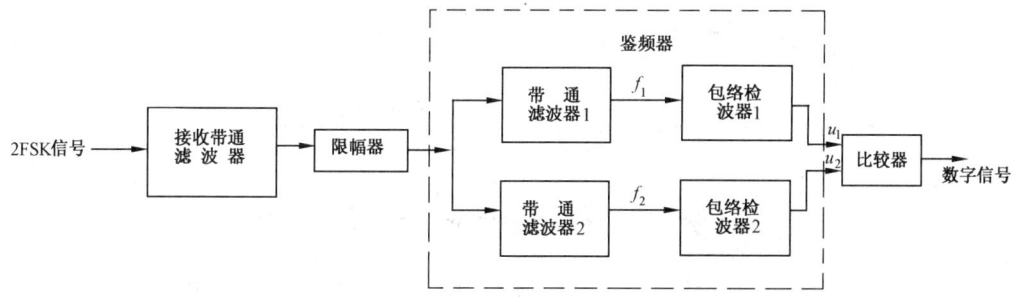

图 7-15 鉴频法的原理框图

接收带通滤波器用来限制接收信号频带以外的噪声,其带宽的选择要保证接收信号的主要频率成分都能通过。

限幅器的作用是去除移频键控信号在传输过程中产生的寄生调幅。因为信道对不同频率的信号其传输系数不完全相同,因而原来是等幅的移频键控信号在通过信道后,会产生不同频率的信号有不同幅度的结果,这会影响鉴频法解调的质量。所以限幅器是移频键控信号用鉴频法解调时不可缺少的环节。

限幅器之后的两个带通滤波器其中心频率分别为 f_1 和 f_2。当接收到的 FSK 信号频率为 f_1 时,带通滤波器 1 输出幅度大;FSK 信号频率为 f_2 时,带通滤波器 2 输出幅度大。通常可以用两个谐振频率分别为 f_1 和 f_2 的谐振回路实现带通滤波的作用。

两个包络检波器分别将带通滤波器输出信号的包络检出。当 FSK 信号的频率为 f_1 时,包络检波器 1 的输出幅度大于包络检波器 2。反之,当 FSK 信号的频率为 f_2 时,包络检波器 2 的输出幅度大于包络检波器 1。

带通滤波器 1、2 和包络检波器 1、2 共同完成鉴频器的功能。它们将 FSK 信号的频率变化线性地转换成电压变化。

比较器用来比较两个包络检波器的输出,以判定数字信号的状态。当 $u_1 > u_2$ 时,判定为一种数字信号状态;当 $u_1 < u_2$ 时,判定为另一种数字信号状态。

2. 过零检测法

正弦波每个周期有两个过零点,因此单位时间内正弦信号经过零点的次数可以用来衡量该信号频率的高低。由于移频键控信号的过零点数随载频频率的变化而不同,故检测出 FSK 信号的过零点数便可以得到频率的差异,从而还原出数字信号。

过零检测法的原理见图 7-16。

限幅器将 FSK 信号转换成矩形波输出,其频率与 FSK 信号频率相同。矩形波序列经微分和整流之后,形成频率加倍的脉冲序列,使脉冲序列的频率正好是 FSK 信号每秒钟的过零点数。单稳电路经脉冲触发后,输出的矩形脉冲频率等于 FSK 信号频率的两倍。选择低通滤波器的截止频率低于单稳输出的矩形脉冲频率,于是低通滤波器只输出矩形脉冲序列的直流分量。当矩形脉冲的频率不同时,低通滤波器输出的直流分量幅度也不相同。为了正确判决"0"和"1",在判决器中设置一个判决电平,取值在低通滤波器输出的两个不同直流

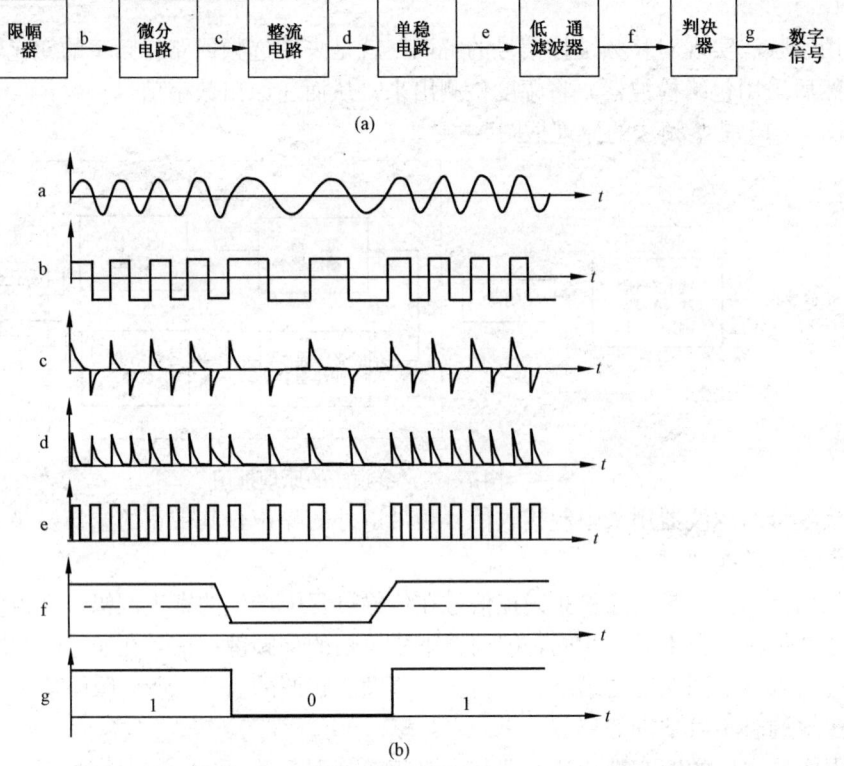

图 7-16 过零检测法原理图及各点波形
(a) 原理图;(b) 原理图中各点波形

分量幅度的中间。当直流分量大于判决电平时,判决器输出"1";小于判决电平时,判决器输出"0",便完成了键控移频信号的解调。

3. 差分检波法

差分检波法也称延迟检波法,图 7-17 是它的原理方框图。2FSK 信号先经带通滤波器滤去带外干扰,然后将它延迟 τ 后与未经延迟的原信号相乘,再经低通滤波器滤除高频分量后输出数字基带信号。

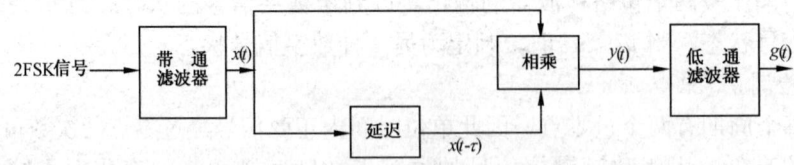

图 7-17 差分检波法原理方框图

输入的 2FSK 信号可以表示为

$$x(t) = A\cos(\omega_c \pm \Delta\omega)t \tag{7-38}$$

式中 ω_c——载波振荡器的中心频率;
$\Delta\omega$——数字信号的频率偏移。

于是 $\omega_1 = \omega_c - \Delta\omega$ 对应"1"码元,$\omega_2 = \omega_c + \Delta\omega$ 对应"0"码元。

$x(t)$ 经延迟 τ 后的信号可以表示为

$$x(t-\tau) = A\cos[(\omega_c \pm \Delta\omega)(t-\tau)] \tag{7-39}$$

因此，乘法器的输出为

$$y(t) = x(t)x(t-\tau)$$
$$= A\cos(\omega_c \pm \Delta\omega)t \cdot A\cos[(\omega_c \pm \Delta\omega)(t-\tau)]$$
$$= \frac{A^2}{2}\cos(\omega_c \pm \Delta\omega)\tau + \frac{A^2}{2}\cos[2(\omega_c \pm \Delta\omega)t - (\omega_c \pm \Delta\omega)\tau] \quad (7-40)$$

$y(t)$ 经低通滤波器后，其中的高频分量被滤除，输出为

$$g(t) = \frac{A^2}{2}\cos(\omega_c \pm \Delta\omega)\tau \quad (7-41)$$

如果让延迟网络满足 $\omega_c\tau = \pi/2$，则 $\cos\omega_c\tau = 0$，$\sin\omega_c\tau = 1$，式（7-41）变为

$$g(t) = \mp\frac{A^2}{2}\sin\Delta\omega\tau \quad (7-42)$$

当数字信号"0"码元和"1"码元对应的两个频率之间偏移较小时，$\Delta\omega\tau \ll 1$，则有

$$g(t) \approx \mp\frac{A^2}{2}\Delta\omega\tau \quad (7-43)$$

由此可见，低通滤波器输出的数字基带信号幅度与代表数字信号的频率偏移 $-\Delta\omega$ 和 $+\Delta\omega$ 成正比，达到了解调目的。

差分检波法是将输入信号延迟 τ 之后与本身信号相比较，因而信道中的延迟失真同时影响 $x(t)$ 和 $x(t-\tau)$，这个影响能在乘法器中进行比较时互相抵消，所以差分检波法用于信道失真较严重的情况更为有利。然而差分检波法必须满足 $\omega_c\tau = \pi/2$ 的条件，延迟网络要做得十分精确是比较困难的。

四、二进制移频键控的解调器

图 7-18 是用过零检测法对 2FSK 信号实现解调的解调器原理框图。

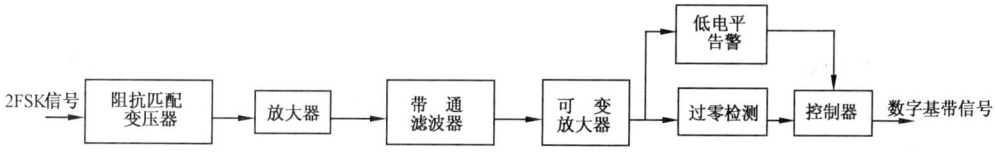

图 7-18 2FSK 信号的解调器原理框图

阻抗匹配变压器可以使输入阻抗稳定在 600Ω 或 150Ω，实现与线路阻抗相匹配。

放大器是可变增益的，它把经过长距离传输而受到衰耗的已调信号加以放大，以满足带通滤波器对输入信号幅度的要求。带通滤波器的作用是滤除线路侧引入的杂波干扰。

可变放大器可以通过调节增益，实现改变解调器的接收灵敏度和低电平告警回路的告警门限。可变放大器的输出分成两路，一路进入过零检测回路；另一路进入低电平告警回路。

过零检测包括限幅器、微分整流电路、单稳电路、低通滤波器和判决器，如图 7-16 所示。2FSK 信号经过零检测后输出数字基带信号。

低电平告警回路完成对接收信号的电平监视。当接收信号电平低于告警门限电平时，低电平告警的输出信号会点亮低电平告警灯，并作用在控制器上，封闭过零检测回路的输出。当接收信号电平高于告警门限电平时，低电平告警灯熄灭，并使过零检测回路输出的数字基带信号通过控制器输出，这时，解调器处于正常接收状态。

第四节 移 相 键 控

二进制移相键控分二进制绝对移相和二进制相对移相。绝对移相是以一个具有固定相位的载波为参考的，因而在解调时必须有这样一个固定的参考相位。如果这个参考相位发生反相，即相移 π，则恢复的数字信号就会出现"0"与"1"正好相反的结果。然而在相对移相中，由于它与绝对相位值无关，仅与前后码元的相对相位值有关，使得它在解调时不会出现解调结果与发送信号相反的问题。因此实际中应用的几乎都是相对移相。

一、二进制绝对移相信号的产生

二进制绝对移相信号的产生有直接调相和相位选择两种方法。

1. 直接调相法

用数字基带信号去键控同一个振荡器输出载波的相位，称为直接调相法。

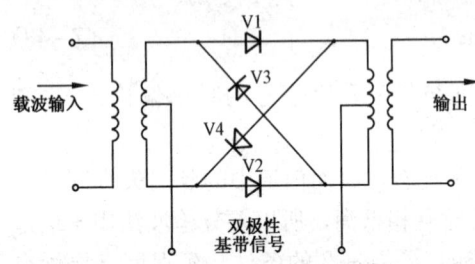

通常采用图 7-19 所示的环形调制器来产生 2PSK 信号。用双极性数字基带脉冲信号控制环形调制器中的二极管开关，使二极管 V1、V2 和 V3、V4 的导通与截止随数字基带信号的极性改变而变化，便可以得到与载波振荡信号同相或相位相差 π 的绝对移相键控信号。

2. 相位选择法

根据数字基带信号的不同取值，从多个不同相位的载波振荡中，选取相应的载波振荡信号，称为相位选择法。

图 7-19 环形调制器产生 2PSK 信号

图 7-20 是用双极性数字基带信号，快速键控相位相差 πrad 的两个载波振荡，从而产生 2PSK 信号的原理图。

二、二进制相对移相信号的产生

为了得到二进制相对移相信号，通常先将二进制数字基带信号变为差分码，也称相对码。然后再用双极性差分码作调制信号对载波进行绝对调相，便可以得到 2DPSK 信号。因此，二进制相对移相信号的产生电路由差分码变换电路和绝对移相电路两部分组成，见图 7-21。图中的绝对码表示二进制数字基带信号。

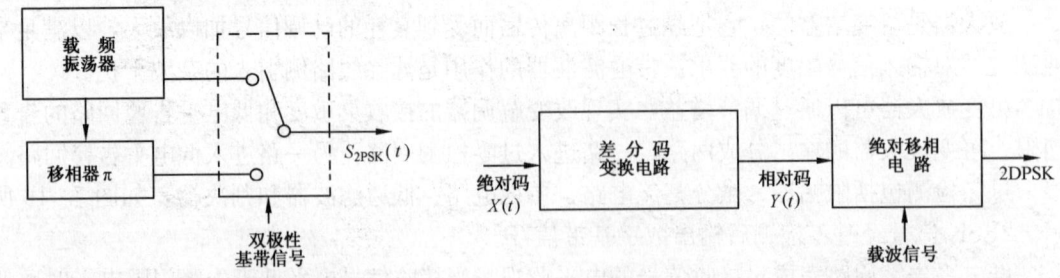

图 7-20 相位选择法产生 2PSK 信号　　　　图 7-21 二进制相对移相电路

图 7-22 是实现差分码变换的一种电路。当绝对码的输入是"1"码元时，时钟脉冲 CP 作用计数器计数一次，即计数器的输出——相对码改变一次码元状态。当绝对码的输入是"0"码元时，计数器不计数，相对码保持原来的码元状态不变。

以输入绝对码序列 $X(t)=10011101$ 为例,若差分码变换电路中的计数器初始状态为"0",则差分码变换电路输出的相对码序列 $Y(t)=11101001$。如果 $Y(t)$ 取"1",绝对移相电路的输出 2DPSK 与载波信号同相;$Y(t)$ 取"0"两者相位相差 π。这时,绝对移相电路的输出 2DPSK 信号,对输入的绝对码序列 $X(t)$ 来讲,是实现了相对移相的波形。当 $X(t)$ 取"1"时,2DPSK 信号相位变化 $\Delta\varphi=\pi$;$X(t)$ 取"0"时,2DPSK 信号相位变化 $\Delta\varphi=0$。图 7-23 画出了二进制相对移相电路中各点的波形。

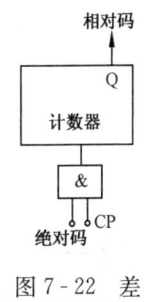

图 7-22 差分码变换电路

相对码序列 $Y(t)$ 和绝对码序列 $X(t)$ 之间满足

$$y_i = y_{i-1} \oplus x_i \tag{7-44}$$

三、二进制相对移相信号的解调

二进制相对移相信号的解调方法有两种,一是极性比较法,二是相位比较法。

1. 极性比较法

极性比较法是将接收的 2DPSK 信号与参考载波进行相位比较,先恢复出相对码。然后进行差分码的反变换,把相对码还原成绝对码,得到原来的绝对码基带信号。这种方法也称相干解调,其原理框图见图 7-24。参考载波由图中的载波提取电路获得。框图中从 2DPSK 信号恢复相对码 $Y(t)$ 的过程,就是绝对移相的相干解调过程。最后由差分码反变换电路完成相对码到绝对码的变换,还原 $X(t)$。

载波提取可以采用倍频—分频法,其原理框图和波形见图 7-25。

把接收到的调相波 $u_s(t)$ 全波整流后,得到输出电压 $u_i(t)$。如果采用中心频率为两倍载频的窄带滤波器,可以提取出倍频分量 $u_j(t)$。再利用二分频电路对倍频分量进行分频,便得到需要的载波 $u_k(t)$。由于二分频电路开始工作时的初始状态可能为"0"也可能为"1",所以提取到的载波可能是 $u_{k0}(t)$,也可能是 $u_{k1}(t)$。$u_{k0}(t)$ 和 $u_{k1}(t)$ 的相位相差 π。

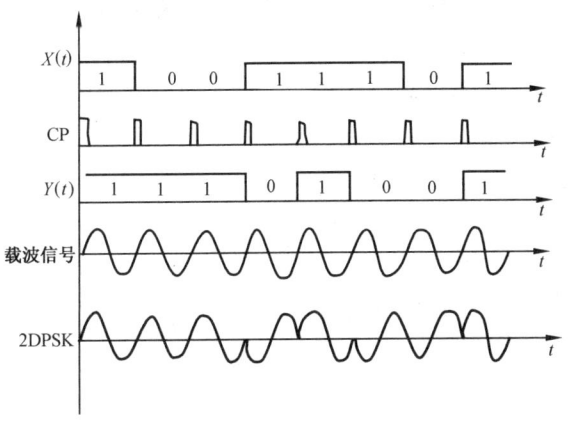

图 7-23 二进制相对移相波形

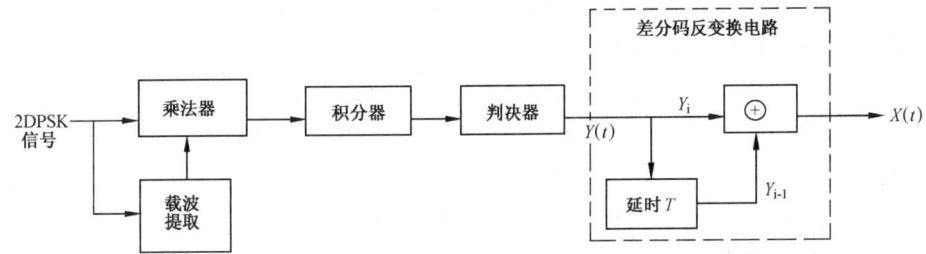

图 7-24 极性比较法的解调原理框图

接收端提取到载波之后,通过比较接收到的 2DPSK 信号和载波信号的相位,可以确定 2DPSK 信号代表数字信号"1"还是"0"。如果两者同相,2DPSK 信号代表"1";两者反相,2DPSK 信号代表"0"。这是对绝对调相波的解调方法。

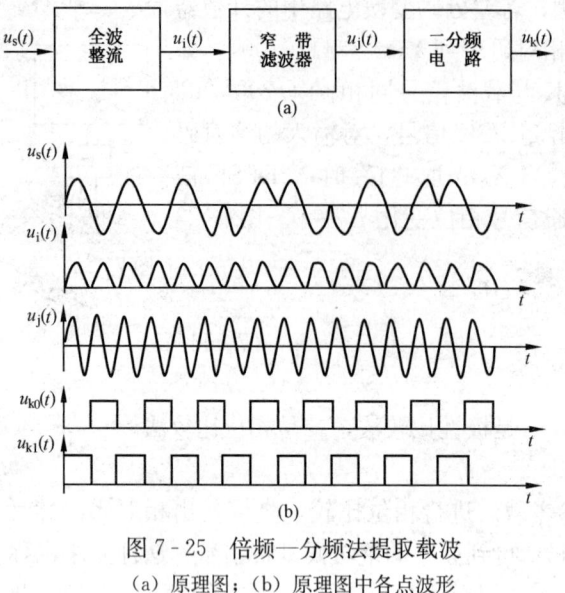

图 7-25 倍频—分频法提取载波
(a) 原理图；(b) 原理图中各点波形

相位的比较在电路上通过乘法器，积分器和判决器完成，见图 7-26。接收到的 2DPSK 信号首先经过带通滤波器和限幅放大器得到矩形波 $u_s(t)$。用倍频—分频法提取到的载波 $u_k(t)$ 也是矩形波。两者在乘法器中通过同或的逻辑运算实现了两波形的相乘

$$u_s(t) \odot u_k(t) = u_s(t) \cdot u_k(t) + \overline{u_s(t)} \cdot \overline{u_k(t)} \tag{7-45}$$

当 $u_s(t)$ 与 $u_k(t)$ 同相时，乘法器输出为"1"；两者反相时，输出为"0"。

积分器在每个码元宽度 T 的时间内，对乘法器的输出进行积分运算，并在积分结束后对积分器清零，以准备对下一个码元宽度的时间 T 积分。判决器则在积分器清零之前，根据积分器输出值的大小，完成判决后得到差分码序列 $Y(t)$。

按照发端 $y_i = y_{i-1} \oplus x_i$ 的差分码变换式，接收端解调时的差分码反变换电路将相对码 $Y(t)$ 送入延时电路，延时一个码元时间 T 后输出 y_{i-1}，再将它与未经延时的 y_i 进行异或，便得到 $x_i = y_i \oplus y_{i-1}$，从而恢复了 $X(t)$。

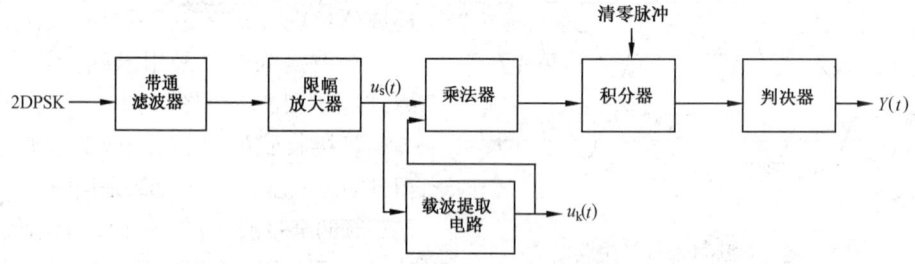

图 7-26 2DPSK 信号的相干解调

仍以图 7-23 中的绝对码序列 $x_i = 10011101$ 为例。发端实现相对移相时，由 x_i 得到差分码序列 $y_i = 11101001$。如果接收端对发端差分码序列 y_i 完成绝对调相信号的相干解调时，解调出正确的结果，则相干解调器的输出 $y_i = 11101001$；$y_{i-1} = 01110100$；$x_i = y_i \oplus y_{i-1} = 10011101$。恢复了发端的绝对码序列 $X(t)$。

前面提到载波提取电路输出的载波，可能取相位相差 π 的两种载波中的任一种，这就会导致相干解调时可能得到与 y_i 正好取相反状态的差分码序列 y_i'。这时有 $y_i' = 00010110$；$y_{i-1}' = 00001011$；$x_i' = y_i' \oplus y_{i-1}' = 00011101$。比较 x_i 和 x_i'，除第一位码元不同外，其余码元全部相同。可见用差分码实现相对移相，解决了当收端提取的载波相位相反时，给绝对移相的解调带来的问题。

采用极性比较法解调时，信号抗单个错误干扰的能力较差，抗连续多位错误干扰的能力较强。下面以一个例子进行说明：

发端绝对码序列　　$x_i = 10011101$

发端相对码序列　　　$y_i = 11101001$
若信道中错误图样　　$e_i = 00100000$
则收端相对码序列　　$y'_i = 11001001$
　　　　　　　　　　$y'_{i-1} = 01100100$
收端绝对码序列　　　$x'_i = 10101101$

比较 x_i 和 x'_i 可以看出，信道上的一位错误干扰，造成接收到的绝对码序列连续两位差错。

若信道中错误图样　　$e_i = 00111110$
则收端相对码序列　　$y'_i = 11010111$
　　　　　　　　　　$y'_{i-1} = 01101011$
收端绝对码序列　　　$x'_i = 10111100$

比较 x_i 和 x'_i，除第三位和第八位出错外，其余位都正确。说明连续多位的错误干扰在接收端只造成两端的两个差错位。

2. 相位比较法

相位比较法解调的原理是直接将接收到的前后码元所对应的调相波进行相位比较。因为它是用前一码元的载波相位作为后一码元的参考相位，所以称为相位比较法或称为差分检测法。

图 7-27 是相位比较法的原理框图和波形图。相对调相信号 $s(t)$ 直接加至乘法器，另经延时一个码元 T 后的波形 $s(t-T)$ 也加到乘法器，它代表前一个码元的波形，作为相干

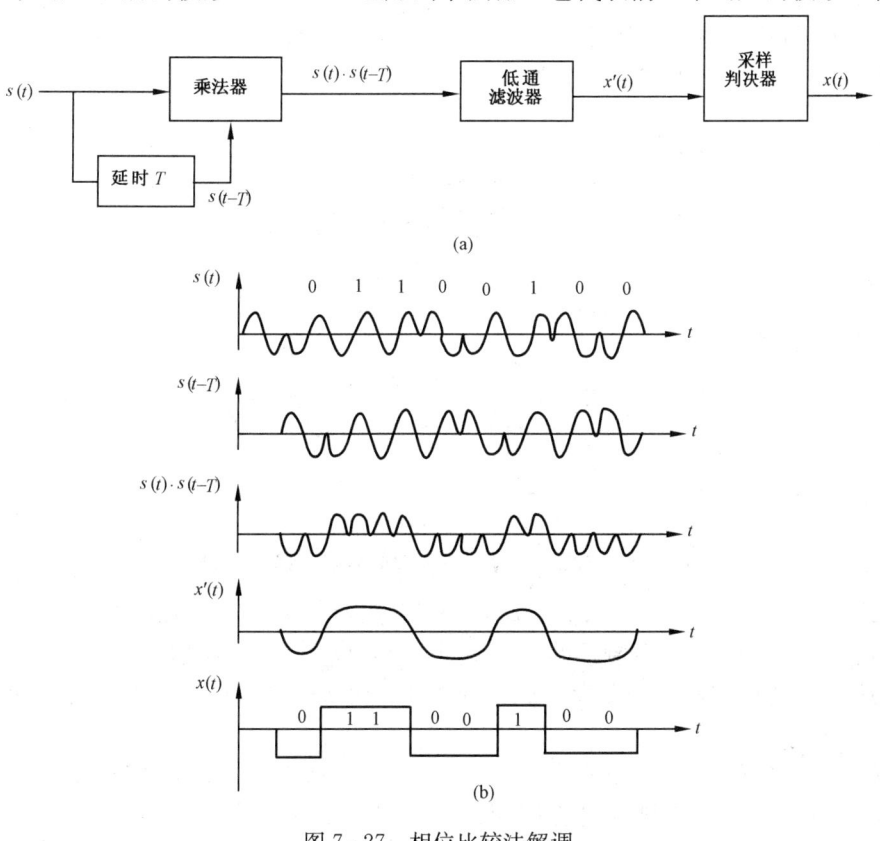

图 7-27　相位比较法解调
(a) 原理框图；(b) 波形图

载波。当相邻两波形同相时,乘法器的输出 $s(t) \cdot s(t-T)$ 为正波形,反相时为负波形。经低通滤波器后,输出平均直流分量。当低通滤波器的输出小于零时,采样判决器判决为"0"码元;当低通滤波器的输出大于零时,采样判决器判决为"1"码元。于是得到绝对码 $x(t)$。

相位比较法不需要载波提取,也无须进行码变换,便能直接解调出绝对码 $x(t)$,所需设备简单。但这种方法要求延时环节精确和稳定。当信号的传输速率较低时,延时电路的制作比较困难,所以,远动系统中较少采用这种方法。

四、四相移相

把二进制信息码元进行分组,并把两位二进制码元作为一组,便可以产生出四进制码:"00"、"01"、"10"、"11",称双比特码。用双比特码进行调相时,将得到四相移相。

表 7-2 双比特码与载波相位 φ 的关系

双比特码	φ 或 $\Delta\varphi$
1 1	$\pi/4$
0 1	$3\pi/4$
0 0	$5\pi/4$
1 0	$7\pi/4$

四相移相同样可以分为四相绝对移相和四相相对移相。四相绝对移相是每一种双比特码元都固定地对应一种载波相位。如果双比特码元与载波相位 φ 的关系见表 7-2,对图 7-28(a)所示的双比特码,可得到图 7-28(b)所示的已调信号波形。

四相相对移相中,双比特码的取值决定相邻两已调信号的相位变化值。当双比特码元与两相邻已调信号的相位变化值 $\Delta\varphi$ 满足表 7-2 所示关系时,对图 7-28(a)所示的双比特码,可得到图 7-28(c)所示的已调信号相对移相波形。

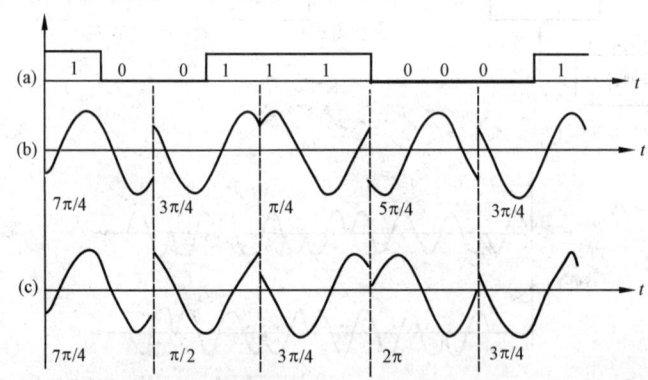

图 7-28 四相移相波形
(a) 双比特码波形;(b) 绝对移相波形;(c) 相对移相波形

当采用直接调相法产生 4PSK 信号时,可以利用两个环形调制器分别对两个正交的载波进行调制,然后将两个环形调制器的输出相加,就可以产生 4PSK 信号,见图 7-29。串/并变换器的作用是将两位串行的双比特码,变成并行码,分别送至环形调制器 1 和环形调制器 2。

如果用相位选择法产生 4PSK 信号,则可以先用振荡器、移相器和二分频电路产生载波的四个相位,然后用四进制码去控制四选一的选择器来选择相应相位的载波输出,见图 7-30。

四相相对移相信号的产生原理类似于 2DPSK。只需将输入的绝对码基带信号用四进制

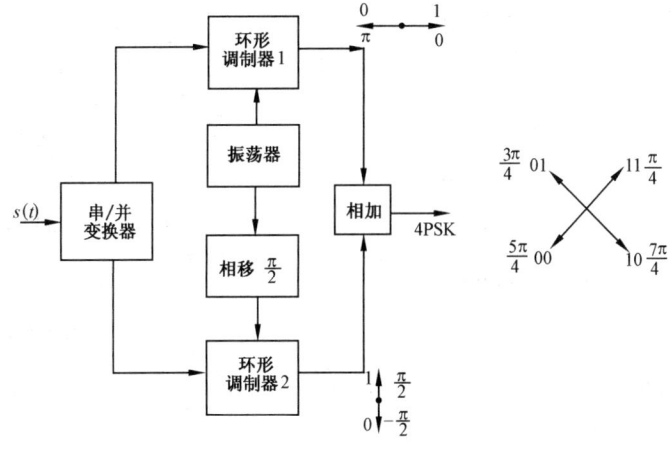

图 7-29　直接调相法产生 4PSK 信号

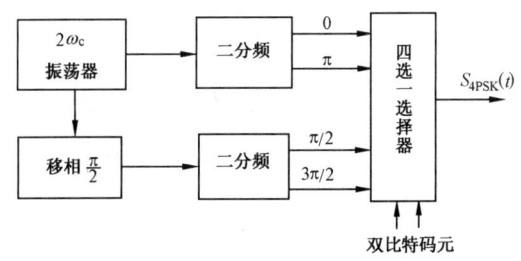

图 7-30　相位选择法产生 4PSK 信号

的差分码变换电路，变为相对码基带信号，再用直接调相法或相位选择法进行调制就可以了。

对四相 PSK 信号解调时，由于 4PSK 信号可以看成是两个正交的 2PSK 信号的合成，因此，用两路二进制绝对移相信号的相干解调器，就可以组成四相绝对移相信号的相干解调器。但是这两路的相干载波应该是正交的，而且两路解调出的双比特码前后两位 A 和 B 是并行的，要经并/串变换器才能变成串行的双比特基带信号。图 7-31 是 4PSK 信号的相干解调原理图。

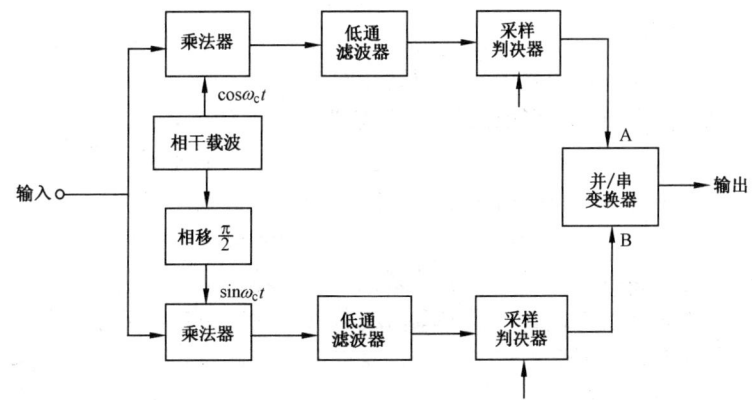

图 7-31　4PSK 信号的相干解调原理图

四相相对移相信号的解调，可以采用四相绝对移相信号的相干解调器，再加上差分码反变换电路。也可以采用差分相干解调的方法，该方法的原理图见图 7-32。

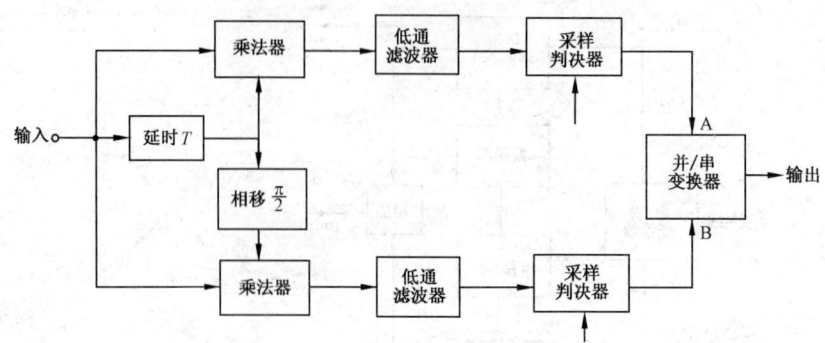

图 7-32 4DPSK 信号的差分相干解调原理图

第五节 常用远动信道

一、架空明线或电缆

架空明线或电缆是专用有线信道,其中电缆信道使用较多。常用的电缆类型有同轴电缆或多芯电缆。

在专用有线信道中,远动信号以脉冲的幅值、极性或交流电的频率在架空明线或电缆中传送。这种信道的线路衰耗大,以至难于将信号传送到远距离。因此,在电力系统中常用作远动信号的近距离传递。

二、电力线载波信道

电力线是电力系统传输电能的通道,电力线载波信道就是在以传输电力为主要目的的高压输电线路上,采用高频信号传输信息的信道。

高压电力线路将各变电站联系在一起,且与电网调度管理的分布基本一致,因此,可以用它为电力系统的通信服务,而不需重新投资,并且高压线比一般的通信明线具有更可靠的机械强度,从而可以保证较高的运行可靠性。此外,输电线架设到哪里,载波通信线路就可以延伸到哪里。所以电力线载波信道的主要优点是投资少、施工期短、设备简单、无中继通信距离长等。

图 7-33 画出了远动信号与载波电话复用电力线载波信道时的传输系统框图。采用电力线载波信道时,是高压线路本身被用来传输高频电流,所以必须在高压电网中建立起高频通信电流的通路。因此在高频电流可能离开通信线路、漏入高压系统的位置上要配置阻波器。由于阻波器对传输的高频通信电流具有高阻抗,而对高压电网 50Hz 的电流呈现最小的阻抗,从而可以将高频通信电流引向所希望的方向,而防止泄漏到其他方向去。另外还需要在通信装置与高压线相接的位置配置结合滤波器和耦合电容器,以便建立高频耦合、构成高频信号的通路。同时还能够将电力线上的工频高压和大电流与通信设备隔离,以保证人身和设备的安全。结合滤波器可以实现高压线与电力线载波装置高频电缆间的阻抗匹配;耦合电容器是连接电力线载波机与高压电力线的桥梁,它必须具有耐高压性,其耐压应大于高压线路的运行电压值。

一个电话话路的频率范围为 0.3~3.4kHz。当远动信号与电话复用电力线载波信道时,通常规定话音占用 0.3~2.3kHz(或 0.3~2.0kHz)的音频段,远动信号占用 2.7~3.4kHz(或 2.4~3.4kHz)的上音频段。用二进制数字信号表示的远动信号在进入载波机之前,首

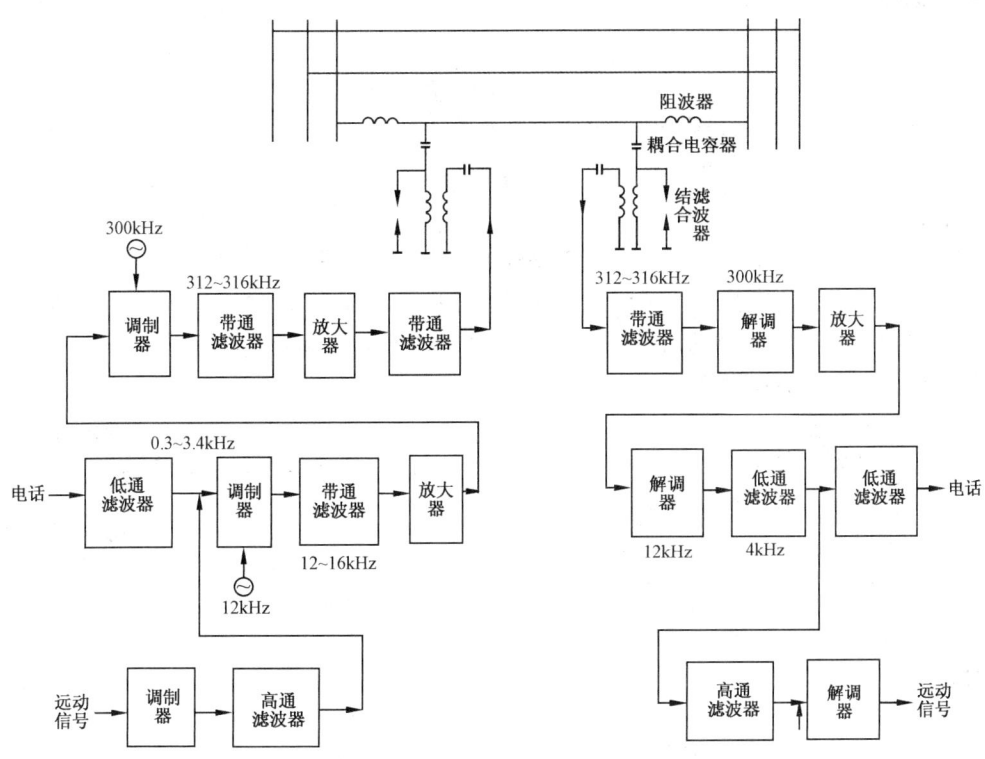

图 7-33 远动信号与电话复用电力线载波信道的传输系统框图

先经过专用的调制器调制成上音频段内的正弦交流信号，然后送入载波机与电话信号合并成 0.3~3.4kHz 的音频信号。载波机完成两次调制，第一级调制称为中频调制，中频载频为 12kHz，取上边带。第二次调制称高频调制，取下边带，高频载频为 $(56+4n)$ kHz 中的一种，n 的取值可为 0、1、2、…、114。每种载频间隔 4kHz，共 115 种。高频调制将中频段信号的频率搬移到载波通信频段 40~500kHz。然后再经功率放大器对信号进行放大后，最后通过结合滤波器和耦合电容器将输出信号耦合到高压输电线上去。

高频载波信号沿电力线传送到接收端后，经耦合电容器和结合滤波器进入载波机，再经高频和中频两次解调后，还原成 0.3~3.4kHz 的音频信号从低通滤波器输出。该输出信号再分别进入一个低通滤波器和一个高通滤波器，低通滤波器的作用是将话音信号滤出，高通滤波器则将上音频段的远动信号滤出送远动接收装置，最后由解调器将其还原成二进制数字信号。

电力线载波信道的最大缺点是传输质量比较差，主要是因为输电线路的噪声比较大，造成载波信号的误码率较高。随着现代通信技术的迅猛发展，许多先进的通信手段，如数字微波通信、光纤数字通信等迅速崛起，使电力通信网中载波通信的比重逐渐减少。但是我国目前仍有庞大的电力线载波通信网担负着电网内调度电话、继电保护和远动信息的主要传输任务，并且在短时期内不可能由其他通信方式全部替代。鉴于这种情况，电力线载波通信只有充分融进计算机技术和数字信号处理技术，迅速完成对传统电力线载波通信的数字化改造，才能实现载波通信网络与整个电力通信网乃至公用信息网顺利接口，使电力线载波通信发挥尽可能大的作用。

三、光纤信道

1. 光纤与光缆

光在均匀介质中沿直线传输。当一束光射到两种介质的交界面时，会发生折射和反射。光纤由纤芯及包层两部分组成，纤芯对光的折射率大于包层对光的折射率，所以光在光纤内所有纤芯与包层的界面处发生全反射，使光沿光纤向前传输。可见光纤是利用全反射原理进行导光的。

光在光纤内以全反射传输时，无光功率辐射出去，按理应无损耗地传输。但实际上光在传输过程中光功率会逐渐损耗。光纤的传输损耗是由于光吸收和光散射。吸收损耗是因为光纤内心材料的不纯洁性引起的。散射则是由于光纤内心的密度不均匀而引起的折射率不均匀，从而使光向各个方向散射造成光能量的损耗。

按光纤的材料分类，光纤可以分为石英光纤、玻璃光纤、塑料包层石英芯光纤和全塑光纤。石英光纤的损耗最小，最适合于长距离、大容量的光纤通信。塑料光纤的损耗大，但机械性能好，且价格便宜，适用于短距离通信。

光在光纤中传播就是电磁波在介质波导中的传播，电磁场将在其中形成一定的分布图形。通常将每种电磁场的分布图形称为光纤的一种模式，电磁场的不同分布形式称为不同的传输模式。按传输模式分类，光纤可以分为多模光纤和单模光纤。多模光纤的纤芯内传输多个模式的光波，单模光纤的纤芯中仅传输一种模式的光波。单模光纤的带宽极宽、衰减小，适用于大容量长距离通信系统。

为了构成实用的传输线路，需要将光纤制成光缆。把用塑料进行过一次涂覆并根据需要增加了缓冲层的光纤再进行第二次涂覆，可以得到光纤芯线。把需要的芯线数集中起来形成缆芯，最后通过挤外护套便制成光缆。光缆按结构可以分为层绞式光缆、单元型光缆、带状光缆和骨架型光缆。光缆在敷设时以及长期使用过程中能承受各种各样的外力，保持传输特性长期稳定，而且光纤不产生断裂。

2. 光纤通信

光纤通信是以光波作载波，光纤为传输介质的通信方式。光纤通信的原理框图见图7-34。电端机输出的电信号经电光转换器件变成光信号，光信号耦合到光纤，并沿着光纤向接收端传导。在接收端经光电转换器件，把光信号恢复为电信号并送收端的电端机。电端机是常规的电子通信设备。电光转换是由半导体激光器或发光二极管实现电光调制，即用电端机输出的电信号驱动光源（半导体激光器或发光二极管），使其输出强度随电信号变化的光信号。光电转换通常则由光电检波器件，如光电二极管等完成，它们把光信号转换为电信号，经放大和整形处理后送给电端机。

图 7-34 光纤通信原理框图

光纤通信在光纤内传输的是受调制的光信号，没有大地回路，不受大地电流的影响。同样也不受电磁干扰、静电干扰和人为干扰的影响。光纤之间也不存在串扰。这就使得光纤通信用于电力系统时有很强的抗干扰能力。

光纤本身的直径很小，在一根光缆内可以同时存在几十甚至几百根光纤。即使每根光纤的传输容量与同轴电缆的传输容量相同，那么总的传输容量也要几十倍于同轴电缆通信系统，因而光纤通信可以达到较高的传输速率。且普通光缆每千米的质量仅为同轴电缆的 1/10，对线路的敷设颇为有利。

从调制技术看光纤传输系统通常采用的是对光强的直接强度调制，或者就是简单的光强开关方式调制，比其他通信方式的调制技术简单。作为电磁波的光波频率很高，使光纤通信系统可供利用的频带很宽。并且在运用的频带内，光纤对各个频率成分的损耗几乎是一样。因此在中继站和接收端采取的幅度均衡措施比其他通信系统简单，甚至可以不用。光纤的传输损耗很小，可以大大增加光纤通信系统的无中继传输距离，减少了中继站的设置。光纤内传播的光能几乎不会向外辐射，因此很难被窃听，光纤通信的保密性很好。

3. 光纤数字通信系统

光纤通信也分为数字通信和模拟通信两类。光纤模拟通信是以模拟电信号对光源的光强进行调制，得到光强随模拟电信号变化的模拟光信号。光纤数字通信则是以数字脉冲电信号对光源的光强进行调制，得到数字光信号，即光脉冲信号。

光纤数字通信系统一般是指以传送数字话音为主的光纤通信系统，它主要由脉冲编码调制 PCM（Pulse Code Modulation）终端设备、数字复用设备、光端机、光缆和光中继设备组成，见图 7-35。

图 7-35 光纤数字通信系统

PCM 终端的作用是将连续信号的采样值变成数字信号，也可以完成它的逆变换。它包括对模拟量的采样、量化、编码和译码及滤波输出。话音的数字比特率规定为 64kb/s，PCM 终端设备都带有复接功能，其输出口的数字比特率为 2048kb/s。PCM 终端设备采用时分复用的方法将各路话音信号一一排序，同时加入用来识别序号的帧定位信号和信令信号。因此在 2048kb/s 的数字码流中包含了帧定位信号、30 路话音信号以及它们的信令信号三部分信息。

数字复用设备把低次群的数字信号复接成高次群的数字信号，也可以完成它的逆过程。在数字复用设备中同样需要帧定位信号以对各个低次群数字信号排序识别。

光端机的主要任务是实现电—光变换和光—电变换。用于电—光变换的主要器件是 LED 电光二极管和 LD 激光二极管；光—电变换的主要器件为 PIN 光电二极管和 APD 雪崩光电二极管。除了这些光电子器件外，光端机中还必须有驱动电路、自动功率控制电路、自动温度控制电路、自动增益控制电路等。此外在光端机内必须设置码型变换电路，以便将输入的数字信号变成适宜在光纤上传输的数字信号。在接收端则需作相应的逆变换。

光中继器完成来自两个方向的光—电变换和电—光变换。在长距离光纤通信系统中，必须每隔一个中继段设置一个中继器，实时地将光信号检测后重新整形判决。由于是数字信号，各段的波形失真不会有积累作用。

四、微波信道

微波通信属无线通信。无线通信是利用无线电波以自由空间为信道来传输信号。进行无线通信时，发信端需要把待传信号转换成无线电信号，依靠无线电波在空间传播。收信端再把无线电信号还原成发信端所传信号。

无线电波可以划分为长波、中波、短波、微波等。各种无线电波所对应的波长和频率范围见表 7-3。

表 7-3　　　　　　　　　　无线电波的频段划分

波段名称	频段名称	频率	波长（m）
长波	低频	30～300kHz	10～1km
中波	中频	300～3000kHz	1000～100
短波	高频	3～30MHz	100～10
超短波	甚高频（VHF）	30～300MHz	10～1
微波	特高频（UHF）	300～3000MHz	1～0.1
微波		3GHz 以上	0.1 以下

　　电力系统的无线通信主要采用微波中继通信。微波是频率为 300MHz～300GHz（波长为 1mm～1m）的无线电波。微波通信是利用微波频段的无线电波传递信息的一种无线通信方式。微波在自由空间只能像光波一样沿直线传播，在传播中遇到不均匀介质时，会产生折射和反射现象。当需要在地面上进行远距离微波通信时，由于地面是个椭球面，使微波的直线传输距离受到限制，且无线电波在空间传播过程中能量会有损耗，所以微波通信要采用中继方式，由中继站将信号接收下来加以放大后再发送出去，使通信距离得以增长。

　　微波中继通信有模拟微波通信和数字微波通信两类，我国电力系统中已大量使用数字微波通信。数字微波通信系统由端站、中继站和枢纽站组成，图 7-36 是数字微波通信系统结构框图。

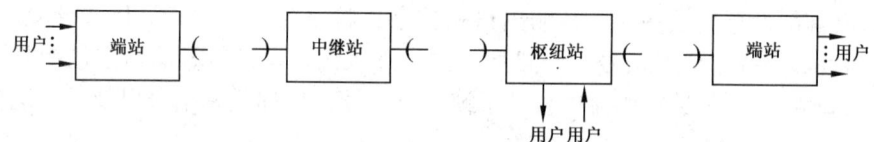

图 7-36　数字微波通信系统结构框图

　　端站指微波线路的起始站和终端站，端站的结构框图如图 7-37 所示。端站内配备的主要设备有：复用设备、调制解调器、发信机和收信机。复用设备的发送部分完成对输入信号的抽样、量化、编码，并将多路输入信号以时分方式进行复用后向调制器输出数字序列。复用设备的接收部分接收解调器输出的数字序列，由再生器进行恢复，然后译码并还原出各路输入信号。中频调制器的主要功能是将数字复用设备送来的数据流，调制成 70MHz 或 140MHz 中频信号。常用的调制方式有八相相移键控（8PSK）、十六进制正交调幅（16QAM）和六十四进制正交调幅（64QAM）。解调器的主要功能与调制器相反，是将微波收信机送来的 70MHz 或 140MHz 中频信号解调成数据流，并经处理后恢复成适用于数字复用设备的数据流。解调的方式对应于调制的方式。发信机的作用是将调制器送来的中频信号经中频放大器放大，由发信混频器将中频已调信号变为微波已调信号，再由单向器和滤波器取出混频后的一个边带作为射频信号，经射频功率放大达到额定电平，送至分路滤波器和天馈线系统。为了在收信端不干扰邻频道，当调制器送来的中频信号不正常时，发信机需送一个中频 70MHz 或 140MHz 的单频代振信号。收信机的主要功能是将天线接收到的射频信号经收信输入带通滤波器滤波、低噪声放大器放大后，由收信混频器完成下变频，得到

70MHz 或 140MHz 的中频信号，再经前置中频放大器、中频滤波器、主中放后输出给解调器。通常要求收信机的噪声系数小、自动增益的动态范围大、线性好。

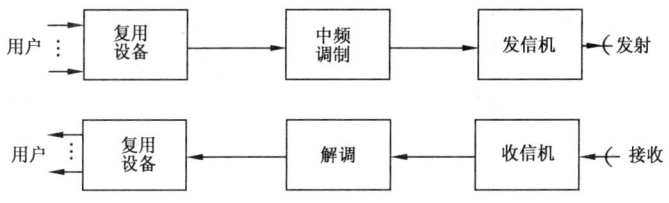

图 7-37 端站结构框图

中继站的作用是接收一个站发射来的微波信号，经过放大、整形等处理后向另一个站转发出去。它对两个方向收发，但不上下话路，属中间转接。站距约 50km 左右。中继站的中继方式有基带再生中继、中频中继和射频中继。基带中继是中继站在接收机中对接收到的射频信号进行解调，得到基带信号。并在发射机中进行再调制后送往后方。这种中继方式对解调出的脉冲都要进行判决、再生，使噪声和失真在再生过程中基本上被消除，不产生积累。中频中继是将接收到的射频信号经下变频成中频，放大后经其上变频成射频信号，再经放大后送至分路和天馈线系统。由于对传输引起的脉冲波形的失真和损伤没有再生，故容易引起误码，传输质量较差。射频中继是在站间距离较短（10～20km），但中间被高山或地形所阻挡时采用。射频直放中继是将从天线接收到的射频信号经分路放大后，再经合路送至后方的天线。

枢纽站设置在沿线需要上下话路的大中城市的电信楼内，其设备组成相当于两个端站背对背地连接在一起。

微波通信的优点是：微波频段占有的频带宽，可容纳较多的无线电设备工作，且微波收发信机载频高，绝对通频带宽，可以同时工作的话路数多，因此微波通信的通信容量大；微波频段受工业等外部干扰的影响小，使微波通信的传输质量高，误码率较低；微波受恶劣气象条件的影响较小，故通信的稳定度高；微波射束在视距范围内直线定向传播，使微波通信的方向性强、保密性好。

卫星通信是一种特殊的微波中继通信，是微波中继传输技术与空间技术的结合。它把中继站设在地球的同步卫星上，终端站设在地球上，称地面站，从而形成中继距离长达几千千米至几万千米的传输线路。卫星中包含了多个接收器/放大器/发射器部件，称作转发器，各转发器的工作频率设置稍有不同。地面上的各个发射站点称作上行链路地面站，它们发射狭窄的微波信号束（频段通常在 5925～6425MHz）到卫星。卫星则充作中继站，其上面的每个转发器接收一个发射信号，并将信号放大，然后以一个不同的频率（频段一般在 3700～4200MHz）将信号重新发射回地面。

卫星通信覆盖面积广，一个同步卫星的视角约为 120°，原则上三个这样的卫星如果沿轨道均匀分布就可以覆盖从北纬 60°到南纬 60°的地球表面。在卫星天线波束覆盖的整个区域内的任何一点，都可设置地面站，这些地面站可以共用一颗通信卫星来实现双边或多边通信，便于实现多址连接且通信距离远。卫星通信的频带宽、传输容量大，所以适于多种业务传输。由于卫星通信电波主要在大气层以外的宇宙空间传输，因此不易受自然或人为干扰及通信距离变化的影响，故通信质量高。鉴于卫星通信在通信距离远和地理、气象条件复杂的情况下能够提供更为可靠、稳定、高质量的通信服务，故特别适用于边远地区的远距离通信。

　　随着卫星通信技术的发展，通信卫星上转发器数量增多，功能增强，发射功率加强，而地面站抛物面天线却越来越小，地面站数目加多，使每路通信的费用降低。而且卫星通信提供的微波频率不再限于 C 频段（4～6GHz），已经伸向更高的 Ku 频段和 Ka 频段，调制和多址方式也不再限于模拟通信，而是增设数字通信。因此卫星通信作为光纤、微波等其他通信方式的相互补充和升级，在电力系统通信中是大有发展前途的。

第八章 远动系统

第一节 实时系统的中断管理

　　电力系统的运行状态随时随刻都在变化,要及时准确地监测这些变化,就要求远动系统有很强的实时性。实时系统的最大特点就是设置了许多中断,如串行通信中断、定时/计数中断等。中断的设置是为了提高 CPU 的工作效率,因为有许多任务在完成的过程中是不需要 CPU 的干预,只是在任务完成后才需要 CPU 进行处理。如定时任务,CPU 只需设置定时长度,启动定时器,在定时过程中,CPU 不需等待,可以做其他的工作,当定时时间到的时候,CPU 中止正在执行的任务,转而执行该定时任务。定时任务完成后,CPU 再继续执行被中断的任务。串行通信也是一样,串行通信在进行串—并转换和并—串转换过程中是不需要 CPU 介入的,即不占 CPU 的时间,但转换结束后需要 CPU 对通信数据作处理。

　　上述"过程"的特点是:CPU 需对"过程"初始化;"过程"的进行与 CPU 无关;"过程"结束后需 CPU 处理。因此,当"过程"结束后应及时给 CPU 提供一个信号(可以是某一标志位的状态改变,也可以是某一引脚的电平改变),这个信号被称为中断源。CPU 在收到这个信号后,中止正在进行的任务,转而处理该信号,称为中断响应。CPU 所执行的处理程序,称为中断服务程序。

　　实时系统的软件主体往往是一个大的循环体,中断可能发生在这个循环体的任意位置,也就是说中断服务程序可以嵌入主体程序。但当中断不只一个时,不同中断之间是否能嵌入、如何嵌入,这就需要建立一套中断管理系统。

　　实时系统的中断管理需要硬件的支撑,同时也需要软件的配合。中断管理应做的工作有以下几点:
(1) 明确中断源,并确定各中断的优先级;
(2) 建立相应的中断入口地址;
(3) 对中断源初始化;
(4) 编写相应的中断服务程序。
　　为了更有效地了解中断系统的管理,下面以 MCS-51 为例,作简要介绍。

一、MCS-51 的中断系统

　　MCS-51 系列单片机有 2 个外部中断、2 个定时/计数器中断和 1 个串行口中断,共计 5 个中断源。每个中断源都有各自的矢量地址,其对应关系见表 8-1。通常在中断源的矢量地址处写入一长跳指令,跳到该中断对应的中断服务子程序的入口地址。软件的整体结构如下:

表 8-1 MCS-51 中断源与矢量地址的对应关系

中断源	矢量地址单元
外部中断 0	0003H
定时/计数器 0 溢出	000BH
外部中断 1	0013H
定时/计数器 1 溢出	001BH
串行口	0023H

```
        ORG     0000H
        LJMP    MAIN
        ORG     0003H
        LJMP    INT0
        ORG     000BH
        LJMP    T0
        ORG     0013H
        LJIMP   INT1
        ORG     001BH
        LJMP    T1
        ORG     0023H
        LJMP    COM
MAIN：……
        主程序
        ……
INT0：……
        外部中断 0 服务子程序
        ……
        RETI
INT1：……
        外部中断 1 服务子程序
        ……
        RETI
T0：    ……
        定时/计数器 0 中断服务子程序
        ……
        RETI
T1：    ……
        定时/计数器 1 中断服务子程序
        ……
        RETI
COM：   ……
        串行口中断服务子程序
        ……
        RETI
```

  MCS—51 单片机在上电或复位后，程序指针自动指向 0000H 地址，执行 0000H 地址处的指令。此处放置跳入主程序入口地址的长跳指令，使 CPU 执行主程序。在主程序的开始部分，通常要做对 CPU 以及其他器件的初始化工作，其中包含有对各中断的初始化，对程序所用的寄存器和存储器的初始值设置等。主程序的后面部分则是正常运行时要不断做的循环工作。

在主程序的执行过程中，如果有中断源向 CPU 申请中断，并且该中断开放，此时又没有高级或同级中断在执行，CPU 就会及时响应该中断，程序指针自动跳到该中断对应的矢量地址，通过长跳指令再跳到中断服务程序入口地址，执行中断服务程序，最后通过指令 RETI 返回。

由于 MCS-51 系列单片机有 5 个中断源，这些中断的中断请求是否能得到响应，要受允许中断寄存器 IE 中各位的控制，IE 中各位的定义如下：

D7	D6	D5	D4	D3	D2	D1	D0
EA	X	X	ES	ET1	EX1	ET0	EX0

其中，EX0 为外部中断 0 允许位，ET0 为定时/计数器 0 中断允许位，EX1 为外部中断 1 允许位，ET1 为定时/计数器 1 中断允许位，ES 为串行口中断允许位，EA 为总允许位。允许位为 0，表示禁止中断；允许位为 1，表示允许中断。

MCS-51 的中断分为 2 个优先级，即高优先级和低优先级。通过中断优先级寄存器 IP 中的相应位来设定每个中断源是高优先级还是低优先级。IP 中各位的定义如下：

D7	D6	D5	D4	D3	D2	D1	D0
X	X	X	PS	PT1	PX1	PT0	PX0

其中 PX0 为外部中断 0 优先级设定位；PT0 为定时/计数器 0 中断优先级设定位；PX1 为外部中断 1 优先级设定位；PT1 为定时/计数器 1 中断优先级设定位；PS 为串行口中断优先级设定位。设定位为 0，是低优先级；设定位为 1，是高优先级。低优先级中断可被高优先级中断所中断，反之不能。一种中断一旦得到响应，与它同级的中断不能再中断它。当同时收到几个同一优先级的中断请求时，哪一个请求被响应，取决于内部的查询顺序，先查询的先响应。MCS-51 内部的查询顺序为外部中断 0、定时/计数器 0、外部中断 1、定时/计数器 1 和串行口。

当 MCS-51 响应某一中断请求后，在中断返回（RETI）前，该中断请求应该被撤销，否则会引起另一次中断。MCS-51 在处理中断撤销时有两种不同的方法。对定时/计数器 0 和 1 溢出中断，在 CPU 响应中断后，中断请求是由内部硬件自动撤销，无须采取其他措施。对于串行口中断，在 CPU 响应后，因无硬件自动撤销中断请求，所以必须在中断服务程序中，靠软件清除相应的标志（发送中断标志、接收中断标志），以撤销中断请求。对外部中断 0 和 1 的中断请求的撤销方法，要视中断触发方式而定。若外部中断采用边沿（下降沿）触发方式，CPU 在响应中断后，硬件自动撤销中断请求。但若外部中断采用电平（低电平）触发方式，CPU 在响应中断后，硬件不能自动撤销中断请求，因为输入的信号电平没有改变，所以需要在中断服务程序中对外部产生的中断信号电路进行操作，在中断返回之前使信号变为高电平。

当某一级中断被 CPU 响应时，CPU 将中断正在执行的程序（可能是主程序也可能是较低级的中断服务程序），因此应该对这一中断服务程序要使用的公共寄存器的内容进行现场保护和现场恢复。因为这些寄存器可能在被中断的程序中已使用，所以在中断服务程序的开始要对需要保护的寄存器做压栈操作，在中断服务程序结束之前做出栈操作，操作顺序应该是先进后出。

有关 MCS-51 中 5 个中断源如何使用的详细情况，请参见相应的书籍。

二、中断扩展

在有些情况下 MCS-51 提供的 5 个中断源远不能满足实际系统要求，需要通过 MCS-51 的外部中断对中断源进行扩展。例如，系统需要用 4 片 8251 增加 4 个串行通信口，且串行通信口以中断方式工作，这时就需要中断扩展，用于处理 4 片 8251 产生的 4 对收发中断。

中断扩展可以用 Intel8259A 实现。Intel8259A 是可编程中断控制器，用于管理 8 个优先级中断，并且将多个 8259A 级联起来，可最大构成 64 级优先中断管理系统。

图 8-1 给出 8259A 的引脚与内部逻辑图。在图 8-1（a）中：D0～D7 为 8 个数据信号线；$\overline{WR}$ 和 $\overline{RD}$ 为写信号和读信号线，$\overline{CS}$ 为片选信号线；A0 为地址线；IR0～IR7 为 8 个中断请求输入信号线，接外部中断源；INT 为中断输出信号线，接 CPU 的中断；$\overline{INTA}$ 为中断响应输入信号线，来自 CPU；$\overline{SP}/EN$ 为级联方式下从片开启控制信号线；CAS0～CAS2 为级联地址线，主片（$\overline{SP}=1$）为输出方式，从片（$\overline{SP}=0$）为输入方式，主片与从片的 CAS0～CAS2 对应相接。在级联方式下，从片的 INT 脚应接至主片的 IR0～IR7 脚。在图 8-1（b）中，中断屏蔽寄存器用于屏蔽 IR0～IR7 中任何一个中断请求，被屏蔽的中断请求信号将不能产生中断。中断请求寄存器（IRR）用于寄存所有从中断请求输入信号线（IR0～IR7）输入的中断请求信号。当 IR0～IR7 中任何一条请求线的信号变为高电平时，IRR 中相应的位置位。优先级分辨器（PR）用于确定 IRR 中各中断请求位的优先级，当 IRR 中有中断请求信号置位时，PR 就选出其中最高优先级请求中断，并且在 CPU 响应中断后发来第一个中断响应（$\overline{INTA}$）负脉冲时，将它存入服务状态寄存器（ISR）中的相应位置。ISR 只寄存已被 CPU 响应的中断信号，也就是说，只有被 PR 确定为最高优先级的，并被 CPU 响应的中断请求信号才能被存放入 ISR。

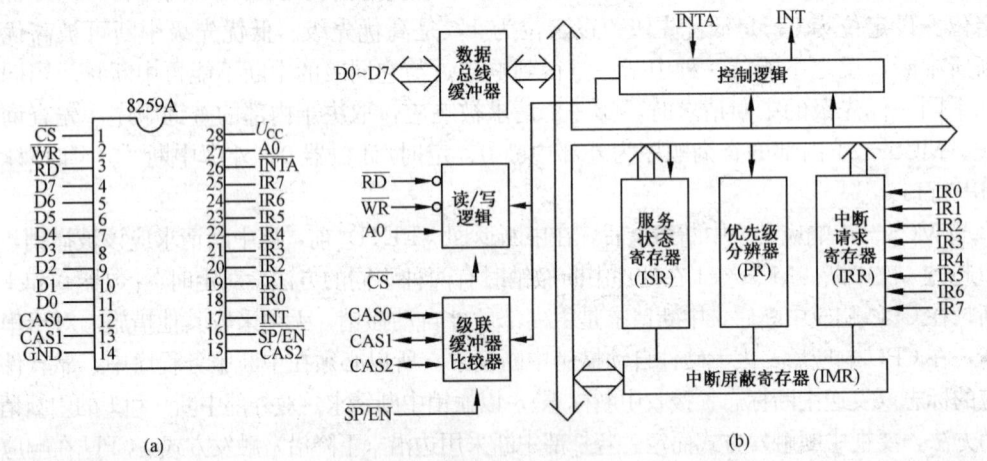

图 8-1 8259A 的引脚与内部逻辑
(a) 引脚；(b) 逻辑框图

8259A 对外围设备的中断请求的管理过程如下：①当 IR0～IR7 的中断请求输入端上有一个或多个出现高电平时，IRR 中的各对应位被置 1，表明有多个外围设备提出中断请求；②8259A 对这些中断请求进行优先级分辨，并向 CPU 发出中断信号 INT；③若这时 CPU 处于"中断允许"状态，在收到 INT 后应向 8259A 发出中断响应脉冲信号 $\overline{INTA}$ 作为应答；④当 8259A 接收到来自 CPU 的第一个 $\overline{INTA}$ 脉冲时，使 ISR 中与 IRR 中的最高优先级中断相对应的位置 1，以便确定对应的服务程序的入口地址，同时将 IRR 中与之对应的位置 0，并送一条 CALL 指令的操作码（11001101）至数据总线；⑤当 CPU 读到这个 CALL 指令的操作码之后，再发出两个 $\overline{INTA}$ 脉冲至 8259A；⑥后两个 $\overline{INTA}$ 脉冲使 8259A 把一个预先编程的 16 位地址分两次（先低 8 位，后高 8 位）送到数据总线上，这个地址就是中断服务程序的入口地址；⑦CPU 执行上述三个字节组成的调用指令后，使 CPU 转而执行相应的中断服务子程序，在子程序执行期间，ISR 的相应位一直保持 1，在子程序返回之前，CPU 向 8259A 送一个中断结束命令，使 ISR 的相应位复位；⑧子程序返回，完成整个中断过程。

另外，在 8259A 编程时，需要设定初始化命令字 ICW 和操作命令字 OCW，这些命令字是由地址信号 A0、某些特征位以及装入顺序来决定。初始化命令字有 4 个，用于设置中断服务程序的 16 位入口地址、地址间隔、中断触发方式、级联方式、8086/8088 或 MCS－80/85 方式、中断结束方式、缓冲器方式、特殊完全嵌套方式等。在初始化命令字进入 8259A 之后，CPU 可以通过操作命令字使 8259A 完成不同方式的操作。操作命令字有 3 个，可以设定中断屏蔽、循环优先方式、中断结束、特殊屏蔽方式、查询方式、读寄存器方式等。

需要指出的是，8259A 是为 8086/8088 或 MCS－80/85 这类 CPU 提供中断扩展的可编程中断控制器，这些 CPU 的 CALL 指令代码为 11001101，并且能提供中断响应信号 $\overline{INTA}$。由于 8031 没有提供专门的 $\overline{INTA}$ 信号，因此需要增加相应的辅助电路提供 $\overline{INTA}$。图 8-2 给出了 8259A 与 8031 的接口电路。图中，根据 $\overline{INTA}$ 信号的要求，利用片选信号 $\overline{CS}$、读信号 $\overline{RD}$ 以及中断信号 INT 的逻辑组合，为 8259A 提供一中断响应信号 $\overline{INTA}$。当 8259A 发出中

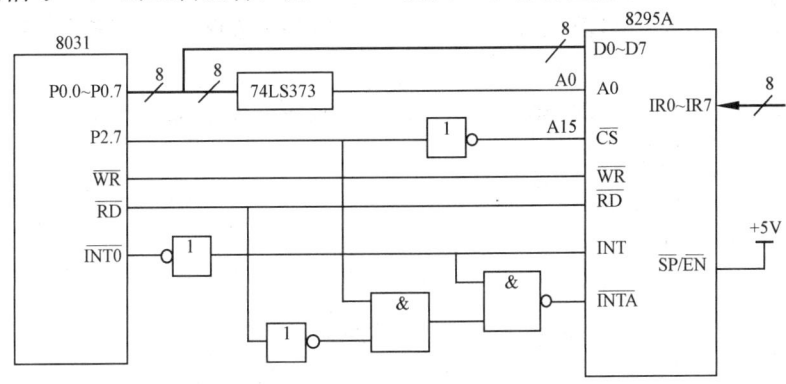

图 8-2 8259A 与 8031 的接口电路

断信号，并且被 8031 响应后，通过执行三条 MOVX A，@DPTR 指令，即可产生 8259A 所需的中断响应信号。为了更好地说明 8259A 的中断管理过程，结合图 8-2，给出 8259A 的初始化程序和中断服务程序的部分程序清单如下：

```
            ORG     0000H
            LJMP    MAIN              ；转主程序
            ORG     0003H
            LJMP    INT0              ；转中断程序
MAIN：      ……
            （8259A 初始化）
            CLR     EA                ；8031 禁止中断
            MOV     DPTR，#8000H      ；送 ICW1（A0=0，$\overline{CS}$=A15=1）
            MOV     A，#00010110B     ；设 ICW1 命令字（无需 ICW4，单片 8259A，地址
                                      ；间隔 4 字节，边沿触发，中断入口地址的低 8
                                      ；位为 00H）
```

```
        MOVX    @DPTR, A            ; 送 ICW1 至 8259A
        INC     DPTR                ; 送 ICW2（A0=1, CS=A15=1）
        MOV     A, #01000000B       ; 中断入口地址高 8 位为 40H
        MOVX    @DPTR, A            ; 送 ICW2 至 8259A
        SETB    IT0                 ; 8031 的INT0为下降沿触发
        SETB    EX0                 ; 8031 允许INT0中断
        SETB    EA                  ; 8031 允许中断
        ……
        （中断服务程序）
INT0:   PUSH    PSW                 ; 保护现场
        PUSH    ACC
        PUSH    DPL
        PUSH    DPH
        MOV     DPTR, #8000H
        MOVX    A, @DPTR            ; 取 CALL 代码, 丢弃
        MOVX    A, @DPTR            ; 取中断服务子程序入口地址低 8 位
        PUSH    ACC
        MOVX    A, @DPTR            ; 取中断服务子程序入口地址高 8 位
        MOV     DPH, A
        POP     DPL
        CLR     A
        JMP     @A+DPTR             ; 转到 8259A 中断服务子程序入口地址
        ORG     4000H               ; IR0 中断服务子程序入口地址
        LJMP    INTP0               ; 该指令占三个字节
        NOP                         ; 该指令占一个字节
        LJMP    INTP1
        NOP
        ……
        LJMP    INTP7
        NOP
INTP0:  LCALL   INTRET              ; 模拟中断返回
        ……
        8259A 的 IR0 中断服务子程序
        ……
        MOV     DPTR, #8000H
        MOV     A, #00100000B
        MOVX    @DPTR, A            ; 送中断结束 EOI 字
        POP     DPH                 ; 恢复现场
        POP     DPL
```

```
              POP          ACC
              POP          PSW
              RET                           ;子程序返回
INTP1：LCALL        INTRET
              ……
              RET
              ……
INTP7：LCALL        INTRET
              ……
              RET
INTRET：RETI                                ;8031 中断返回
```

在上述程序中，为了能实现较高优先级中断的嵌套，巧妙地利用 8031 的 RETI 和 RET 两指令的差异，实现模拟中断返回，使 CPU 在执行较低级中断服务子程序时，允许较高级中断嵌套。这是因为 RET 是 8031 的子程序返回指令，它把栈顶的内容送到程序指针寄存器，常用在由 ACALL 或 LCALL 调用的子程序末尾；而 RETI 是 8031 的中断返回指令，它不但把栈顶的内容送到程序指针寄存器，同时还释放中断逻辑使之能接受另一个中断请求。

应该指出，这里采用的模拟中断返回方式要求 8031 只开放 $\overline{INT0}$ 中断，否则会造成 8031 其他的较低级的中断嵌套。如果要维持 8031 自身的五个中断的优先顺序，就必须把上述 8259A 的中断服务程序中的模拟中断返回（LCALL INTRET）去掉，并把子程序返回指令 RET，改为中断返回指令 RETI，这时，用 8259A 扩展的中断就不能根据优先级嵌套了。

除了用专用的 8259A 作中断扩展外，还可以用一些简单的器件实现中断扩展，见图 8-3。当 IR0～IR7 中断输入信号有高电平出现时，或门的最后输出也将出现高电平，经过非门变为低电平，触发 $\overline{INT0}$ 中断，8031 响应中断后，读取 74LS245 并口数据。由于提出中断

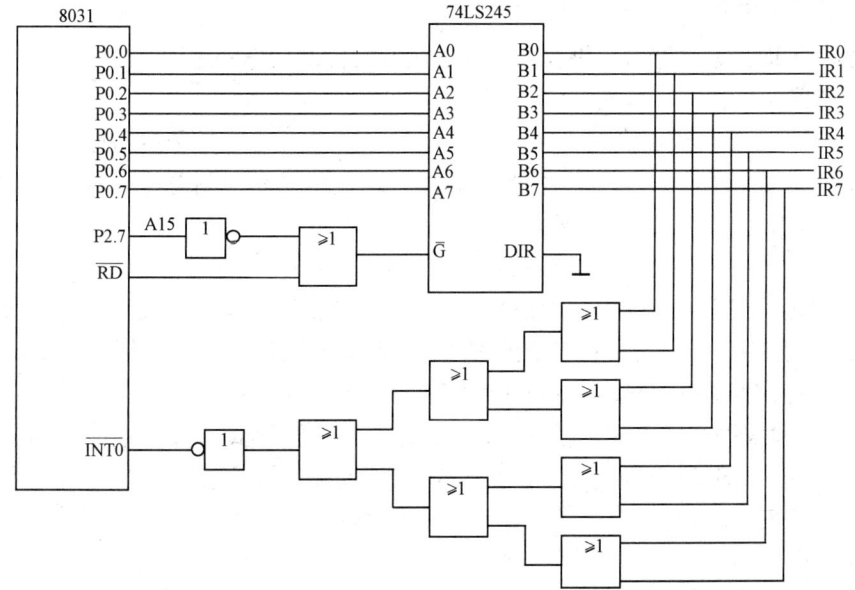

图 8-3 或门方式的中断扩展

请求的中断对应的数据位为1，因此可执行数据位为1所对应的中断服务子程序，此时扩展的中断之间不能嵌套。

第二节 远动终端的硬件结构

自厂站远动终端微机化以来，其结构发生明显变化。早期的微机化远动终端多为单CPU，即所有的数据处理由一个CPU完成，各种功能的扩展（如遥信采集、遥测采集）通过输入/输出口实现。随着电力系统生产管理现代化的进程不断加快，要求实现厂站自动化，厂站需要监控的信息量不断增大，实时性要求不断提高，因此单CPU的远动终端受到了扩展能力、数据处理能力、实时性、设置的灵活性等诸多的限制。由于计算机工业的飞速发展，使得各类器件的性能/价格比不断提高，为远动终端采用多CPU工作方式提供了必要的物质基础。

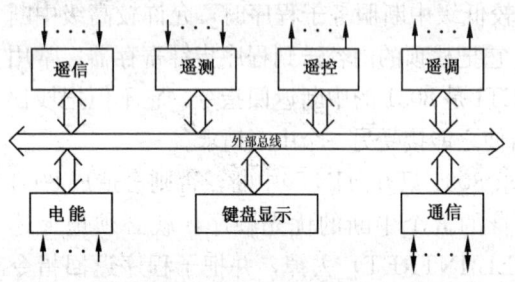

图 8-4 RTU 的硬件结构框图

当然，不论是单CPU的还是多CPU的远动终端，其所要完成的功能都是一致的。远动终端除要完成"四遥"（遥信、遥测、遥控、遥调）功能以外，还应完成电能（脉冲量）采集、远程通信、当地功能（键盘输入、显示输出）等。远动终端的硬件结构通常是按RTU所需完成的功能进行设计，其框图见图8-4。图中，RTU的硬件结构主要由七大部分组成：遥信、遥测、遥控、遥调、电能、键盘显示和通信。各部分均可带有CPU，组成特定功能的智能模板。每一种功能模板所处理的信息量是一定的，当信息量较大时可用多块功能模板。各模板之间的数据交换是通过外部总线完成，外部总线可以是并行总线，也可以是串行总线。

有关"四遥"及电能的硬件结构以及输入/输出接口电路，已在第五章中作了介绍，这里不再赘述。下面只就存储器、键盘显示和通信等硬件结构作一说明。

一、存储器的扩展

CPU一般都不提供或提供较小容量的存储程序指令的程序存储器和存储数据的数据存储器，因此通常要借助于CPU提供的数据总线、地址总线和控制总线作存储器的扩展。下面以8031为例来说明存储器的扩展方法。

8031提供外部16位地址线，其寻址空间为64K字节。由于8031除提供了读、写控制信号外，还提供了程序指令读取控制信号。因此8031的程序空间和数据空间是分开的，最大寻址空间各为64K字节。图8-5给出一8031存储器扩展的例子。图中，27256为32K可擦除程序只读存储器EPROM，62256为32K数据存储器RAM，2片27256和2片62256构成64K的程序和数据存储单元。由于8031的8位数据线和低8位地址线采用分时复用方式，因此需要用74LS373 8位锁存器，在8031的地址锁存信号ALE的控制下，把低8位地址分离出来。$\overline{PSEN}$是程序指令的读取信号，$\overline{RD}$和$\overline{WR}$是外部数据的读和写信号。就程序空间而言，第一片27256的地址范围为0000H～7FFFH，第二片27256的地址范围为8000H～FFFFH。就数据空间而言，第一片62256的地址范围为0000H～7FFFH，第二片62256的地址范围为8000H～FFFFH。实际上，数据空间除可以分配给数据存储器，还可以分配

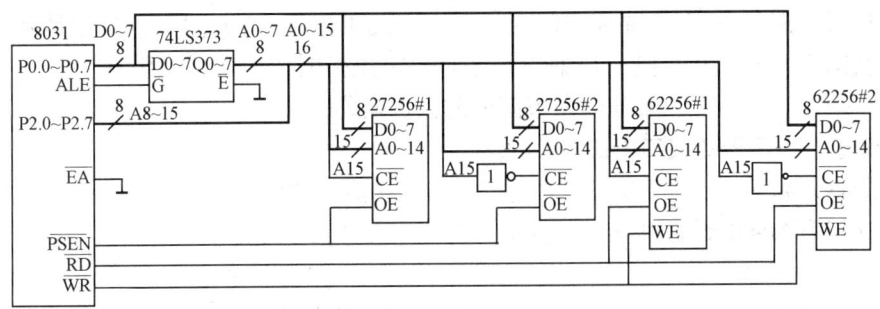

图 8-5 程序和数据存储器的扩展

给其他外围芯片（需挂接在总线上的）。当外围芯片较多时，可以用 74LS138、74LS139 这些译码器（或 GAL、CPLD 器件），把 64K 的数据空间分为若干区，每个芯片都对应有自己的地址空间，并且地址空间不能重叠，否则会引起数据总线冲突。

在有些情况下，RTU 需要对大量数据进行处理，64K 的数据空间可能不能满足要求，需要作进一步的扩展，这时要在电路上作特殊处理，见图 8-6。

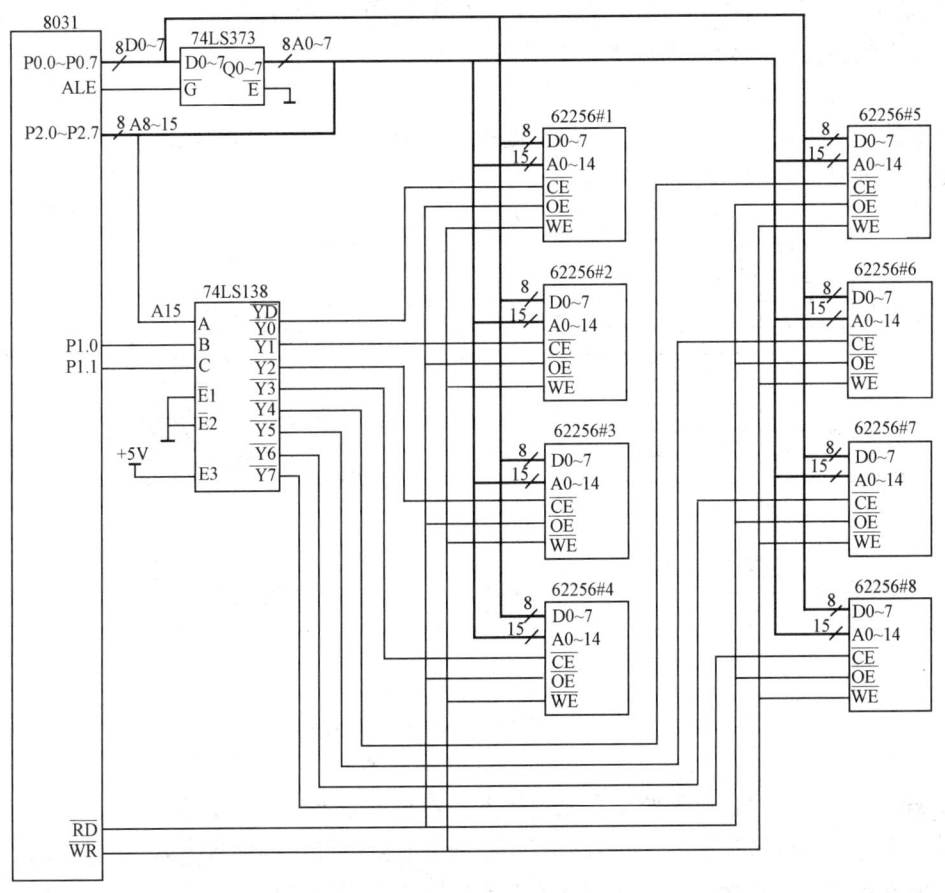

图 8-6　256K 字节存储单元的扩展

图中，把 8031 的 P1.0、P1.1 看作是地址信号 A16、A17，将 A15（P2.7）、P1.0、P1.1 通过 74LS138（3—8 译码器）来选通 62256#1～62256#8，实现 256K 字节的数据存

储空间的扩展。由于 8031 的寻址空间为 64K，因此可以把 P1.0、P1.1 看作是两位的段地址，每段空间为 64K，共 4 段。在编制程序时，应先指明要访问的数据在哪一段（即给定 P1.0、P1.1 的状态），然后再作 64K 范围内的数据操作。

二、键盘、显示器的接口电路

数据的置入和显示是 RTU 很重要的一个当地功能，它可以使 RTU 的工作方式更灵活。因此，在这里有必要对键盘和显示器的接口电路作一介绍。

1. 键盘输入接口电路

根据键盘的接线方式不同，键盘输入的硬件接口电路分为独立式和行列式两种，见图 8-7。独立式键盘输入电路的特点是每一个按键都对应一输入/输出口，如图 8-7（a）所示，有 8 个独立按键。当无按键按下时，P1 口的输入状态为 1；当有按键按下时，其对应的输入口的状态为 0。独立式键盘输入电路适合于键盘的按键数较少的情况，当按键数多时，占用输入口也对应增加，这时可以采用行列式键盘输入电路。图 8-7（b）同样是 8 个输入/输出口，可实现 16 个按键的键盘输入电路，P1.4～P1.7 作为 4 个行线，P1.0～P1.3 作为 4 个列线，16 个按键置于每个行列的交叉位置上。初始化状态 P1.4～P1.7（行线）输出全"0"（低电平），若无键按下，则 P1.0～P1.3（列线）的输入为全"1"（高电平）。当有键按下时，按下的键所在的列为低电平，即对应的 P1.0～P1.3 的输入为"0"；此时将 P1.4～P1.7 依次输出"0111"、"1011"、"1101"、"1110"，即 4 个行线中只有一个输出为"0"。当为低电平的列线再次为低电平时，则按下键所对应的行为输出低电平的行线，这样按下的键所对应的行列号，即键号均确定下来。

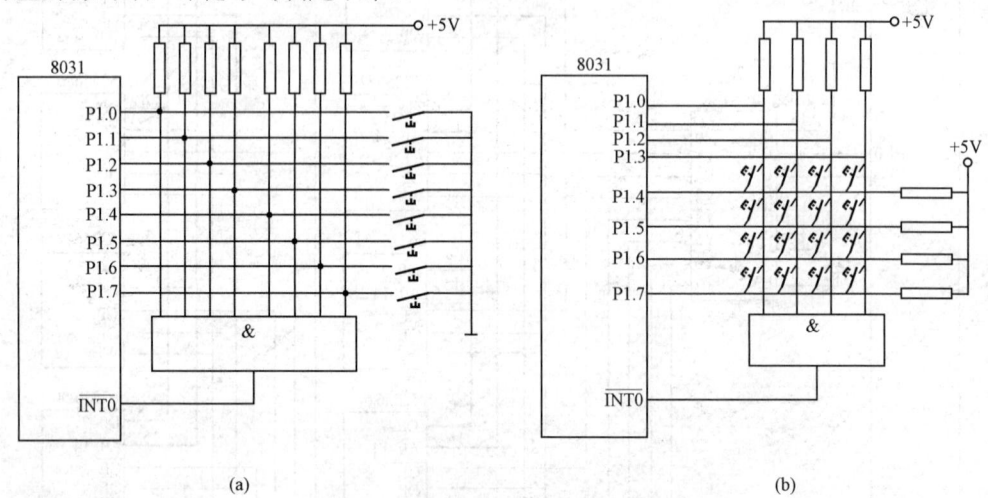

图 8-7 键盘输入硬件接口电路
(a) 独立式；(b) 行列式

在编制键盘程序时，应先监测有无键按下，若有键按下，再确定按下键的键号，最后根据键号转向相应的按键功能程序。监测有无键按下有查询和中断两种方式，查询方式又分为循环查询方式和定时查询方式。两种查询方式对键盘管理的流程完全相同，只不过循环查询是将键盘管理程序置于主程序中，而定时查询是将键盘管理程序置于一定时中断服务程序中，如 10ms 的定时中断。由于查询方式需要在程序中不断地判断有无按键按下，因此增加了无按键按下时 CPU 的时间开销。为了提高 CPU 的工作效率，可以把有无按键按下的监测部分改为硬件实现，如图 8-7 中增加的与门，将与门的输出接至 8031 的外部中断 0。当有按键按下时，与门输出低电平，请求键盘中断，余下的工作在键盘中断服务程序中完成，这种方式为中断方式。

由于按键的触点是机械触点，在按键按下和释放的过程中，必然产生抖动。因此要确定按键是哪一种稳定状态，必须采取去抖动措施。硬件去抖动措施可以用 R-S 触发器或单稳电路构成的去抖动电路实现，软件去抖动措施可采用软件延时方法，对延时前后状态一致的状态才认为是稳定的状态。根据按键的机械特性，抖动时间一般为 5～10ms。

在图 8-7 中，键盘电路是由 8031 的 P1 口实现，而在实际系统中 P1 口常用于其他用途，因此键盘电路也可以用扩展并口实现，原理与上述一致。

在并口资源有限的情况下，也可以利用遥测实现键盘电路，图 8-8 给出了键盘输入的遥测实现方法。图中 $R_1 \sim R_8$ 串联在一起，对 U_{ref} 分压，每个分压端分别经 SA1～SA8 接至跟随器 A 的输入端，R_9 是为了保证在无按键按下时 U_K 为 0V。当 SA1～SA8 中任意一个按键按下时，U_K 的电压值都在对应的特定范围内，这是由于 A/D 转换以及电阻都存在精度问题。通过 U_K 落在不同的范围，可以很容易地判断出是哪一个按键按下。U_K 值的范围与按键的对应关系如何确定，这里不再赘述。

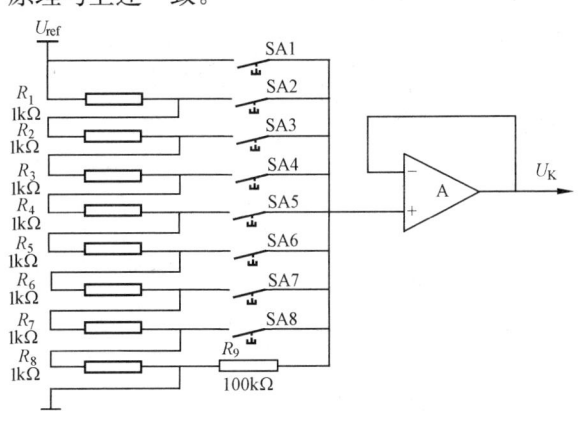

图 8-8 键盘输入的遥测实现方法

2. LED 显示器接口

发光二极管显示器（LED）是一种价廉物美的字段显示器件，分为共阴极和共阳极两种，见图 8-9（a）、(b)。图中 a、b、c、d、e、f、g、dp 分别控制 8 个发光二极管，构成

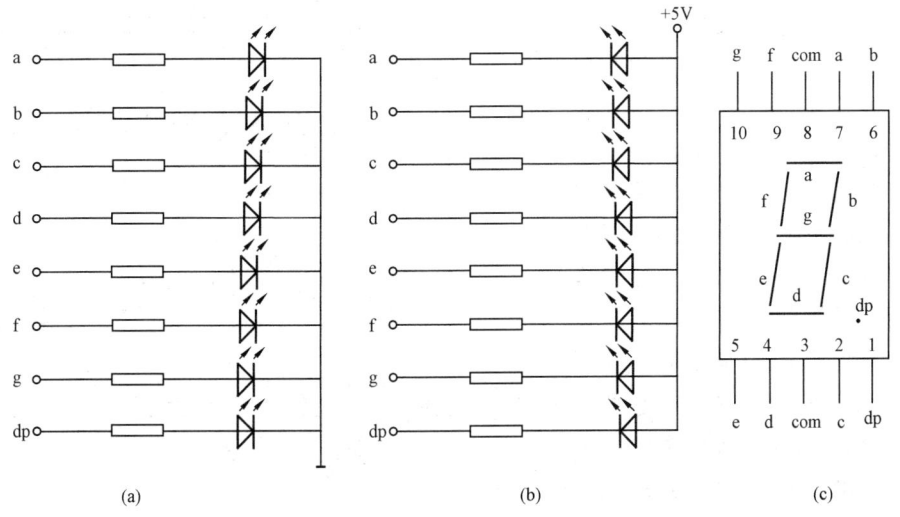

图 8-9 LED 显示器
(a) 共阴极；(b) 共阳极；(c) 引脚

七笔字形"8"和一个小数点，故称为八段LED显示器，引脚与八段的对应位置见图8-9(c)。对于共阴极的八段LED显示器公共脚COM（3、8）接地GND，而共阳极的公共脚COM应接+5V。如图8-9（a）、（b）所示，共阴极和共阳极各段的控制电平是不同的，共阴极LED的段需用高电平点亮，共阳极LED的段则用低电平点亮。控制不同段亮或灭可以构成十六进制带小数点的数以及一些特殊符号。

八段LED显示器与八位CPU的接口十分方便，只要将一个8位并行输出口与显示器的八段引脚对应连接起来即可。将多个LED显示器并列在一起，就可以显示一组特定意义的数字或字符。

LED显示器有静态和动态两种显示驱动方式。

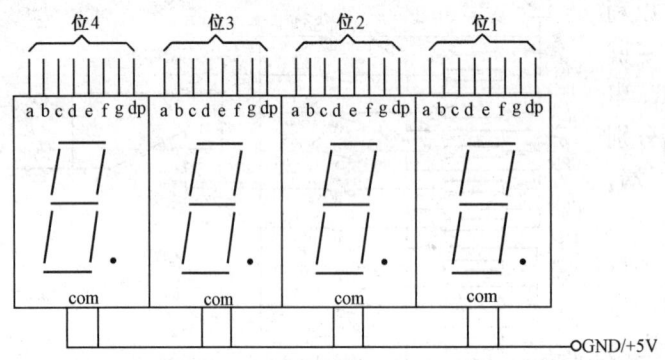

图8-10 四位静态LED显示器驱动电路

LED显示器工作在静态显示驱动方式下，共阴极或共阳极公共端连接在一起接地或接+5V，每位的段选线（a～dp）分别与相应的一个8位扩展并口（数据可锁存）相连，见图8-10。图中为一个四位静态LED显示驱动电路，该电路每一位可独立显示，只要各位的段选线上的电平保持不变，则该位显示的字符将一直保持。由于静态显示方式只有当待显示字符要改变时，才改变对应位的并行口的输出状态，因此占用CPU的时间少。但每一位LED显示器都需要一个8位并行口，当显示位数增加时，占用的硬件资源较大。所以在显示位数较多的情况下常采用动态显示驱动方式。

利用人的视觉暂留现象，在多位LED显示时，为了简化电路，降低成本，可采用动态LED显示驱动方式，见图8-11。图中将各位的相应段连接在一起，由一个段控制并行口控制，各位的公共端由一个位控制并行口控制。很显然，在多位显示时，动态显示比静态显示所需的并行口少得多。在显示控制时，同一时段各位中只能有一位是有效的。作为共阴极LED显示器，控制公共端为低电平时有效，高电平为无效，而共阳极的控制则相反。由此可见，位控制可以用译码器控制。

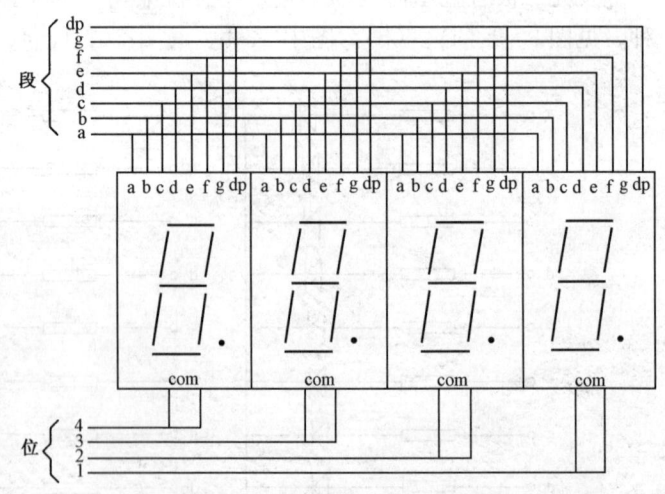

图8-11 4位动态显示驱动电路

在程序编制方面，动态显示比静态显示要复杂一些，图8-12给出LED动态显示子程序框图。图中，N是LED显示的位计数器，每一位的显示过程为先选通位，再输出段选码，然

后延时,最后各段熄灭,当各位显示完毕后结束。如果 8 段 LED 的各段与 8 位数据的各位按如下的方式对应:

D7	D6	D5	D4	D3	D2	D1	D0
dp	g	f	e	d	c	b	a

则 LED 显示字符与段选码的对应关系见表 8-2。对于同一个显示字符,共阴极与共阳极的段选码是"非"的关系。通常把可能要显示的字符的段选码按一定逻辑制成表,以利于显示程序的编制。

3. 8279 键盘/显示器接口芯片

通常情况下,在远动终端的设计中同时要求具有数据的输入和显示功能。而采用上述传统的设计方法,要扩展的外围器件多,并且占用 CPU 的时间也多。为了解决这些问题,可以采用 Intel8279 可编程键盘/显示器接口芯片。

8279 的引脚及逻辑框图见图 8-13。下面就引脚的定义和功能分别作一简述。

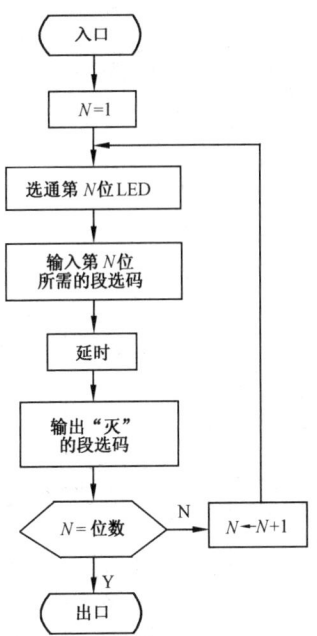

图 8-12 LED 动态显示子程序框图

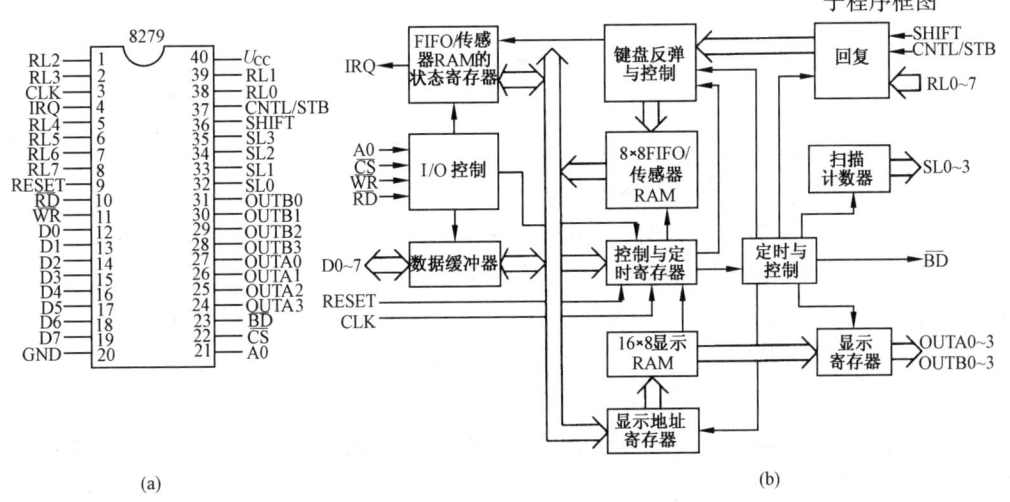

图 8-13 8279 引脚及逻辑框图
(a) 引脚;(b) 逻辑框图

表 8-2　　　　八段 LED 的显示字符与段选码的对应关系

显示字符	共阴极段选码	共阳极段选码	显示字符	共阴极段选码	共阳极段选码
0	3FH	C0H	0.	BFH	40H
1	06H	F9H	1.	86H	79H
2	5BH	A4H	2.	DBH	24H
3	4FH	B0H	3.	CFH	30H
4	66H	99H	4.	E6H	19H
5	6DH	92H	5.	EDH	12H

续表

显示字符	共阴极段选码	共阳极段选码	显示字符	共阴极段选码	共阳极段选码
6	7DH	82H	6.	FDH	02H
7	07H	F8H	7.	87H	78H
8	7FH	80H	8.	FFH	00H
9	6FH	90H	9.	EFH	10H
A	77H	88H	A.	F7H	08H
b	7CH	83H	b.	FCH	03H
C	39H	C6H	C.	B9H	46H
d	5EH	A1H	d.	DEH	21H
E	79H	86H	E.	F9H	06H
F	71H	8EH	F.	F1H	0EH
"灭"	00H	FFH	⋮	⋮	⋮

D0～D7 为双向、三态数据总线，可与 CPU 的数据总线直接相连，用于 CPU 和 8279 之间的数据和命令传送。

CLK 为系统时钟输入线，为 8279 提供内部时钟，CLK 时钟经 8279 内部分频，以获得内部要求的 100kHz 的基本频率，分频数为 2～31，软件可置。

RESET 为复位输入线，当 RESET＝1 时 8279 复位。

$\overline{CS}$ 为片选输入线，当 $\overline{CS}$＝0 时 8279 就被选中，允许 CPU 对 8279 进行读、写操作，否则被禁止。

A0 为数据选择输入线，当 A0＝1 时 CPU 写入的数据为命令字，读出的数据为状态字，而当 A0＝0 时 CPU 读、写的内容均为数据。

$\overline{RD}$、$\overline{WR}$ 为读、写信号输入线，低电平有效，用于控制 8279 的读、写操作。

IRQ 为中断请求输出线，高电平有效。在键盘工作方式下，当 FIFO（先进先出）/传感器 RAM 存有数据时，IRQ 为高电平，CPU 每次从 RAM 中读出数据时，IRQ 变为低电平；若 RAM 中仍有数据，则 IRQ 再次恢复为高电平。在传感器工作方式下，每次检测到传感器状态变化时，IRQ 就出现高电平。

SL0～SL3 为扫描输出线，用于扫描键盘和显示器，可设定编码输出（4 取 1）和译码输出（16 取 1）两种方式。

RL0～RL7 为回复输入线，用于键盘阵列或传感器阵列的行/列信号输入线。

SHIFT 和 CNTL/STB 为移位信号和控制/选通信号输入线，高电平有效，可用于扩充按键的控制功能。

OUTA0～OUTA3 和 OUTB0～OUTB3 为 A 组和 B 组显示信号输出线，输出显示数据，与多位显示的扫描线 SL0～SL3 同步。两组可以独立使用，也可以合并使用。

$\overline{BD}$ 为显示消隐输出线，低电平有效，该信号在切换显示或使用消隐命令时，将显示消隐。

8279 包括键盘输入和显示输出两部分。键盘部分可以为 64 键的接触式按键阵列或传感器阵列提供扫描接口。当有键按下时，内部的去抖电路被置位，延时等待 10ms 后，再检验该键是否继续按下。若是则将该键的编号（回复和扫描编号）以及移位，控制状态一起形成键盘数据送入 8279 的内部 FIFO 随机存储器，FIFO 随机存储器容量为 8 个字节。显示部分按动态扫描显示方式工作，显示器的 RAM 可存放 16 个字节的显示数据，可控制 16 个八段 LED 显示器。显示的字符可以是右端送入，也可以是左端送入。

8279 的操作需要通过写入命令字来实现。8279 共有 8 条命令，分别为键盘/显示方式设置、时钟分频设置、读 FIFO/传感器 RAM、读显示 RAM、写显示 RAM、禁止显示写入/消隐、清除 FIFO 和显示 RAM、结束中断/错误方式设置。有关 8279 的命令字、状态字以及数据的格式定义参见有关书籍。

8279 与 8031 以及键盘、显示器的接口电路见图 8-14，图中键盘和显示器均按最大容量配置。接口电路中包括与 8031 接口、与键盘接口以及与显示器接口三个部分。

在与 8031 接口中，读 $\overline{RD}$、写 $\overline{WR}$、数据总线 D0～D7 直接相连，A0 接地址总线的最低位，片选 $\overline{CS}$ 接 8031 的 P2.7（A15）。由于 8279 的中断请求是高有效，因此需反相后接 8031 的外部中断 0 $\overline{INT0}$。将 8031 的 6MHz 振荡信号二分频后送入 8279 的时钟输入端，此信号频率为 3MHz。若软件设定分频系数为 30，则可获得 8279 所需的 100kHz 的基本频率。图 8-14 中的复位电路为上电复位方式，上电时可保证 RESET 为高电平。

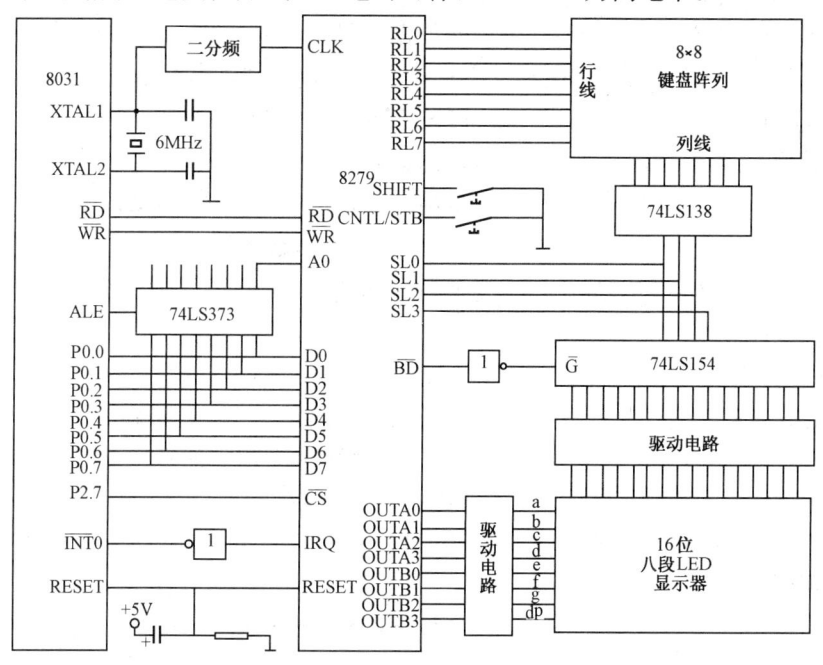

图 8-14 8279 与 8031 及键盘、显示器接口电路

在与键盘接口中，键盘为 8×8 的阵列，8 条列线由扫描线 SL0～SL2 经 3—8 译码器（74LS138）输出后提供，8 条行线接 8279 的回复线 RL0～RL7。因 SHIFT 和 CNTL/STB 内部有上拉电阻，故两个按键的另一端应接地。

在与显示器接口中，显示器为 16 位八段 LED，段选线由 OUTA0～OUTA3、OUTB0～OUTB3 经驱动后提供，位选线由扫描线 SL0～SL3 经 4—16 译码器（74LS154）输出驱动后提供，$\overline{BD}$ 信号控制 74LS154 的使能端，实现显示器的消隐。

4. 液晶显示器的应用

目前，液晶显示器（LCD）在远动终端中的应用已逐渐普遍，这是因为 LCD 比 LED 显示更灵活、显示的信息更大，而较 CRT 更小巧。

从显示输出形成上看，LCD分为笔段型、字符型和图形型三种。

笔段型LCD主要用于数字显示，有七段显示、八段显示、九段显示、十四段显示、十六段显示等，也可以根据特定要求，显示特制固定的字母、符号、图形以及汉字。

字符型LCD是专门用于显示ASCII码所包含的数字、字母和符号，它是由若干个5×7或5×11等点阵组成，每个点阵可以显示一个字符。组成字符的点阵之间空有一个点距的间隔，起到字间距和行间距的作用。字符型LCD属于点阵型液晶显示器。

图形型LCD可以显示各种复杂的图形，显示器是由M列$\times$N行点阵组成，如320×240的点阵。在图形型LCD上的任意位置可以显示由点组成的字符、汉字、符号、图形等，如采用16×16的点阵显示汉字。图形型LCD在显示字符时不会像字符型LCD那样必须在字符行、列上显示。因此，图形型LCD可以像CRT那样显示出复杂的用户界面。

在远动终端中，字符型和图形型LCD比较常用。这些点阵型液晶显示器，都需要专用的控制器控制，如HD44780用于字符型液晶显示、控制及驱动，图形型液晶显示控制器有T6963C、HD61830、SED1330F、MSM6255等。

下面以SED1330F为例来说明点阵型液晶显示器如何与CPU和液晶显示模块进行接口。

SED1330F是一个功能很强的图形和字符液晶显示控制器，可与Intel和Motorola系列的CPU接口，与CPU的接口设有功能较强的I/O缓冲器。SED1330F能够管理64K显示缓冲区，在显示缓冲区的0000H～EFFFH地址范围内任意划分出四个显示区。这四个显示区可以显示文本，也可以显示图形；可以一个显示区单独显示，也可以多个显示区合成显示。F000H～FFFFH的4K空间分配给字符发生器，由于SED1330F只能处理8位字符代码，所以一次最多只能显示和建立256个字符。如果用户定义的字符为8×8点阵，则要建立两个字符发生器（各占2K字节）；如果用户定义的字符为8×16点阵，则只建立一个字符发生器。另外SED1330F还内藏有只读型字符发生器，固化有160个5×7点阵的字符。SED1330F以4位并行方式向液晶显示模块发送显示数据，具有很强的显示能力。单片SED1330F最大可驱动640×200点阵，两片SED1330F级联可驱动640×400点阵。在强大的硬件支撑下，SED1330F还有丰富的指令系统，可实现系统控制、显示操作、绘图操作以及显存操作。

图8-15给出SED1330F点阵液晶显示控制器的外围接口，其接口分为CPU接口、显示

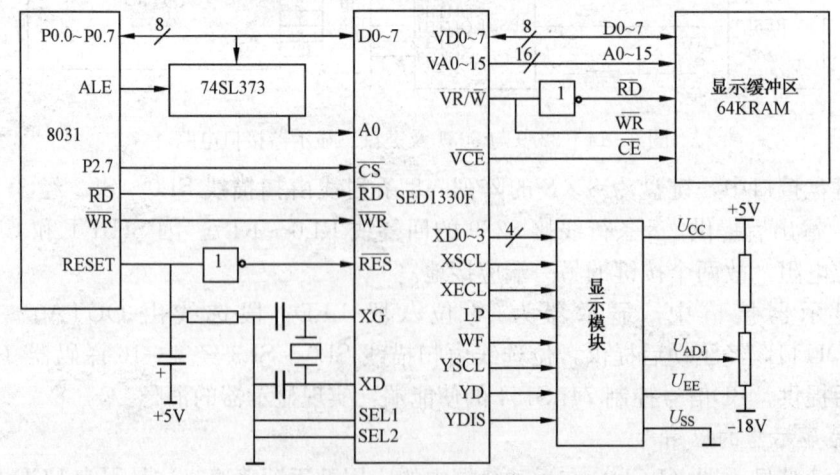

图8-15 SED1330F控制器的外围接口

缓冲区接口和显示模块接口三个部分。

CPU接口部分：D0～D7为数据总线；$\overline{RD}$、$\overline{WR}$为读、写信号；$\overline{CS}$为片选信号；A0为I/O缓冲器选择信号，A0=0时，读状态标志，写显示数据和参数；A0=1时，读显示数据和光标地址，写指令代码。$\overline{RES}$为复位信号，低有效；XG、XD为SED1330F内部振荡器的输入、输出端，图中按晶振方式工作，晶振频率可在1～10MHz范围内选择；SEL1、SEL2为CPU类型选择设置，置SEL1=0、SEL2=0为Intel系列，置SEL1=1、SEL2=0为Motorola系列。

显示缓冲区接口部分：VD0～VD7接至显示缓冲RAM的8位数据总线，VA0～VA15接至显存的16位地址总线，$\overline{VCE}$为显存的片选信号。由于SED1330F只为显存提供读/写（VR/$\overline{W}$）信号，即高电平为读有效、低电平为写有效，因此VR/$\overline{W}$直接接显存的写信号，VR/$\overline{W}$的反相输出接显存的读信号。

显示模块接口部分：XD0～XD3为列驱动器的数据线；XSCL为列驱动器的位移时钟信号；XECL为列驱动器菊花链使能信号；LP为显示行结束脉冲信号；WF为液晶显示交流驱动波形信号；YSCL为行驱动器的移位脉冲信号；YD为帧扫描信号；YDIS为液晶显示驱动电源关信号。

三、串行通信接口

串行通信在分布式系统以及远程数据传递中是必不可少的。采用串行通信可以降低通信线路的价格、简化通信设备，并且可以利用已有的通信线路，因此串行通信接口是微型计算机以及智能终端的必备接口。

1. RS-232-C、RS-422-A、RS-485接口

串行通信器件是用TTL电平表示串行数据，传送的距离很近。为了使传送距离增加，需要加大电平的幅值，但电平幅值的增加，又会影响数据的传送速率，并且在电平幅值一定的情况下，数据传送的距离和数据传送的速率成反比。因此，以提高电平来增加传送距离的方式只适合于较近距离的传送，对于远距离的数据传送可以通过调制解调器（Modem），把直流电平转换成交流信号，实现远距离传送。

EIA RS-232-C是异步串行通信中应用最广的标准总线，它包括了按位串行传输的电气和机械方面的规定，适用于数据终端设备（DTE）和数据电路终接设备（DCE）之间的接口。RS-232-C接口采用标准的25芯D型插座，其信号引脚定义见表8-3。表中还给出RS-232-C的9芯D型插座与25芯D型插座的引脚对应关系。

表8-3　　　　　　　　　RS-232-C常用的接口信号

引脚号		符号	方向	功能
DB25	DB9			
1				保护（外壳）地
2	3	TxD	输出	发送数据
3	2	RxD	输入	接收数据
4	7	RTS	输出	请求发送
5	8	CTS	输入	允许发送或清除发送
6	6	DSR	输入	数据设备准备好
7	5	GND		信号地
8	1	DCD	输入	数据载波检测
20	4	DTR	输出	数据终端准备好
22	9	RI	输入	振铃指示

RS−232−C 的逻辑 0 电平规定为＋3～＋25V，逻辑 1 电平为−3～−25V，因此 TTL 信号与 RS−232−C 信号的连接必须经过电平转换。常用的 TTL 与 RS−232−C 之间电平转换芯片有 MC1488（传输线驱动器）和 MC1489（传输线接收器）。MC1488 和 MC1489 的引脚定义如图 8-16（a）、（b）所示。RS−232−C 接口的电平转换电路如图 8-16（c）所示。MC1488 由 1 个反相器和 3 个与非门组成，电源电压为±12V 或者±15V，输入为 TTL 电平，输出为 RS−232−C 电平。MC1489 由 4 个带响应控制端的反相器组成，电源电压为＋5V，输入为 RS−232−C 电平，输出为 TTL 电平。在响应控制端可接一滤波电容。

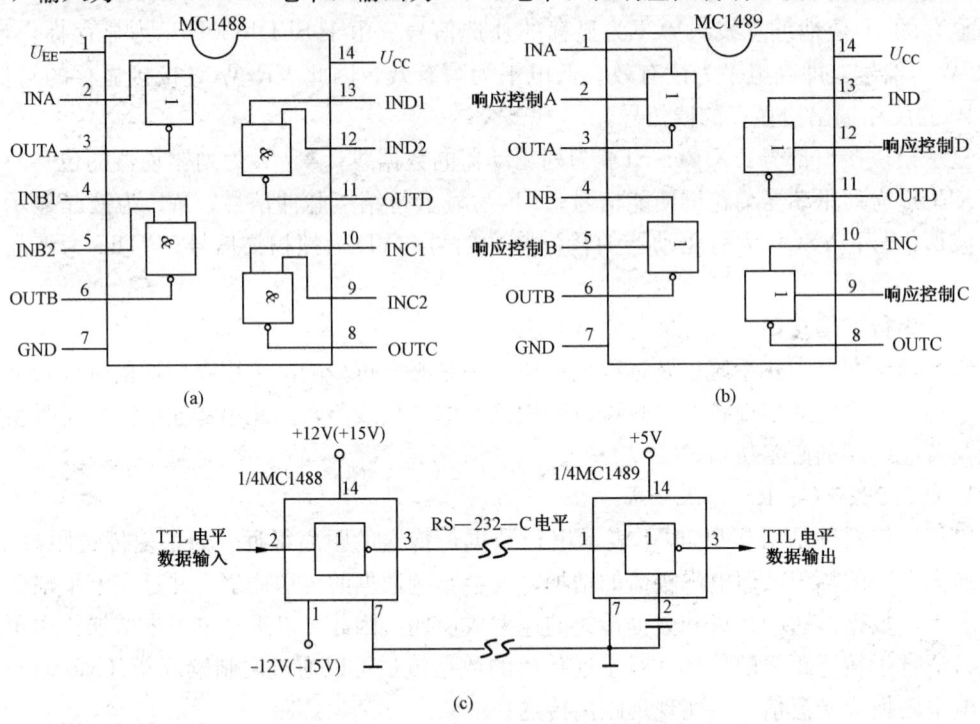

图 8-16 RS−232−C 接口电平转换芯片及电路
(a) MC1488；(b) MC1489；(c) 电平转换

由于 RS−232−C 电平转换的驱动器和接收器之间具有公共信号地，因此共模噪声会耦合到信号系统中，限制了数据的传送速率和传送距离，最高传递速率只能达到 20kb/s，最大距离仅 30m。为了使数据能传送更远的距离，在 RS−232−C 接口中定义了一些对 Modem 的控制信号，可实现与 Modem 的接口。

若进一步提高传送速率和传送距离，可采用 RS−422−A 和 RS−485 标准接口。RS−422−A 和 RS−485 规定了双端电气接口形式，其标准是双端线传送信号。如果其中一条线是逻辑 1 状态，另一条线就为逻辑 0。由于电压回路是双向的，因而大大地改善了通信性能。由于 RS−422−A 和 RS−485 采用平衡差分驱动方式，因而信号最大可传送距离为 1200m，允许最大传输速率为 10Mb/s。RS−422−A 可驱动 10 个接收器，RS−485 则可驱动 32 个接收器。

在信号状态的逻辑电平定义上，RS−422−A 和 RS−485 与 RS−232−C 有所不同，RS−232−C 是信号与信号地的电平差，而 RS−422−A 和 RS−485 是正端信号与负端信号的电平差，具体参数见表 8-4。

表 8-4　　RS—232—C、RS—422—A 和 RS—485 的逻辑状态电平

信号状态		RS—232—C	RS—422—A	RS—485
0	发送	+3～+25VDC	+2～+6VDC	+1.5～+6VDC
	接收	+3～+25VDC	+0.2～+7VDC	+0.2～+12VDC
1	发送	-3～-25VDC	-2～-6VDC	-1.5～-6VDC
	接收	-3～-25VDC	-0.2～-7VDC	-0.2～-7VDC

串行通信的 TTL 电平信号与 RS—422—A、RS—485 接口，同样需要做电平转换。下面介绍一种适合于 RS—422—A 和 RS—485 的电平转换器 SN75174 和 SN75175，见图 8-17。SN75174 中有四组驱动器，A 为输入端，输入 TTL 电平；Y、Z 为平衡差分输出端；EN 为使能端。当 EN 为低电平时，输出为高阻状态。1、2EN 控制 1、2 组驱动器的使能；3、4EN 控制 3、4 组的使能，见图 8-17（a）。SN75175 中有四组接收器，A、B 为差分输入端；Y 为 TTL 电平输出端；EN 为使能。同样，1、2EN 控制 1、2 组接收器，3、4EN 控制 3、4 组接收器。有关 RS—422—A 和 RS—485 的通信连接方式将在下面的多机通信中介绍。

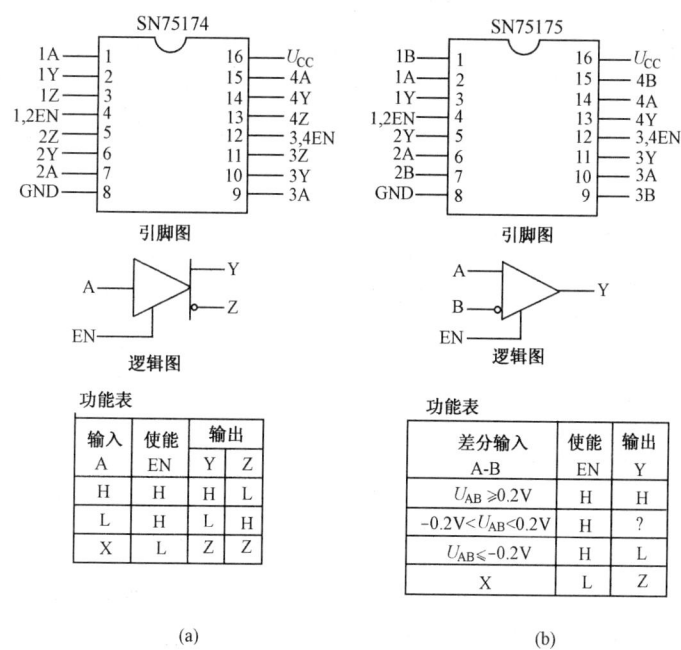

图 8-17　RS—422—A 和 RS—485 电平转换器
(a) SN75174 驱动器；(b) SN75175 接收器

2. 串行口及其扩展

8031 提供了一个全双工串行通信接口，可用作通用异步接收器和发送器（UART），也可用作同步移位寄存器。数据传送的波特率由系统振荡器和软件设置决定。8031 的接收器内部为双缓冲结构，可以避免在接收下一字符数据之前，CPU 未能及时响应接收器的中断，没有把上一字符数据读走，而产生两字符数据重叠。8031 的串行口有 4 种操作模式：模式 0 为同步移位寄存器，波特率为 $f_{osc}/12$（f_{osc} 表示系统振荡频率）；模式 1 为 8 位 UART，波特率可变；模式 2 为 9 位 UART，波特率为 $f_{osc}/64$ 或 $f_{osc}/32$；模式 3 为 9 位 UART，波特率可变。模式 2、3 中的第 9 位数据可以作为奇偶校验位，也可以作为多机通信中地址和数据的标志。

在模式 1 和模式 3 中，波特率发生器由定时/计数器 1 担任，并且定时/计数器 1 工作在自动重装方式，波特率由下式确定

$$波特率 = \frac{2^{SMOD}}{32} \times (定时/计数器 1 溢出速率)$$

式中 SMOD 为电源控制寄存器 PCOM 的第 7 位，可置为 0 或 1。

8031 串行口接收和发送中断只占一个中断源，因此在中断响应后需要用程序判断是接收中断，还是发送中断。

在 RTU 中，往往需要多个串行通信接口，因此需要做通信口扩展，常用的串行通信接口芯片有 Intel8251。

8251 是一种可编程的通用同步/异步接收器/发送器（USART），工作方式可以通过编程设定。在同步方式下，可以进行 5~8 位字符操作，可以选择偶校验、奇校验或不校验。可以通过外部电路获得外同步，也可以通过检出同步字从内部获得同步，且同步字可由用户设定。在异步方式下，同样可以进行 5~8 位字符操作，也可以选择校验方式、波特率因子和停止位的位数。8251 具有独立的接收器和发送器，可以按单工、半双工或全双工方式通信，并且 8251 还提供了一些基本控制信号，可以方便地与调制解调器（Modem）接口。

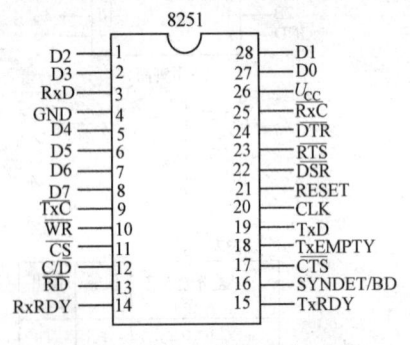

图 8 - 18　8251 引脚定义

8251 的引脚定义见图 8 - 18。图中各引脚信号可分为五组：电源组、总线组、发送组、接收组和调制解调组。

在电源组信号中，U_{CC} 接 +5V，GND 接信号地。

在总线组信号中，D0~D7 为三态双向数据总线；$\overline{CS}$ 为片选输入信号，低电平有效；$\overline{RD}$ 和 $\overline{WR}$ 为读和写输入信号；$C/\overline{D}$ 为控制/数据选择输入信号。当 $C/\overline{D}$ 为高电平时，CPU 读 8251 的状态字，写控制字；当 $C/\overline{D}$ 为低电平时，CPU 读写 8251 的数据。CLK 为时钟输入信号，为内部一些电路提供时钟。这个时钟的频率与数据收/发速率并无直接关系，但为了电路工作可靠，最好使这个频率比数据速率高 30 倍以上。RESET 为复位输入信号，当从 RESET 输入一高电平后，8251 被复位，使芯片处于空闲状态，等待 CPU 发送控制字以设定工作方式。

在发送组信号中，TxD 为串行数据发送输出信号；$\overline{TxC}$ 为发送器的工作时钟输入信号。在同步传送时，TxD 发送数据的速率与 $\overline{TxC}$ 的频率相同；而在异步传送时，TxD 发送数据的速率可以是 $\overline{TxC}$ 的 1/64、1/16 或相同。TxRDY 为发送器准备好输出信号。当 TxRDY=1 时，表明 8251 已准备好接收 CPU 的发送数据；当 8251 收到 CPU 发来数据后，TxRDY 自动地被 $\overline{WR}$ 的上升沿清零，TxRDY 可以作为发送器的中断请求信号。TxRDY 只有在发送缓冲器空、命令字中的 TxEN=1 和调制解调器送来的 $\overline{CTS}$=0 时，才会输出高电平；TxEMPTY 为发送器空闲输出信号，当发送器内数据发送完毕，CPU 又未将新的数据送来。此时 TxEMPTY 将输出一个高电平，在半双工线路中，可利用 TxEMPTY 作为某个方向数据发送结束，从而可作为倒换传送方向的标志。在同步方式传送时，当 TxEMPTY=1 时，表明此时已将同步字装入发送器，填充发送中出现的间隔。

在接收组信号中，RxD 为串行数据接收输入信号；$\overline{RxC}$ 为接收器的时钟输入信号，功能与 $\overline{TxC}$ 类似；RxRDY 为接收器准备好输出信号，当 RxRDY=1 时，表明接收器已从 RxD 端收完一个字符数据，CPU 可将此数据取走；当 CPU 从 8251 取走数据时，RxRDY 自动清零。如果 CPU 没有及时取走数据，新接收数据将覆盖旧数据，出现越限错误，状态字中的 OE 置位，RxRDY 可作为接收器的中断请求信号。RxRDY 的状态受到命令字中 RxE 的控制，当 RxE 为 1 时接收器接收到一个数据后，RxRDY 才能置位，否则即使接收到数据，也不能置位。SYNDET/BRKDET 为同步和间断检测信号，在同步方式工作时，作为同步检测（SYNDET）信号，在异步方式工作时，则作为间断检测（BRKDET）输出信号。在同步方式下，若为内同步，则由芯片内部电路搜索同步字，一旦找到，该端输出一个高电平；若为外同步，外部检测电路找到同步字后，就可以从该端输入一个高电平，使 8251 正式开始接收。一旦开始正常接收数据，同步检测端恢复低电平输出。

在调制解调组信号中，$\overline{DTR}$ 为数据终端准备好输出信号，低电平有效，受命令字的 D1 位控制。当命令字 D1 位置 1 时，使 $\overline{DTR}=0$，向调制解调器表明数据终端已准备好；$\overline{DSR}$ 为数据装置准备好输入信号，低电平有效，表示调制解调器已准备好，该信号的状态可通过状态字的 D7 位状态反映，供 CPU 查询调制解调器的运行状态。$\overline{RTS}$ 为请求发送输出信号，低电平有效，受命令字的 D5 位控制，当命令字 D5 位置 1 时，使 $\overline{RTS}=0$，请求调制解调器作好发送准备（建立载波）；$\overline{CTS}$ 为允许发送/清除发送输入信号，低电平有效。当 $\overline{CTS}$ 为低电平，命令字的 TxEN=1 时，允许 8251 发送数据，并允许 TxRDY 信号输出；当 $\overline{CTS}$ 变为高电平时，8251 在发完当前数据以后中止发送，同时也禁止 TxRDY 输出。

8251 提供的 I/O 信号均为 TTL 电平，若要与 RS-232-C、RS-422-A 等接口连接，还需要增加相应的线路驱动器和接收器，作电平转换。

8251 的工作方式由写入的控制字决定，8251 有两个控制字：方式控制字和命令控制字。由于 8251 只有一个写控制口，因此需要通过写入的顺序来区分两个控制字。在 8251 复位后，首先应写入方式控制字，若是同步方式，接着写入 1～2 个同步字符，然后写入命令控制字，并允许多次写入命令控制字，但以最后一次为准。当需要改变方式控制字时，需要先发一个 IR 位置 1 的命令控制字，使 8251 内部清除，从而进入接收方式控制字的状态。8251 的方式控制字和命令控制字格式见图 8-19 和图 8-20。

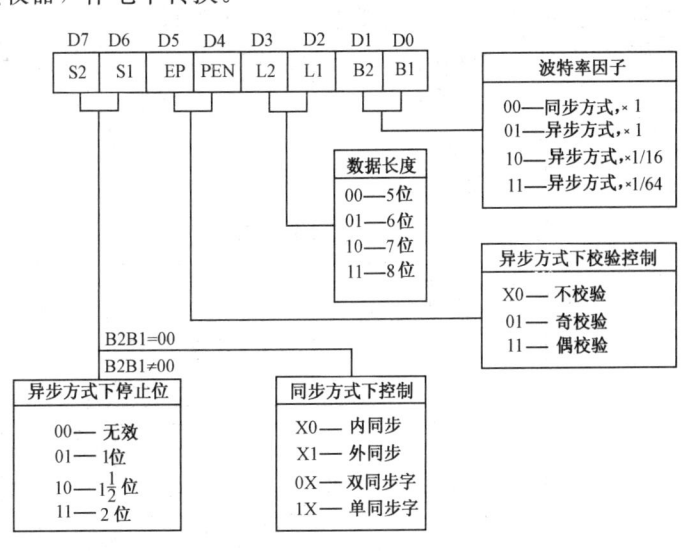

图 8-19　8251 的方式控制字格式

D0	TxEN	允许发送，1—允许，0—禁止
D1	DTR	数据终端准备好，1—使 $\overline{DTR}$ 端输出为低，0—使 $\overline{DTR}$ 端输出为高
D2	RxE	允许接收，1—允许，0—禁止
D3	SBRK	在异步方式下发送间隔数据，1—使 TxD 端输出为低，0—正常工作
D4	ER	清除出错标志，1—将状态字中的 FE、OE、PE 清零，0—无效
D5	RTS	请求发送，1—使 $\overline{RTS}$ 端输出为低，0—使 $\overline{RTS}$ 端输出为高
D6	IR	内部复位，1—使 8251 返回接收方式控制字状态，0—正常工作
D7	EH	进入搜索同步状态，1—开始搜索同步字，0—正常工作

图 8-20　8251 的命令控制字格式

8251还有一个反映其工作状态的状态字,见图8-21。

D0	TxRDY	— 发送准备好,与对应引脚意义相同,但不被 $\overline{CTS}$ 端或TxEN所屏蔽
D1	RxRDY	— 与对应引脚的功能定义相同
D2	TxEMPTY	— 与对应引脚的功能定义相同
D3	PE	— 奇偶校验出错,校验出错时PE置位
D4	OE	— 越限出错,当OE=1时表示接收器又收到一个数据,而上一个数据还未被 CPU 读走
D5	FE	— 成帧出错,当FE=1时表示在异步方式下接收器不能检测到有效的停止位
D6	SYNDET/BRKDET	— 与对应引脚的功能定义相同
D7	DSR	— 数据设备准备好

图 8-21 8251 的状态字格式

8251 与 8031 的接口电路见图 8-22。波特率发生器是为接收器和发送器的波特率提供时钟的,它可以是一个波特率发生器,也可以用 Intel8253 工作在方式 3 提供波特率时钟。由于 8253 是可编程定时/计数器,因此可以做到收发数据的波特率软件可置。RxRDY 和 TxRDY 经过或非门接到 8031 的 $\overline{INT0}$。当中断响应后,是接收准备好还是发送准备好,还是两者都是,要进一步读 8251 的状态字中 RxRDY 和 TxRDY 的状态加以明确。用 A15 (P2.7) 作为片选 ($\overline{CS}$),用 A0 作为控制/数据选择 (C/$\overline{D}$),这样 8251 控制字和状态字寄存器地址为 0001H,数据缓冲地址为 0000H。图 8-22 中采用最简单的 RS-232-C 接口,只需要 RxD、TxD 和 GND 三个信号。若不需要用调制解调器直接控制,则$\overline{DSR}$和$\overline{CTS}$应接地。

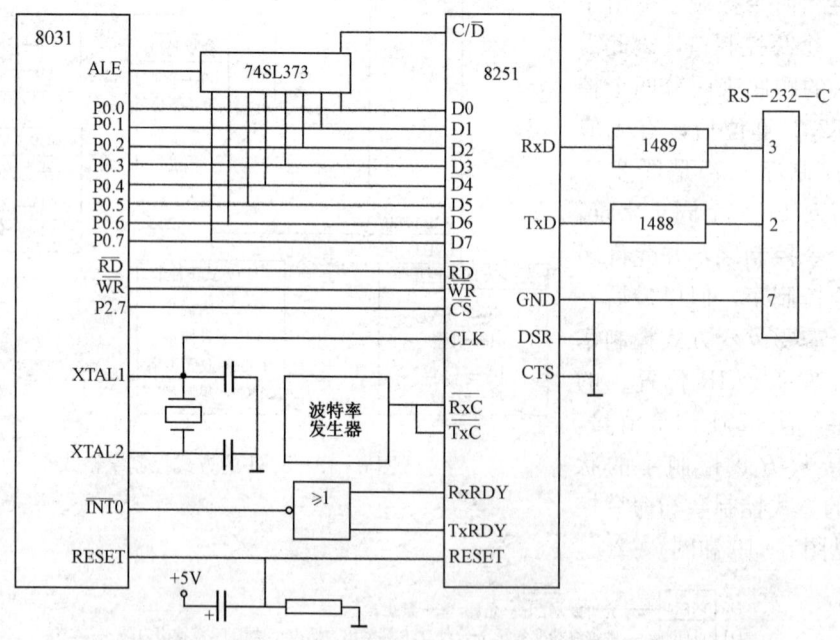

图 8-22 8251 与 8031 的接口电路

四、多机通信

这里所讲的多机通信包含两个方面的内容,一方面指调度主站的前置机与多个远动终端的通信,另一方面指对于多 CPU 的远动终端中各个功能模块之间的数据通信。多机通信多为主从工作方式,即一个主机与多个从机通信。多机通信有并行和串行之分,并行多机通信主要适用于各 CPU 相对比较集中、通信距离相对很近的场合,而串行多机通信主要适用于各 CPU 相对比较分散、通信距离相对较远的场合。并行比串行的数据传输速率高得多，但灵活性却要差。

1. 前置机与多台 RTU 的通信

分布在系统中各厂、站的 RTU 与调度中心的距离远近不一，而且分散，因此各 RTU 与前置机的通信为串行通信，其结构示意见图 8-23。

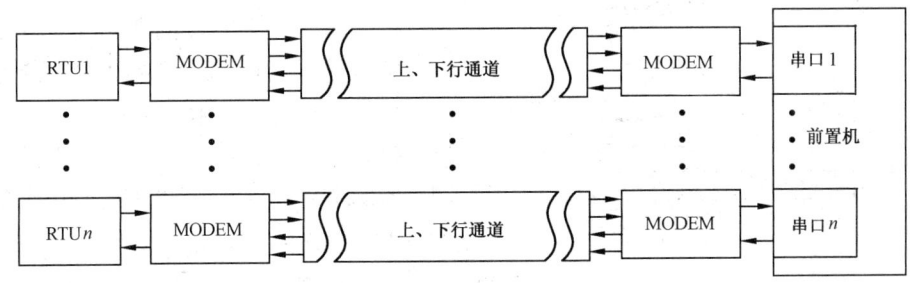

图 8-23 RTU 与前置机的通信结构示意图

从图中可以看出，如果将前置机看作一个整体，这是一个一点对多点的通信结构，但实际上，每一个 RTU 都对应了前置机中一个串行通信口，因此对于前置机中各个串口而言，是与一固定的 RTU 做点对点通信。大多数情况下 RTU 与前置机采用全双工通信方式，可以同步通信，也可以异步通信；可以采用 CDT 规约，也可以采用 polling 规约。

由于各 RTU 与调度中心距离相对较远，因此需要 Modem 对信号做调制解调。上、下行通道可以是载波、微波、无线电、光纤等。

RTU 与前置机的这种通信结构，虽然需要前置机提供大量的串行口与对应的 RTU 通信，硬件开销大，但却提高了前置机对 RTU 的适应能力，同时也有利于保证数据通信的实时性，这样做是非常必要的。因为在实际系统中，运行中的 RTU 由于生产厂不同，通信方式和传输速率各异，必须分别处理。另外，为保证全系统数据在 3～6s 内刷新，遥信变位主动上送，也需要对每个 RTU 做分别处理。

2. 多 CPU 远动终端的数据通信

随着计算机工业的发展，器件的性能不断提高，而价格不断下降，使得构成多 CPU 的远动终端成为可能。

如图 8-4 所示，将远动终端的功能划分为若干个模块，各模块由一块独立的 CPU 管理，模块的数量和种类视系统的大小而定。各模块的工作相对独立，其间的数据交换通过总线传递，总线可以是并行的，也可以是串行的。不论是并行还是串行，通常采用主从工作方式。比如可以将键盘显示模块的 CPU 作为主 CPU，其他的模块为从 CPU，当然也可以另设立一个用于数据管理的模块作为主 CPU。在主从工作方式下，哪个从 CPU 与主 CPU 交换数据，要由主 CPU 确定，从 CPU 之间不进行数据交换。

多 CPU 的并行通信的总线可以是 PC 总线、STD 总线或自定义总线。但自定义的总线应包含地址线，数据线，读、写线等。主 CPU 对各从 CPU 的访问可以通过主 CPU 的 I/O 口，也可以通过主 CPU 可管理的内存空间访问。图 8-24 给出实现这两种访问方式的示意图。图中，各从 CPU 模板提供的地址总线 AB（16 位）、数据总线 DB（8 位）和控制总线 CB（读、写）直接相连，但两种访问方式在这些总线的利用上有所不同。

在图 8-24（a）中，板译码电路需要提供三个 I/O 口地址。一个作为低 8 位地址口，控

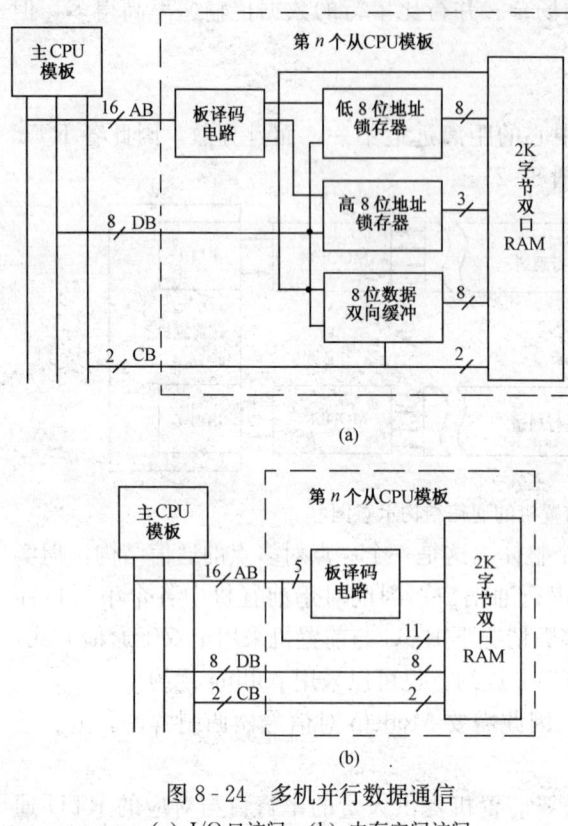

制低 8 位地址锁存器；一个作为高 8 位地址口，控制高 8 位地址锁存器；还有一个作为数据口，控制 8 位数据双向缓冲器。两个地址锁存器和一个数据双向缓冲器均与 8 位数据总线相连。两个地址锁存器为 2K 字节的双口 RAM 提供 11 位地址线，板译码电路产生的数据口信号同时作为双口 RAM 的片选信号。利用控制总线中的读、写信号控制数据缓冲器的驱动方向，当主 CPU 读从 CPU 模板的数据时，数据驱动方向指向主 CPU。

在图 8 - 24（b）中，板译码电路只利用 16 位地址总线中的高 5 位产生一译码信号选通 2K 字节的双口 RAM，低 11 位地址总线、8 位数据总线以及控制总线与双口 RAM 直接相连。

比较两种访问方式可以看出，I/O 口访问方式只占用主 CPU 的三个地址，但对双口 RAM 的每一次操作，都需要三个步骤，即写低 8 位地址数据、写高 8 位地址数据，然后才能进行数据的读写操作。

图 8 - 24　多机并行数据通信
(a) I/O 口访问；(b) 内存空间访问

同时硬件结构也比较复杂。内存空间访问方式对主 CPU 来说操作非常简单，如同操作其模板内的存储器一样，但这样从板上的双口 RAM 占用了主板上数据存储空间。

作为分布式的多 CPU 远动终端，其机间通信多采用 RS－422－A 或 RS－485 串行通信方式。

用 RS－422－A 构成的典型通信网络为四线全双工网络，如图 8 - 25 所示。网络中，只定义一个主通信口（由主 CPU 控制），其余的均为从通信口。各从通信口的一对接收线连在一起，并与主通信口的一对发送线相连；同样，主通信口的一对接收线与各从通信口的一对发送线相连，这样就构成四线串行通信网络。由于发送线和接收线是分开的，因而可以实现

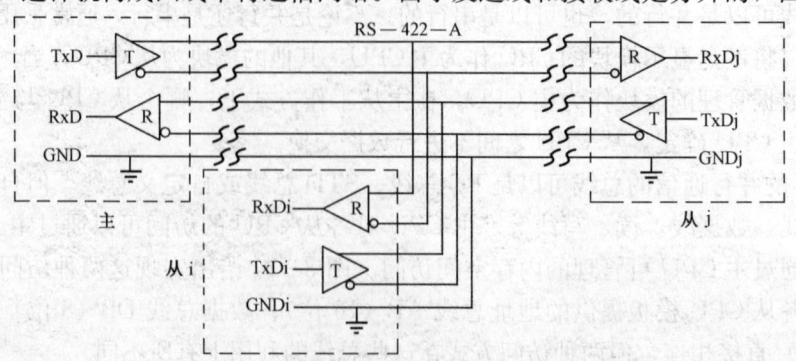

图 8 - 25　典型的四线全双工 RS－422－A 网络

全双工异步通信。这种主从工作方式使得各从通信口的工作是被动的，需受主通信口控制。从通信口之间不能直接传送数据，只有通过主通信口转送。主、从通信应采用 polling 远动规约，各从通信口都有唯一的地址。在正常工作时，主、从通信口接收器均处于接收状态，当各从通信口收到来自主通信口发送的数据时，根据报文的从站地址数据判断是否为发往本通信口的信息，若是，则对数据做处理，并根据报文的要求做出应答。

用 RS-485 构成的典型通信网络为双线半双工网络，见图 8-26。图中，主通信口和各从通信口的发送线和接收线均并在一起，因而只能实现半双工通信方式。挂接在通信线上的各通信口中，每个时刻只允许有一个通信口处于发送状态。

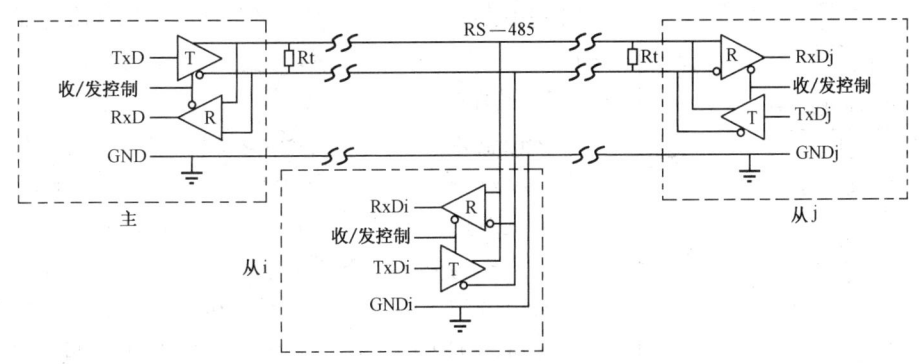

图 8-26 典型的双线半双工 RS-485 网络

每个通信口中，有一收/发控制信号作为发送器和接收器工作状态的切换控制，也即是发送器和接收器不能同时工作，不工作的发送器或接收器处于高阻状态。在通信线路的两端应并入终端匹配电阻，一般取值为 120Ω。

在图 8-25 和图 8-26 中，各通信口的信号地也连在一起，主要是为了提高信号传输的可靠性和抗噪声的能力，一般情况下这个信号地也可不连在一起。

第三节 远动终端的软件结构

远动终端软件结构的设计应建立在相应的硬件基础上，不同的硬件结构配以不同的软件结构，最终是为了实现远动终端的各项功能。

以多 CPU 的远动终端为例，其软件结构可分为模板的功能软件、模板间的数据交换软件和 RTU 与前置机的通信软件三大部分。

一、模板的功能软件

根据远动终端的功能要求，建立了完成各种功能的特殊模板，如遥信输入模板、电能输入模板、遥测输入模板、遥控输出模板、遥调输出模板、键盘/显示输入/输出模板以及通信模板。各功能模板的功能软件各不相同，但它们的总体结构都大致相同，如图 8-27 所示。

当模板上电或被复位后，马上进入系统初始化过程。包括硬件的初始化，如 CPU 和某些可编程芯片的工作方式的设置；内存的初始化，如软件编制中所用的指针、标志、数据区的初值设定。然后进入

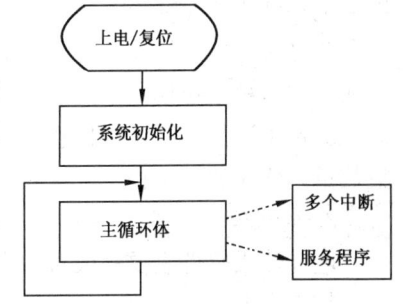

图 8-27 功能模板的软件结构

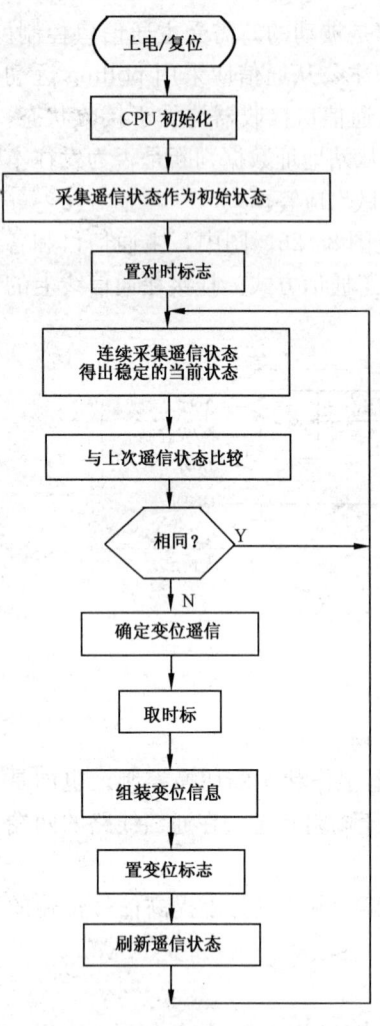

图 8-28 遥信输入软件结构

主循环体，主循环体中放置的是需要不断重复完成的任务，如数据的组装整理、计算、信息采集、标志判定等。当然在许多情况下，一些特殊的任务还需要中断服务程序完成，如实时时钟产生、串行通信、键盘输入等。

另外，各功能模板上都设有 watchdog 功能，对 watchdog 计数清零工作，可放在主循环体或某个中断服务程序中。

系统初始化如何进行、主循环体应放置什么任务、设立哪些中断服务程序，对于不同的功能模板要做不同的考虑。

1. 遥信输入软件

遥信输入软件结构见图 8-28。为了避免遥信模板在上电/复位后产生大量的伪遥信变位信息，应在 CPU 初始化后加入对遥信初始状态的处理工作，即把当前采集到的遥信状态作为初始状态。正常工作时，为了保证遥信模板的实时时钟与主模板（或调度主机）的实时时钟的计时误差在允许的范围内，遥信模板应定时与主模板对时。在上电/复位时，由于实时时钟经过了一段时间的"停表"状态，需要立即对时，以保证时标的正确性，因此要置对时标志。若采用串行通信方式，对时任务放在串行通信中断服务程序中完成；若采用并行通信方式，则由主 CPU 提供时标。

在主循环体中，主要完成遥信状态采集、比较、组装等任务。为消除或减小干扰，应连续对信息状态采集若干次，以最可能的状态作为当前状态，如"三中取三"、"三中取二"之类的状态判别。比较当前与上次的遥信状态，若相同，则重新回到遥信状态采集；若不相同，则提取变位遥信、遥信编号、时标、组装变位信息、置变位标志、刷新遥信状态，然后重复上述过程。

在遥信输入软件中，还有实时时钟中断服务程序，每毫秒产生一次中断，为遥信变位提供从毫秒到年的时标。

若采用并行总线连接方式，遥信模板可以产生变位中断源信号，向主模板的 CPU 申请中断。在这种工作模式下，遥信模板上可以不设定实时时钟。遥信输入软件的主体循环周期，决定了遥信软件对遥信状态变化的分辨率。当不能满足分辨率要求，应适当减少遥信采集数量，优化软件结构。

2. 电能输入软件

电能输入软件主要完成对输入的电能脉冲作计数。电能模板采用不同的硬件结构，其软件有较大的差异。

若电能模板采用以 8253 之类的计数器作为硬件主体，则在系统初始化中需对 8253 计数器作初始化，设定工作方式和计数值。当计数溢出时，计数器申请中断。这种方法的脉冲计数值为中断次数乘以计数长度再加上当时的计数器的计数。基于计数器的电能模板虽然占用 CPU 时间少，但硬件开销大，特别是输入量增加时。因此，在多 CPU 模式下的远动终端，一般不采用这种结构。

采用扩展输入并行口的遥信模板，在软件上略加修改，便可实现电能量采集。

与遥信采集不同点在于，遥信采集要判断状态的变化，而电能采集只判断脉冲的有无。一个脉冲将产生两次状态的变化，因此，如果将电能量看作遥信量，某一遥信产生两次变位则计一次数，即实现电能量的采集。电能输入软件结构见图 8-29。

图中，i 为电能量序号计数，N 为电能量个数，当每个电能都检测完毕，即 $i = N$ 时，又重新从第 0 个检测。有无上升沿（或下降沿）是通过当前状态与上次状态的比较得出，若上次状态为 0，当前状态为 1，则产生一上升沿，脉冲计数，也可以采用判断下降沿实现脉冲计数。

电能软件同样也有分辨率问题，即能识别脉冲的最小宽度是多少。通常要求能分辨出不小于 10ms 脉宽的脉冲。值得注意的是，电能量是一个脉冲累计数，因此在硬件上要使其具有掉电保护能力。通常将电能脉冲计数值存放在 E^2PROM 或 NV-RAM（不挥发 RAM）中。

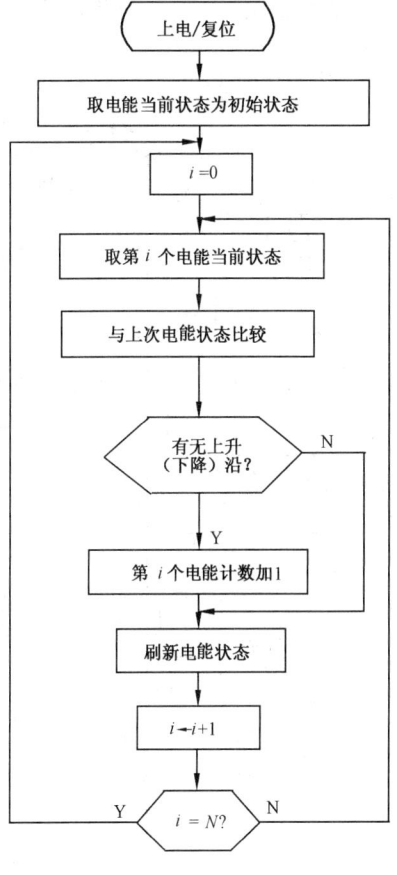

图 8-29 电能输入软件结构

3. 遥测输入软件

遥测输入软件同样与其硬件紧密相关，根据输入的模拟信号是直流还是交流，可分为直流采样和交流采样两种。

直流采样的硬件结构中有多个模拟多路开关，模拟多路开关的输入端接直流电压信号，模拟多路开关的输出端并在一起，接采样/保持器（S/H）的输入端，S/H 的输出端接 A/D 转换器的输入端。直流采样的软件结构见图 8-30。

初始化中主要是对 CPU、A/D 转换器、采样/保持器、模拟多路开关等器件作初始化。i 为通道号，确定了模拟多路开关的地址和选通。N 为模拟量的个数。初始化后，先将通道号置 0，选通对应的模拟量，置采样/保持器为跟随状态，延时长度应保证 S/H 的输出信号跟随 S/H 的输入信号，再置 S/H 保持。为使 A/D 转换过程中输入信号不变，因此信号保持是必要的。然后，启动 A/D 转换，监视 A/D 转换是否结束，待 A/D 转换结束后，取 A/D 转换的结果数据。对于多于 8 位的 A/D 转换器，其结果应分高、低字节两次读取。将取出的数据存入相应的单元，接着选通下一路通道，重复上述过程。当 N 路模拟量均转换完毕，就对这些数据作数字滤波，数字滤波后的数据才是可用数据。

交流采样的硬件结构与直流采样有所不同，连接输入信号的模拟多路开关要分为 4 组或 6 组。若采用两元件法，则分为 4 组，分别接 u_{ab}、u_{cb}、i_a、i_c；若采用三元件法，则分为 6

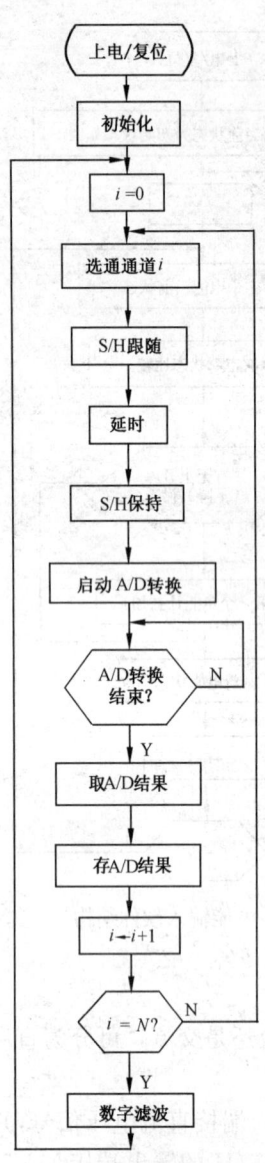

图 8-30 直流采样软件结构

组，分别接 u_a、u_b、u_c、i_a、i_b、i_c。每组模拟多路开关的输出分别经采样/保持器接至一模拟多路开关，该模拟多路开关的输出接到 A/D 转换器的输入。另外交流采样的硬件还要提供系统频率和/或采样频率信号，作为 CPU 的中断请求信号。交流采样的软件结构见图 8-31。

图 8-31 中，i 为线路号；L 为线路个数；k 为采样点计数指针；N 为采样点数；j 为采样/保持器编号。i 控制与输入信号直接相连的第一级模拟多路开关，j 控制与采样/保持器输出直接相连的第二级模拟多路开关。交流采样算法要求在每一个采样点的电压、电流数据在时间上保持一致，因此对 4（或 6）个采样/保持器的控制要一致，即同步跟随、同步保持。交流采样软件分为主程序和采样中断服务程序两大部分。

在图 8-31（a）所示的主程序中，选通第 i 回线对应的电流及对应的电压通道，并控制对应的采样/保持器同步跟随。延时后，清采样计数指针 k，打开中断，允许采样中断，然后判断采样过程是否结束，采样结束标志是在采样中断服务程序完成 N 次采样后设置。因此采样任务未完成时，主程序在此处不断等待，直至采样结束。采样结束后，利用采样数据，用交流采样算法，计算出电压、电流、有功、无功及功率因数，完成一回线的计算。当 L 回线循环完后，作数字滤波，以后重复上述工作。

采样中断服务程序在一次采样过程应产生 N 次中断。这个中断可以是由 N 倍系统频率的采样频率信号触发，也可以是 1/N 系统周期的定时中断。不论是哪种中断源，其采样任务是相同的，图 8-31（b）给出了采样中断服务程序框图。当主程序允许采样中断，并且中断请求得到 CPU 响应后，进入采样中断服务程序。保护现场后立刻控制采样/保持器同步保持，并对这 4 路或 6 路信号进行 A/D 转换。转换完毕后，使采样/保持器处于跟随状态，判断 N 次采样是否完成，若完成，则置采样结束标志，关闭中断；若未完成，则退出等待下一次中断，最后是恢复现场。

4. 遥控输出软件

系统对遥控的可靠性要求极高，不允许误动和拒动。因此，在实现遥控功能的硬件和软件结构上必须考虑各种保护、闭锁措施。

遥控输出软件包括了两大部分：遥控选择和遥控执行（或撤销），见图 8-32。上电/复位时遥控硬件电路中的各锁存器的输出自动清零，并切断输出继电器的工作电源。初始化过程要将各类标志清零。初始化后，软件不断判断有无遥控命令。若判定是选择命令，则接通继电器的工作电源，输出遥控对象和性质信号，延时后，检测对象和性质继电器的状态与输出是否一致，一致则选择成功，不一致则置选择出错标志并关闭遥控输出。关闭遥控输出即切断继电器工作电源，各锁存器输出清零。若为撤销命令，则置撤销标志，并关闭遥控。若为执行命令，应进一步判断有无已选择标志，若有则完成执行过程。在执行过程中，先清选

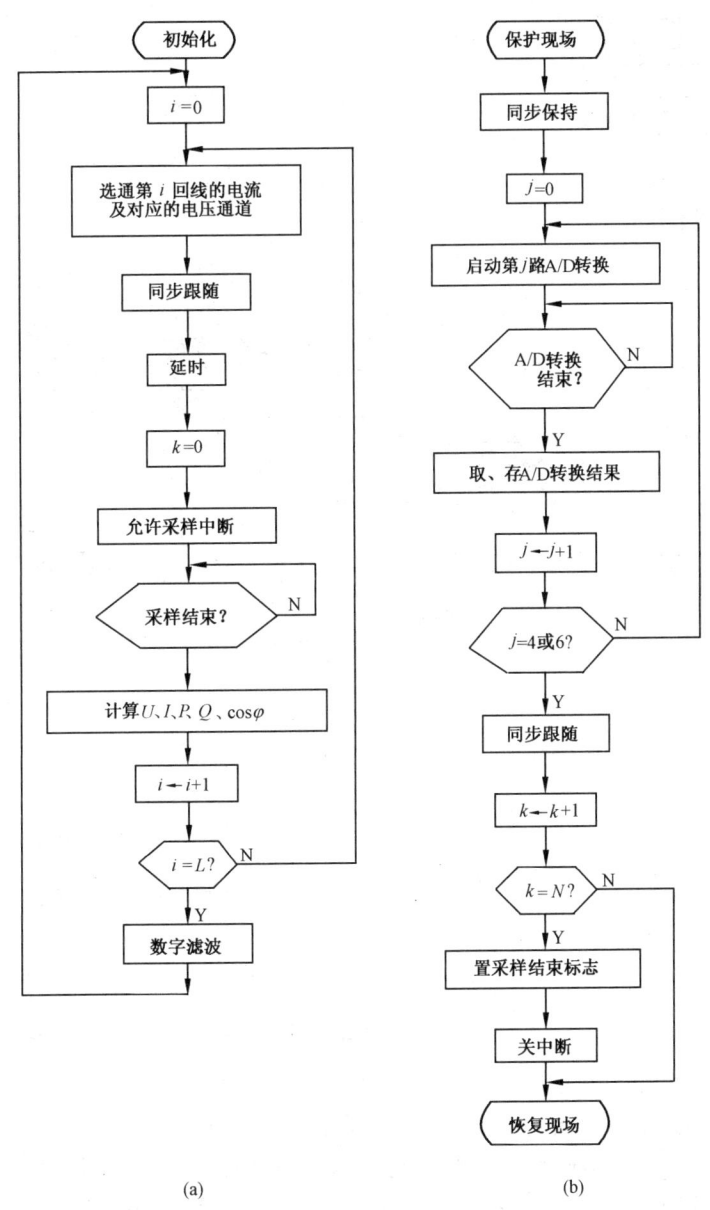

图 8-31 交流采样软件结构
(a) 主程序；(b) 采样中断服务程序

择标志，输出执行信号并延时，延时的目的是为保证继电器能够可靠吸合，然后检测执行继电器的状态是否与输出一致。若一致，则置执行成功标志，等待执行出口时间结束，关闭遥控，返回命令检测。

从图中可以看出，只有在正确的遥控过程中，才接通继电器工作电源，此外均处于关闭遥控状态，这是提高抗干扰能力，杜绝误动的有效措施。

5. 遥调输出软件

系统对遥调功能的可靠性要求同样是非常高的，除在硬件结构上需做许多考虑外，在软件的编制方面也需要保证每一个流程的正确性。图 8-33 给出了遥调输出软件的结构。

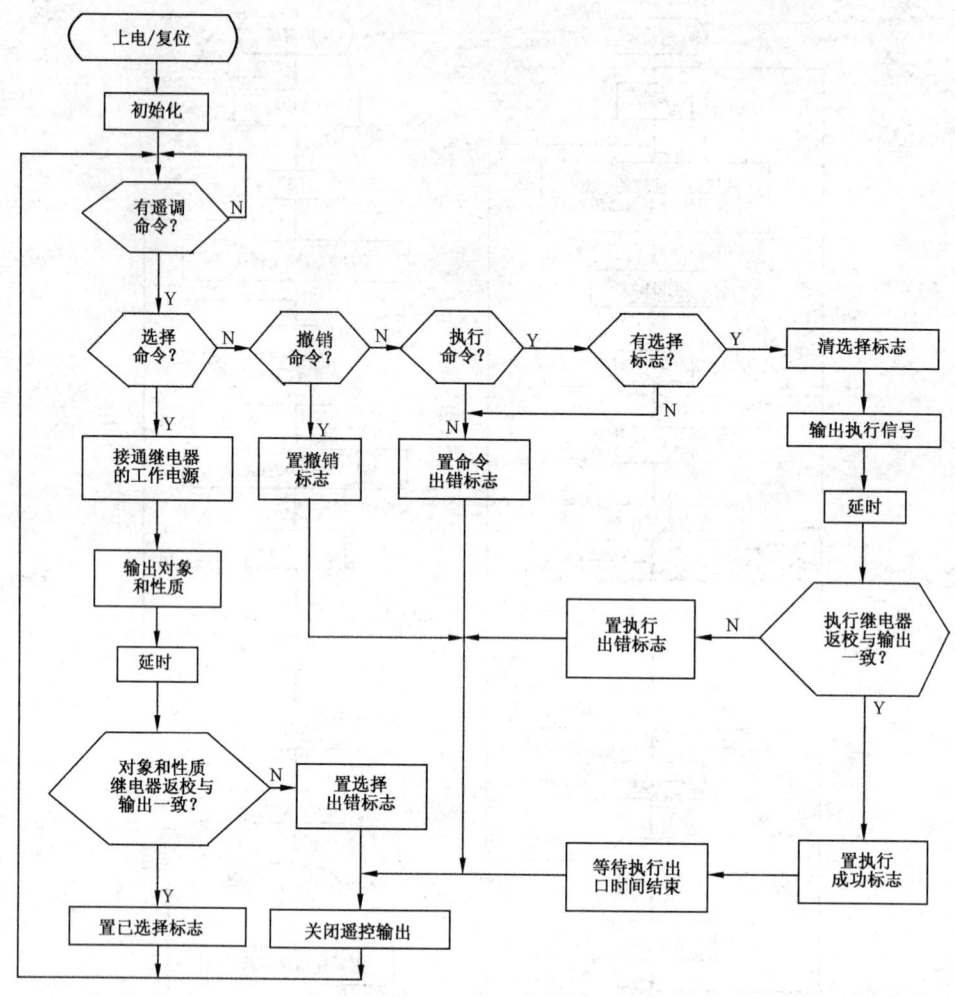

图 8-32 遥控输出软件结构

上电/复位后应将遥调输出初始化为 0。当判断有正确的遥调命令时,开始执行遥调过程。比较本次遥调数据与上次遥调数据的偏差是否小于设定值(设定值实际上是调节设备允许的最大调节步长),对于那些快速调节会影响安全性的设备,这种限制是必要的。如果本次遥调数据与上次数据的偏差小于或等于设定值,则将此数据输出锁存;如果是大于设定值,则应用上次数据加上或减去设定值来代替本次数据,然后对锁存的输出数据返校。如果返校结果正确,则启动 D/A 转换,改变输出的模拟量,再置遥调成功标志。用本次数据代替上次数据,一次正确的遥调过程结束;如果返校结果不正确,则再次输出锁存本次遥调数据,若 M 次返校都不正确,则说明遥调过程存在问题,置遥调失败标志,结束遥调过程。

遥调输出软件的结构很大程度取决于其硬件结构,如果遥调电路中设置有 A/D 转换器,对遥调输出的模拟量作检测,则可在软件中增加对输出模拟量的返校,实现遥调输出的末级返校。

由于遥调输出的是模拟量,失电后将无法保持,因此遥调系统的供电可靠性一定要极高。

对于像变压器分接头升、降这类遥调,与断路器投、切操作类似,通常可用遥控方式实现。

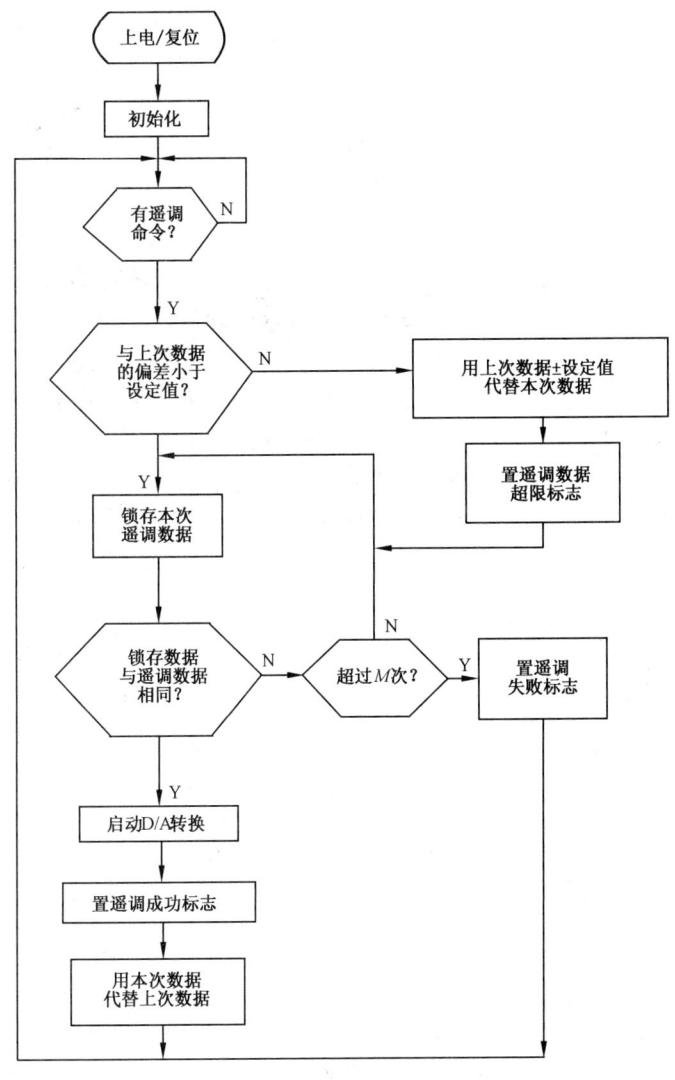

图 8-33 遥调输出软件结构

二、模板间的主从通信软件

模板间的主从通信的硬件结构在图 8-24～图 8-26 中已作了介绍。对于模板间采用并行总线连接的远动终端,主从模板间的数据通信,实际上利用双端口 RAM 作数据交换。由于双端口 RAM 有两套独立的数据总线、地址总线和控制总线,使得两个 CPU 对它的操作是独立的,即使是两个 CPU 操作同一个地址中的数据,双端口 RAM 内部的仲裁电路可以通过操作时序先后的微弱差别,给后者产生一个 BUSY 信号(BUSY 信号接至 CPU 的 READY 端)使 CPU 处于短暂的等待,避免了操作冲突。因此,这种通信是非常简单的。作为从板,只是向双端口 RAM 写采集到的数据,读主板送来的命令数据;作为主板,也只是从双端口 RAM 读所需的数据,向双端口 RAM 写下达的命令。对主板而言,只不过各个从板上的双端口 RAM 都被主板分配了不同的口地址或空间地址。

对于模板间采用串行总线连接的远动终端,不论四线全双工,还是双线半双工,其通信均为异步主从问答方式。这时,上面所述各模板软件还要加上串行口中断服务程序,并在初始化中加上串行口初始化,即置串行口的工作方式,定义字符格式、波特率,允许接收,禁止发送,允许串行中断等。

从板串口通信中断服务程序见图 8-34。当 CPU 响应串行口中断时,先保护现场,再判断是接收或发送引起的中断,分别作处理。判断是否为接收缓冲器接收满,若是,则取接收到的数据。分析各次接收到的数据能否组成完整的下行命令,若是完整的,则处理该命令。处理命令应完成命令的有效性分析、命令的分类和命令的执行。若有回送的信息,还要组装回送信息,允许发送,并发送信息的第一个字节数据。由于串行中断的请求,可能是接收引起的,也可能是发送引起的,因此在上述处理后还要判断是否为发送缓冲器发送空。对发送的处理过程如下:判断回送信息数据是否发送完毕,若发送完毕,则停止发送或禁止发送,若未发送完毕,则继续发送下一个字节数据。最后在中断出口时,恢复现场。

主板的串行通信初始化与从板基本相同,只是禁止接收,允许发送,允许串行中断,准备一个发送命令报文,并发送,即向发送缓冲器送数。

主板串口通信中断服务程序结构见图 8-35。该中断服务程序结构同样包括两大部分:发送处理和接收处理。发送处理过程如下:当发送缓冲器发送空,判断命令发送完否,若命令已发送完就停止发送,允许接收返回信息,若命令未发送完则继续发送下一个字节数据。接收处理过程如下:当接收缓冲器接收满,取出接收到的数据,看能否组成完整的信息,如果是完整的信息,进一步处理信息,同时组装下一个命令,置允许发送并开始发送命令。应该指出,在主板通信中断服务程序中,下一个命令的发送是由接收上一个命令的应答信息启动,如果收不到应答信息或应答信息不正确,都会使下一个命令无法发出。因此当命令发送完毕后,如果在规定的时间内未收到正确的

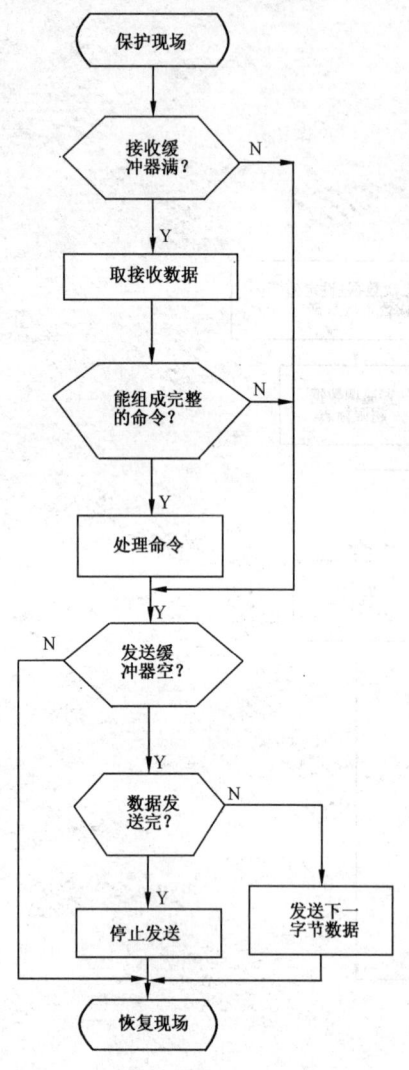

图 8-34 从板串口通信中断服务
程序结构

应答信息,说明与该从板通信出错,继续发送下一个命令。这个命令可以是再次发向出错从板的,也可以是下一个从板的。

三、与前置机的通信软件

远动终端与前置机通信可以是 CDT 方式,也可以是 polling 方式,其软件也有较大的差异。对于 polling 方式的通信软件结构与图 8-34 类似,这里不再赘述。下面只针对 CDT 方式作个介绍。

图 8-36 给出远动终端与前置机进行 CDT 通信的中断服务软件结构,与上述对串行口初始化不同的是,这里应同时允许发送和接收,并启动发送。中断服务程序中接收的处理与前面介绍的大致相同。发送处理相对复杂一些,需要对插入信息作处理,如遥信变位信息只

能安排在信息字中,并且全部插入信息只能在同一帧中传输,因此需要图 8-36 所示的一系列判断。

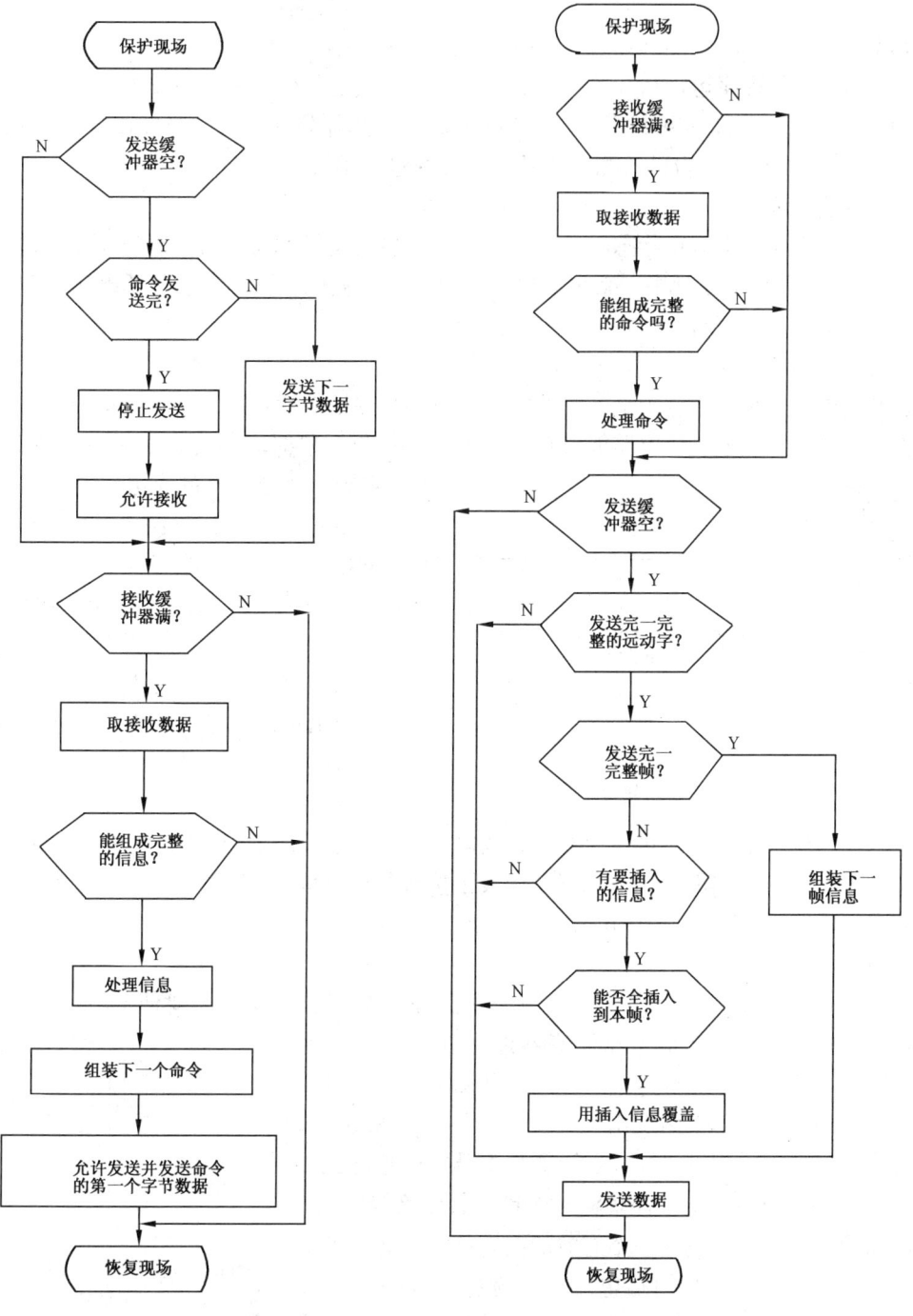

图 8-35 主板串口通信中断
服务程序结构

图 8-36 与前置机进行 CDT 通信的中断
服务程序结构

第四节 系统复位及故障自检

RTU 在运行过程中可能会遇到各种预想不到的情况，例如系统掉电后上电、电源电压过低、干扰引起的程序运行紊乱等，因此 RTU 必须具备复位能力，使 RTU 重新运行。另外，RTU 是由 CPU 和一些外围器件、部件组成，这些部分一旦有故障，RTU 将不能正常工作，因此 RTU 还应有自动检测故障的能力，并进行报警。

一、系统复位

当系统处于非正常运行状态时，系统需要重新启动运行，系统的重启动往往通过复位的方式实现。在 RTU 的设计中，系统复位主要包括上电复位、按键复位、低电压复位、看门狗（watchdog）、指令复位等。

1. 上电复位和按键复位

上电复位是单片机系统中最基本的复位，目的是保证单片机或一些可编程器件在系统上电时能正常复位。上电复位电路能够在系统上电后提供一段时间的稳定的低电平或高电平。

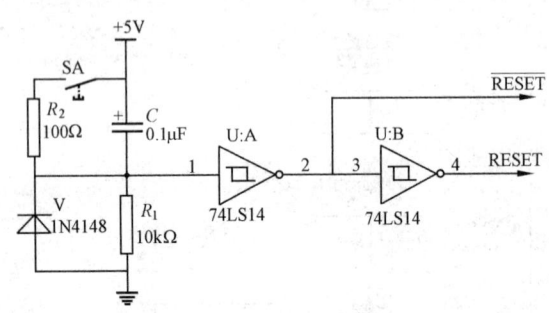

图 8-37 上电及按键复位

利用电阻、电容构成的充电电路，很容易实现上电复位的功能，见图 8-37。在上电瞬间，电容上的电压不能突变，然后电源经电阻 R_1 对电容 C 充电，在 74LS14 的 1 脚电压从 5~0V 变化。74LS14 是斯密特触发器，可对输入的信号整形，使得输出信号的上升沿和下降沿更加陡峭。图中可以同时为系统提供两种复位电平，即高电平和低电平信号。图 8-37 中的二极管 V 主要用于对电容的放电，当系统失电时，能迅速地对电容放电，以便在下一次系统上电时电容上无电荷。

在图 8-37 中，电阻 R_2 和按键 SA 构成了按键复位。按下按键将电容放电，松开按键将电容充电，电阻 R_2 是为了限制电容的放电电流。

2. 低电压复位

当电源电压低到一定的限值时，CPU 将不能正常工作，这时需要使 CPU 停止一切工作，进入复位状态。一些低电压监测器件可以完成此功能，如 IMP809、IMP810，见图 8-38。如果电源电压降到预先调整的复位门槛电压，电路发出一个复位信号，电源电压上升到复位门槛电压以上时，这个复位信号还维持至少 140ms。U_{CC} 降至 1.1V 时，IMP809 输出一个有效的低电平 $\overline{RESET}$ 信号，IMP810 输出一个有效的高电平 RESET 信号。IMP809、IMP810 有 6 种门槛电压可供选择：4.63、4.38、4.00、3.08、2.93、2.63V。IMP809/IMP810 采用小型 3 脚 SOT23 封装。

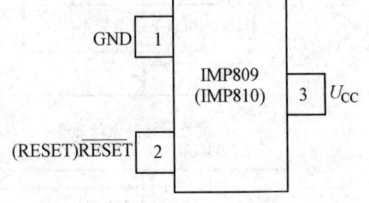

图 8-38 IMP809（IMP810）引脚图

3. 看门狗

看门狗是用来监视程序是否能正常运行的独立的定时器。程序在正常运行时，将不断地对该定时器清零，使其不至于溢出。当程序运行紊乱时，无法对定时器做正常的清零操作时，定时器溢出，复位 CPU。用一个晶振和一个或多个带清零的计数器（如 CD4060），可以很容易地实现看门狗功能。

现在已有不少器件能为 CPU 提供多种复位功能，如 IMP705 能提供手动按键复位、上电复位、低电压复位、看门狗复位、电源故障复位等，见图 8-39。图中 8 个引脚的功能描述如下：

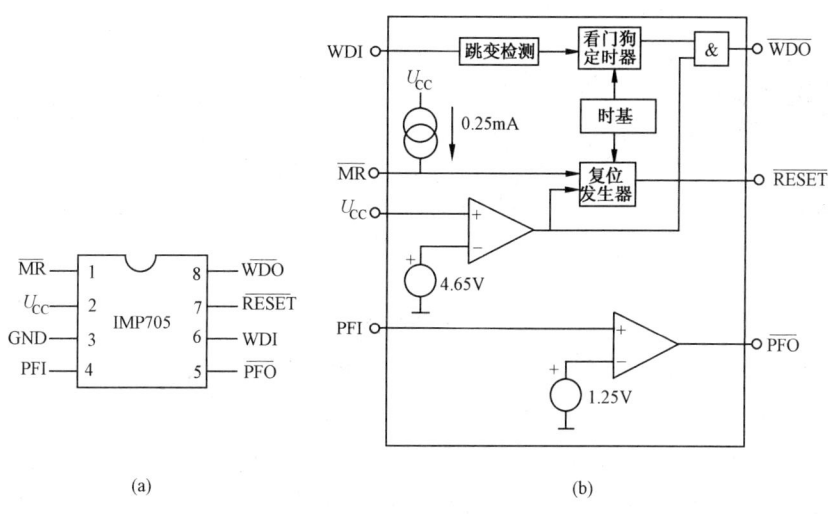

图 8-39 IMP705
(a) 引脚图；(b) 原理图

U_{CC}：+5V 电源输入。

GND：所有信号的基准地。

PFI：电源故障电压监控输入。当 PFI 小于 1.25V 时，$\overline{PFO}$ 变为低电平。不用时将 PFI 接地或接至 U_{CC}。

$\overline{PFO}$：电源故障输出。该输出低电平有效，且当 PFI 小于 1.25V 时吸收电流。

$\overline{MR}$：手动复位输入。低电平有效的输入可触发复位脉冲。$250\mu A$ 的上拉电阻允许此脚被 TTL/COMS 逻辑驱动或由开关短路到地。

WDI：看门狗输入。WDI 控制内部看门狗定时器。WDI 端保持高电平或低电平达 1.6s 可使内部定时器完成计数，并将 $\overline{WDO}$ 变为低电平。将 WDI 悬空或连接一个高阻抗三态缓冲器将禁止看门狗功能。内部看门狗定时器清零的条件有三种：发生复位、WDI 处于三态、WDI 检测到一个上升沿或下降沿。

$\overline{WDO}$：看门狗输出。当内部看门狗定时器超时 1.6s 时，$\overline{WDO}$ 拉至低电平，并直到看门狗被清零才变为高电平。此外，当 U_{CC} 低于复位门限时，$\overline{WDO}$ 保持低电平。和 $\overline{RESET}$ 不同，$\overline{WDO}$ 没有最小脉冲宽度，只要 U_{CC} 超过复位门限，$\overline{WDO}$ 就变为高电平而没有延迟。

$\overline{RESET}$：低电平有效的复位输出。触发后产生 200ms 的负脉冲，并只要 U_{CC} 低于复位门限（4.65V），它就保持低电平。在 U_{CC} 上升超过复位门限或 $\overline{MR}$ 由低电平变为高电平之后，$\overline{RESET}$ 仍保持低电平 200ms。除非 $\overline{WDO}$ 连接到 $\overline{MR}$，看门狗超时将不会触发 $\overline{RESET}$。

图 8-40 是由 IMP705 构成的复位电路。+12V 电源的门限为 10.87V，+5V 电源的门限为 4.65V，当这两个电源的电压低于各自的门限时，都将产生复位信号。同时，有按键按

下时,或看门狗超时时,也将产生复位信号。8031通过P1.0口控制IMP705的WDI端,使看门狗定时器不溢出。

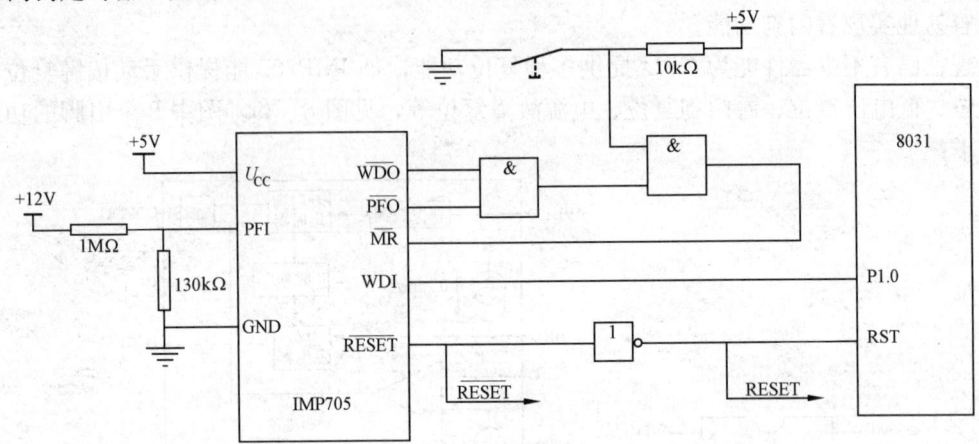

图 8-40 复位电路

用一条位取反指令"CPL P1.0",使P1.0口产生一个上升沿或下降沿,对WDI端进行控制,实现看门狗定时器的清零操作。这条指令应放在周期性运行的任务中,并且周期小于1.6s,通常放在主循环程序或时钟程序中。看门狗定时器的清零操作最好只安排在程序的某一合理的位置。若在程序的多处出现这种清零操作,则看门狗将不能正常地监视程序的运行。

图 8-40 中引出了两种电平的复位信号:低电平复位信号$\overline{RESET}$和高电平复位信号RESET,可为RTU系统中除CPU外需复位的外围器件提供高、低电平的复位信号。

4. 指令复位

上述的各类复位(上电复位、低电压复位、按键复位、看门狗)均是CPU被动地被复位,而在有些情况下要求CPU自己决定是否复位。有些单片机的指令系统中就提供了复位指令,如80C196中的RST指令。当CPU执行RST指令时,CPU立即产生复位。

指令复位通常用于对远方传来的通信复位命令的执行,或是用于系统内部检测(如RAM、A/D等的检测)出错后的处理。

二、故障自检

RTU出现故障是不可避免的,故障往往是由于强电(如雷电)的侵入、器件的老化、潮湿、人为损坏等原因引起的。当RTU故障时,应能准确地定位出故障的部位,以便维修和更换,尽快恢复正常工作。

如果RTU不能正常地完成既定的功能,则认为RTU有故障。这里的故障检测是在线的功能检测,而不是像调试过程中对每一个元件、器件做测试。因此如果检测到某一功能所涉及的器件或部件有故障,则认为这个功能出现故障。

故障的定位有三级:系统级、部件级和器件级。系统级故障定位最粗略,运行人员只是知道RTU故障,但具体故障部位不清楚,不利于RTU的检修。部件级故障定位,也即是功能模板的故障定位,这一级定位有利于运行人员对故障模板进行更换。器件级故障定位则是在部件级的基础上再将故障定位到某一器件上,有助于运行人员更换故障器件。一般说来,厂家会为用户提供一些备板,以便故障更换,能大大缩短故障时间。

1. CPU 的故障检测

CPU 主要完成算术运算和逻辑运算。为了检测 CPU 的运算功能，可以编制一段小程序，对已知的数据做已定的算术运算和逻辑运算，检测运算结果是否与预期结论一致。如果不一致，则认为 CPU 故障。

2. 存储器的故障检测

存储器分为程序存储器和数据存储器，程序存储器只能作读操作，数据存储器可以作读和写操作，两类存储器的检测方法有所差异。

在对程序存储器检测前，应先在程序机器码的尾部增加一个这段程序机器码的布尔累加或布尔异或运算字节。检测程序对这段程序的机器码做布尔累加或布尔异或运算，比较运算结果与尾部的运算字节的值是否一致，不一致则程序存储器故障。

检测数据存储器需对每一个存储单元逐一检测。存储单元的检测方法是：先读出存储单元的数据并保存在寄存器中，再向存储单元写入一固定的数据（如5AH），然后从这个存储单元读取数据，与写入的数据比较，最后将寄存器中先前读出的数据再写入这个存储单元，恢复原存储单元的数据。如果比较不一致，则数据存储器有故障。

3. 串行通信口的故障检测

一些串行通信器件，如 TL16C554，自身具有收发检测功能，可以方便地实现串行通信口的故障检测。一般单片机自带的串行通信口都没有收发自检的功能，需要增加一些外部电路才能实现。

图 8-41 是利用一个双刀双掷继电器实现通信自检切换电路。继电器的两个公共触点分别接至发数信号 TxD 和收数信号 RxD，并通过各自的动断触点引出。两个动合触点连通，构成自检通路。正常情况下，继电器不动作，TxD 和 RxD 信号通过各自的动断触点引出，系统正常通信；当需要通信自检时，继电器动作，两个动合触点将 TxD 和 RxD 短接，正常通信被中断，通信自检程序做自发、自收操作，比较收、发数据是否一致。通信自检结束，继电器恢复原状态，系统正常通信。

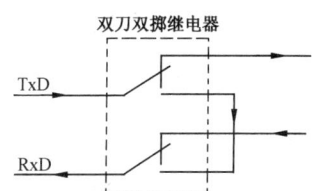

图 8-41　通信自检切换电路

4. 模拟量采集的故障检测

模拟量采集电路通常由一个 A/D 转换器、一个采样/保持器和多个多路模拟开关组成。在电路设计中预留两个模拟通道接地信号和基准电压信号（如+2.5、+5V）。在对模拟量采集做故障检测时，将模拟开关分别切换到接有地信号和基准电压信号的通道上，做 A/D 转换，比较转换结果是否与对应值一致。如果不一致，则表明模拟量采集部分有故障，当然故障可能出现在 A/D 转换器，也可能出现在采样/保持器，或出现在多路模拟开关上。

5. 开入、开出部件的故障检测

在多个开关输出量和开关输入量中，预留一个开关输出量和一个开关输入量，并将它们连接在一起。在自检时，向这个开关输出口写入"1"状态和"0"状态，从对应的开关输入口读出，比较状态是否一致。

上面所讲的自动检测出的故障只是 RTU 可能出现故障的一个子集，存在一定的局限性，但确是 RTU 一个重要的辅助功能。有些在设计中增加了大量的辅助器件，以提高 RTU 的自检能力，这种做法是不可取的。因为这无疑会增加故障的隐患，反而降低了 RTU

的可靠性。最好的做法是，在原有的硬件基础上，只通过软件或增加少量的器件，实现故障检测。

故障的自动检测子程序通常放在系统初始化中执行，也可以在系统运行中定时或随机地执行。一旦检测有故障，就及时报警，提供故障信息，并闭锁一切输出控制。

第五节 远动系统主站

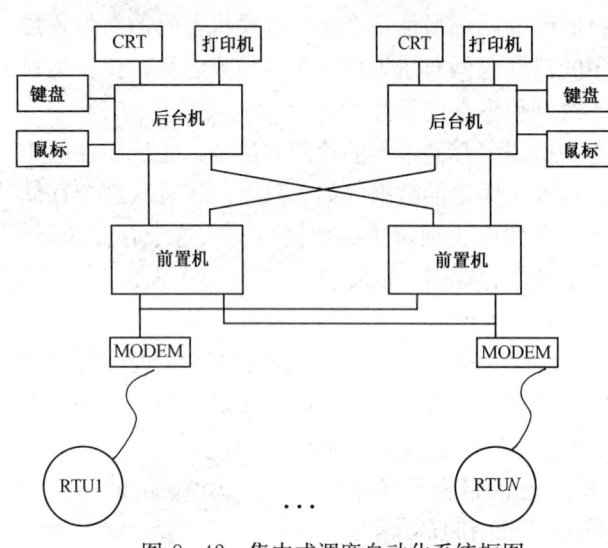

图 8-42 集中式调度自动化系统框图

调度自动化系统中的远动系统由远动主站、远方终端 RTU 和通道组成。初期调度自动化系统的结构见图 8-42，称为集中式调度自动化系统。在这种结构中，调度端按前置机、后台机方式配置。图中的前置机就是远动系统主站。

一、前置机的功能

接收多个 RTU 的远动信息是前置机的主要功能。由于系统中的 RTU 可能是不同厂家、不同型号的产品。所以 RTU 发送远动信息时，有的可能以 CDT 方式传送，有的可能以 polling 方式传送，且还可以采用不同的远动通信规约。因此前置机在设计通信软件时，应该使前置机的通信口既能工作在同步通信方式，又能工作在异步通信方式。前置机的接收处理软件应设计成一个多规约的接收处理软件，它要能处理国内外已有的、常用的 CDT 规约和 polling 规约。还可以让用户根据实际系统所连接的 RTU 类型，对各个通信口需要的规约进行预选设置。接收 CDT 规约的远动信息时，前置机首先要完成同步字的检测，在同步接收的前提下按规约的帧结构，对同步字之后的码字逐个进行差错检测，确认码字无错之后，再按码字结构把每个码字中的信息位提取出来、存入实时数据库。实时数据库中的信息每帧刷新一次。按 polling 规约通信接收到的远动信息，首先要完成报文校验，校验正确后再根据报文的类型码，提取报文中的信息字节存入实时数据库。

前置机要完成对接收数据的预处理。遥测量的预处理工作主要有：对遥测值的滤波处理、越限检查和遥测归零处理（将其值在设定的零值范围内的遥测值置为零，以消除不带电线路的虚假电流遥测值）。对状态量进行变位判别，并对变位次数进行统计。当变位为事故变位时，完成对相关遥测量的事故追忆。

向后台机送数。前置机预处理后的数据要向后台机传送，由后台机作进一步处理。前置机可以采用有开关变位或遥测值的变化超过设定的死区时，再向后台机送数的处理方法，以便减轻后台机的处理负担。

前置机接收后台机的遥控、遥调命令，并通过下行通道向 RTU 发送。还可以向下发送电度冻结命令。前置机接收标准时钟（如天文钟、卫星钟等）或主机时钟，并以此为标准向

RTU发送校时命令，实现系统时钟的统一。

前置机完成向调度模拟屏传送实时数据。通常前置机应提供并行和串行两种通信接口方式。并行方式通过并行口向模拟屏送数，驱动屏上的遥测显示器和遥信灯；串行方式则通过串行口向模拟屏的控制主机送数或直接向模拟屏后面的智能控制箱送数，由智能控制箱的输出驱动遥测显示器和遥信灯。详细内容见第九章第五节。

前置机具有转发功能。前置机从各个RTU对应的实时数据库中，选择出上级调度中心需要的信息，并按规定的转发规约格式对信息重新进行组装，向上级调度中心发送。

前置机对各个通道应具备监视功能，监视各个通道是否有信号正常传送，并统计信道的误码率。

前置机还应该具有人工设置和在线修改功能：当某个RTU或通道故障造成数据错误或丢失、RTU停运或检修时，通过前置机能人工置入该厂站的遥测值和开关状态；可以设置重要开关事故跳闸时应追忆的遥测量；能在线修改各个厂站的参数和系统的其他参数；能够在线增加新的RTU，并在线选择或修改某个通信口的通信规约等。

二、规约转换

调度自动化系统中RTU的数量较大，一般都是多个厂、多种型号的产品，因此造成众多RTU通信规约的不一致。

RTU发送远动信息时，遵守的通信规约是通过软件实现的，如对部颁CDT规约，RTU首先组装同步字三个D709H，然后将同步字一个字节一个字节地从串行口发送出去。在同步字发送完之前组装好控制字，待同步字发送完之后接着按字节发送控制字，同时按控制字中的帧类别组装好第一个信息字。在控制字发完之后，再按字节发送第一个信息字，并组装第二个信息字……直到一帧信息组装并发送完，重新反复上述过程。接收端则首先对接收的信息序列进行同步字搜索，找到一帧的同步字后，再对同步字后面的码字按字节接收，并把相邻六个字节组装成一个码字，按照规约对码字进行校验识别。当接收端在接收不同规约的远动信息时，由于它们的同步字、帧结构、码字结构、校验方式等都可能有一些差异，因此不能用同一个接收程序对信息进行识别和处理。为了实现前置机能够接收各种规约的远动信息，通常的办法是按照各种规约分别编制出对应的接收程序，并把各种接收程序都固化在前置机中。

目前国内生产的RTU大多按照部颁的CDT规约传送远动信息。在现场运行着不少国外引进的调度自动化系统，这些系统中的RTU和前置机之间大多以polling方式传送远动信息，并且存在多种不同的polling规约。为了实现前置机对各种polling规约的接收，可以按各种polling规约设计出对应的发送和接收处理软件，固化在前置机中。对前置机中的多口串行通信卡，可以用软件实现不同的串口对不同的规约进行接收和发送。另外还有一种处理办法，就是在RTU中安装一个规约转换接口板，在这个接口板内将polling规约转换为部颁CDT规约向前置机发送，以此达到简化前置机接收软件的目的。

图8-43是规约转换接口板的原理图。接口板采用由单片机8031构成的微机系统。8031通过异步串行通信口，按RTU所遵循的polling规约报文格式与RTU进行问答，调用RTU的实时数据，并在外部RAM区中建立实时数据库。8251则工作在同步通信方式。8031把实时数据库中的数据按部颁CDT规约进行组装，并通过8251用中断方式一个字节一个字节地向前置机发送，从而实现了从polling规约到CDT规约的转换。这时前置机只需

用部颁 CDT 规约的接收程序，就可以接收规约转换接口板送来的远动信息。在图 8-43 中，添加 8251 的 RxD 和 RxRDY 端子（见图 8-22），规约转换板还可以完成对下行信息的处理。当前置机按 CDT 规约向 RTU 发送命令时，规约转换板通过 8251 接收。8031 再将接收到的命令组装成 polling 规约的报文格式，与 RTU 进行问答。这种接口板只要通过修改软件，便可以适用于任意一种 polling 规约到任一种 CDT 规约的转换。不过这种转换方法降低了信息传送的实时性，已较少使用。

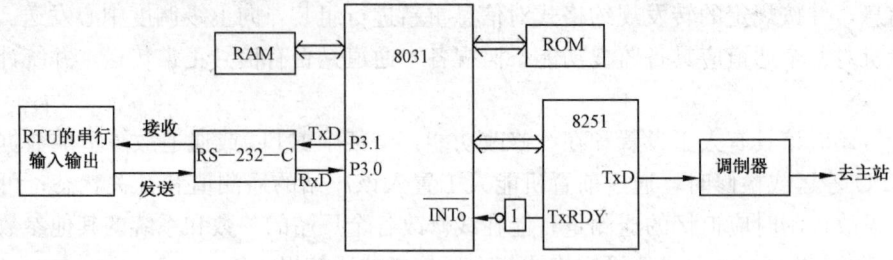

图 8-43 规约转换接口板的原理图

统一调度自动化系统中的远动规约，可以达到简化接口、简化软件设计的目的。

三、传输规约的接口

在调度自动化系统中，前置机除了需要解决与不同远动通信规约的 RTU 之间的通信外，有时还需要与当地的一些其他设备进行通信联系。比如为了建立全系统的统一时钟，可以采用接入标准时钟装置的办法。这时前置机必须按照标准时钟装置提供的信息传输规约，与标准时钟装置进行通信，以获取标准时间。又如当调度室内的模拟屏采用单片机构成的遥测、遥信控制箱控制后，为了提高实时数据上屏的速度和可靠性，可以直接由前置机将实时数据串行发送给遥测、遥信控制箱。为此前置机必须按照模拟屏厂提供的信息传输规约与遥测、遥信控制箱进行通信。除此之外，实际应用中还会遇到许多类似的情况。

前置机要实现与某一设备通信，设备方必须预留有串行通信口、并提供某一种传输规约，且软件中包含有支持这种传输规约的通信软件。前置机则必须按照要与之进行通信联系的设备中，已经确定并实施的信息传输规约设计通信软件，达到互相交换信息的目的。这类问题所涉及的传输规约，大多是问答式传输规约。

当传输规约在通信一方的装置中已经实施时，通信的另一方要与它建立起通信，该方就只能按照对方已经实现的规约中的有关约定进行软件设计，才能解决通信过程中规约的接口问题。当通信双方按问答式传输规约建立通信时，必须满足三点：通信双方的信息传输速率必须相同，即采用相同的波特率；通信双方的串行通信口必须工作在异步通信方式，并且采用相同的字符格式；双方必须按照规约所规定的报文格式发送询问报文和回答报文。在满足前两个条件的前提下，询问报文的格式正确，询问方才可能收到回答报文。

四、调度端的配置

当调度自动化系统中的调度端采用四机（双前置机、双后台机）配置时，前置机的硬件通常选用工业控制机，以保证前置机的可靠性。前置机的操作系统一般采用 DOS。为了在前置机中实现多任务处理，前置机的软件设计可以采用任务调度的软件设计方法（见本章第六节内容）。后台机则完成对接收信息的进一步处理和人机联系功能。它们包括：对遥测量完成一些统计和计算工作；显示各厂站的主接线图；对指定的遥测量（如频率、电压、负荷等) 完成曲线显示；实现对历史数据的查询和显示；实现对系统异常情况下的记录数据的查询和显示；选择定时打印、事件打印或召唤打印方式打印曲线和报表；实现遥控和遥调操作。

对小型系统，比如小型县调系统、厂站当地监控系统，由于 RTU 的数目少，数据处理量也比较小，调度端可以采用双机或单机配置。双机配置时，两台机器同时接收各个 RTU 送来的信息，它们工作在双机热备用状态。对四机系统中由前置机和后台机两台机器分别完成的功能，这时合并在一起由一台机器完成。也就是说，双机系统中的每一台机器都要完成对 RTU 远动信息的接收、数据处理及人机联系功能。单机系统则由一台机器完成上述全部功能。

当调度自动化系统发展成局域网结构的分布式调度自动化系统之后，远动系统主站的功能则主要在前置机工作站中实现。前置机工作站将在第九章中介绍。

第六节 任 务 管 理

一、进程及进程状态

计算机系统按功能可以划分为四个层次，它们是硬件、操作系统、系统软件和应用软件，见图 8-44。这四个层次中的外层可以使用内层提供的服务，反之则不行。所以它们是一种单向服务关系。

包围着系统硬件的一层是操作系统 OS，它控制和管理着系统硬件，并向上层的系统实用程序和用户应用程序提供一个屏蔽硬件工作细节的良好使用环境。因此操作系统是直接控制和管理计算机硬件、软件资源的最基本的系统软件，它能方便用户充分、有效地利用这些资源，并增强整个计算机的处理能力。操作系统的功能有进程管理、存储管理、设备管理、文件管理和作业管理。下面介绍操作系统的进程管理工作。

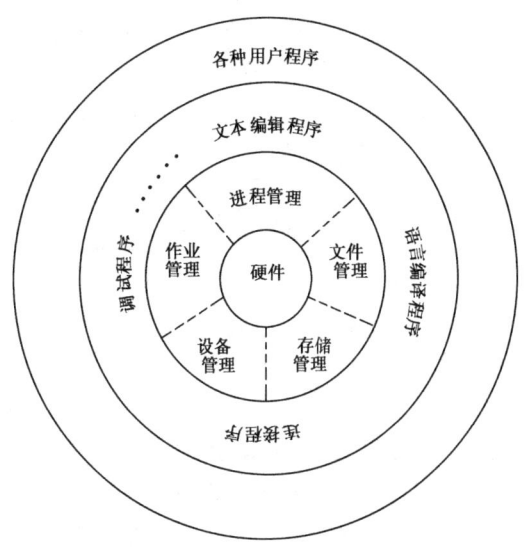

图 8-44 计算机系统层次结构

进程管理主要是对处理机进行管理。CPU 是计算机系统中最宝贵的硬件资源，为了提高它的利用率，计算机中采用了多道程序技术。多道程序系统是指内存中同时驻留了几个用户程序，如果一个程序因等待某一条件而不能运行下去时，就把处理机占用权转交给另一个可运行的程序。或者出现了一个比当前运行的程序更重要的可运行的程序时，后者应能抢占 CPU。因此，从宏观上看这几个程序同时都在执行，而从微观上看则是几个程序交替执行，它们轮流地占用 CPU，这几个程序称为并发程序。一组并发执行的程序，它们各自具有相对独立的功能，但常常又相互依赖、相互制约。这时用程序这个静态概念已不能表达并发程序的执行过程，为此在操作系统的设计中，引入了进程的概念。进程是一个具有独立功能的程序，对于某个数据集合的一次运行活动。因为进程是程序的一次执行活动，所以它具有动态性。又因为几个进程可以同时存在于一个系统中，各自按照自己独立的、不可预知的速度向前推进，使进程又具有并发性。

进程在其存在过程中有三种状态。当进程获得了CPU及其他一切所需资源，正在CPU上运行时，此进程处于运行状态；如果进程获得了除CPU外的一切所需资源，一旦得到处理机即可运行，则此进程处于就绪状态；正在CPU上运行的进程，因某种原因不再具备运行的条件而暂时停止运行，并在等待某一事件的发生（如等待某资源成为可能、等待I/O操作完成或等待其他进程给它发来消息），则此进程处于阻塞状态或等待状态。处在运行状态的进程，若系统根据某一调度算法，让其运行一定时间后剥夺其处理机，它便转变成就绪状态。如引起阻塞的原因解除后，该进

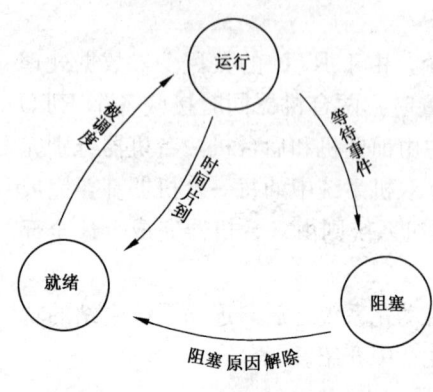

图8-45 进程状态转换

程回到就绪状态。图8-45示出进程三种状态之间的转换关系。从图8-45可见，进程从阻塞状态到运行状态必须经过就绪状态；由运行状态转换为阻塞状态一般是由运行进程自己主动提出放弃CPU，等待某一事件；一个进程由阻塞状态变为就绪状态是由于阻塞原因解除，即外界事件引起，而不是由该进程自己引起的。

二、进程控制块

进程不只是一个概念，它对应地有一个实体。进程实体由程序、数据集合和进程控制块PCB（也可称任务控制块TCB）组成。进程控制块是记录进程生存期（包括创建、执行、消亡）内状态变化的重要数据结构。一个进程的PCB是在该进程被建立时设置的，当进程被撤销时一起撤销，因此它是进程存在的标志。系统通过PCB来控制和管理进程，以便协调多道程序之间的关系，使CPU资源得到最充分的利用。

当系统创建一个进程时，即为它在内存中建立一个PCB。当进程消亡时，系统收回PCB。不同的操作系统，PCB的格式和它所包含的信息不尽相同。一般来说，PCB应包含进程标识符、当前状态、现场保护区、存储指针、链接指针、进程优先数、占用资源表、通信信息、族系关系等信息。进程标识符用来表示进程的名字，对每个进程是唯一的，以便系统识别。当前状态用来说明进程现在处于三种状态中的何种状态。现场保护区用来保存进程退出运行时处理机的状态，以便此进程下次被调度时，能恢复CPU现场继续运行。存储指针指出该进程的程序和数据的内存地址。链接指针用来指示处于就绪状态的进程队列中，排在下一个的进程它的PCB的首地址。进程优先数代表进程要求处理机的迫切程度，当处于就绪状态的进程有一个以上时，可以将进程按优先数排队便于调度，优先数可以由用户提供，或由系统设置。占用资源表将进程正在使用的资源，如I/O设备、文件等记录在表中，是进程使用这些资源的依据。通信信息记录着进程在运行过程中与其他进程通信的有关信息。族系关系记录本进程的父进程是谁，以及本进程又有哪些子进程等家族联系信息。

三、进程调度算法

对一个单CPU的系统，任何时刻只能有一个进程占用CPU。当处于就绪状态的进程数在一个以上时，它们就要争夺CPU资源。这时需要按照一定的算法，动态地将CPU分配给就绪队列中的某一进程，使之运行。该任务由进程调度程序完成。

进程调度的关键是调度算法。进程调度算法应解决两个问题，一是当 CPU 空闲时，把 CPU 分配给哪个进程；二是当进程占有 CPU 后，它能占有 CPU 多长时间。

进程调度算法的种类较多，可以将它们分为两大类，一类是优先数法，另一类是时间片轮转法。优先数法是根据进程的优先级别来确定它们的选择次序，即把 CPU 分配给当前优先级最高的进程。进程的优先级通常用数字来表示，并存放在 PCB 中，故这种算法称为优先数法。时间片轮转法是对各就绪进程的选择不按优先级排列，而是将就绪进程按先来先服务原则排队，调度程序每次将 CPU 分配给队列中第一个进程。其运行时间不能超过分给它的时间片，若时间片用完而进程还未完成，它也必须释放 CPU 并排到就绪队列的队尾，等待下次调度。同时进程调度程序又去调当前就绪队列中的第一个进程，让其运行给定的时间片。这样，依次轮流地调度各个就绪进程去运行。

四、任务调度的软件设计

远动系统中前置机最基本的功能是接收 N 个厂站的信息，并完成预处理。为此前置机在硬件上配置有多个串行接口电路，以保证有 N 个串行通信口。为了提高信息接收的实时性，串行通信口总是以中断方式与 CPU 交换信息，于是每当串行接口电路接收满一个字节，它就会向 CPU 发出一个中断请求信号，在 CPU 响应中断后，便进入对应的接收中断服务程序。如果在内存中为每一个厂站开辟一个接收缓冲区，能够缓存六个接收字节，并且将每个码字的字处理工作也安排在中断服务程序中完成，则接收中断服务程序的框图见图 8-46。由图 8-46 可见，串行口在接收每个码字的前五个字节并产生中断时，接收中断

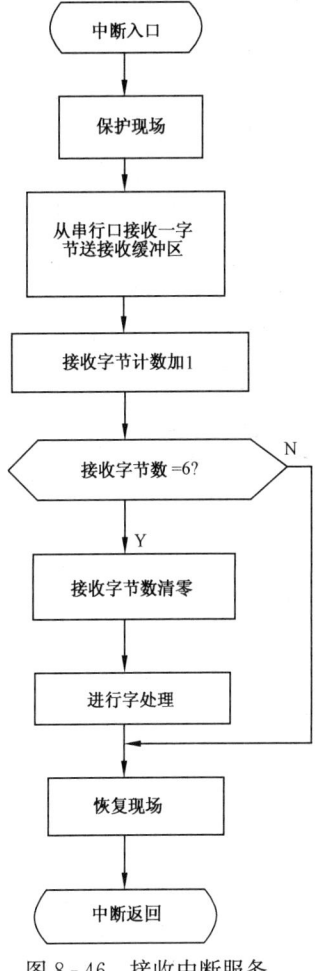

图 8-46 接收中断服务程序框图

服务程序只需要从串行接口电路读取接收字节，把它存放在接收缓冲区中。我们称这个工作为字节处理，并用 t_1 表示程序的执行时间。当接收到每个码字的第六个字节，即最后一个字节产生中断时，接收中断服务程序不仅要进行字节处理，还要对已接收到的一个完整码字进行字处理。字处理工作包括对码字的差错控制校验、从功能码的取值判别这个码字代表什么信息字、根据信息字的字结构取出信息内容存放在预先安排的内存区中等待进一步处理……这时用 t_2 表示字处理的时间。很显然，t_2 比 t_1 大得多。所以接收中断服务程序在连续的 6 次中断中，有 5 次执行中断服务程序的时间较短，有一次执行时间较长。

当远动信息的码元速率取定为 B 时，对同步通信，每两次接收中断服务程序之间的时间间隔 $T=8000/B$ ms。如果前置机 1：N 接收，则 CPU 需要处理 N 个接收中断。在接收过程中最不理想的情况是 N 个厂站发送远动信息的码元速率相同，并且同时产生第六个字节的接收中断。这时前置机必须在时间 T 内把 N 个厂站的字节处理和字处理工作全部完成，否则会出现中断服务程序尚未结束，第二次中断请求又产生的中断嵌套情况，引起程序运行混乱。因此，前置机能够接收处理的最大厂站数 N 必须满足 $N(t_1+t_2) \leqslant T$，即 $N \leqslant T/(t_1+t_2)$。实际上在前五个字节的接收中断时间间隔 T 中，CPU 为 N 个接收中断的服务时

间只有 Nt_1，在第六个字节的接收中断时间间隔 T 中，CPU 为 N 个接收中断的服务时间才为 $N(t_1+t_2)$。显而易见，CPU 为接收中断的服务忙闲不均。为了充分利用 CPU 资源，增大 N 的取值，可以在接收中断服务程序中只完成字节处理工作。当接收到第六个字节时，由中断服务程序产生一个可以进行字处理的标志，但不在中断服务程序中做字处理工作，而是把字处理的工作分散在 CPU 空闲的时间碎片中去做。只要保证在又一次收满六个字节，并提出下一次字处理工作之前，由 CPU 把前一个字的字处理工作完成即可。

前置机除了完成对 N 个站的字处理工作外，还要对接收到的远动信息完成预处理工作，比如对遥测量的乘系数和越限判别、对遥信的事故变位判定和遥测的事故追忆，以及对某些遥测量按要求进行的计算处理等。另外前置机还要完成向模拟屏送实时数据，同后台机进行数据交换，并运行人机联系软件。鉴于绝大多数前置机都采用单 CPU 的微机，通常可以把前置机要完成的上述工作分成几个任务模块，再按照操作系统中的进程管理方法，对前置机中的任务进行调度，以便充分利用 CPU 资源。

前置机中任务管理的调度算法，可以采用时间片轮转法和优先数法相结合的方法。一是让每个任务处于运行状态时，占用 CPU 的时间不能超过分配给它的时间片，一旦时间片所规定的时间到，运行的任务立刻释放 CPU，回到就绪状态中排队，等待下次调度。二是处于就绪状态的各个任务必须按优先数进行排队，在任务调度时，总是把 CPU 分配给排在队首的、优先数最高的任务。各个任务的优先数通过程序赋值并可以修改，优先数的取值大小根据任务应完成的工作对实时性要求的高低决定。为了避免优先数太低的任务始终分配不到 CPU，可以在调度过程中调整这些任务的优先数。比如对进程每调度一次，使低优先数任务的优先数加 1，当它的优先数增加到一定值时，便可以分配到 CPU。一旦它占用 CPU 运行一个时间片后，又将它的优先数修改成原来较低的值。循环上述过程。

时间片轮转法中，时间片 q 的大小选择将影响系统的效率和系统响应时间。对系统效率的影响源于任务调度时系统花费的开销。因为时间片一到，未运行完的任务将被剥夺 CPU，CPU 被分配给另一就绪任务。这种任务间的转换要花费系统开销。当时间片 q 取得太小时，大多数任务都不能在限定的时间片内运行完，必须使这种转换频繁地进行，系统开销显著增大。反之，如果 q 值取得太大，可能会有某些任务需要的执行时间比时间片还小，从而出现某些时间片轻载的现象，使系统的实时性受到影响，还会有丢失信息的可能。前置机中时间片 q 的大小可以根据远动信息的码元速率 B、接收缓冲区的字节数 N 和系统中的任务总数 K 来估算，它们之间应该满足

$$q < \frac{8000N}{BK} \text{ ms}$$

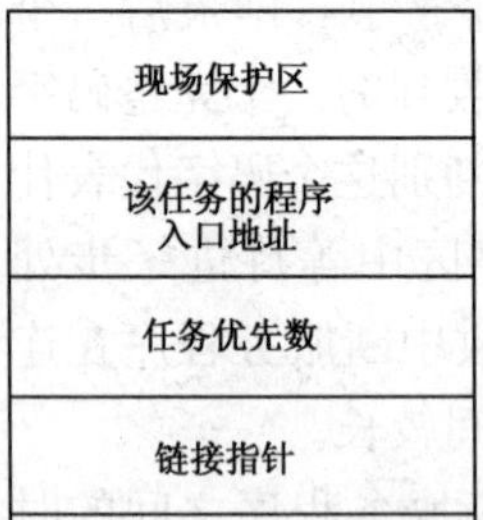

建立一个任务时，需要定义一个与它对应的任务控制块 TCB（即前面所述的 PCB），通常用字变量定义语句给 TCB 分配内存。例如 TCB1 DW 20H DUP（0），可以为任务控制块 TCB1 分配 32 个字的内存空间。图 8-47 示出 TCB 的数据结构。TCB 中的第一部分是现场保护区，用来保存任务退出运行时处理机的状态。它包括通用寄存器 AX、BX、CX、DX，堆栈指针寄存器 SP，基数指针寄存器 BP，源变址寄存器 SI，目的变址寄存器 DI 的当前值。这些信息是断点信息，保存这些信息才能确保该任务下次获得

图 8-47 TCB 的数据结构

（现场保护区 / 该任务的程序入口地址 / 任务优先数 / 链接指针）

CPU 时，从断点处开始继续运行。TCB 中的第二部分保存该任务所对应的程序入口地址，包括段地址和偏移地址，供任务从头开始执行时使用。任务优先数在任务控制块初始化时赋值，可以使实时性要求高的任务其优先数大，也可以相反。总之任务在按优先数排队时，应该与赋值原则相一致，使实时性要求高的排在前面。链接指针用来存放排在该任务后面的一个任务的 TCB 首地址，对排在最后的一个任务，因其后不再有任务，链接指针中可以填写全"1"或全"0"等特殊标志便于识别。TCB 中除上述基本信息外，还可以根据软件设计的需要安排其他内容。

除了为每一个任务分配 TCB 外，还需要另外安排一个字的内存，用字变量 RUN 表示，存放正在运行的任务其 TCB 的首地址。同时再安排一个字的内存用字变量 READY 表示，存放就绪状态中排在队首的任务其 TCB 的首地址。

如果系统中共有五个任务，处于运行状态的任务是 TCB2，就绪状态中的任务按优先数的排列顺序是 TCB1 在前，其后是 TCB4、TCB3、TCB5，则五个任务的链接顺序见图 8-48。图中只标出了 TCB 中的链接指针信息。当 TCB2 运行的时间片到，退出运行时，首先把断点信息保存在 TCB2 的现场保护区中，然后 TCB2 回到就绪状态中排队。为了实现按优先数排队，先从 READY 单元中找到 TCB1 的首地址，按首地址找到 TCB1 的优先数，把它与 TCB2 的优先数比较。如果 TCB2 的优先数大于 TCB1 的优先数，TCB2 将排在 TCB1 前面，这时要将 READY 单元中的内容修改为 TCB2 的首地址，同时在 TCB2 的链接指针中写入 TCB1 的首地址。如果 TCB2 的优先数小于 TCB1 的优先数，则再从 TCB4 的首地址找到 TCB4 的优先数与 TCB2 的优先数比较。若 TCB2 的优先数大，则 TCB2 插入到 TCB1 和 TCB4 之间，这时要同时修改 TCB1 和 TCB2 的链接指针。若 TCB2 的优先数小，则按上述方法继续往下比较，直至队列尾部（链接指针为 0000H）。

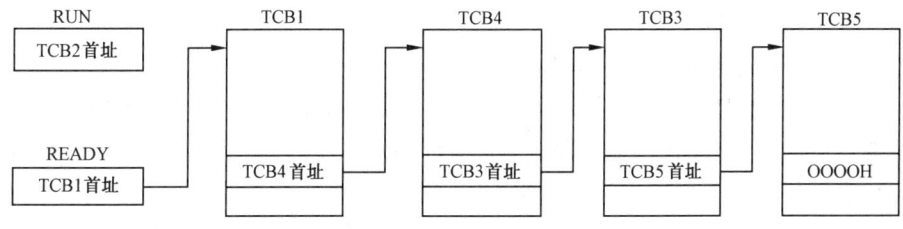

图 8-48 任务队列图

采用时间片轮转法调度时，系统中必须有一个定时中断，即时间片中断，该中断的时间间隔等于时间片 q。任务的调度工作在时间片中断服务程序中完成。图 8-49 是实现任务调度的主程序框图和时间片中断服务程序框图。主程序中首先完成对系统的初始化工作，然后建立各任务控制块，最后启动一个任务开始运行。系统初始化工作包括对系统硬件的初始化、内存的分配以及为某些内存赋初值等。建立任务控制块的工作包括：为各个任务的 TCB 装入优先数；把最先运行任务的 TCB 首地址装入 RUN 单元；对处于就绪状态的任务按优先数从大到小的顺序排队，将排在队首的任务的首地址写入 READY 单元，除队尾的任务外在各个 TCB 的链接指针中填入下一个相邻任务的 TCB 首地址，并在最后一个任务的 TCB 链接指针中填入 0000H。启动一个任务运行就是让程序计数器 IP 的指针指向该任务所对应的程序入口地址。

由主程序启动的一个任务，当它运行了时间片 q 的时间后，这个任务对应的程序将被时

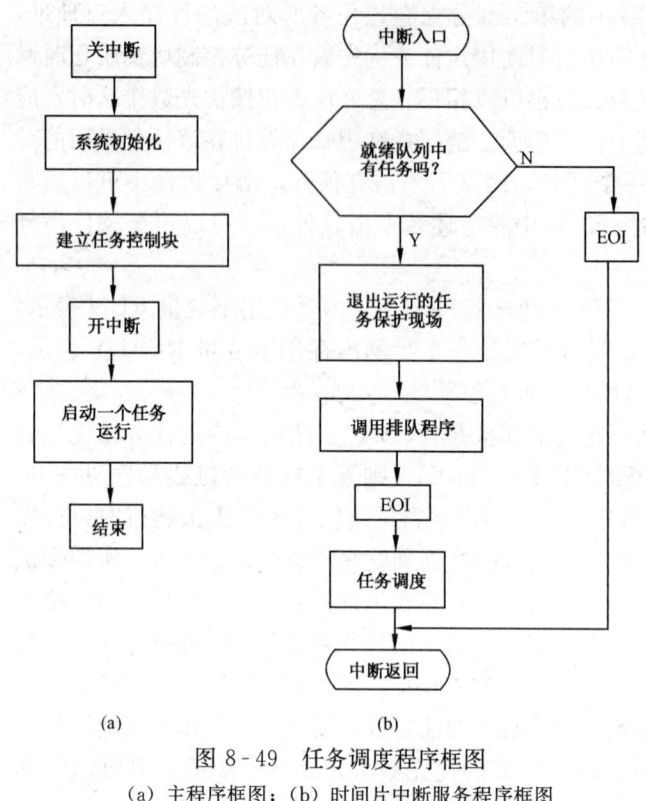

图 8-49 任务调度程序框图
(a) 主程序框图；(b) 时间片中断服务程序框图

间片定时中断信号中断，使程序进入到时间片中断服务程序。在时间片中断服务程序中，首先检查就绪状态中是否有任务等待获取 CPU。如果没有，说明被中断的任务可以不交出 CPU，这时，时间片中断服务程序不用做什么工作，直接结束中断返回。从而实现了被时间片中断服务程序中断了的运行程序，在中断返回时又返回到该程序被中断的断点处，使该程序继续运行。即该任务又一次获得 CPU，可以再运行等于 q 的时间。如果就绪状态中有任务等待获取 CPU，说明退出运行的程序有可能暂时停止运行，所以必须将退出运行的程序被中断时的断点信息保存在它的 TCB 中的现场保护区。然后由排队程序完成：退出运行的任务与就绪状态中的任务比较优先数，形成一个按优先数排队的任务队列。排队程序设计的原理如图 8-48 所示。最后在执行完任务调度程序后，时间片中断服务程序结束返回。

任务调度程序的工作是：把任务队列中排在队首任务的 TCB 首地址，即 READY 单元中的 TCB 首地址写入 RUN 单元中，因为这个任务是即将占用 CPU，进入运行状态的任务；把紧跟队首之后的任务 TCB 首地址写入 READY 单元，因为这个任务是将来的队首；把将进入运行状态的任务在上次退出运行交出 CPU 时，保存在 TCB 中现场保护区中的断点信息送回到 AX、BX、CX、DX、SI、DI、SP、BP 等寄存器中。在上述工作完成后，时间片中断服务程序结束返回，使新的一个任务从上次被中断的断点处开始继续运行。因此，任务调度程序实现了当一个任务运行完时间片 q 之后，如果还有比它优先数高的任务在等待 CPU，前者将把 CPU 交给后者。这时，被时间片中断服务程序中断的是正在运行的任务，但时间片中断服务程序在中断返回时，却返回到另一个优先数最高的任务上次被中断的断点处，从而实现了任务的调度。

任务调度就是完成 CPU 的重新分配，它是借助中断和中断返回来实现的。任何一个中断产生时，被它中断的程序其标志寄存器、CS 寄存器、IP 寄存器的内容将按堆栈指针顺序压栈。在中断服务程序返回时，上述压栈的内容将按堆栈指针以反顺序出栈，从而使中断的程序从断点处又开始继续往下运行。时间片中断服务程序与一般中断服务程序不同的是，在中断返回前要做任务调度工作，并恢复即将运行的任务保存在 TCB 中的现场保护区内的信息，其中包含了堆栈指针 SP。由于每一个任务在内存中都安排有各自对应的堆栈，而不是使用同一个堆栈，所以时间片中断产生时，被中断的程序的标志寄存器、CS 寄存器、IP 寄存器的内容压栈在退出运行的任务所对应的堆栈中。而中断返回前，堆栈指针 SP 已修改成即将运行的任务所对应的堆栈指针，所以在中断返回时，是从将要获得 CPU 运行的任务所对应的堆栈中恢复标志寄存器、CS 寄存器、IP 寄存器的内容，这些内容正好是这个任务上次中断时压栈的，故程序从将要获得 CPU 的任务，前一次中断时的断点处开始继续运行。从而实现了 CPU 的重新分配。

第七节 变电站自动化系统

一、变电站自动化

变电站自动化的任务是：完成对变电站电气量及非电量的采集和电气设备（如断路器等）的状态监视、控制和调节，以便实现对变电站正常运行时的监视和操作，从而保证变电站的正常运行和安全。在变电站发生事故时，完成对瞬态电气量的采集、监视和控制（由继电保护、故障录波等完成），并迅速切除故障，实现对事故后变电站恢复正常运行的操作。从长远的观点看，变电站自动化还应该包括对高压电气设备本身的监视信息（如断路器、变压器、避雷器等的绝缘和状态监视等）。同时变电站的信息除传送给调度中心、运行方式科、继电保护工程师之外，还需要传送到检修或维修中心，为电气设备的监视和制定维修计划提供原始数据。

长期以来变电站的二次设备主要由继电保护装置、当地监控系统、远动装置和故障录波器四种装置组成。这些设备的功能不同，实现原理也完全不相同，使它们在专业技术上相对独立，并且各属不同的专业和分属不同的技术管理部门。变电站自动化的实现采用全微机化技术。其模式之一是将控制、测量功能和继电保护功能分别由不同的设备完成，再由串行口或网络将微机化的监控系统、微机型继电保护装置、微机型故障录波器等连接起来，构成变电站自动化系统。另一种模式，便是将控制、测量功能和继电保护功能全部由一个设备完成。目前国内使用较多的是前一种模式，它将测量控制、保护及通信技术相结合，并采用模块化的结构设计，把完成各种不同功能的单元模块通过总线进行连接，构成一个完成变电站自动化功能的、多 CPU 的变电站自动化系统，以此实现对变电站的微机化自动管理，为提高电力系统运行的可靠性和实现变电站无人值班创造条件。

变电站自动化系统包含多个专业的多种设备，所以变电站自动化是一个跨专业的课题，必须由多专业合作。为此，变电站自动化系统应具有开放性，易于系统扩容及灵活配置。

变电站自动化系统采用一体化设计思想，可以减少变电站二次部分硬件的重复配置，简化二次接线，降低变电站造价。同时提高系统的可靠性和抗干扰能力。

二、变电站自动化系统的组成和功能

变电站自动化系统的设计应采用分层结构。每一层完成不同的功能，每一层的功能由该层的一组设备完成。图 8-50 是变电站自动化系统的分层结构示意图。它包括变电站层、间隔（单元）层和设备层。

变电站层是指同整个变电站有关的功能和设备。主要有全所性的监控主机、人机接口、通信接口等。变电站层设备一般设于控制室。

图 8-50 变电站自动化系统的分层结构

间隔层是指一个间隔内的全部功能和设备。间隔层的设备包括测量控制单元和继电保护单元,或者只有其中之一种。间隔层一般按断路器间隔划分。

设备层指变电站的生产过程设备,如断路器、隔离开关、电力变压器、电流互感器、电压互感器等。

我国目前的变电站自动化系统通常采用二层结构,即变电站层和间隔层。变电站层和间隔层单元之间通过总线连接,见图 8-51。变电站层的设备主要包括监控主机和通信总控单元。间隔层中的设备一般按功能划分,采用模块化设计,所以间隔层由各种功能单元构成。这些功能单元包括完成测控功能的状态量采集单元、模拟量采集单元、脉冲量采集单元、控制单元和完成保护功能的母线保护单元、线路保护单元、电容器保护单元、变压器保护单元等。各个功能单元内部都有独立的 CPU 和独立的工作电源,并具有自检功能和一定的自保护功能。

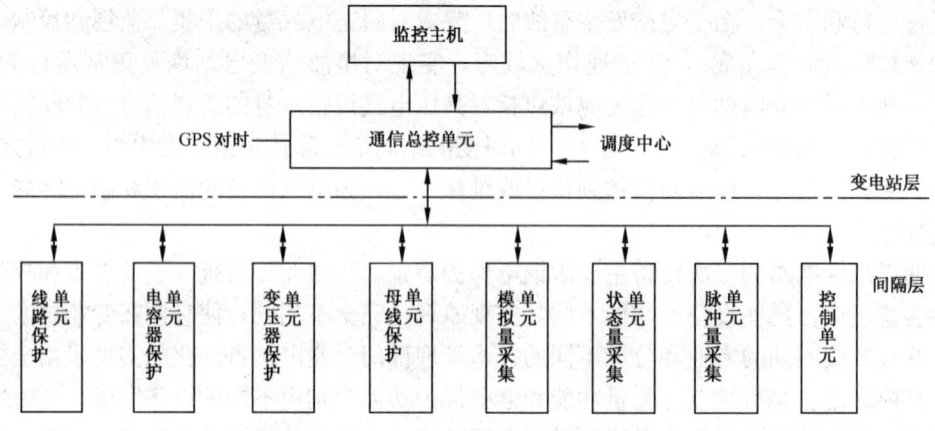

图 8-51 变电站自动化系统结构框图

状态量采集单元主要采集断路器状态、隔离开关状态、变电站一次设备运行告警信号、变压器分接头位置信号等。对状态量的采集通常用定时扫查方式。可以按照系统对事件分辨率的要求指标,如 1ms,在单元内部设置一个 1ms 的实时时钟中断,在由该中断进入的中断服务程序中,完成对全部状态量的采集和处理。从而得到全所状态量的实时全遥信信息、状态变位信息(COS)和事件顺序记录信息(SOE)。这时遥信的站内事件分辨率为 1ms。为了提高遥信信息的可靠性,对状态量的采集在硬件上可以采用两级光电隔离技术,并提高光电隔离电路的电源电压值。其中一级的电压可以取 220V→24V,另一级用 24V→5V,这样能将一些幅值较大的干扰脉冲隔离掉。还可以采用软件措施,设定遥信变位判别的时限值,从而克服因开关抖动而产生的"伪遥信"。对重要的状态量也可以采用双接点技术,以便进一步提高可靠性。状态量采集单元要和通信总控单元通信,因此该单元应提供可选的标准串行通信接口 RS-232-C、RS-422-A、RS-485 及光纤接口等。

模拟量采集单元主要采集变电站各段母线电压,线路的电压、电流和功率值,馈线的电流、电压及功率值,频率,相位,变压器油温,变电站室温,直流电源电压,变电站用电电压和功率等。模拟量的采集方式可以先使用常规变送器或传感器把模拟量变换成 0~5V 的直流电压后,再经多路通道开关和模/数转换电路,得到与被测量成比例的数字量。对电量也可以采用交流采样的方法,直接对电压和电流采样并保持,再经多路通道开关和模/数转换电路得到数字量,然后按积分法或傅氏算法计算出电流有效值、电压有效值、平均功率、频率、功率因数、电度、谐波分量等各种信息。根据实际情况，功率可以按三表法或二表法计算。由于交流采样可以省去传统的变送器，可节省投资，且交流采样的抗干扰能力强、精度高、稳定性好。因此变电站自动化系统中，对模拟量的采集基本上用交流采样方法。模拟量采集单元运行时，需要一些参数，比如交流测量的算法选择、所址的设置、通信口的选择等。为了易于对参数修改同时又不丢失，可以采用 E^2PROM 保留参数。通过计算得到的电度值，要使其掉电时不丢失，可以用 NVRAM（非易失存储器）存放电度数。为了实现和通信总控单元通信，该单元应提供可选的标准串行通信接口 RS－232－C、RS－422－A、RS－485 及光纤接口等。

脉冲量采集单元完成对脉冲电度表输出的电度脉冲的采集计数。脉冲的采集计数电路可以采用计数器接口芯片 8253，用电度脉冲作计数脉冲，使装入 8253 的计数值作减计数，当计数值减到零时 8253 产生中断请求。在中断服务程序中对 8253 重新装入计数值，使 8253 重新开始计数，并由程序对中断次数进行计数。反复上述过程，便可以完成对电度脉冲的计数工作。当然也可以采用 24 位循环计数器，直接对电度脉冲计数，通过读数并计算计数值的差值求取电度量数值。另外，还可以采用与遥信输入相同的接口电路对脉冲计数。这时，让每一路电度脉冲送到 Intel 8255 的一个输入端子上，在实时时钟中断服务程序中读取 8255 输入端口的状态，并用软件判别端口状态的变化，即脉冲的跳变沿。然后用程序对跳变次数进行计数，从而实现对电度脉冲的计数。电度脉冲的采集计数电路与脉冲电度表的接口应该有光电隔离电路，对输入的脉冲信号要进行宽度检测，若持续时间小于所设定时间应将其滤除。由电度脉冲的计数值计算出实际电度值需要乘一定系数，为了实现对系数的保存和修改，一般采用 E^2PROM 存储，同时对电度值要有掉电保护功能。该单元也应提供可选的标准串行通信接口 RS－232－C、RS－422－A、RS－485 及光纤接口等，以便实现和通信总控单元通信。

控制单元是变电站自动化系统对变电站一次或二次设备进行操作的接口电路。它负责接收控制命令，并根据控制命令输出相应的控制信息，以便实现对断路器、隔离开关的分合操作、对有载调压变压器分接头的调节控制和对电容器组的投切操作。达到将电压和无功潮流调整到预定值，保证电压合格和优化无功补偿的目的。控制单元接收到的控制命令中包括控制对象信息和控制性质信息（分或合、升或降等）。控制单元首先要对控制命令的合理性进行判断，在判断正确的前提下，按照对象号进行对象的预选择，并对预选后产生的对象号和控制性质信息进行校核，同时返送给调度中心进行校核。调度中心根据校核结果下发执行命令或撤销命令。控制单元接收到执行命令时，输出执行的控制信息，从而实现控制操作。若收到撤销命令，则输出撤销的控制信息，取消这次控制操作。为了保证控制操作的准确性，控制单元必须支持返校功能。对控制输出的电源可以增加一个硬件限制电路，以防止误动作。还应具有硬件自检闭锁功能，防止硬件损坏时导致输出错误的控制信息。为了防止系统故障时无法操作被控设备，控制操作应保留人工直接跳合闸手段。控制单元同样应该有可选的标准串行通信接口 RS－232－C、RS－422－A、RS－485 及光纤接口等，以便和通信总控单元通信。

变电站自动化系统中有许多保护单元，通常情况下可以把线路开关的遥控放在线路保护单元中实现；电容器开关的遥控放在电容器保护单元中实现；变压器开关的遥控及分接头的遥调可以放在变压器保护单元中实现。从而可以省掉控制单元。

变电站自动化系统中的保护单元都是微机型继电保护单元。图 8-52 是微机保护硬件结构框图。每个微机保护单元包括一个微型计算机系统（CPU、存储器、输入/输出接口电路）和一些外围电路。保护单元在引入来自被保护设备的电流、电压时，在信号输入部分装有电流变换器和电压变换器。它们一是起隔离作用防止干扰，二是将输入电流、电压变换成微机保护单元输入所允许的数值。

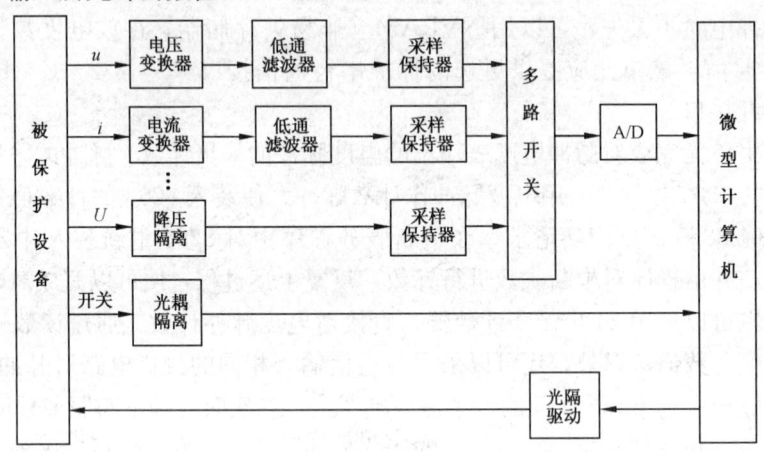

图 8-52　微机保护硬件结构框图

在每个变换器之后接有一个低通滤波器，它的作用是将输入信号中频率高于和等于 1/2 采样频率的高次谐波滤掉。对多个低通滤波器的输出要同时采样并予以保持，然后经多路开关分时对它们完成 A/D 转换。A/D 转换的结果经并行接口电路送 CPU 总线存入内存，以备微机进行计算处理。对输入的开关量则必须经光电耦合器完成隔离要求。

各种保护单元的硬件结构基本相同，它们不同的动作原理和动作特性主要通过与数学模型相对应的程序来实现。微机保护的算法就是保护的数学模型，它是微机保护工作原理的数学表达式，也是编制微机保护计算程序的依据，通过不同的算法可以实现各种不同的保护功能。微机保护的算法可以分为基本算法和继电器算法两类。基本算法完成从若干采样值序列计算出有关电压、电流的幅值、相位以及功率等基本电参数，它们是微机保护的基础量。继电器算法是根据不同的保护原理所对应的继电器的动作特性拟定的算法，所以也称为动作特性算法。它对基本算法求得的电量参数进一步运算，方能实现保护的功能。除上述算法之外，也有把电量计算和动作判据直接结合在一起的算法，这种算法不必先行计算电量参数。

在设计微机保护单元时，通常使保护功能单元化，即一个微机保护单元实现对一个变压器或一组电容器或一回线路的保护和控制。这样，一个变电站的保护控制系统便由若干个线路保护单元、电容器保护单元、变压器保护单元和母线保护单元组成。继电保护装置是确保电力系统稳定和设备安全的重要装置，电力系统对其可靠性要求非常严格。为此，应使各个微机保护单元之间无一般的电路连接，其功能也不依赖通信网或其他设备，保持各个单元相对独立。这样当变电站内其他设备出现故障退出运行时，不会影响保护单元的正常工作。若某一保护单元出现故障或异常时，也不致影响其他单元的正常工作。保护单元的采样回路和测控系统的采样回路应分开，防止相互干扰。保护和测控的跳、合闸执行继电器分别设置，以免由于开关频繁操作影响保护正确动作。

变电站自动化系统中的各种保护单元应完成如下功能：线路保护单元对中低压线路应有电流Ⅰ、Ⅱ、Ⅲ段保护，功率方向及低压闭锁电流保护，三相一次重合闸及后加速跳闸、故障测距等功能。变压器保护单元应有差动保护、电流速断保护、定时限过电流保护、相电流后备保护、负序电流后备保护、零序电流后备保护、中性点零序电压过电压保护、重瓦斯保护等。电容器保护包括电流速断保护、定时限过电流保护、过电压保护、欠电压保护、零序电流保护、零序电压保护、差流保护、差压保护等。

微机保护单元还可以兼有故障录波记录功能，并可在保护动作时完成保护动作序列记录。为了提高全系统的可靠性和灵活性，每个保护单元应设有手动跳、合闸功能及开关闭锁功能。保护定值可以在当地完成整定，也可以实现远方查询和整定。保护单元的自诊断功能和故障时的自动报警，使运行人员能准确判断故障原因并及时处理，提高了系统运行的安全可靠性和智能化水平。每个保护单元都应配置可选的标准串行通信接口RS－232－C、RS－422－A、RS－485及光纤接口等，保护单元通过通信接口与系统中的通信总控单元进行通信。

变电站自动化系统中的通信总控单元配置有数量较多的标准串行通信接口，并可以扩展成不同的接口方案。通信总控单元负责与模拟量采集单元、状态量采集单元、脉冲量采集单元通信，收集来自现场的不同类型的实时数据。它还连接着各种保护单元，接收各个保护单元送来的各种保护信息。通信总控单元需要对接收的信息进行汇总，建立实时数据库，并不断用新接收到的数据进行更新。然后以不同的通信规约、不同的通信方式，通过不同的通信介质向远方调度中心和当地的监控主机传送信息，实时报告变电站工况。对故障录波信号，因信息量大且传输的实时性要求不高，向远方调度中心传送时，可以和远动信道分开采用电话线路。在远方调度中心请求故障波形时，通过电话拨号方式接通线路。通信总控单元也接收来自远方调度中心和当地监控主机的各种控制调节命令，并传送到控制单元实现对系统运行状态的控制。还可以接收对保护定值的查询和整定命令，传送到各保护单元。通信总控单元还可以通过各种连接方式，接通 GPS 时钟等当地自动化设备，它负责向各功能单元发送修改实时时钟命令，以保证系统有统一的时间。由于通信总控单元对上与监控主机和远方调度中心连接，对下连接着各种功能单元，所以它是整个变电站信息的集合点，是整个装置的通信枢纽。一旦通信总控单元出现故障，整个系统将失去内外联系。为此通信总控单元应采用双机配置、热备用，两者通过串行通信，彼此监视对方的工作状态，在值班机故障时自动切换，以保证系统的可靠性。

监控主机完成对全站实时数据的采集和处理，并通过人机接口实现对站内运行情况的监视、完成当地的控制操作、实现制表、打印等功能。监控主机通过与通信总控单元通信，采集变电站的实时信息，建立实时数据库。这些信息包括常规远动信息（模拟量、状态量、脉冲电度量、事件顺序记录），还包括保护信息（保护设备的运行状态、测量值及整定值、故障动作信息、跳闸报告、与跳闸设备有关的运行参数的波形及保护单元的自诊断信息等）。数据的处理工作有遥测值的越限监视，遥信的变位处理，事故追忆，对遥测量的各种计算及统计，如平均值计算、电压合格率计算、功率总加和多种电量累计，记录断路器动作次数、断路器切除故障时故障电流和跳闸操作次数的累计数，记录独立负荷有功、无功每天的峰值、最小值及出现时间等。监控主机还可以统计主变压器分接头调整次数、电容器组投入时间、投切次数、投入率等，并对保护整定值的修改进行记录。在监控主机中要建立历史数据库。监控主机连接着 CRT 屏幕显示器、打印机、键盘和鼠标器，借助它们完成的人机联系功能有画面与数据的显示，数据的键盘输入，人工控制操作，制表打印。画面与数据的显示内容包括：全所主接线图、保护配置图、负荷曲线、事件顺序记录、事故追忆表、故障信息登录表、控制系统的配置显示、保护整定值、值班记录等。从键盘输入的数据内容有：运行人员的代码、密码及密码修改，保护定值的重设，告警的设置与退出，告警限值的输入，保护装置的投入/退出，控制的闭锁/允许、当地/远方控制的选择，设备运行/检修的设置等。人工控制操作包括：操作断路器及隔离开关，控制有载调压变压器的分接头位置，控制电容器组的投切等。控制操作具备防误操作和对某些操作闭锁的功能。制表打印可以完成各种报表的编辑和显示，并实现定时打印、事件打印和召唤打印功能。

变电站自动化系统具有分布式处理和分散安装的特点，因此系统的维护技术及手段特别重要。在系统设计时，应该使通信总控单元支持远程诊断通信。比如通过 MODEM 与电话网连接，完成与远方诊断计算机通信，实现对系统的远程诊断与维护。

三、变电站自动化系统的通信

变电站自动化系统一是要与远方调度中心通信，实现向调度中心传送测量信息、状态信息、保护信息等，并接收调度中心送来的参数和控制信息；二是要进行站内通信。变电站自动化系统与远方调度中心的通信类似于 RTU 与调度中心的通信。这里主要介绍站内通信问题。

由于变电站自动化系统采用分布式设计，间隔层的设备由许多功能单元组成，所以在站内要解决间隔层中各功能单元与变电站层中的通信总控单元之间的通信，以及间隔层中各功能单元之间的通信。站内通信系统方案的选择往往和变电站自动化系统的配置方式有一定关系。

传统变电站的控制模式，是将要采集的信息源点用电缆转移到控制室集中，以利于监控设备、继电保护装置集中采集处理。然后再用电缆把监控设备和继电保护装置产生的控制信息返回至一次设备上。类似于这种模式，变电站自动化系统可以采用全集中配屏方式。这时，变电站自动化系统的设备全部集中配置在变电站的控制室内，系统中各个保护单元、各种采集单元和控制单元、与一次设备的连接使用铜芯电缆。各功能单元的串行口构成总线与通信总控单元的串行口相连。或者将测控单元的串行口构成监控总线与通信总控单元的一个串行通信口相连，再将各保护单元的串行通信口构成保护总线与通信总控单元的另一串行通信口相连。

集中配屏方式能够为设备提供比较良好的运行环境，但是需要大量的电缆连接一次设备与控制设备，使系统的设计、施工、维护比较复杂。这种配置方式一般来讲适用于各种电压等级的变电站，但更适用于一次设备比较集中、分布面不大、干扰相对较小的中低压变电站。

有些大型变电站（500kV/220kV），在开关场内建有设备小间。如果对分布在设备小间附近的设备，把它们所需要的保护单元、测控单元安装在设备小间内，实现就地的保护、信息采集及控制功能，变电站层的所级计算机安装于控制室，便构成分散式的配置方式。这种配置缩短了各个功能单元与信息源点之间的距离，从而大大节省了它们之间的常规控制电缆。同时可以使控制室的面积大大缩小，减少整个变电站的建设费用。分散式配置将各种保护单元和测控单元装设在开关装置附近，当开关操作时有较强的电磁场干扰。因此在设计时应充分考虑到它们抗干扰、抗振动、适应恶劣环境能力,以保证系统工作可靠。在分散式配置方式中,站内通信系统可以是总线型或星形连接方式。

星形通信系统以安装在控制室的通信总控单元为中心,用通信线缆分别与分散在设备附近的各个功能单元连接,形成 1∶N 的连接形式。光纤属于点对点的通信媒介,当通信总控单元和保护单元、测控单元之间采用光纤通信时,星形连接方式特别适用。采用星形连接时,各功能单元都与通信总控单元独立通信、独占通信线路、互不影响,可靠性高。而光纤通信有很强的抗电磁干扰能力,提高了系统的可靠性。星形连接方式采用串行通信实现互联,其优点是简便易行,但连线较多、施工量比较大,并且不容易实现保护单元、测控单元之间的横向通信。

总线形通信系统是以一条总线将通信总控单元与各保护及测控单元相连接,实现各单元之间的互联。为了提高通信的可靠性及数据传输能力,也可以用两条或多条总线进行连接,实现总线的冗余。常用的总线类型有用 RS—422/485 实现的低速总线,控制局域网络中使用的现场总线,采用标准 LAN 技术实现的总线等。

由总线构成的局域网按其组网的拓扑结构,主要可分成主从网和对等(peer to peer)网两种,例如由位总线 Bitbus 构成的通信网络是主从式总线型网,其电气接口采用 RS—485 标准,传输介质可用双绞线。主从网的数据通信方式是命令响应式,从节点只有在收到主节点的命令后才能响应。对等网上的节点不分主从,网上任一节点可在任一时刻向其他节点发信,属多主系统。变电站自动化系统的站内通信网,各个功能单元就是网上一个节点。这些功能单元不仅要接收来自监控主机的信息,当某一功能单元有突发事件(比如变位信息)需要及时上送时,还应该有即时传送的功能。所以组建站内通信网时,可以采用对等式网络。由于变电站自动化系统内部传送的信息量相对较少,对信息的实时性却要求较高,并且变电站内电磁干扰十分严重。用现场总线组成实时可靠的站内局域网,是变电站自动化系统建立站内通信网的一个可选方案。

现场总线是一种工业总线,主要用于解决现场智能化设备之间的数字通信,以及这些现场智能化设备和上级控制系统之间的通信问题。这类总线有 CAN(Controller Area Network)BUS、LONWORKS、PROFIBUS 等,其中 CAN 总线技术在变电站自动化系统中已有应用。控制器局域网络 CAN 是一种具有很高可靠性、支持分布式控制和实时控制的通信网络。由 CAN 总线组成的局域网网上任一节点可在任一时刻向其他节点发信,而不分主从,从而构成真正的多主系统。在 CAN BUS 网络应用层,可以把信文分成不同的优先级,以满足不同的实时性要求。当两个节点同时向网上发信时,优先级低的信文主动停止发送,而不影响优先级高的报文的发送,即使在网络负载很重时,也不会导致网络瘫痪。CAN 采用短帧结构,数据传输时间短,使受干扰的概率降低,且 CAN 每帧信息都有 CRC 校验及其他检错措施,保证了数据出错率低。对电磁干扰十分严重的变电站,尤其是大型变电站,所内功能节点多至数十个甚至上百个时,现场总线的优点尤为突出。

通信总控单元与各种功能单元之间按照事先约定的问答式规约报文格式进行问答,以此实现信息交换。要使变电站自动化系统达到标准化,系统的传输规约和传输网络是两个重要问题。只有实现传输规约的标准化和传输网络的标准化,做到传输规约和传输网络的统一,才能使变电站自动化系统具有开放性,使系统内的设备有互换性。由于选择一种网络要受到许多约束条件的制约,在选用什么样的"低层"通信网络上要达成一致是比较困难的。因此可以首先制定一个通用的应用层协议（规约），当有了优选的通信网络时，再将应用层协议映射过去，如果改变通信网络，应用层改动也较少。所以制定一个标准化的通信规约是使变电站自动化系统成为开放式系统的基础。IEC 60870-5-103，即我国电力行业标准 DL/T 667—1999，将成为变电站自动化系统内智能化设备之间的通信规约。

变电站自动化系统无论采用集中配置还是分散配置方式，对 500、220kV 的大型变电站和监控多个变电站的集控站，变电站层的设备可以用网络上前置机工作站和一些其他工作站构成监控系统，如图 8-53 所示。在监控系统中，前置机工作站完成通信总控单元的功能，监控工作站可以完成原来监控主机的功能，工程师工作站可以实现软件开发和管理功能。根据用户需要还可以在网上增加其他工作站。同时变电站自动化系统还可以通过网络与上级管理部门的 MIS（管理信息系统）相连，扩大实时数据的应用范围。对无人值班变电站，也可以不配置监控主机。

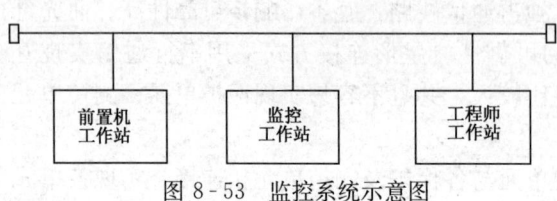

图 8-53 监控系统示意图

第九章　电网调度自动化系统

电网调度自动化系统按其功能分为数据采集和监控（SCADA）系统和能量管理系统（EMS）。本章将要介绍的电网调度自动化系统仅限于 SCADA 系统。

电网调度自动化系统的结构在早期大都采用前置机和后台机的配置方式，通常称为集中式的调度自动化系统。当采用计算机网络技术之后，调度自动化系统的结构便按局域网结构配置，一般称为分布式调度自动化系统。

第一节　计算机网络基础

一、计算机网络概述

计算机网络是指通过数据通信系统把地理上分散的、有独立处理能力的计算机系统连接起来，依靠功能完善的网络软件实现网络资源共享的一种计算机系统。计算机网络是计算机技术和通信技术相结合的产物。在计算机网络中，通信系统为计算机之间的数据传输提供支持，而计算机技术融会在通信系统中又大大地提高了通信网络的性能。

目前世界上已经出现了多种型式的计算机网络，可以从不同的角度对它们进行分类。如果按计算机网络覆盖地理面积的大小，可以将计算机网络分成广域网和局域网；根据网络拓扑结构的不同，又可以将网络分成星形网、树形网、总线形网、环形网和网状形网等；也可以按交换方式进行分类，将网络分成线路交换网络、报文交换网络、分组交换网络；还可以按网络控制方式、网络环境等进行分类。

以资源共享为主要目的的计算机网络，在逻辑功能上分成两个子网，一个是承担数据处理任务的资源子网，另一个是负责数据通信的通信子网。图 9-1 是两级网络结构的计算机网络结构图。图中的通信控制处理机 CCP、集中器 C 等设备构成通信子网，负责全网中的数据通信。资源子网则由图 9-1 中的主计算机 H 和终端 T 等构成，它承担数据处理任务，并向网络投入可供用户选用的资源。

主计算机系统在计算机网络中负责数据处理和网络控制，同时还要执行网络协议。它和其他主机连接成网后构成网络中的主要资源。因此在硬件方面要求主机有足够的存储容量和处理速度，并有齐备的外部设备。在软件方面要求能够

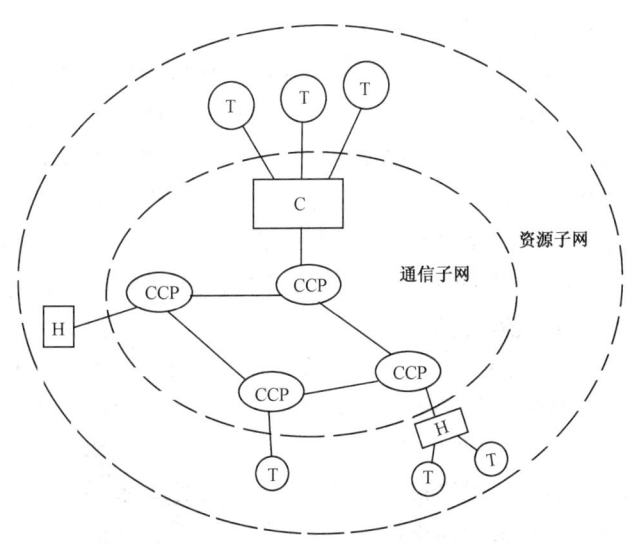

图 9-1　计算机网络典型结构
H—主机；T—终端；C—集中器；CCP—通信控制处理机

提供支持网络的操作系统,并有丰富的语言处理软件和各种用户软件。

终端设备是用户与网络之间的接口,用户可以通过终端取得网络服务。终端设备一般与通信控制处理机或集中器相连。

通信控制处理机完成数据传输、数据交换和通信处理等通信管理功能。

集中器的作用是把若干终端经本地的低速线路集中起来连接到高速线路上,使低速终端复用高速或中速传输线路,达到提高线路利用率的目的。

以资源共享为目的的计算机网络,应该具有数据通信功能、资源共享功能、负荷均衡与分布处理功能。

数据通信功能用于实现计算机与计算机之间、计算机与终端之间的数据传输,这是计算机网络最基本的功能,也是实现其他几个功能的基础。它应该包括通信时逻辑链路的建立和拆除、数据的传输控制、对传输数据的差错检测和流量控制、路由选择及多路复用等。

资源共享包括数据资源共享、软件资源共享和硬件资源共享。实现数据资源共享可以采用两种方式。一种方式是当 A 机需要 B 机的数据时,将所需的控制信息和处理数据的软件由 A 机送到 B 机,B 机处理数据后把结果返回 A 机;另一种方式是 A 机请求 B 机把数据送至本方,由 A 机自己处理。计算机网络可供共享的软件包括各种语言处理软件和各式各样的应用程序。实现软件共享的方法也有两种方式。一种方式是当 A 机需要 B 机中的软件时,由 A 机将数据送至 B 机,在 B 机中用软件对数据进行处理后,再将数据的处理结果送回给 A 机;另一种方式是 A 机请求 B 机把所需软件送至 A 机,由 A 机自己处理。在选择数据共享及软件共享的方式时,应以能尽量减少通信线路上的信息流量为目标。计算机网络的硬件共享功能可以充分发挥巨型机和特殊外围设备的作用。例如,当 A 机由于无某种特殊外围设备而无法处理某个较复杂的问题时,它可以将处理该问题的有关数据连同有关软件,一起送给拥有这种特殊外围设备的 B 机,由 B 机应用该硬件对数据进行处理,处理完后再把有关软件及结果返回给 A 机。

负荷均衡功能是指网络中的工作负荷被均匀地分配给网络中的各计算机系统。如果某系统的负荷过重时,网络能自动将该系统中的一部分负荷转移至负荷较轻的系统中去处理。分布处理功能是将单机系统时,在一台机器上完成的作业处理过程分成几个阶段,由计算机网络中的二台或多台计算机系统共同完成作业处理。

二、计算机网络的拓扑结构

按照网络中计算机系统之间的几何连接形式,可以把计算机网络分成星形网络、树形网络、总线形网络、环形网络和网状形网络。图 9-2 是它们的拓扑结构图。

星形网络是指每一个远程节点都通过一条单独的通信线路,直接与中心节点连接。

树形网络是将多级星形网络按层次方式排列成。网络的最高层是中央处理机、最低层是终端,而其他各层可以是多路转换器、集中器或部门用计算机。

总线形网络是由一条公用总线连接若干个节点所形成的网络。其中一个节点是网络服务器,由它提供网络通信及资源共享服务,其他节点是网络工作站(即用户计算机)。总线形网络采用广播通信方式,即由一个节点发出的信息可被网络上的多个节点所接收。由于多个节点连接到一条公用总线上,因此必须采取某种介质访问控制规程来分配信道,以保证在一段时间内,只允许一个节点传送信息。

第九章 电网调度自动化系统

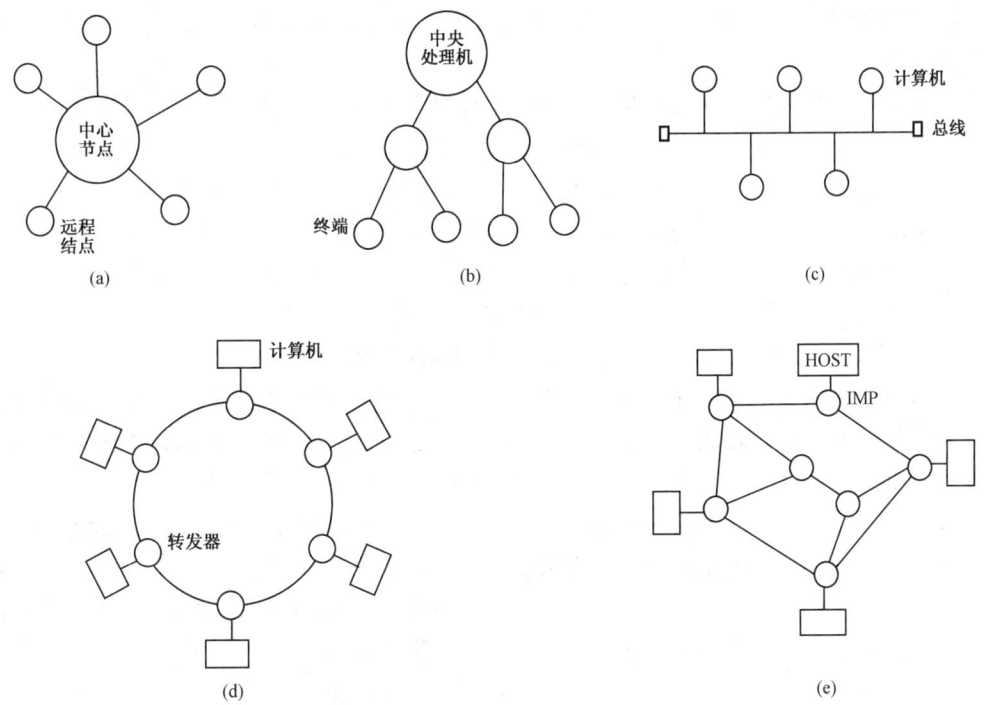

图 9-2 计算机网络的拓扑结构图
(a) 星形网络；(b) 树形网络；(c) 总线形网络；(d) 环形网络；(e) 网状形网络

在环形网络中，每台入网的计算机都先连接到一个转发器上，再将所有的转发器通过点-点式信道，连成一环形。网络中的信息是单向流动的，从任一源转发器所送出的信息，经环路传送一周后又都返回到源转发器。

网状形网络的接口信息处理机IMP专门用于实现数据通信，将多个IMP通过点-点式信道连接成的不规则网状网构成通信子网。需要入网的主计算机（HOST）都应连接到IMP上，而各个HOST之间又必须通过通信子网方能进行通信。网状形网络是广域网中最常采用的一种网络形式。

三、计算机网络体系结构

现代的绝大多数计算机网络都采用层次式结构，即将计算机网络分为若干个层次。计算机网络的层次结构是以网络中的各个系统的分层为基础的。如果每个系统都分成1、2、…、N个子系统，则计算机网络的第i层（$i=1$、2、…、N）是由分布在不同系统中的处于第i层的子系统构成，见图9-3。在采用层次式结构的系统中，高层仅是利用其较低层次的接口所提供的功能，而不需了解其较低层次实现该功能时所采用的算法和协议，其较低层次也仅仅是使用从高层传送来的参数。

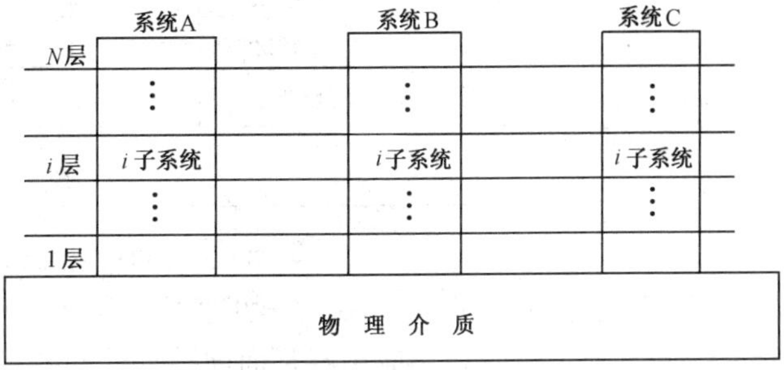

图 9-3 网络分层结构

在计算机网络中，为了使各个计算机之间或计算机与终端之间能正确地传送信息，必须在信息的传输顺序、信息格式和信息内容等方面有一组约定或规则，这组约定或规则就是所谓的网络协议。

计算机网络的层次及其协议的集合，称为计算机网络的体系结构。它是关于计算机网络应设置哪几层，每个层次又应提供哪些功能的精确定义，是从层次结构及功能上来描述计算机网络的结构，而不涉及每一层硬件和软件的组成及实现。因此对于同样的网络体系结构，可以采用不同的方法设计出完全不同的硬件和软件，用来为相应层次提供完全相同的功能和接口。

为了使不同计算机厂生产的计算机能相互通信，以便在更大范围内建立计算机网络，国际标准化组织信息处理系统技术委员会（ISO TC97）制定了国际标准化组织（ISO）的开放系统互连参考模型（OSI/RM），它是国际范围的网络体系结构标准。

在 OSI 参考模型中采用的是分层结构技术，它把 OSI/RM 分为七层，它们是物理层、链路层、网络层、传输层、对话层、表示层和应用层，如图 9-4 所示。在层次式结构的网络中，当系统 A 中的源进程 Ps 与系统 B 中的目标进程 Pd 进行通信时，源进程 Ps 首先将用户数据送至应用层，应用层在用户数据前面加上控制信息，形成应用层的数据单元后送至表示层；表示层又在数据单元前面加上控制信息形成表示层的数据单元后，再将它传送给对话层。信息按这种方式逐层地向下传送，直至最低的物理层。由于物理层实现比特流传送，故不需再加控制信息。当比特流经过传输介质到达目标系统 B 时，再从物理层逐层向上传送，且在每一层都依照相应的控制信息完成指定操作后，再将本层控制信息去掉，把后面的数据单元向上一层传送，依此类推。当数据最后到达应用层时，再由应用层把用户数据交给目标进程 Pd，便结束了通信过程。虽然源进程 Ps 把数据传送给目标进程 Pd 时的实际路径要穿越下面的所有层次，但客观上就像是 Ps 直接把数据交给了 Pd。实际上两个系统中的任意两个对等层之间的通信，都是每一层将数据加上控制信息形成该层的数据单元，再将数据单元传递给紧接着它的下一层，一直到达最下层，在最下层通过传输介质实现两系统之间的物理通信。

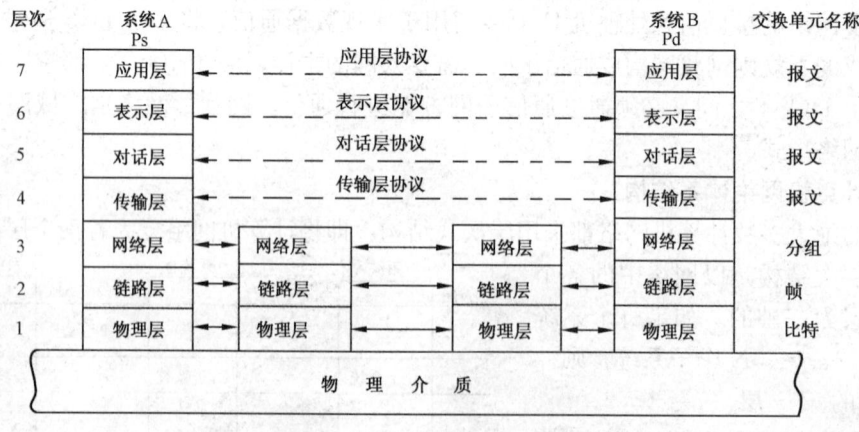

图 9-4 OSI 七层参考模型

OSI 七层模型中的低三层——物理层、链路层和网络层是构成通信子网的三层；高三层——对话层、表示层和应用层是面向数据处理的；传输层位于它们之间起着桥梁作用。

物理层协议是网络中最低层协议，它是连接两个物理设备，为链路层提供透明位流传输所必须遵循的规则，有时称为物理接口。接口两边的设备叫做数据终端设备（DTE）和数据电路终接设备（DCE），见图 9-5。DTE 通常就是一台计算机或 I/O 设备，它发出的信号一般不能直接送到网络的传输介质上，而必须借助 DCE 实现。DCE 是介于 DTE 与网络传输介质之间的接口设备，它用于将 DTE 发出的数字信号变换为适合于在传输介质上传输的信号形式，并将它送至传输介质上；反之又可以从传输介质上接收远方送来的信号，将它变为数字信号并送往计算机。典型的 DCE 如调制解调器。在 DTE 和 DCE 之间有硬件接口和软件接口。物理层协议规定了 DTE 和 DCE 之间的硬件接口标准。它包括接口连接器的尺寸、芯数和芯的安排；每种信号的电平、允许的数据传输速率和最大传输距离；接口电路的功能；接口电路所发出信号的时序。目前常用的物理层标准有 EIA 的 RS—232—C、RS—422—A、RS—485 和 RS—449，CCITT 的 X.21 和 V.24。

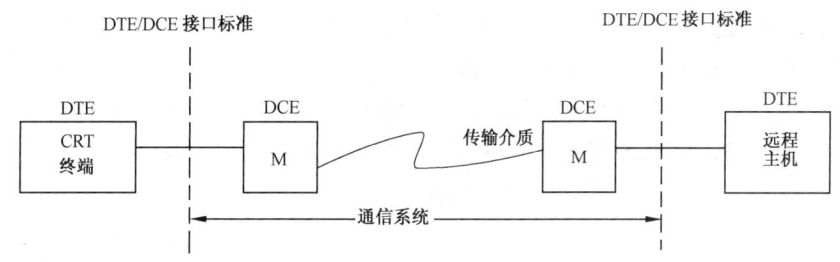

图 9-5　DTE/DCE 接口

为了实现数据链路实体之间比特流的透明传输，物理层应具有下列功能：在 DTE 和 DCE 之间完成物理连接和传送通路的建立、维持及拆除等操作；允许采用同步传输方式或异步传输方式来传输物理服务数据单元（串行传输方式的物理服务数据单元仅含一个比特，并行传输方式由若干个比特组成）；实现对本层的某些管理事务，如功能的激活（何时发送和接收、异常情况处理等）、差错控制（传输中出现的奇偶错和格式错等）。

链路层的任务是要把传输介质的不可靠因素尽可能地屏蔽起来，让高层协议免于考虑物理介质可靠性问题，而把通道看作无差错的理想通道。这一任务是通过把数据组织成数据帧的格式来实现的。一个报文是由若干个字符组成的完整的信息，通常把冗长的报文按一定要求分块，每个代码块加上一定的头部信息，对该代码块进行说明，这样的代码块称为包或分组。在相邻两点间传输这些包时，为了差错控制给每个包加上头尾信息，便构成帧。帧是数据链路层的传输单位。数据链路层协议是帧传送协议，它的主要功能是保证相邻节点的正确传输。国际上比较通用的数据链路层协议有面向字符控制规程和面向比特控制规程两类。

数据链路层主要解决以下几个问题：一是数据链路连接的建立和拆除，包括字符同步、站址确认、收发关系的确定、最终一次传输的表示等；二是信息传输，包括信息格式、尺寸、顺序编号、接收认可、信息流量调节方案等；三是传输差错控制，要有一套防止信息丢失、重复和失序的方法；四是异常情况处理，协议中对异常情况的处理主要用于发现和处理永久性故障。

网络层是 OSI 七层协议模型中第三层，它是高层结构与通信子网的接口，它负责控制通信子网的操作。网络层的主要用途是为实现源 DCE 和目标 DCE 之间的通信，而建立、维持和终止网络连接，以及通过网络连接交换网络服务数据单元。在网络层的支持下，两个端系统的传输实体之间要进行通信，只需把要交换的数据交给它们的网络层便可实现，传输实体不必考虑建立和操作一个指定的网络连接时有关的路径选择及中转等细节。网络层的主要功能是：提供逻辑信道，复用物理链路；建立点—点间网络连接；传输用户数据；网络连接的重置、通知不可恢复的错误；流量控制和路径选择。网络层有代表性的标准协议是 CCITT 的 X.25 建议，它用于分组交换通信。

以上三层即物理层、链路层和网络层统称为低层协议。低层协议涉及的是节点之间或主机与节点之间的协议和接口，它们一起完成通信子网的通信功能。传输层以上不再考虑主机如何与网络相连，它们是主机到主机之间的协议。引入传输层的目的是使之能屏蔽掉各类通信子网的差异，向用户进程提供一个能满足其要求的服务，且具有一个不变的通用接口，使用户进程只需了解该接口，便可方便地在任何网络上使用网络资源和进行通信。传输层的功能包括把传输地址映射到网络地址，以便在本地主机传输地址和远地主机传输地址之间建立连接；进行多路复用和分割，即多条传输连接复用一条网络连接或多条网络连接支撑一条传输连接；传输连接的建立与释放；将传输服务数据单元分段为多个网络服务数据单元发送，并能将收到的网络服务数据单元重新组装为传输服务数据单元；在用户数据很少时，发送传输实体可以将多个传输服务数据单元组合成一个传输服务数据单元，接收传输实体把所收到的传输服务数据单元重新分割为多段传输服务数据单元；处理低层不可恢复的错误。

综上所述，数据链路控制协议用于建立、维持相邻节点之间的连接；网络层协议可为源DCE和目标DCE建立连接；传输层协议负责建立和维持端—端之间的连接。OSI的低四层提供了基本的、可靠的通信服务，确保数据从源DTE发出后，经过网络到达目标DTE时不会丢失。

对话层的目的是提供一个面向应用的连接服务。对话层的任务是提供一种有效方法，以组织并协调两个表示层实体之间的对话，并管理它们之间的数据交换。为此，对话层要在两个表示层实体之间建立一次连接，称为一次对话，并支持它们之间有条不紊的数据交换活动。对话层应完成的主要功能是对话连接和对话服务。前者是为两个表示层实体建立和拆除连接；后者是控制它们之间数据交换、同步和有限数据操作以及恢复下层不可恢复的错误。

表示层为用户进程提供某些有益的，但并非总是不可缺少的服务。本层能提供的主要服务有密码转换，文本压缩，虚终端管理，数据格式的转换，以及文件传送等。这一层接受应用层/对话层来的数据，然后根据用户的要求进行加密/解密，压缩/扩展，数据格式变换/反变换等相应的处理，然后交给对话层/应用层用户进程。

应用层是OSI模型最高层，实现的功能由用户应用进程和系统应用管理进程决定。系统应用管理进程管理系统资源，如优化分配系统资源和控制资源的使用等，还负责系统的重启动，包括从头的重启动和由指定点的重启动。用户应用进程由用户要求决定，通常的应用有数据库访问、分布计算和分布处理等。

第二节　电网调度自动化系统

一、局域网

计算机网络按其覆盖地理面积的大小，可以分成广域网WAN和局域网LAN。通常把局域网定义为分布在一个小区域的、将多种数字通信设备（如计算机、终端、各种通信设备等）连接起来的通信网络。

微型计算机由于体积小、价格便宜而得到广泛应用，但微型计算机单机功能的局限性，使用户经常需要将多台微机连在一起，通过分散而有效的数据处理及计算，以完成大型计算机的功能，并使一些价格昂贵的外围设备能同时供多台微机共用，从而实现分布处理和资源共享。这种由微型计算机构成的微机局域网已成为当前局部网络的主要内容。

局域网按其网络拓扑结构仍可分为总线形局域网、环形局域网、星形局域网和树形局域网。应用最广泛的是总线形和环形局域网。

1. 局域网参考模型 LAN/RM

IEEE 的局部网络标准委员会（简称 IEEE802）专门从事 LAN 的标准化工作，并首先制定了 LAN 的参考模型，简称 LAN/RM。该模型同 OSI/RM 一样，也采用了层次结构。在定义 LAN/RM 和制定 LAN 标准时，一方面参考 OSI/RM 的相应层次协议，另一方面也根据 LAN 的特殊性，使 LAN 标准有一些不同的特点。

LAN 覆盖的地理范围比较小，它所涉及的设备类型和数量也比较少，而且采用了广播通信技术，从而使流量控制和路径控制等得以简化。由于 LAN 中所连接的主要是微机或基于微处理器的设备，因而要求 LAN 协议应尽量简单，使软件的开发与维护较为容易。在 LAN 中为减轻处理机的负担，往往增加一些信息帧中的控制信息，以简化处理过程。在 LAN 环境下由于通信距离较短，通信信道的误码率也比较低，因此 LAN 中允许使用较长的帧，以提高信息的传输效率。

IEEE802 的 LAN 参考模型见图 9-6。它包含了物理层、介质访问控制（MAC）子层、逻辑链路控制（LLC）子层以及与其上层的接口。LAN/RM 中的物理层与 OSI/RM 中的物理层相当，而 OSI/RM 中的链路层在 LAN/RM 中被分为逻辑链路控制 LLC 子层和介质访问控制 MAC 子层。

对于 LAN 来说，由于传输介质是共享的，存在介质的竞用与管理问题。把链路层分成两个子层后，介质访问控制 MAC 作为一个子层，使介质存取方法改变时不致影响其他较高层次

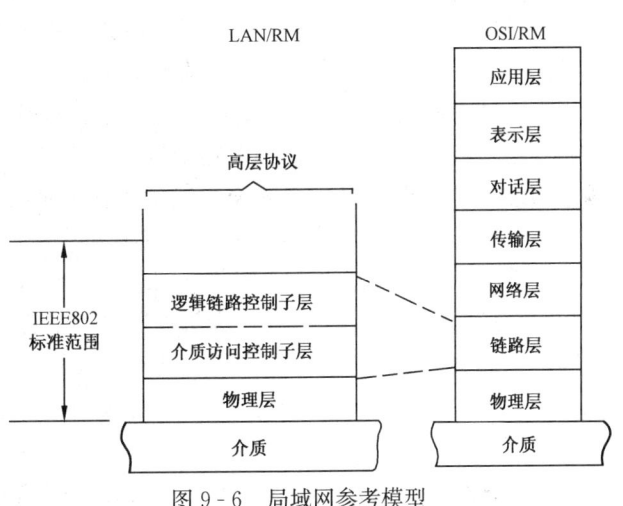

图 9-6 局域网参考模型

协议。链路层中的逻辑链路控制 LLC 子层执行寻址、成帧以及纠错等功能，而 MAC 子层则判断哪一个设备具有享用介质的权利以及介质操作所需要的寻址。由于 LAN 中数据是按编址的帧传送，没有中间交换，因而不需路由选择，可以不用网络层。网络层的某些功能，如寻址、排序、流量控制、差错控制等可由第二层来执行。

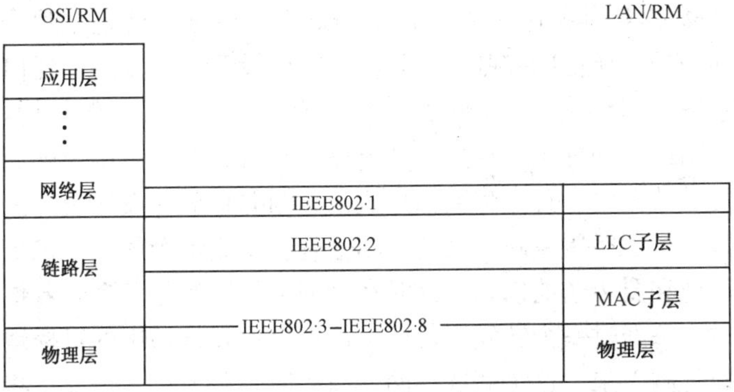

IEEE802 局部网络标准包括 IEEE802.1～802.8 各项标准，其中 IEEE802.3～802.8 定义物理层与介质访问控制协议；IEEE802.2 定义逻辑链路控制协议；IEEE802.1 说明上述标准之间关系，及 IEEE802 定义的两层与较高层次间的接口和有关寻址、网络互连、网络管理等问题。IEEE802 标准与 OSI/RM 之间的关系见图 9-7。

图 9-7 IEEE802 标准与 OSI/RM 之间的关系

2. 局域网存取控制方式

在局域网中，所有节点通过公共传输信道互相通信。由于任何一部分物理信道在任何一个时间段内只能被一个站占用来传输信息，因此存在对信道的合理分配问题，这就是对信道的存取控制方式或称传输控制协议。局域网的存取控制主要解决两个问题：一是确定网络中每个节点能够将信息送到通信介质上去的特定时刻；二是对共用通信介质的利用加以控制。存取控制方式的选择与网络拓扑有一定的关系，并受介质选取的影响。下面介绍总线网中的CSMA/CD访问方法和令牌总线访问方法，以及环网中的令牌环访问方法。

CSMA/CD方法是总线网中的一种竞争控制策略，这种策略规定网络上的所有节点处于平等地位，它们之间通过竞争来获得发送权。为此要解决如下三个问题：其一是访问时机的确定。每当一个节点有信息要发送时，应选择一个最佳发送时机，以减少发生冲突的时间。其二是冲突检测。在竞争控制机构中必须有冲突检测机构，避免有两个或更多的节点在同一时刻发送信息时，出现传输冲突，使节点送至总线的信息混淆不清。其三是重发策略。当一个节点发现冲突后，立即停止本次发送，然后重新安排发送。CSMA是载波监听多路访问的意思，其中载波监听的含义是：任何节点要向通信介质发送信息时，首先要监听介质上是否有其他节点正在传送信息；多路访问是指多个节点共享一条公用总线。CD表示冲突检测。因此CSMA/CD是带有冲突检测的载波监听多路访问。CSMA/CD介质访问控制规程被IEEE802委员会采纳作为IEEE802.3标准。

令牌总线存取方式用于令牌总线网。令牌传送总线网是把令牌传送访问控制方式用于总线网而形成的一种局域网形式。为了控制网络上各节点对总线的访问，在网络中设置了一个令牌，任何工作站都在它持有令牌时才有权向总线上发送信息，而其余未获得令牌的站，只能监听总线或从总线上接收信息。由于总线网只设置一个令牌，在任何时刻只有一个工作站访问信道，因而不会发生访问冲突。在令牌总线网中，令牌的传递在逻辑上是顺序的，且以地址从大到小的递减方式传递，使所有传递令牌的节点构成一个逻辑环。因此令牌总线网在物理上是总线形结构，而在逻辑上却是一个环形网。IEEE802委员会制定的IEEE802.4标准就是令牌总线介质访问规程及其物理层规范。

LAN中的环形网络拓扑结构是由一组高速的点—点连接链路和一组环形网络接口连接所形成的闭合环路。主机和服务器等均通过接口连接到LAN上，如图9-2所示。在环形网络中，数据沿着环路做单方向的串行传输，其中的转发器起中继器的作用。令牌环网是出现最早且最流行的环形网络。IEEE802委员会为令牌环制定了IEEE802.5标准，就是令牌传送环访问方法和物理层规范。令牌环网的介质访问控制方法是在环路中设置一个令牌，任何节点仅在其获得令牌后，才可将信息发送到环路上。令牌是一个具有一定字节数的帧结构，其上某特定位的"1"或"0"值是空闲或忙的标志。环路上各节点都有机会获得空闲令牌而向媒体上发送信息。当某一节点要发送数据时，首先将数据形成信息帧并存放在发送缓冲区中，然后由转发器去截获令牌。一旦获得了空闲令牌，则把空闲令牌改变成忙令牌，在忙令牌后面紧跟着接收站地址、发送站地址和要传送的信息。这时在环网上传输的是一个带着忙令牌头的信息帧。帧在环路中传送时，每经过一个转发器，便由该接口检查该帧中的目标地址，若是本站地址，转发器便将该帧复制下来。这个帧绕环网一周后回到源节点，该节点将发出去的帧撤销，重新产生一个空闲令牌继续在环网上传递。

3. 局域网的组成

不同类型的局域网其网络拓扑结构和组成也各不相同,但构成局域网的各种部件,在功能上却大致相同。下面以应用较多的总线形局域网为例说明局域网的组成。

图 9-8 是总线形局域网的组成,它由传输介质、网络适配器、网络服务器、网络工作站等构成。

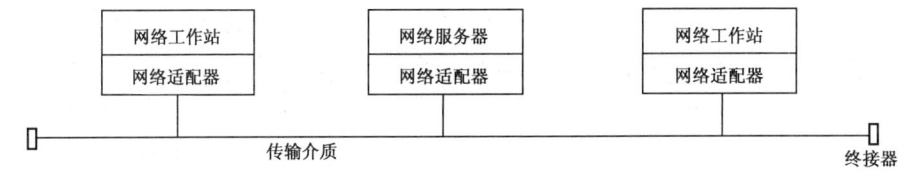

图 9-8 总线形局域网的组成

网络传输介质常用的有双绞线、同轴电缆和光缆。传输介质的选择决定了网络的传输率、网络段的最大长度、传输的可靠性以及网卡的复杂性。双绞线价格便宜、安装简便,但抗干扰性能差,因此对网络段的最大长度和数据传输率有一定限制。同轴电缆是局域网中最普遍使用的传输介质,它的抗干扰性能比双绞线好,连接也方便,且信号衰减小。因而网络段的最大长度要长些、数据传输率也相对高些。光缆的传输损耗小,频带宽,因此网络段的最大长度比双绞线和同轴电缆长得多。由于光导纤维不受电磁干扰和噪声影响,从而可以实现高数据传输率,并且有极好的保密性。

网络适配器是局域网中实现工作站之间通信的关键部件,它的基本任务是将工作站或其他网络设备发送的数据送入网络,或从网络中接收其他设备发来的数据,并将它送给工作站。因此,它是各工作站之间通信的网络接口。网络适配器通常被做成插件板的形式,可以插入网络设备的一个扩展槽中,故也被称为网卡。要将网络设备连接到网络上,需要在设备中插入相应的网卡。由于网络的拓扑结构、传输速率和介质访问方式等各不相同,使网卡也存在很大差异,从而形成不同类型的网卡。根据网卡数据总线位数的不同,可将网卡分为 8 位、16 位、32 位和 64 位网卡。按总线接口类型分,可将网卡分为 ISA 总线网卡、PCI 总线网卡、PCI-X 总线网卡、PCMCIA 总线网卡和 USB 接口网卡。

网络工作站是连接到局域网上的可编址设备。用户可以通过工作站请求获得网络服务,网络服务器又把处理结果返回给工作站上的用户。因此,网络工作站是用户与网络之间的接口。根据用户对处理功能的不同要求,工作站可以是 PC 机,也可以是工程工作站,如 SUN SPARC 系列工作站、DEC ALPHA 系列工作站,还可以是 X 终端。

网络服务器是局域网的核心,它可以向网络用户提供用户通信和资源共享服务。在一个网络中可以设置一个或多个相同或不同类型的服务器,如文件服务器、打印服务器、数据库服务器、通信服务器等。它们为网络工作站提供快速的信息存储和信息访问;提供打印机资源的共享;提供局域网与局域网之间、局域网与远程工作站或主机之间的通信服务。服务器的性能直接影响整个网络的性能,因此提高服务器的性能十分重要。为了能很好地给众多网络工作站提供服务,要求服务器的工作速度必须比网络工作站的速度高出许多倍。因此要选用高速 CPU,还要提高磁盘系统的 I/O 速度。为了能装入并更好地运行大量软件和存放数据,服务器应具有足够大的内存和外存容量。应采用硬件和软件方面的安全措施,确保服务器上的程序和数据的完整性和一致性。

局域网中还可以有网间连接器。网间连接器用于将若干相同或不同的网络互连在一起,使不同网络中的用户能相互通信、实现资源共享。网间连接器有中继器、集线器、网桥、路由器和网关五种设备。中继器主要用于扩展局域网的跨度。由于信号在介质上传输时，其幅度会不断地衰减，因此每段传输线的最大长度有一定限制。中继器的功能是接收从一条传输线上传输过来的信息，并将其放大和整形后，再发送到另一条传输线上。它是同一网络中的网段间的互连设备，其操作遵循物理层协议。集线器可以用来连接各种网络设备、互连局域网、互连不同类型的网络，还可以把网络管理的功能也做在集线器上。网桥是用于连接同构网络的网间连接器。所谓同构网络，严格地说是指两个网络中对应的七个层次都采用了相同的网络协议。网桥不仅要对传递信号进行放大和整形，还必须有信号收集、缓冲以及格式变换等功能。这些功能必须通过配置网桥软件来实现。网桥所实现的功能属于 MAC 子层和物理层。路由器用在需要互连两个以上同构网络时，路由器具有网桥的全部功能，同时还具有路径选择功能。网关用于互连异构型网络。所谓异构型网络是指至少从网络层到物理层的网络协议不相同的网络，甚至可以是所有对应的七个层次的协议均不相同的网络。因此在网关中要进行网络协议之间的转换。

从协议的角度来看，中继器的功能限于物理层；网桥的功能由链路层和物理层的内容来描述；路由器的功能在网桥的基础上再增加网络层的功能；网关除了包括下三层外，不同的网关对高四层的占有情况是不同的。

在局域网上配置网络操作系统是为了管理网络中的共享资源、实现用户通信以及为用户提供网络服务。

LAN 主要用于信息处理系统中，这种系统的模式可分为三类：第一类是集中模式。集中模式的系统通常由一台主机和若干台与主机相连接的终端组成，信息的处理和系统的控制都是集中式的，这种系统配置的操作系统是分时操作系统；第二类是客户/服务器模式。这种模式中信息的处理是分布的，但系统的控制是集中的，这种系统可以称为分布式处理系统，它通常由若干个工作站和一至几个服务器组成；第三类是对等模式。对等模式的特点是信息的处理和控制都是分布的，它通常由若干个工作站（或主机）组成，系统中可以不设置服务器。配置在这种系统中的网络操作系统，称为对等模式操作系统。

目前配置在信息系统上的网络操作系统主要采用客户/服务器模式。网络操作系统 NOS 的核心配置在网络服务器上，以建立起网络运行环境。同时在每个工作站上也配置有工作站网络软件。NOS 一共由四部分组成，它们是工作站网络软件、网络环境软件、网络服务软件和网络管理软件。在工作站上配置网络软件的目的是实现客户与服务器的交互，使工作站上的用户能访问文件服务器上的文件系统和共享资源。在服务器上配置网络环境软件的目的是：在网络环境中配置多任务软件，以支持服务器中多个进程（网络通信进程、多个服务器进程、控制台命令进程、磁盘进程及假脱机打印进程）的并发执行；管理工作站与服务器之间的报文传送；提供高速的多文件系统。网络服务软件包括名字服务、多用户文件服务、打印服务和电子邮件服务。网络管理软件包括对网络的安全性管理、容错技术、通过安全备份数据文件来实现数据保护和对网络性能的监测。局域网系统性能的好坏，在很大程度上取决于 NOS 的性能。

二、电网调度自动化系统的组成

由于计算机网络技术的应用，SCADA 系统的设计采用了局域网的结构设计，并较多使用 Novell 局域网。所谓 Novell LAN 是指运行 Netware Nos 的 LAN，而不论其硬件配置如何。比如在 Ethernet 上配置 Netware Nos，同样形成一个 Novell LAN.。Novell 网的网络系统软件所支持的对象都是逻辑设备而非物理设备，从而使 Netware Nos 尽可能与 LAN 中的硬件无关，以广泛支持各种网卡、传输介质和网络拓扑结构。此外，它还支持目前广为流行的各类操作系统，如 MS‐DOS、UNIX、OS/2、VMS 以及 Windows 等，也支持各种传输协议如 SPX/IPX、TCP/IP 等。Netware Nos 为工作站提供了一个外壳程序，使网络用户在工作站上可继续使用 DOS 的命令和运行 DOS 应用程序。

在设计一个 LAN 时，必须涉及网络拓扑结构、传输介质和介质访问方式。就目前应用情况看，Novell LAN 使用最广泛的是总线形网络拓扑结构、50Ω 的同轴电缆和 IEEE802.3 介质访问规程（CSMA/CD 规程）。

基于 Novell 局域网的电网调度自动化系统采用分布式的设计方法。一是硬件结构的分布，即将完成不同功能的工作站分别挂在总线上；二是功能的分布，就是将各种不同的功能模块分布在不同的工作站上，再通过网络软件及数据库使它们实现有机联系。图 9‐9 是分布式电网调度自动化系统的结构框图。下面对图 9‐9 作一介绍。

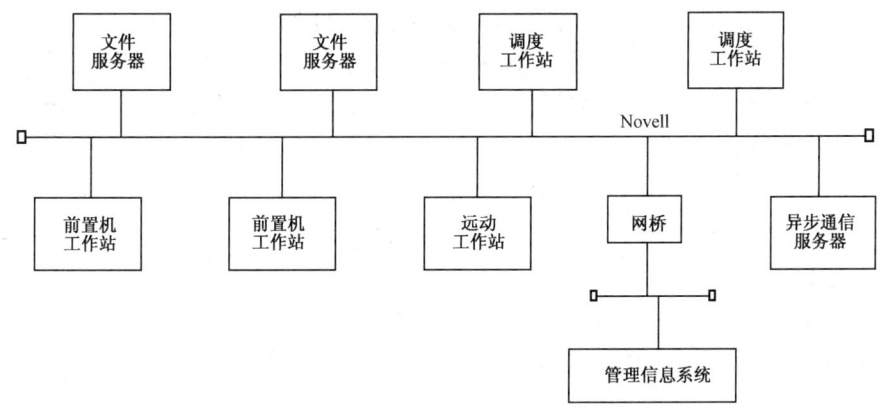

图 9‐9 分布式电网调度自动化系统框图

不同的网卡使组网的拓扑结构、使用的传输介质类型、介质的访问方式以及网络段的最大长度等均有不同。因此在构成 SCADA 系统时，应使选用的网卡能支持所选用的网络拓扑结构、介质访问规程、传输率等。LAN 的网卡是由具有最低两层协议的硬件和固件组成的。

同轴电缆是局域网中最普遍使用的传输介质，尤其是 50Ω 和 93Ω 同轴电缆，它们是 Novell 网上经常使用的两种传输介质。其中 50Ω 的同轴电缆专门用在传输率为 10Mb/s 的符合 IEEE802.3 标准的以太类网卡的局域网环境中。对 50Ω 同轴电缆有粗电缆和细电缆两种。粗电缆传输性能优于细电缆，其网络段的最大长度在传输率为 10Mb/s 时可达 500～1000m；细电缆则在 200～300m 左右。但前者的价格为后者几倍。另外用粗电缆作传输介质时，工作站上的网卡要通过卡上的 15 芯插座由一根收发器电缆外接一个收发器，再由外接收发器与粗电缆直接连接。而细电缆只需通过插入网卡上的一个 T 型连接器，直接与网卡内的收发器电路连接，无须外接收发器。SCADA 系统中大多采用细电缆做传输介质。在电缆段的两个终端上必须安装 50Ω 终端匹配器。

在 Novell LAN 上，根据用户的要求可以接入多个不同类型的微机作网络工作站。SCADA 系统中，一般需要配置前置机工作站、调度工作站和远动工作站。前置机工作站实时接收处理各 RTU 送来的上行信息，并负责向各 RTU 发送下行信息。调度工作站主要为调度员提供对电网生产过程的监视和控制功能，完成实时数据上屏以及制表打印等功能。远动工作站完成对系统的生成工作，也可以对系统的运行状态进行监视。当然，工作站的划分和功能分配也可以采用与上述不完全相同的方法。比如对小型系统，可以只配置一个前置机工作站、一个调度工作站，不用远动工作站。另外在网上也可以增加一些微机工作站，提供给局长办公室、总工办公室使用，主要用来监视电网实时运行情况，它可以显示实时画面、提示告警信息等。

  Novell 网的网间连接器有 Novell 网桥和网关。网桥可以实现各个 LAN 之间的互连，网关则实现 LAN 与主机的互连。Novell 网桥是一种智能网桥，它不仅能将数据包从一个 LAN 传送到另一个 LAN，而且还具有选择最佳路由来传送数据包的功能，因此也称之为路由器。Novell 网桥分为内部网桥和外部网桥两种。建立在文件服务器上的网桥称为内部网桥，其网桥软件作为文件服务器的一部分而运行。内部网桥只适用于互连本地 LAN，图 9-10 是用内部网桥连接两个本地网的结构图。使用内部网桥可以节省 LAN 的互连费用，但网桥软件要占用服务器较多内存，且网桥软件的运行会影响文件服务器的工作效率。建立在工作站上的网桥称为外部网桥，这时网桥软件安装在工作站上。如果外部网桥只用于连接本地 LAN，则称为本地外部网桥。如果外部网桥用来实现本地 LAN 与远程 LAN 互连，或用它来连接多个远程工作站，则称为远程外部网桥。图 9-9 中的网桥实现 SCADA 系统与本地管理信息系统的互连，属本地外部网桥。在电力系统的调度中心，一般都建有一套用于人事、财务等管理的计算机网络，称之为管理信息系统（MIS）。为了让管理信息系统上的各部门了解掌握电网运行情况，以便充分发挥管理信息系统的作用，需要把 SCADA 系统与管理信息系统连接起来。但为了保证 SCADA 系统的运行可靠性，又不能允许管理信息系统上的信息传送到 SCADA 系统中去。为此可以通过网桥进行隔离性连接，即网桥只进行单向信息传送。

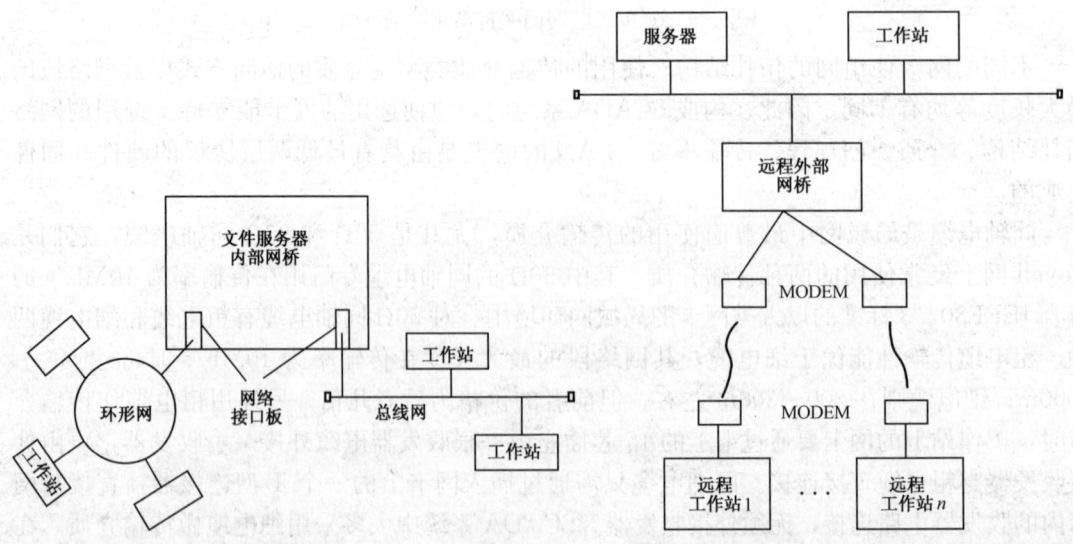

图 9-10　内部网桥连接本地网的结构　　　　图 9-11　远程外部网桥连接远程工作站

  电力系统自动化的发展前景，必须实现全国各级电力部门的联网，即各级电力部门形成自己的局域网 SCADA 系统，再把跨地区的 SCADA 系统连接起来形成广域网。广域网一般采用 X.25 协议。在 Novell 网中，可以利用一个工作站来专作或兼作远程外部网桥，以实现本地 LAN 与远程 LAN 互连，或者实现本地局域网与多个远程工作站连接。图 9-11 是远程外部网桥与多个远程工作站的连接图。利用这种结构，可以将 SCADA 系统与远离调度中心的重要厂站中的远程工作站相连接，使远程工作站同本地工作站一样和 SCADA 系统的服务器建立起联系。这样，重要厂站的运行维护人员尽管远离调度中心，也能够在远程工作站上看到 SCADA 系统的画面，查询 SCADA 系统的实时或历史数据。远程外部网桥和远程工作站之间的通道可以是租用线、专线或电话网络。远程外部网桥的硬件就是一台网络工作站，但为了连接远程工作站，在远程网桥上除插有网卡外，还插有一串行通信卡，由远程网桥完成网络介质到串行介质上的信息转换。因此远程工作站只需选择串行口作通信口。Netware 远程外部网桥既支持异步通信方式，也支持同步通信方式，并且一台远程外部网桥可以连接多个远程工作站。

为了实现 SCADA 系统与远程工作站和主机的互连，也可以采用异步通信服务器，Netware 异步通信服务器 NACS 提供拨号输出及远程 PC 拨号输入。在一台 NACS 上可以安装四个 Netware 广域网接口模板 WNIM＋，WNIM＋是一个智能型的可支持四个端口进行异步通信的通信卡，从而可以支持四个 MODEM 去直接连接四条共享的异步通信线路。所以 NACS 可以使 16 条共享的异步传输线路与远程工作站、大中型主机或 LAN 相连接，见图 9-12。

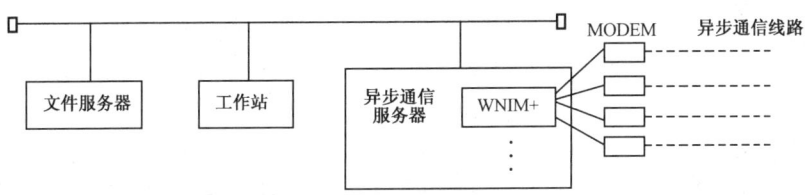

图 9-12 利用 NACS 连接远程工作站

Novell 网的网络操作系统 Netware 是 Novell 网的核心，它采用客户/服务器模式，因此 Netware 软件由工作站网络软件和服务器网络软件两部分组成，并分别装配在工作站和服务器上。

工作站网络软件简称 Shell，它由初始化程序、DOS/网络请求解释程序和传输协议程序组成。用户启动工作站网络软件后，首先进入初始化程序，初始化程序完成把工作站连接到服务器上的工作，并完成请求服务器对该站在服务器中的工作环境进行初始化等工作。DOS/网络请求解释程序的作用是，对来自工作站应用程序的请求进行判断，若是本地请求，直接送本站 DOS 进行处理；若是网络请求则先形成相应的请求报文，再通过传输协议软件将其送至文件服务器上进行处理，同时它也接收和解释从服务器送来的信息。传输协议软件用于实现工作站与服务器之间的数据传输。该软件执行三个层次的协议软件功能，它们是顺序分组交换协议 SPX、互联网分组交换协议 IPX 及数据链路层协议，即网卡驱动程序。上述的 DOS/网络请求解释程序、SPX 和 IPX 分别对应 OSI/RM 层次结构中的表示层、传输层和网络层。

服务器网络软件由传输协议软件、服务器环境软件、网络服务软件和网络管理软件组成。传输协议软件用于实现工作站与服务器之间的数据传输。服务器环境软件为多个任务的高速并发执行提供了良好的运行环境，并有效地利用存储空间以进一步改善程序并发执行的环境，同时提供了快速地对文件和目录进行查寻和存取的功能。在服务器上设置了许多进程，当文件服务器的网络通信进程收到一个来自工作站的请求后，便激活一个服务器进程来实现所收到的请求服务（如磁盘读写、打印等）。当服务器进程完成处理后，将处理结果送网络通信进程，进而形成响应报文回送给提出请求的工作站。网络服务软件是由网络文件/打印服务程序向用户提供文件服务、文件共享服务和打印服务。网络管理软件实现对网络安全性的管理，通常采取存取控制措施来防止由人为因素所造成的系统资源的破坏或丢失；通过系统容错技术以确保系统发生故障时，网络仍能正常工作，并使数据的完整性得到保证；配置后备系统来防止存放在磁盘上的数据随着使用时间的增多而发生的溢出或部分丢失。

从网络操作系统的功能可以看出，文件服务器是整个网络的控制中心，它负责管理网络的文件系统，提供网络的打印服务，处理网络通信和网络请求等。为了保证对内存容量和CPU速度的要求，通常选用高档微机作文件服务器。基于服务器的文件共享、数据共享和程序共享的功能，SCADA系统中的服务器可以用来保存系统生成时形成的各种系统文件；接收前置机工作站广播的实时数据并保存完整的实时数据库；通过对实时数据的处理、计算和统计得到历史数据并生成历史数据库，其历史数据可供网络上其他工作站查询。

第三节　电网调度自动化系统的软件模块

计算机系统的软件是对可以在计算机系统上运行的所有程序的总称。计算机软件分为系统软件和应用软件两部分。系统软件是支持计算机硬件执行各种程序的程序，也就是系统程序。系统软件至少包括操作系统，还包括其他服务程序，如汇编程序、编译程序、调试程序等。应用软件是为实现应用目的，使计算机具有某种功能所需要的程序和数据。

SCADA 系统大多采用 Novell 局域网的结构设计，因此，网络系统软件的主要部分是 Netware 操作系统。该网络操作系统支持多种流行的工作站平台，如 MS - DOS、OS/2、Windows 及 unix 等。网络工作站上的操作系统选择主要取决于工作站所采用的计算机类型。

SCADA 系统的基本功能包括完成对各种模拟量、状态量和脉冲电度量的采集和处理，并将处理结果以图形、表格等形式进行显示。当遥测越限、断路器和隔离开关变位时，能完成越限记录和事故追忆功能，并将记录存档。可以进行各种计算及统计，如功率总加、频率、电压合格率等。对各种采集量及计算量能够进行在线修改和制表打印。完成模拟屏的显示控制及遥控、遥调操作等。为了实现上述功能，SCADA 系统的应用软件主要由数据库系统、数据处理系统、图形系统、报表生成系统等软件模块组成。

一、数据库系统

SCADA 系统中数据的接收量和处理量很大，并且其中许多数据不随程序运行的结束而消失，需要长期保留在系统中。还有一些数据要为多个应用程序共用，甚至在一个更大范围内共享。所以在 SCADA 系统中必须建立以统一管理和数据共享为主要特征的数据库系统。

数据库系统由应用程序、数据库管理系统和数据库构成，图 9-13 是数据库系统的结构。图中的数据库是相关数据的集合，它们以一定的组织形式存于存储介质和磁盘、内存上。数据库管理系统（DBMS）是一组在操作系统支持下进行工作的大型软件。这组软件给数据库用户提供一系列的数据操作命令，用户通过这些命令向 DBMS 发出数据请求，DBMS 将帮助用户完成对计算机系统中存储的数据进行查找、增删、更新、运算和显示输出等各种操作。应用程序是用户利用计算机程序设计语言和 DBMS 提供的编程语言

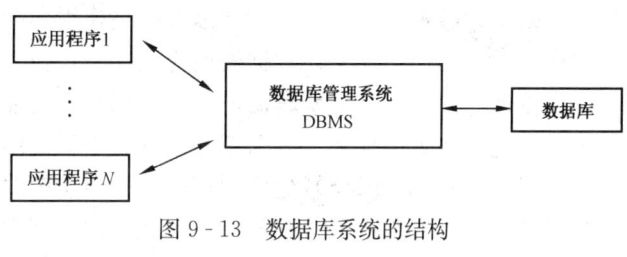

图 9-13 数据库系统的结构

编写的，以应用为目的的程序。应用程序通过 DBMS 访问数据库。

  DBMS 是数据库系统的核心，它在计算机硬件和操作系统的支持下运行。DBMS 有通用 DBMS 和专用 DBMS 两种。通用 DBMS 是商品化的软件产品；专用 DBMS 一般是自行设计的，适用于某种特定应用环境的专用软件。国内外已经产品化的通用 DBMS 的种类很多，它们可以适用于不同档次的微机、不同的操作系统及不同的网络，并且具有功能强、移植性好、使用方便等优点。比如美国 Ashton-Tate 公司推出的 dBASE 关系型数据库管理系统已有几代产品，它们适用于多种 16 位微机，可以在操作系统 MS-DOS、PC-DOS 或 CCDOS 的支持下使用，其数据处理功能强，使用简便灵活。dBASE Ⅲ PLus 在 dBASE Ⅲ 的基础上还增加了数据通信控制软件，可以在微机局域网上运行，能够使多个用户同时访问服务器共享盘上的数据，并提供了相应的安全保密措施。dBASE Ⅳ 还能够以菜单驱动方式进行操作，并增加了图形功能。目前国内开发的 SCADA 系统中使用的通用 DBMS 有 Sybase、DB2、Oracle、SQL Server 等。在有些 SCADA 系统中，运行着自行开发的数据库管理系统，它的主要特点是响应速度快，以满足 SCADA 系统对实时性的要求，并能有效地实现 SCADA 系统中的一些特殊要求。此外，还可以采用将通用数据库管理系统与专用数据库管理系统相结合的设计方法，一般用通用数据库管理系统对历史数据库进行管理，用专用数据库管理系统对实时数据库进行管理。这样既能充分发挥通用数据库管理系统的诸多优点，又能很好地满足电力系统对实时性的要求。但这时要解决对两种数据库管理系统进行统一管理的问题，必须向用户提供统一的访问接口和人机界面，使两种数据库对用户完全透明。

  选择 DBMS 是设计数据库系统的关键一步，但有了 DBMS 并不等于建立了数据库系统，还要设计和装入数据，建立起数据库。数据模型是用来描述数据及数据之间联系方式的数据结构图，它是数据库结构的基础框架。目前流行的数据模型有层次数据模型、网状数据模型和关系数据模型。

  层次数据模型是用树结构表示实体之间联系的模型。树由节点和枝组成，节点表示实体集合，枝表示相连两实体间的联系。树的顶部节点称为根节点。除根节点外任何节点必须有一个且只有一个父节点，但一个父节点可有一个或多个子节点与其相连。图 9-14 表示层次模型，图中节点 2 是节点 3、4 的父节点，节点 2 又是节点 1 的子节点。网状数据模型中，从子节点到父节点的联系不是唯一的，即一个子节点可以有一个以上的父节点，且在网状数据模型中不存在根节点。图 9-15 表示网状模型。在关系数据模型中，用二维表表示实体及其相互之间的联系，每个二维表称作一个关系，对应某种实体集或联系。表中的每一行是一个记录，对应于一个实体，表中的每一列是一个栏，对应于实体的某一属性。图 9-16 表示关系模型，图中 E 是关系的命名，A1～A4 是它的属性。上述三种数据模型中，关系模型是一种二维数据表，关系的定义和描述比较容易实现，且符合人们的思维和使用习惯，易于理

解。另外关系数据模型和关系数据语言都是建立在严密的数学理论基础上的，这是其他数据模型所不具备的。因此关系数据模型应用比较广泛，特别是在微型计算机上。SCADA 系统中的数据库一般都采用关系数据模型。数据模型是描述数据的手段，而数据模式是用给定数据模型对具体数据的描述。数据库的设计就是根据用户的需求和数据库的支撑环境（计算机硬件、操作系统和 DBMS）建立数据模式，再按模式填入数据。数据库中的数据是被数据库管理系统按一定的组织形式存放在各个数据库文件中的，因此数据库是由很多数据库文件及若干辅助操作文件组成。建立数据库文件首先要定义数据库文件的结构，然后再输入数据记录。对数据库的操作最终落实到对文件的操作。

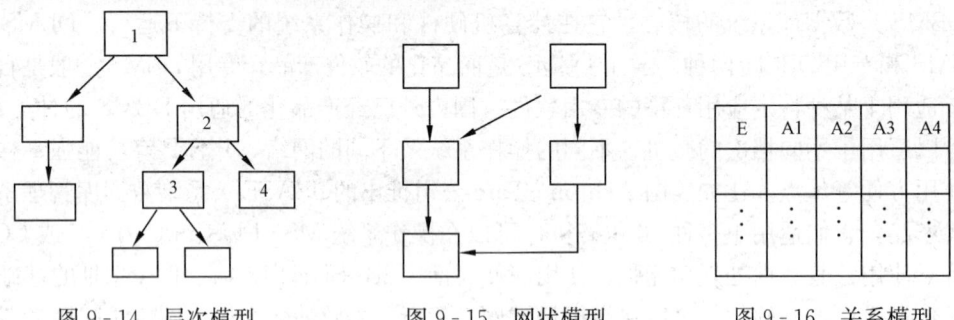

图 9-14　层次模型　　　　图 9-15　网状模型　　　　图 9-16　关系模型

　　SCADA 系统中的数据类型多、数量大，如果能够有效地组织和描述这些数据，并合理定义数据库的结构，可以提高系统的实时性，并方便不同的应用。根据电力系统的特点，数据库中的数据可以按厂站进行组织，将所有的数据归类到各个厂站，然后对各个厂站的数据加以编号，便可以用厂站号和序号对数据加以区别。按厂站进行组织的数据属于实时数据，有利于实现对各厂站主接线图实时监控时使用。数据库中的数据也可以按设备类型进行组织，同一类型的设备可以处于电网的不同位置，于是通过描述设备类型和所处的位置，也能够把不同的对象区分开来。按设备类型进行组织的数据通常要形成历史数据，有利于对设备的运行管理和历史信息的查询。设备可以分为发电机设备、变压器设备、输电线设备、补偿设备（电容器、电抗器）、开关设备（断路器、隔离开关）。不同的设备都有属于各自的特定信息，有静态的和动态的。另外还可以按参数对数据进行组织，有利于一些高层应用软件的实现，如电压、电流、有功、无功等参数，这种组织形式可以根据需要形成历史数据。对于一个完整的 SCADA 系统，这三种组织方式都存在。

　　数据库的存储介质可以是内存或磁盘。对系统中一些需要快速存取，且要随时访问的数据，由它们组织起来形成的数据库可以驻留在内存中，创建一个内存库。内存库可以根据要求定期或不定期地在磁盘上建立备份，供以后查询使用。对系统中一些使用频率不高的数据、用于保存目的的存储量大的历史数据，可以组成历史数据库，把它们安排在磁盘上，磁盘库的存储容量可以很大。

　　SCADA 系统中的数据库按照功能可以划分成多种数据库，比如可以将数据库划分为名字数据库、实时数据库、采样数据库、计算数据库、事件记录数据库等。名字数据库用来存储 SCADA 系统中要用到的库名、厂名、值名等，相当于一个名字词典库。建立名字数据库有利于对数据库中的信息按名进行检索。名字数据库一般存放在内存中。实时数据库是 SCADA 系统中使用和修改最频繁的库，实时数据库中主要存储从各个厂站采集到的模拟量、数字量、脉冲电能量等数据，实时数据库中的数据在每次系统扫描周期之后被刷新一次。实时数据库存储在内存中,为了提高安全性,实时数据库应有后备,一旦当前实时数据库被破坏能即时恢复运行。采样数据库存储遥测量的定时采样数据和需要长期保存的历史采样数据。比如要进行曲线显示的遥测量,必须对它们进行定时采样,并将采样数据存储起来;另外需要进行打印的报表数据,也要定时进行采样并存储。这些采样数据分为当日数据和历史数据。当日数据用于当日曲线显示和当日报表打印,数据量小且访问次数较多,可以存于内存。历史数据的量大且访问次数少,对实时性要求不高,一般存储在磁盘上。计算数据库存储 SCADA 系统中的一些计算量,如积分电能、功率因数、总加量、频率等的计算值和统计值。这些值都是由实时数据经过一定计算得到的实时值,存于内存中。事件记录数据库存储 SCADA 系统中遥测量越限时的越限值、遥信变位时的变位状态和事件顺序记录等。这些数据一般要长期保存,可作为历史数据库存于磁盘上。除上述各类数据库之外,SCADA 系统中还可以有报表数据库、转发信息数据库、上屏信息数据库、限值数据库等。当然,数据库的划分也可以采用与上述方式不同的划分方法。

在设计数据库时,保证数据库的安全性、数据的一致性及完整性相当重要,同时要求数据库有在线修改功能,提供一个友好的数据库创建及数据录入界面。并且为用户提供开放性的数据库访问接口,即用户可以通过该接口自己编程访问数据库,从而完成用户自己的特殊计算或创建自己的新数据库。

二、数据处理系统

数据处理系统要完成的工作是数据的接收和对接收数据的处理。

SCADA 系统通过前置机工作站实时地接收各个 RTU 送来的远动信息。按照功能码的定义,从接收信息中区分出遥测量、遥信量、脉冲电度量等。再按照它们所对应的码字结构,提取出遥测数据、遥信数据及电能数据。对那些已安装变电站自动化系统的厂站,还可以实现对保护数据的接收。保护数据包括保护装置动作信息、保护装置所采集的测量值、保护装置所设定的各类定值以及保护装置自检信息等。

数据的处理工作包括对接收数据的预处理、状态量处理、模拟量处理及历史数据处理等。

数据的预处理工作在前置机工作站中完成。它包括对接收到的遥测数据完成乘系数运算;将各个 RTU 送来的遥信数据统一成规约所规定的"0"对应开关分、"1"对应开关合的状态;判断各 RTU 处于投入运行状态还是退出运行状态,并形成 RTU 的运行状态信息……经过预处理的数据定时地向网上广播。

状态量处理主要是遥信状态信息的处理。系统要不停地把 RTU 的实时遥信状态信息送到实时数据库,以保证数据库中遥信状态的实时性;当发现遥信状态发生改变时,对遥信变位次数进行累加计算,并根据保护动作和事故总信号判断是正常变位还是事故变位。若是事故变位可以推出变位开关站在厂站的画面,并使画面上的变位开关闪烁,同时将变位信息登录在对应的数据库中;重要开关事故跳闸时,要启动事故追忆。除遥信状态信息外,对告警信息、运行状态信息、越限状态信息等的处理也属于状态量的处理。

模拟量的处理工作有:对设有上、下限值的遥测量进行越限比较,当发现越限时计算越限时间、记录越限值,并统计遥测量的合格率;需要完成曲线显示和报表打印的遥测量,根据设定的时间间隔,定时到实时数据库中采集数据,并存入相应的采样数据库;对需要计算平均值的遥测量,可以按指定的时间段计算出它们的平均值;可以统计某个量在某一时间段内的最大值和最小值以及它们出现的时间；对无脉冲量的点，通过有功功率对时间的积分运算，计算出相应的积分电能；系统可以设定每日负荷的峰、谷、平时段，并根据设定的时段，计算出各时段电量和各时段电量超欠用值；按照用户设定的总加公式，对各分量求代数和，以完成总加运算，并把运算结果存入总加库；计算各线路、变压器及地区的功率因数；对线路、变电站及地区进出功率进行平衡比较等。

历史数据是通过定时地从实时数据库中采样存储和计算处理得到的。历史数据主要用来实现历史报表的打印、历史曲线的显示以及供统计计算与分析用。SCADA 系统中有的工作站有历史数据库、有的工作站没有。当用户需要查询历史数据、显示历史曲线或打印历史报表时，对有历史数据库的工作站，DBMS 直接从本机的历史数据库中查找需要的数据，并把它们按要求显示或打印出来。若本工作站没有历史数据库，则要通过 DBMS 的网络功能，到指定的工作站上去访问历史数据库，并取回所需的数据进行显示或打印。

三、图形系统

图形是直观地显示电力系统运行状况的重要手段。SCADA 系统软件模块中的图形系统，一般都能够绘制出表示电力系统运行状况的各种图形。它们是网络潮流图、厂站主接线图、曲线图、扇形图、棒图、地理接线图、数据表格及文字说明等。

网络潮流图用来表示电网中各连接线上的潮流分布情况。一般用箭头指示潮流的方向，其值用数字显示在图上相应位置上。

厂站主接线图由代表各种电气设备的图形符号和连接线组成。它可以实时、直观地反映出电网的连接方式。通常用不同粗细的线条分别表示母线和连接线；用不同颜色的线区分母线的电压等级；图中的断路器、隔离开关能实时地反映当前状态；电网运行的各种参数值以不同颜色的数字实时地显示在对应位置。

曲线图可以是历史曲线图或实时动态曲线图。历史曲线图是用曲线显示出遥测量在某一段历史时间内的变化情况。历史曲线图可以设计成在一幅画面上同时显示几条曲线，以便对照分析。这些曲线可以是不同遥测量在同一时间段内的曲线，也可以是同一遥测量在不同时间段内的曲线。实时动态曲线图是对某一遥测量按规定的时间间隔采样，并画出从过去某一时间到当前时间的曲线。这样作出的曲线可以实时地反映出该遥测量的变化轨迹。比如对系统频率每 2min 采样一次，并用采样值画曲线，便可以看到频率的实时动态曲线。

扇形图是以扇形的大小显示出若干个相关的遥测量数据大小的比例关系，一般用百分比表示。

棒图是把数据显示成长方棒的形式，并以棒的长短显示遥测值的大小。比如用棒图表示母线电压，便可以直观地观察出电压的平衡情况和越限情况。

地理接线图用来表示各变电站的地理分布情况。可以用封闭的折线围出所示地理区域的大小，用不同的颜色分片着色以表示不同的地理区域。再用圆圈标出各变电站的位置，并在各变电站之间加上连接线。

各种图形的制作由绘图软件包完成。为了简化作图过程，并扩大绘图软件包的使用范围，可以将绘图软件包分成图元编辑软件和画面编辑软件两部分。

图元编辑软件的基本作图工具是画直线、矩形、圆、圆弧等，利用这些工具可以制作出各种图元，这些图元表示电力系统中一些常用的电气设备符号，如断路器、隔离开关、变压器、接地符等。这些符号在厂站主接线图中出现频繁，只是所处位置不同而已。有了代表这些符号的图元后，在进行画面编辑时，只需引用图元做一些拼接工作即可，使作图过程简化并且可以保证不同图形中的符号规范化。当用户需要修改某一电气设备的表示符号时，只需修改图元而不必对做好的图逐个修改。如果采用图元编辑软件对其他系统中的常用符号进行定义，如石油输送系统、自来水系统等，便能方便地制作出其他系统的画面。图元编辑软件生成的图元，以文件方式存放，构成图元文件。图元能够根据画面编辑时的需要，改变大小和改变颜色。

SCADA 系统中画面显示是调度员监视电网运行状况的主要途径。各种画面的制作在系统生成时由画面编辑软件完成。电力系统的每幅画面内容都可以分成两部分。其中一部分是固定不变的画面，它们与系统运行无关，不随实时数据的变化而修改。另一部分画面是与实时数据相关联的，它们要根据接收到的实时数据而不断地进行动态刷新。如断路器、隔离开关的位置状态，遥测参数值，动态曲线，动态棒图等。固定画面的制作直接利用绘图软件包中画直线、折线、矩形、圆、圆弧、文字标注等功能就可以完成。动态画面的制作需要进行图元引用，并使用标注遥测参数、画曲线、画棒图等功能完成。动态画面上的图形，必须使它们与实时数据库中的实时数据建立联系。这样在系统运行时，画面才能按接收到的实时数据不断刷新。比如数据库中的数据是按厂号、序号进行组织的，就必须把动态画面上的断路器、隔离开关、遥测值等与厂号、序号联系起来。

SCADA 系统的画面生成工作是系统生成工作的一部分。为了使画面生成工作方便快捷，要求绘图软件包具有十分友好的人机界面，使用时高效灵活，并易于被用户学习和使用。对各种图表应该能够实现在线生成和修改。画面显示应有较快的响应时间。图形的显示尽量做到灵活多样，比如实现多窗口技术、可缩小、放大、滚动等。

四、报表生成系统

报表是记录和保存电力系统运行状况的重要手段。SCADA 系统必须为用户提供一个灵活方便的报表软件包。该软件要完成表格编辑、报表模拟显示和报表历史数据修改等功能。

表格编辑完成报表的生成工作，它包括表体编辑和表格数据的编辑两部分。表体编辑是通过表格线的编辑和文字编辑生成一张不带数据的空报表。表格线的编辑功能应该包括生成表格的横线和竖线，表格线的移动，表格线的删除以及表格行与列的删除和插入。文字编辑功能应能完成对西文和汉字的输入与删除等操作。报表中填写的数据可以是实时数据，也可以是计算数据。实时数据一般是实时数据的整点采样值。计算数据是由实时数据按要求完成计算后得到的数据。比如最大值、最小值、平均值、累加值等。在报表生成时，对表格中将要填写的数据，要按照数据编辑的要求进行描述。

为了让用户对自己制作的报表格式有所了解，报表软件包应该有模拟显示功能。通过模拟显示可以将用户制作的报表按已经描述的数据格式显示在屏幕上。历史报表的显示功能是按用户的需要，对历史报表按日期进行查询或修改。

总之，报表软件包应该为用户提供灵活的制表功能和对报表的在线生成和修改功能。表格中的数据应该能够实现在线显示及修改，并支持定时打印、召唤打印和事件打印。

除上述软件模块外，SCADA 系统还应该有网络通信系统、告警系统、保护信息处理系统、设备参数管理系统等的软件模块。

网络通信系统软件按照国际和国内标准的网络协议完成网络通信，用以实现服务器与各个工作站之间的实时信息传输,并实现整个网络系统的信息共享。网络通信功能包括:服务器实现对各工作站的登录管理及工作状态查询;前置机工作站向网络广播各 RTU 的实时信息,并接收其他工作站需要下发的信息,比如遥控、遥调命令等;前置机工作站向服务器申请有关参数;各个工作站向服务器申请各种历史数据;通过网桥实现与管理信息系统的连接通信;通过异步通信服务器或网桥实现与远程局域网的连接通信等。

告警系统软件可以完成遥测量越限时的越限告警;断路器发生变位时的变位告警;断路器事故跳闸时的事故告警;某个 RTU 通信中断时的工况告警等。告警可以采用多种方式进行:用文字列出告警点的信息和类型;使图形上的告警点闪动或改变颜色;推出有告警点的厂站画面;系统发出鸣叫声或提示操作员的语音告警;启动打印机及时打印出告警点的信息和类型等。告警信息还将被分类、归档存入历史数据库。

保护信息处理系统软件将前置机工作站接收到的各个 RTU 送来的微机保护装置的各种信息,通过网络通信传送到调度工作站,供调度员查看,调度员还可以在调度工作站上修改相应的保护定值,并下发给保护装置。

设备参数管理系统软件将调度员所关心的设备(变压器、断路器、线路等)的特性参数,保存到设备参数数据库中,并将画面上的设备与设备参数数据库中的信息建立起对应关系。这样,在实时画面显示时,可以直接对画面上的设备实现参数查询。

第四节 前置机工作站

前置机工作站主要担负 SCADA 系统对 RTU 远动信息的接收、预处理以及发送工作。为了保证 SCADA 系统的可靠性,前置机工作站一般采用双机配置。它能够接收并处理 RTU 送来的各种规约的远动信息,实时向网上广播,也可以向 RTU 发送遥控、遥调、校时等下行命令。前置机工作站还应该具有数据转发等功能。

一、前置机工作站的硬件结构

SCADA 系统中的实时数据来自前置机工作站,因此前置机工作站的可靠运行是 SCADA 系统正常工作的前提条件。为了保证前置机工作站的可靠性,通常选用工业控制机作前置机工作站。工业控制机按工业环境中连续运行的标准设计、制造,对机器各部分作了防尘、防静电、加固等处理,使机器的平均无故障运行时间高达数万小时甚至十多万小时。并通过"看门狗"等硬、软件自恢复措施,使其运行的稳定性和可靠性很高。在工业控制机内,需要配置网卡,并借助同轴电缆实现前置机工作站联网。

SCADA 系统通过前置机工作站实现与 N 个 RTU 之间的双向通信。N 的取值大小视系统的规模而定,设计时对 N 的最小取值应考虑在 32 以上。为了实现 $1:N$ 的通信,前置机工作站上要配置多路通信扩展板。假如一个多路通信扩展板可以完成 8 路全双工通信,则配置四块多路通信扩展板,就可以完成 $1:32$ 的收发控制。8 路通信扩展板上必须有 8 个串行口和一些相关控制电路。每一个串行口的接收信息来自解调器的输出,每一个串行口的发送信息送至调制器的输入。由于前置机工作站处于双机运行状态,一个解调器的输出应该同时接到两台前置机工作站中相对应的两个串行口上,以便使两台前置机能够同时接收到某一个 RTU 送来的信息。但两台前置机工作站中相对应的两个串行口的输出信息,必须通过切换控制再送给调制器,使得任何时候都只有一台前置机工作站能够将下行信息经过调制器下发给 RTU。图 9-17 是收发控制的原理图。

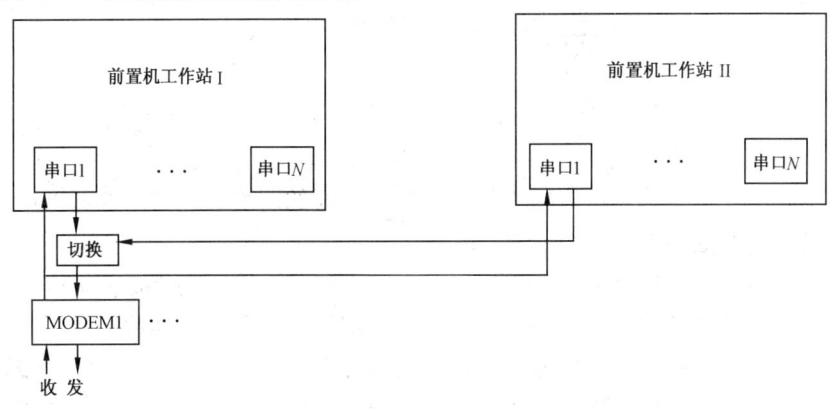

图 9-17 前置机收发控制原理图

考虑到系统规模扩大时，前置机接收 RTU 的数量会逐渐增多。因此，在工业控制机的选型上可以选择较高的档次，其处理速度快且扩展槽较多，为软、硬件的扩展留下裕度。当系统规模扩大时，只需适当增加通信扩展板和调解器板，便可实现扩容。

二、前置机工作站的功能

前置机工作站要与众多的 RTU 进行信息交换，这些 RTU 可能会采用不同的远动通信规约。因此 SCADA 系统中前置机工作站的接收处理软件必须能够接收多种规约的远动信息。

前置机工作站在接收并处理各 RTU 的远动信息之后，要将这些实时数据按网络协议以网络通信方式向全网广播，实现全网信息共享。SCADA 系统中其他工作站上实时数据库中的信息由广播信息进行刷新。实时数据库的刷新方式可以采用每次扫描之后刷新一次，也可以采用遥信有变位和遥测值超过死区才刷新数据库的方法。为了保证系统的实时性，前置机工作站对全系统数据的扫描时间一般在 5s 左右。

我国电力系统的调度采用分层管理方式，SCADA 系统也按省调、地调、县调的分层结构进行规划。当下一级调度部门需要将本系统内的重要数据向上一级调度部门传送时，可以采用数据转发的方式。从 SCADA 系统的接收数据中选取出上级调度部门所需要的数据，并按指定的规约组装后，向上级调度部门发送，这就是前置机工作站应该具有的数据转发功能。

前置机工作站应该具有接收调度工作站送来的遥控和遥调命令，并向 RTU 发送的功能。为了实现遥信变位的站间分辨率指标，必须在全系统内建立统一时钟。部颁规约中建立系统统一时钟的方法是：前置机工作站首先按标准时钟源的时间向各个 RTU 发送"校时命令"，然后再向 RTU 发送"召唤子站时钟"命令。当接收到 RTU 的"子站时钟返送"信息后，计算出各个 RTU 的时钟校正值，最后向各个 RTU 发送"设置时钟校正值"命令，以此达到全系统时钟的统一。

前置机工作站要完成遥测值的归零处理，乘系数，越限比较及一些统计、计算工作，对遥信的变位判别及事故追忆等。为了对运算中的参数进行修改，前置机工作站具有在线修改参数的功能。

前置机工作站还应具有直接显示串行口接收数据的功能，即直接显示 RTU 传送来的数字序列，以便监视 RTU 的运行状态，同时要对误码率进行统计。

第五节 调度工作站

调度工作站设置在调度室内,供调度人员监视电网的生产过程和进行遥控、遥调等操作。调度工作站应保存完整的实时数据库。根据实际情况,调度工作站可以建立历史数据库,也可以没有历史数据库。没有历史数据库时,需要的历史数据将向服务器申请。

一、调度工作站的功能

调度员通过对调度工作站的操作,可以实现如下一些功能:

(1) 选择显示各厂站的主接线图,了解电网的接线情况和运行参数。

在主接线图上动态地显示断路器和隔离开关的分合状态,显示母线电压、线路潮流、发电机和变压器的有功、无功等实时数据。当系统中出现断路器事故跳闸、电流或电压越限等时,以闪光或改变颜色的方式对异常状态进行显示,也可以推出相关画面。在多个厂站同时发生事故时,将推出最先发生事故的厂站画面,并在屏幕上提示出其他事故厂站。

(2) 曲线显示。对用户指定要显示曲线的遥测量,比如电压、频率、负荷等,可以调出它们的曲线画面。曲线画面把某一遥测量在指定时段里的变化显示在屏幕上,使调度员能看出该参数的变化趋势。曲线画面的显示方式按用户要求进行设计。比如显示负荷曲线时,画面上可以同时显示出今日曲线、计划曲线、昨日曲线等。

(3) 对系统的实时运行参数可以列表显示。还可以对历史数据进行查询(通常是整点值)。比如查询某一遥测量在指定时间区间内的历史记录值、并完成对该时段内最大值、最小值、平均值等的显示。

(4) 对系统异常情况下的记录数据进行查询。比如断路器变位的统计记录,保护动作次数的统计,遥测量越限时的越限时间及最大或最小越限值记录;断路器事故跳闸时对遥测量的事故追忆记录等。

(5) 打印曲线和报表。报表的打印格式在系统生成时按用户要求进行定义,并可在线修改。打印方式可以是定时打印、召唤打印或事件打印。

定时打印完成定时打印调度员所需要的各种报表或指定的画面,如整点记录、日报表、月报表、年报表、负荷曲线、电网接线等。打印周期可以由调度员自行设定。召唤打印由操作人员通过人机界面启动打印,打印出历史数据库中存放的报表。考虑信道的干扰和某些意外事件,对召唤打印的内容也可以先在屏幕上显示,由操作人员确认并修改数据误差后存入数据库,再交付打印。事件打印是在系统出现事件时驱动打印。这些事件可以是:RTU投入或退出运行、遥测越限、遥信变位、遥控操作、保护故障动作、系统设备故障等。

(6) 实现遥控操作。调度员可以在主接线图上用鼠标选择遥控对象,经内部校核确认开关允许操作,且操作状态正常时,遥控命令将通过前置机工作站向RTU发送。若RTU对遥控命令校验无误,便将遥控命令返送回SCADA系统。在遥控命令返回并校验正确后,调度员再发出遥控执行命令。若遥控命令无校验返回,则由系统的超时撤销功能,将遥控命令撤销,超时时间范围可以自动设置。对调度员进行的遥控操作内容、时间、结果及人员姓名应进行登录,以备查用。

(7) 实现遥调操作。调度员通过人机界面召唤显示遥调对象的现有遥测值,并输入遥调值、发出遥调命令。当RTU收到后,校验正确且返回校验也正确时,调度员发出遥调执行命令。若遥调命令无校验返回，则由系统的超时自动撤销功能将遥调命令撤销。RTU 执行遥调操作后，要回送与遥调执行结果相关的遥测量。

（8）实现对模拟屏上信号的不下位操作。

（9）人工置数功能。当 RTU 或通道故障造成数据错误或丢失时，能通过键盘输入遥测值和开关状态，并使其进入实时数据库。

二、调度工作站与模拟屏的接口

在电力系统各级调度所都配置有调度模拟屏，它是用符号和数字来显示电网和电网元件运行状态的设备。在模拟屏上可以将电力系统主接线图以一个清晰的图形全貌，完整地呈现在调度员眼前。电力系统运行时的主要参数以及状态信息实时地显示在屏上，让调度员一目了然。当系统中有状态量发生变化时，调度员可以根据屏上的亮度变化或闪光变化，立即找到图形中的变化位置。特别是当电网发生重大事故，多个事件并发出现时，调度员可以迅速对比和判断出所发生的情况。

随着单片机技术的应用，模拟屏已改变了传统的控制方式。模拟屏上的灯和数字显示可以全部由模拟屏后面配置的智能控制箱进行驱动。智能控制箱是由单片机构成的微机系统，一般分为遥测控制箱和遥信控制箱。遥测控制箱的输出驱动屏上显示遥测值的数字显示器，遥信控制箱的输出驱动屏上的遥信灯。为了给用户提供较为方便的接口，模拟屏的生产厂在提供智能控制箱和模拟屏的同时，还为用户提供一台控制主机。控制主机可以串行接收 SCADA 系统的实时数据，并转发给智能控制箱。同时调度员还可以借助控制主机的键盘或鼠标，实现对模拟屏上信号的不下位操作，进行查灯等。

为了完成 SCADA 系统向智能控制箱送数，目前采用较多的方法是：前置机工作站通过串行口将实时数据送往控制主机，控制主机再将实时数据转发给智能控制箱，其原理图见图 9‑18。前置机工作站按模拟屏生产厂提供的通信规约组织实时数据，以 CDT 方式周期性地向控制主机串行传送，控制主机从接收到的数据中找出需要上屏的信息，然后按照控制主机与智能控制箱之间的通信规约，重新组装报文，并以 polling 方式向智能控制箱传送。

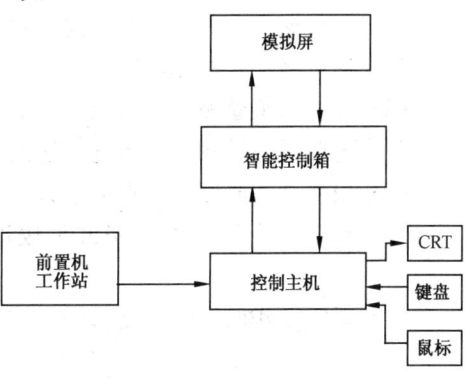

图 9‑18　上屏原理图一

在 SCADA 系统中，位于调度室的调度工作站存放着从网络上接收到的实时数据。如果把控制主机的功能融会到调度工作站中，则可以直接用调度工作站的串口向智能控制箱送数，实现由调度工作站直接控制上屏，其原理图见图 9‑19。这种上屏方法避免了因控制主机出现故障使上屏的实时数据中断的情况，并且可以缩短模拟屏上实时数据的更新周期。在实施这种方案时，调度工作站与智能控制箱之间的通信接口，要按照原来控制主机与智能控制箱之间的通信接口进行设计。调度工作站与智能控制箱之间的通信方式和报文格式，应遵守原来控制主机与智能控制箱之间的通信规约。并且还要将控制主机中原有的一些功能移植到调度工作站上，比如在调度工作站上对模拟屏上的信号完成不下位操作、调节屏上灯光的亮度、查灯等。

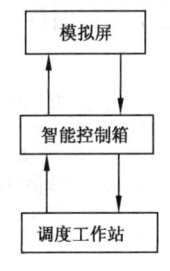

图 9‑19　上屏原理图二

由调度工作站直接上屏的方式，也可以改变成由前置机工作站直接上屏。这时图 9-19 中的调度工作站由前置机工作站代替。前置机工作站与智能控制箱之间的通信接口、通信规约都要按原来控制主机与智能控制箱之间的约定进行设计。

第六节 远 动 工 作 站

远动工作站设置在远动工作人员的机房中。SCADA 系统投运前，维护人员在远动工作站上完成对系统的生成工作；在系统投入运行时，维护人员通过远动工作站可以随时观察 SCADA 系统的运行状况。

一、远动工作站的系统生成功能

SCADA 系统的软件由系统软件和应用软件两部分组成，系统需要完成的应用功能主要由应用软件实现。为了保证软件的通用性，研制人员在设计应用程序时，可以将涉及到具体用户的参数移出运行程序，比如专门设计一些参数数据库存储这些参数，从而使系统参数与运行程序彻底分离。当 SCADA 系统被安装在某一指定的调度中心之后，在系统投入运行前，必须根据该系统的实际情况，将各种具体参数填入参数数据库，由系统生成软件将它们生成数据文件，供应用程序使用，这就是系统生成工作。系统生成时一般应完成如下一些工作：

（1）用图形系统软件绘制出本系统中各个厂站的主接线图，并对接线图上的开关定义序号，对需要显示的遥测量定义序号。

（2）按数据库定义的数据结构，对每个厂站的状态量、遥测量、电能量输入变量名、序号，建立遥信名库、遥测名库、电度名库。

（3）设置每个遥测量应该乘的系数，并对遥测量显示时的小数点位置进行设置。对需要有越限告警监视的遥测量，要进行遥测量上、下限值的设置。

（4）设置脉冲电度量应乘的系数。

（5）对事故变位时需要完成事故追忆的开关量，填写各个开关量需要追忆的那些遥测量。

（6）对需要作曲线的遥测量进行定义。指出遥测量的采样周期，并可以指定坐标标度的大小。

（7）定义功率总加量对应的所有总加分量。由于每一个功率总加量都由多个功率遥测量直接参与加减运算，或乘系数后参与加减运算得到，因此需要指出参与总加的有哪些遥测量、是否乘某一系数、相加还是相减。

（8）用报表生成系统，按用户要求生成报表，并定义报表的打印方式，设定打印时间。

（9）对需要送模拟屏的遥测量和遥信量，按上屏软件的要求进行定义。

（10）如果 SCADA 系统要向上级调度所转发信息，则要指出需要转发的遥信量和遥测量的站号、序号，并指出转发规约。

由于系统生成软件的设计方法在各种 SCADA 系统中不完全一样，所以系统生成时要做的工作也不尽相同。但系统生成时产生的数据文件都被存入文件服务器，供网络上的工作站共享。

二、远动工作站的监视功能

SCADA 系统的维护人员在远动工作站上通过对画面、数据的观察，监视系统的运行情况，以便掌握系统内各 RTU 是否处于正常运行。远动工作站的监视功能应该有：以图、表显示的方式，直观反映系统的运行状况，对出现故障的运行设备，应能自动记录故障发生时间和恢复时间；显示各厂站主接线图；显示各种运行参数的曲线；对系统实时运行参数的列表显示；对系统历史纪录数据的查询；报表打印等。

第七节 调度自动化系统的性能指标

调度自动化系统必须保证其可靠性、实时性和准确性，才能确保调度中心及时了解电力系统的运行状态并作出正确的控制决策。

一、可靠性（reliability）

调度自动化系统的可靠性由远动系统的可靠性和计算机系统的可靠性来保证。它包括设备的可靠性和数据传输的可靠性。

系统或设备的可靠性是指系统或设备在一定时间内和一定的条件下完成所要求功能的能力。通常以平均无故障工作时间（MTBF）来衡量。平均无故障工作时间指系统或设备在规定寿命期限内、在规定条件下、相邻失效之间的持续时间的平均值，也就是平均故障间隔时间。其表示式为

$$平均故障间隔时间 = \frac{总运行小时数}{故障次数}$$

可用性（availability）也可以说明系统或设备的可靠程度。可用性是在任何给定时刻，一个系统或设备可以完成所要求功能的能力。通常用可用率表示

$$可用率 = \frac{工作时间}{工作时间 + 停工时间} \times 100\%$$

式中 停工时间——故障及维修总共的停运时间。

对调度自动化系统的各个组成部分进行运行统计时，还可以用远动装置月运行率、远动系统月运行率、调度自动化系统月平均运行率等技术指标。各项技术指标的计算公式如下

$$远动装置月运行率 = \frac{全月总小时数 - 远动装置月停用小时数}{全月总小时数} \times 100\%$$

式中 远动装置月停用小时数——包括装置故障停用时间及装置各类检修时间。

装置故障停用时间由发现故障或接到调度端通知时开始计算。

$$远动系统月运行率 = \frac{全月总小时数 - 远动系统停用小时数}{全月总小时数} \times 100\%$$

式中 远动系统停用小时数——包括装置故障、各类检修、通道故障及电源或其他原因导致远动系统失效的时间。

计算机系统主要设备包括计算机主机、输入/输出设备、各种接口设备等。系统主要设备每月可用率按每台设备统计。

$$设备月可用率 = \frac{设备可用时间（h）}{全月日历时间（h）} \times 100\%$$

其中 设备可用时间 = 全月日历时间 - 设备故障及维修时间

计算机系统月运行率计算式为

$$系统月运行率 = \frac{系统运行时间（h）}{全月日历时间（h）} \times 100\%$$

其中　系统运行时间＝全月日历时间－系统停用时间

系统停用时间＝影响系统功能的设备停用时间总和＋影响系统功能的软件停用时间总和

调度自动化系统的月平均运行率计算式为

$$月平均运行率 = \frac{全月日历时间 - 调度自动化系统停用时间}{全月日历时间} \times 100\%$$

其中　调度自动化系统停用时间＝计算机系统停用时间＋$\dfrac{各远程终端系统停用时间总和}{远程终端系统总数}$

每个远程终端系统停用时间包括装置故障、各类检修、通道故障及电源或其他原因导致该远程终端系统失效的时间。

数据传输的可靠性通常用比特差错率来衡量。比特差错率定义为接收比特不同于相应发送比特的数目，与总发送比特数之比。比特差错率亦称误码率，它可以表示为

$$p_e = \frac{接收到的错误码元数}{发送的总码元数} \times 100\%$$

由于任何一种信道编码方法其检错能力都是有限的，当传输过程中由干扰所引起的差错位已经超过信道编码方法能够检测出的最大差错位时，接收装置会把其中一些差错情况误判为没有错误，这时将出现残留差错，通常用残留差错率（residual error rate）R 来表示

$$R = \frac{未被检出的错误报文数或字符数}{发送的报文总数或字符总数} \times 100\%$$

对于码长为 n，最小距离为 $d_{\min}$ 的码，其残留差错率 P_R 可表示为

$$P_R = \sum_{i=d_{\min}}^{n} A_i p_e^i (1-p_e)^{n-i}$$

式中　A_i——信息码组中重量等于 i 的码字的个数。

接收装置对检测出的错误报文将拒绝接收，通常用拒收率 R_R 来表征拒绝接收的情况，其计算式

$$R_R = \frac{检出有差错的报文数}{发送的报文总数} \times 100\%$$

也可以用字拒收概率 R_{RR} 来表示

$$R_{RR} = \sum_{i=1}^{n} (c_n^i - A_i) p_e^i (1-p_e)^{n-i}$$

如果接收装置频繁地出现拒绝接收的情况，数据的有效性将大大降低，使系统的可靠性变差。

二、实时性

电力系统运行的变化过程十分短暂，所以调度中心对电力系统运行信息的实时性要求很高。

远动系统的实时性指标可以用传送时间来表示。远动传送时间（telecontrol transfer time）是指从发送站的外围设备输入到远动设备的时刻起，至信号从接收站的远动设备输出到外围设备止所经历的时间。远动传送时间包括远动发送站的信号变换、编码等时延，传输

通道的信号时延以及远动接收站的信号反变换，译码和校验等时延。它不包括外围设备，如中间继电器、信号灯和显示仪表等的响应时间。

平均传送时间（average transfer time）是指远动系统的各种输入信号在各种情况下传输时间的平均值。如果输入信号在最不利的传送时刻送入远动传输设备，此时的传送时间为最长传送时间。

调度自动化系统的实时性可以用总传送时间（overall transfer time）、总响应时间（overall response time）来说明。

总传送时间是从发送站事件发生起，到接收站显示为止，事件信息经历的时间。总传送时间包括了输入发送站的外围设备的时延和接收站的相应外围输出设备产生的时延。

总响应时间是从发送站的事件启动开始、至收到接收站返送响应为止之间的时间间隔。比如遥测全系统扫描时间，开关量变位传送至主站的时间、遥测量越死区的传送时间、控制命令和遥调命令的响应时间、画面响应时间、画面刷新时间等都是表征调度自动化系统实时性的指标。

三、准确性

调度自动化系统中传送的各种量值要经过许多变换过程，比如遥测量需要经过变送器、模数转换等。在这些变换过程中必然会产生误差。另外数据在信道中传输时，由于噪声干扰也会引起误差，从而影响数据的准确性。数据的准确性可以用总准确度、正确率、合格率等进行衡量。

遥测值的误差可以用总准确度来说明。总准确度是总误差对标称值的百分比，即偏差对满刻度的百分比。IEC TC—57 对总准确度级别的划分有 5.0、2.0、1.0、0.5 等。

遥测月合格率的计算如下：

$$遥测月合格率 = \frac{遥测总路数 \times 全月总小时数 - 各路遥测月不合格小时数总和}{遥测总路数 \times 全月总小时数} \times 100\%$$

遥测不合格时间的计算，为从发现遥测不合格时算起，到校正遥测合格时为止。

事故遥信年动作正确率的计算如下：

$$事故遥信年动作正确率 = \frac{年正确动作次数}{年正确动作次数 + 年拒动、误动次数} \times 100\%$$

遥控月动作正确率的计算如下：

$$遥控月动作正确率 = \frac{遥控月正确动作次数}{月总操作次数} \times 100\%$$

参 考 文 献

[1] 盛寿麟. 电力系统远程监控原理. 2版. 北京：中国电力出版社，1998.
[2] 何立民. MCS-51系列单片机应用系统设计系统配置与接口技术. 北京：北京航空航天大学出版社，1990.
[3] 汤子瀛，哲凤屏，汤小丹，等. 计算机网络技术及其应用. 成都：电子科技大学出版社，1996
[4] 樊明伟，彭炳忠. 微型机网络技术及应用. 成都：四川大学出版社，1991.
[5] 徐台松，李在铭. 数字通信原理. 北京：电子工业出版社，1990.
[6] E. O. 布赖姆. 快速傅里叶变换. 柳群译. 上海：上海科学技术出版社，1979.
[7] 吴竞昌，孙树勤，宋文南，等. 电力系统谐波. 北京：水利电力出版社，1988.
[8] 朱大新，刘觉. 变电站综合自动化系统的内容及功能要求和配置. 电力系统自动化. 1995（10）：3—6.
[9] 能源部电力调度通信局. 电网调度自动化文件汇编（一）. 南京：电力系统自动化杂志社，1991.